国家社科基金
后期资助项目
GUOJIA SHEKE JIJIN HOUQI ZIZHU XIANGMU

# 基于一阶动态逻辑的 Agent 行为推理及其哲学反思

郝一江　著

本书是国家社科基金后期资助项目"人工智能视域下的一阶动态逻辑与 Agent 行为推理及其哲学反思（批准号：20FZXB037）"的最终成果。

科学出版社

北　京

## 内 容 简 介

本书从人工智能的视角，研究了"基于一阶动态逻辑及其扩展系统的 Agent 行为推理"，并对相关问题进行了哲学反思。具体内容包括：作为一阶动态逻辑的基础系统的命题动态逻辑、一阶动态逻辑系统及其复杂性与表达力、基于类型命题动态逻辑的行动类型与 Agent 能力推理、基于规划修订动态逻辑的 Agent 规划修订推理、基于动态逻辑的 Agent 交互协议推理、相关问题的哲学反思与展望性研究。

本书适合现代逻辑、科学哲学、人工智能等领域以及对一阶动态逻辑和 Agent 行为推理感兴趣的教师、研究生和科研人员阅读。

**图书在版编目（CIP）数据**

基于一阶动态逻辑的 Agent 行为推理及其哲学反思/郝一江著. —北京：科学出版社, 2023. 5
国家社科基金后期资助项目
ISBN 978-7-03-073415-0

Ⅰ.① 基… Ⅱ.① 郝… Ⅲ.① 动态逻辑–研究 Ⅳ.① B815.5

中国版本图书馆 CIP 数据核字(2022) 第 188315 号

责任编辑：胡庆家 李香叶 / 责任校对：杨聪敏
责任印制：吴兆东 / 封面设计：陈 敬

科学出版社 出版
北京东黄城根北街 16 号
邮政编码：100717
http://www.sciencep.com
北京中石油彩色印刷有限责任公司印刷
科学出版社发行 各地新华书店经销
＊
2023 年 5 月第 一 版 开本：720×1000 1/16
2024 年 1 月第二次印刷 印张：19 1/2
字数：330 000
定价：138.00 元

(如有印装质量问题, 我社负责调换)

谨以本书献给无私、慈爱、平和的父亲——郝宏义先生，愿亲人无尽的思念永远温暖您正直、坚定、睿智的心。

# 国家社科基金后期资助项目
# 出版说明

后期资助项目是国家社科基金设立的一类重要项目，旨在鼓励广大社科研究者潜心治学，支持基础研究多出优秀成果。它是经过严格评审，从接近完成的科研成果中遴选立项的。为扩大后期资助项目的影响，更好地推动学术发展，促进成果转化，全国哲学社会科学工作办公室按照"统一设计、统一标识、统一版式、形成系列"的总体要求，组织出版国家社科基金后期资助项目成果。

全国哲学社会科学工作办公室

# 前　言

　　经典逻辑反映了信息世界的基本规律，它的出现奠定了信息学科群的理论基础。自人类进入信息时代以来，计算机科学、人工智能、知识工程和系统工程等学科对逻辑学的巨大需求，导致逻辑学与这些学科进行了高度的交叉融合，这极大地促进了人工智能逻辑的发展。本书研究的一阶动态逻辑是人工智能逻辑的一个重要分支。

　　本书在国内外相关文献的基础上，首先对一阶动态逻辑的基本内容进行了阐述，然后对 Agent (智能体) 的能力、行动、规划修订和交互协议推理等问题进行了较为深入的研究，最后对相关问题进行了哲学反思和展望性研究。

　　动态逻辑 (dynamic logic) 是能够对程序输入/输出行为进行形式化推理的多个程序逻辑系统的总称，是进行程序的逻辑性质研究、程序的正确性证明研究的有力的数学工具。动态逻辑的两个核心系统是命题动态逻辑 (propositional dynamic logic) 与量化动态逻辑 (quantificational dynamic logic)。命题动态逻辑是量化动态逻辑的基础系统，量化动态逻辑是命题动态逻辑的一阶扩展版本。量化动态逻辑允许对"计算域上的一阶结构"进行一阶量化，因此也叫作一阶动态逻辑。命题动态逻辑是研究一阶动态逻辑的很好切入点，因而本书对命题动态逻辑也进行了必要的介绍。

　　与动态逻辑关系密切的系统有霍尔逻辑、时态逻辑、过程逻辑、$\mu$-演算和正则代数。动态逻辑在语法方面比霍尔逻辑更为灵活，也具有更强的表达力，因为在动态逻辑中，公式的递归定义允许模态算子的任意前缀存在。为了分析程序和公式的相互作用，动态逻辑不仅可以通过"限制每个程序用一个固定的模态词"对经典逻辑加以扩张，而且可以使用程序的不同演算对经典逻辑进行扩张。动态逻辑可以看作是一阶谓词逻辑、模态逻辑和正则事件代数这三个相互补充的经典系统的融合。

　　动态逻辑与计算机程序语言的关系非常密切，这种逻辑的句法语言直接添加

了表征 "程序" 概念的表达式,可据此编制计算机处理自然语言的程序指令,甚至能直接提供便于计算机处理的算法。而且动态逻辑还能为计算机理解自然语言提供理论依据。动态逻辑具有如下功能:① 可以对正确表述的内容形式化;② 可以给出满足具体程序的相关表述的严格证明;③ 可以判断两个程序是否等价;④ 可以对不同程序结构的表达力进行比较;⑤ 可以从具体表述中综合出程序;等等。因此,本书的研究具有较为重要的理论价值和应用价值。

动态逻辑是国外逻辑学界、数学界、计算机科学界和人工智能界等研究的前沿重点交叉领域之一。国外关于动态逻辑及其应用的研究成果丰硕,我国相关研究严重滞后,目前主要还处于学习阶段,现有研究还不够成熟和完善。祈望本书的研究能够起到抛砖引玉的作用。

郝一江

2022 年 2 月 16 日于北京

# 目　录

# 第一章 绪 论

本书试图在梳理国内外一阶动态逻辑研究成果的基础上，阐释一阶动态逻辑的两个核心系统——命题动态逻辑和量化动态逻辑，把握其研究脉络，挖掘这两个核心系统之间的关系。进而在一阶动态逻辑的基础上对 Agent 能力、行动、规划修订和交互协议推理等问题进行深入研究。最后对相关问题进行哲学反思和展望性研究[①]。

## 第一节 学术背景和研究价值

自 18 世纪莱布尼茨提倡用 "通用符号和推理演算" 改造逻辑学以来，逻辑学发生了质的飞跃，在形式逻辑数学化的基础上建立了完整的经典逻辑理论体系，其中包括命题演算、谓词演算、公理集合论、递归函数论、证明论和模型论，通常简称 "两算四论"。经典逻辑反映了信息世界的基本规律，它的出现奠定了信息学科群的理论基础，在它的基础上出现了形式语言学、自动机理论、信息科学、计算机科学和人工智能等科学 (何华灿和马盈仓，2008，第 3-26 页)。

1974 年联合国教科文组织规定的七大基础学科依次为数学、逻辑学、天文学和天体物理学、地球科学和空间科学、物理学、化学、生命科学。弗雷格学派认为 "数学是逻辑学的一个分支"；而布尔学派则认为 "逻辑学是数学的一个分支"。不争的事实是：数学与逻辑学 "血肉相连""生命相依"，二者无法完全剥离 (张晓君，2014，第 220 页)。中科院计算技术研究所的博士生导师史忠植教授在其专著《高级人工智能》中指出：逻辑学是人工智能重要的形式工具。自从 20 世纪 30 年代以来，人工智能所使用的数学方法广泛渗透、运用于数理逻辑，使得数理逻辑成为数学领域中与代数、几何并列的学科之一[②]。

---

[①] 本节部分内容发表在郝一江、张晓君：动态逻辑：关于程序的模态逻辑，《哲学动态》，2009(11): 90-94。

[②] 特别说明：本书的写作主要以国内外相关文献为基础，并尽可能地给出了相关引用文献。为了美观简洁，并且符合逻辑学行文习惯省略了诸多本该有的引号。

人工智能是当今世界的科学技术前沿与重点研究领域。国内外学者从不同的维度给出了人工智能的定义。人工智能主要研究 Agent (智能体) 模仿和执行与人类智能有关的行为，这些智能行为包括学习、感知、理解、识别、判断、推理、证明、通信、设计、规划、行动和问题求解等活动。人工智能研究内容非常广泛，包括知识表示方法、确定性推理、非经典推理、计算智能、专家系统、机器学习、自动规划、分布式人工智能、Agent 理论与技术、自然语言理解等等 (蔡自兴和徐光祐，2010)。本课题研究的 "人工智能视域下的一阶动态逻辑与 Agent 行为推理及其哲学反思"，涉及人工智能中的知识表示、知识推理、非经典推理与 Agent 理论与技术等重要内容。

大致说来，"人工智能逻辑是指用逻辑方法 (如数理逻辑) 和逻辑成果研究 Agent 如何处理知识的理论。人工智能逻辑的研究对象与人工智能的研究对象不同，人工智能逻辑不研究智能体如何从外部获得知识。人工智能逻辑起源于人们在计算机中进行知识处理的探索，为此必须建立实现知识处理的形式理论。至少需要在基础研究或者在理论重建的层面上，利用现代逻辑的种种方法和成果来建立知识处理的形式理论。知识处理的内容主要包括知识表示、知识反思、知识修正、知识推理。知识推理除了传统意义上的演绎推理、归纳推理和类比推理外，还包括常识推理。常识推理是人类日常生活中获取新知识的最重要手段之一，具有非单调性和信息不完备性。人工智能逻辑的研究重点是常识推理"[①]。

最早研究人工智能逻辑的可能是 John McCarthy，他提出采用逻辑方法来形式化人工智能需要解决的问题。为了满足信息科学和智能科学的迫切需要，近年来，人工智能逻辑获得了蓬勃发展。迄今为止，属于人工智能逻辑这一大家族的分支逻辑包括缺省逻辑、模态逻辑及其变种、时序逻辑、多值逻辑、模糊逻辑、非单调逻辑、组合逻辑、限定逻辑、自认知逻辑、信念-愿望-意图逻辑、动态描述逻辑、动态认知逻辑、动态逻辑及其变种等等。

人类进入信息时代，计算机科学、人工智能、知识工程和系统工程等学科对逻辑学的巨大需求，导致现代逻辑学与这些学科进行了高度的交叉融合。进行人工智能逻辑研究需要广博的专业知识和深厚的数学功底。研究者要想在人工智能逻辑方面具备很深的造诣并取得较大的突破，就必须具备数理逻辑、无穷逻辑、算法逻辑、单值程序逻辑、递归论、形式语言、自动机、可计算性与复杂性、程序

---

[①] 这段内容来自微能方，https://zhuanlan.zhihu.com/p/24309083。

检验等方面的知识 (郝一江和张晓君，2009)。由于多种原因，我国这类复合型人才严重匮乏，导致了我国人工智能逻辑研究相对滞后。

虽然我国学者对于人工智能逻辑的各个分支都有所涉猎，但是相关研究还是远远没有赶上国外研究者的步伐。对 "人工智能视域下的一阶动态逻辑与 Agent 行为推理及其哲学反思" 这一人工智能逻辑的前沿重点交叉领域的研究更是如此。本书旨在改善这一状况，属于逻辑学、科技哲学、人工智能、计算机科学等学科前沿重点交叉研究领域。

"行动" 或 "行为" 是哲学、人工智能等诸多学科研究的核心概念。使用认知建模技术对人类行为进行细致建模，使得仿真实体能够不需要人的交互，而自动地对环境中的事件和状态做出实时正确的反应，可节省大量人力、物力、时间和资金。行为建模 (behavioral modelling) 涉及的领域非常广泛，比如，系统分析与设计、机械设计、动画设计、网络安全、军事仿真、仿人机器人等等 (陈中祥，2004，第 5-6 页)。

行为建模是对仿真实体内部思维活动进行建模，使其与真实智能体 (Agent) "神似"；而建立智能体的行为模型要面对大量不确定且难以形式化的因素，涉及行为的推理、决策和知识学习等方面的内容，实现难度大。因此，行为建模是构建仿真智能体系统的关键，是系统工程、先进分布仿真和人工智能技术的重点、难点和核心 (张晓君，2017，第 2 页)。

行为建模的主要方法有：① 基于传统的人工智能方法 (蔡自兴和徐光祐，2010)；② 基于有穷状态机的方法 (刘秀罗等，2001)；③ 基于 Agent 的方法 (高济，2009)。随着仿真技术的发展，要求越来越多的系统具有自寻优、自适应、自解释和学习的功能，这一要求与人工智能中的 Agent 特性不谋而合 (张晓君和郝一江，2013)。

做知识级分析的系统称为智能体 (Agent)，也译为 "主体""真体" 等，比如人、具有智能的高级动物和仿人机器人均可视为智能体。智能体强调理性作用，是描述人类智能、动物智能和机器智能的统一模型，这些智能往往是构成社会智能的一部分。智能体是一种通过传感器感知其环境，再通过执行器作用于该环境的智能实体，实则是从感知序列到实体动作的映射 (蔡自兴和徐光祐，2010，第 208 页)。这一定义使得我们可以通过函数和数值对行动或行为进行建模。

Agent 技术具有良好的反应性、社会性、自主性和自治性等特点，可以建立行为的全过程模型，能够解决环境适应性、信息不完全性等传统人工智能不能很好解决的问题, 已经成为描述行为模型的通用技术框架 (张晓君, 2017, 第 3 页)。目前国内外提出的 Agent 结构主要有三种: 反应 Agent 模型 (如一般的控制器)、社会 Agent 模型、以 BDI (Belief-Desire-Intension) 为代表的慎思 Agent 模型 (陈中祥, 2004, 第 9-10 页)。

计算机科学和人工智能科学中的一个程序 (program) 就是从给定的输入数据出发, 计算出所期望的输出数据的一个形式语言。动态逻辑 (dynamic logic) 就是能够对程序输入/输出行为进行形式化推理的多个逻辑系统的总称。动态逻辑的两个核心系统是命题动态逻辑 (propositional dynamic logic) 与量化动态逻辑 (quantificational dynamic logic), 也叫一阶动态逻辑。

命题动态逻辑是使用程序对命题逻辑的一个扩张, 是动态逻辑的基础系统。量化动态逻辑是命题动态逻辑的一阶扩展版本。与标准的正则命题动态逻辑相比, 量化动态逻辑具有以下特征: ① 存在被称为计算域 (domain computation) 的一阶结构 $\mathfrak{A}$, 允许该结构上的一阶量化 (因而也叫作一阶动态逻辑); ② 状态不再是抽象的点, 而是一阶结构 $\mathfrak{A}$ 的承载子 (carrier) 上的一组变元赋值; ③ 原子程序不再是抽象的二元关系, 而是各种形式的赋值语句, 在计算过程中赋值语句把值指派给变元。动态谓词逻辑是量化动态逻辑的子系统, 它是 "公式即程序" 语言的最基本层级 (郝一江和张晓君, 2009)。

动态逻辑的一些变种包括算法逻辑、非正则动态逻辑和动态代数等。与动态逻辑关系密切的系统有霍尔逻辑、时态逻辑、过程逻辑、μ-演算和正则代数。

命题动态逻辑可以表征程序和 "独立于计算论域的" 命题之间的相互作用。命题动态逻辑是量化动态逻辑的子系统, 因此命题动态逻辑的所有性质在量化动态逻辑中也是有效的。在命题动态逻辑中, 初始程序被解释为状态集合上的任意二元关系。从句法上看, 命题动态逻辑是命题逻辑、模态逻辑和正则表达式代数这三个经典成分的融合。命题动态逻辑有多个版本, 这取决于程序算子的选择。命题动态逻辑的语义来源于模态逻辑的语义, 用于解释命题动态逻辑的程序和命题的结构是 Kripke(克里普克) 结构 (郝一江和张晓君, 2009)。

当我们把存储变化当作命题动态逻辑中的基本行为时, 就得到了量化动态逻辑, 该逻辑起源于 "基于带前置条件和后置条件的注释程序的" 正确性推理, 其程序原子可以进一步分析成给程序变元所赋的值或者被分析成关系测试, 而状态则是从程序变元到适当的值之间的映射。动态谓词逻辑是量化动态逻辑的子系统,该逻辑在自然语言的动态语义理论的发展方面扮演着重要的角色。

动态逻辑在语法方面比霍尔逻辑更为灵活，也具有更强的表达力，因为在动态逻辑中，公式的递归定义允许模态算子的任意前缀存在。为了分析程序和公式的相互作用，动态逻辑不仅可以通过"限制每个程序用一个固定的模态词"对经典逻辑加以扩张，而且可以使用程序的不同演算对其进行扩张。这些程序与经典命题逻辑和经典谓词逻辑的规则联系在一起，就出了一个非常丰富的系统家族。在动态逻辑中，典型的原子程序就是赋值语句和基本测试。诸如 while-do 与 if-then-else 这些熟悉的程序设计结构，可以利用算子来构造复合程序。动态逻辑可以表示"在状态转换过程中出现的"赋值变化。

动态逻辑主要用于程序分析、树描述、交流行为以及自然语言的动态语义，尤其适合于对动态情景的推理，也就是那些语句的真值并不固定的情景，即随着时间的变化而变化的情景。该逻辑还可用于分析诸如行为、知识、信念的变化以及计算机程序等，是理解程序结构的相对表达力与复杂性的有力工具。

动态逻辑并不仅仅局限于"用每个程序的一个固定模态词"对经典逻辑加以扩展；它也不仅仅是一个多模态逻辑。动态逻辑是由多个系统组成的丰富家族，它不仅使用了各种程序演算，而且还能够分析程序与公式的相互作用。其复合公式是由原子公式组成的，与此类似，程序演算也允许复合程序由原子程序构成。动态逻辑不仅具有经典命题逻辑和谓词逻辑的规则，而且还有"根据子程序来分析程序行为的"规则，以及能够分析程序与公式的相互作用的规则 (张晓君和张呈，2023)。

动态逻辑又称关于程序的模态逻辑，是进行程序逻辑性质研究、程序正确性证明研究的有力的数学工具。动态逻辑是一种与自然语言的语义分析和人工智能都有密切联系的新思想，为现代逻辑理论的发展提供了新题材和新思路。首先，在逻辑系统方面，动态逻辑为逻辑研究的很多方面提供了崭新的研究视角，它不但改革了经典逻辑的静态语义模型，而且打开了动态算子及其推理的广阔空间。其次，在语言科学方面，动态逻辑的特点符合人类运用自然语言的认知过程，可以看成是对基于自然语言的思维过程的理论描述，它比经典逻辑更加适合作为理论语言学的逻辑基础与描述工具。最后，在人工智能方面，动态逻辑与计算机程序语言的关系非常密切。这种逻辑的句法语言直接添加了表征"程序"概念的表达式，可据此编制计算机处理自然语言的程序指令，甚至能够直接提供便于计算机处理的算法，动态逻辑能够为计算机理解自然语言提供理论依据 (郝一江和张晓君，2009)。

动态逻辑具有如下功能：① 可以对正确表述的内容进行形式化；② 可以给出满足具体程序的相关表述的严格证明；③ 可以判断两个程序是否等价；④ 可以对不同程序结构的表达力进行比较；⑤ 可以从具体表述中综合出程序；等等。因此动态逻辑是国外逻辑学界、数学界、计算机科学界和人工智能界等交叉领域研究的热点问题之一。

"行动" 或 "行为" 是哲学、人工智能等诸多学科研究的核心概念。计算机通过执行以某种程序设计语言编写的程序语句来完成行动，并据此改变计算机的内部世界，然后通过与外部世界的接口来改变外部世界 (Segerberg，2009)。一个程序的执行和调用本质上就是一个行动 (唐晓嘉和郭美云，2010，第 1 页)。对于具有自我意识的机器人而言：行动就是通过感知信息控制执行过程的算法 (algorithm)[①]。行为建模涉及的领域非常广泛，比如，系统分析与设计、机械设计、动画设计、网络安全、军事仿真、仿人机器人等等。因此，对行为 (尤其是不确定性行为) 进行精细的逻辑刻画具有重要的实践价值和理论意义 (郝一江和张晓君，2009)。

本书在动态逻辑的基础上对 Agent 行为推理及其哲学反思的研究，不仅能够促进智能 Agent 不确定性行为的表示和推理，而且能够为先进分布式仿真、人工智能、系统工程等领域的复杂行为建模，提供形式化支持，因此具有较为重要的理论意义和实践价值。

## 第二节 国内外研究状况

随着信息化智能化时代的到来，动态逻辑获得了蓬勃发展，研究成果不断涌现。本课题组在查阅动态逻辑参考文献的过程中发现：① 命题动态逻辑以及扩展命题动态逻辑的文献，远远多于量化动态逻辑以及扩展量化动态逻辑的文献；② 国外有关动态逻辑的研究成果绝大多数来自计算机学界或人工智能界等理工科领域，这更说明了动态逻辑对于这些领域的重要性。

---

① 算法实际上是定义良好的计算过程，它取一个或一组值作为输入，并产生一个或一组值作为输出，即算法是将输入数据转换成输出结果的一系列计算步骤。

　　动态逻辑的前身是 Hoare (1969) 引进的霍尔逻辑 (Hoare logic)。霍尔逻辑是最早的一批形式验证系统，它可以用于程序设计的分析，比如，可以用于序列转换程序的分析。动态逻辑是 Pratt (1976) 提出来的，提出这一理论的基本出发点是：他认为把模态逻辑与程序进行很好的融合是可能的。

　　算法逻辑是一阶动态逻辑的前身。Salwicki (1970) 给出了算法逻辑的基础系统，之后华沙一群数学家对其进行了大量后续研究。他们最初几年的工作可以在 Banachowski 等 (1977) 和 Salwicki (1977) 中找到。Mirkowska (1980, 1981a, 1981b) 使用非确定性 while 程序对算法逻辑进行了扩展，并研究了 ∇ 和 Δ 算子。Mirkowska (1980, 1981a, 1981b) 使用 Rasiow 和 Sikorski (1963) 的代数方法，给出了命题算法逻辑和一阶算法逻辑的完全无穷演绎系统。Banachowski 等 (1977) 以及 Salwicki (1977) 给出了早期算法逻辑综述。Constable (1977)、Constable 和 O'Donnell (1978)、Goldblatt (1982) 提出了与算法逻辑和一阶动态逻辑相似的逻辑，用于确定性 while 程序的推理。

　　1979 年，Németi (1981) 和 Andréka 等 (1982a, 1982b) 提出了非标准一阶动态逻辑 (nonstandard dynamic logic，NDL)。关于非标准一阶动态逻辑的更多详情可以参见 Makowski 和 Sain(1986)。Harel 等 (1977) 在 Pratt (1976) 工作的基础上，首次提出了一阶动态逻辑。Harel 和 Pratt(1978) 研究了带有 halt 结构的程序逻辑 (该结构的补结构是 loop 结构)。Harel (1979) 给出了一阶动态逻辑的多个变种，其中的变种 DL(STK) 非常接近上下文无关 (context-free) 动态逻辑。Streett(1981，1982) 研究了命题动态逻辑 PDL 的 wf 结构 (该结构的补结构是 repeat 结构)。Lehmann 和 Shelah(1982) 用 "表示 certainly 的" 算子 C 对命题时态逻辑 (参见 Harel 等 (2000) 中的时态逻辑) 进行了扩展。

　　Feldman 和 Harel (1984) 给出了解释层面的一阶动态逻辑的概率版本 Pr(DL)。Feldman(1984) 给出了 Pr(DL) 的一个弱表达力版本，尽管此版本仍然带有量词，并可以通过 Renegar(1991) 的一阶理论证明可判定性。学者们还提出了概率一阶动态逻辑的各种命题版本，例如：Reif(1980)；Makowsky 和 Tiomkin(1980)；Ramshaw(1981)；Parikh 和 Mahoney(1983)；Feldman(1984)；Kozen(1985)。Tiuryn (1986) 研究了一阶动态逻辑 DL 中的高阶数组和高阶栈，并在各类基本递归集中建立了严格层级。为了证明这种严格层级，Kowalczyk 等 (1987) 把面向高阶栈的 Cook 辅助下推自动机定理进行了推广。Peleg (1987b) 研究了带有并发程序的一阶动态逻辑。Peleg(1987a, 1987c) 把各种交流机制运用到程序的并发部分，对带有并发程序的一阶动态逻辑进行了扩展。

Harel 等 (2000) 对量化动态逻辑及其变种进行了较为详细的研究。Harel 等 (2000) 提出的关于一阶动态逻辑的相对表达力的许多结论，回答了 Harel (1979) 中提出的诸多问题。Platzer(2010) 研究了分布式混合系统的量化微分动态逻辑 (quantified differential dynamic logic)。Bruni 等 (2012) 探讨了带有可补偿程序的一阶动态逻辑。Platzer(2012) 对分布式混合系统量化微分动态逻辑进行了完全公理化。Hou 和 Zheng(2013) 探究了用于验证分布式混合系统性能的量化微分时态动态逻辑 (quantified differential temporal dynamic logic)。

国外有着丰硕的动态逻辑成果。例如，仅仅命题动态逻辑方面的成果就有：Fischer 和 Ladner(1979) 研究了正则命题动态逻辑。Ben-Ari 等 (1982) 探讨了确定性命题动态逻辑的有穷模型、复杂性和完全性。Halpern 和 Reif(1983) 研究了"关于确定的良结构程序"的命题动态逻辑。Feldman(1984) 探讨了带有显式概率的命题动态逻辑的可判定性。Peleg(1987a) 研究了并发动态逻辑。Harel 等 (2000) 则研究了命题动态逻辑和一阶动态逻辑的基础系统、可判定性、计算复杂性和完全性等。Lange 和 Lutz (2005) 讨论了带有交算子的命题动态逻辑的 2-EXPTIME 下界。Göller 和 Lohrey (2006) 探究了命题动态逻辑无穷状态的模型检测。Löding 和 Serre (2006) 研究了带有递归程序的命题动态逻辑。Leivant(2008b) 则探究了带有程序量词的命题动态逻辑。Platzer(2008) 研究了关于混合系统的微分动态逻辑。Benevides 和 Schechter(2010) 为并发程序定制了基于 π-演算的命题动态逻辑。Hill 和 Poggiolesi(2010) 则研究了无缩并无切割规则的命题动态逻辑的矢列演算。Benevides 等 (2011) 探讨了带有存储、恢复和并行合成的命题动态逻辑。Miller 和 Mcburney(2011) 研究了关于 Agent 交互协议推理的命题动态逻辑。Riemsdijk (2006a) 探讨了 Agent 程序设计中的规划修订的动态逻辑。Wolter 和 Wooldridge (2011) 研究了时态逻辑与动态逻辑。Baltag 和 Smets (2011) 研究了作为动态逻辑的量子逻辑。Hartonas (2012) 探究了关于行动类型和 Agent 能力的推理。Benevides (2014) 则探讨了命题动态逻辑中的互模拟程序和逻辑等值程序。Lopes 等 (2014) 研究了关于 Petri 网的命题动态逻辑的扩展。Hartonas(2014) 研究了关于 Agency 和行动的动态逻辑。Frittella 等 (2016) 探讨了命题动态逻辑的多类型显示演算。Rybakov 和 Shkatov (2018) 研究了带有有穷变元的命题动态逻辑的复杂性和表达力。Pardo 等 (2018) 则探讨了从交流更新逻辑到命题动态逻辑的程序转换器等等。

从目前能够搜索到的文献来看：我国的动态逻辑研究严重滞后于国外相关研究。我国涉及动态逻辑研究的文献主要有邹崇理 (2002)、唐晓嘉和郭美云 (2010)、董英东 (2018)、张晓君 (2012，2017) 等等。

总的说来，目前国外对命题动态逻辑的研究较多，而对量化动态逻辑的研究较为薄弱，有待我们对动态逻辑进行更加深入而细致的研究。例如：把动态谓词逻辑、话语表现理论和广义量词理论这三者进行融合，发展出能够对自然语言进行更高效的信息处理能力的系统是一个值得我们深入研究的方向。

# 第二章 一阶动态逻辑的基础系统
## ——命题动态逻辑

命题动态逻辑 (propositional dynamic logic，PDL) 是动态逻辑的基础系统。命题动态逻辑在动态逻辑中的作用，就如同经典命题逻辑在经典谓词逻辑中的作用一样。命题动态逻辑描述了程序和 "与计算域无关的" 命题之间相互作用的性质。就像命题逻辑是研究经典谓词逻辑很好的切入点一样，命题动态逻辑则是研究动态逻辑很好的切入点。因为命题动态逻辑是一阶动态逻辑的子系统，所以命题动态逻辑的所有性质在一阶动态逻辑中也是有效的。

从句法上讲，命题动态逻辑由命题逻辑、模态逻辑和正则表达式代数 (algebra of regular expressions) 这三个经典部分糅合而成。由于可以选择不同的程序算子，因此命题动态逻辑就存在不同的版本。

Engeler(1967) 指出，逻辑系统可以广泛用于程序推理。Burstall(1974) 提出使用模态逻辑对程序进行推理。但是直到 1976 年，受到 R. Moore 工作的启发，Pratt(1976) 使用单独的模态词来考察每个程序，这才探索出如何使用有效的方式对模态逻辑加以扩充。Fischer 和 Ladner(1977) 对命题动态逻辑的研究似乎属于程序命题推理的首次研究。Fischer 和 Ladner(1977，1979) 首次将正则表达式的算术理论应用于动态逻辑中。Segerberg(1977) 对命题动态逻辑进行了公理化。本章相关阐述主要以 Harel 等 (2000) 和张晓君等 (2022)[①] 的工作为基础。

Pratt(1976) 在模态逻辑基础上引入了程序逻辑，其基本思路是：允许程序作为模态算子，将程序整合到命题语言中。建立程序逻辑的一个目标是：提供一套公理和推理规则，用于证明诸如程序的部分正确性、结束和等价。由于要求这些公理和规则所证明的事物至少是 "真" 的，因此，需要用 "真" 的概念来表示程序

---

① 特别说明：由于一阶动态逻辑的基础系统是命题动态逻辑，全书都以此为基础，如果去掉本章内容，会给读者带来极大不便。

逻辑的语义。

　　动态逻辑是描述程序的正确性和结束的逻辑语言。为了描述程序的正确性、结束和等价,Fischer 和 Lander(1979) 引入了一个基于模态逻辑的基本命题逻辑系统:正则命题动态逻辑 (propositional dynamic logic of regular programs)。对于命题动态逻辑而言,必须为程序和表达程序的公式提供语义,其程序语义来源于程序的关系语义学 (Hoare and Lauer,1974),其公式语义来源于 Kripke(1963)引入的模态逻辑的关系语义学。

　　本章主要阐述命题动态逻辑的基础版本——正则 (regular) 命题动态逻辑,这是后续章节必不可少的基础。在本书中,如果没有特别说明,命题动态逻辑指的都是正则命题动态逻辑。

# 第一节　正则命题动态逻辑的句法

　　正则命题动态逻辑的语言有两种类型的表达式:命题或公式 $\varphi, \psi, \cdots$ 和程序 $\alpha, \beta, \gamma, \cdots$。每类表达式都有可数多个原子符号。原子程序记为 a, b, c, $\cdots$ 且所有原子程序的集合记为 $\Pi_0$。原子命题记为 p, q, r, $\cdots$ 且所有原子命题的集合记为 $\Phi_0$。所有程序的集合记为 $\Pi$,所有命题的集合记为 $\Phi$。程序和命题可以通过下列算子分别由原子程序和原子命题归纳构成。

　　命题算子:$\rightarrow$(蕴涵算子)、$\mathbf{0}$(恒假算子);

　　程序算子:;(程序复合算子)、$\cup$(程序选择算子)、*(程序迭代算子);

　　混合算子:[ ](必然算子)、?(测试算子)。

　　程序和命题的定义是通过相互归纳的方式得到的。所有的原子程序都是程序,所有的原子命题都是命题。如果 $\varphi$ 和 $\psi$ 是命题,$\alpha$ 和 $\beta$ 是程序,那么:$\varphi \rightarrow \psi$(命题蕴涵)、$\mathbf{0}$(假命题) 和 $[\alpha]\varphi$(必然程序) 都是命题;而 $\alpha; \beta$(程序的序列合成)、$\alpha \cup \beta$(程序不确定性选择)、$\alpha^*$(程序迭代) 和 $\varphi$? (程序检验) 都是程序。

　　更正式地说,所有程序组成的集合 $\Pi$ 和所有命题组成的集合 $\Phi$ 是满足如下条件的最小集合:

　　(1) $\Phi_0 \subseteq \Phi$;

　　(2) $\Pi_0 \subseteq \Pi$;

　　(3) 如果 $\varphi, \psi \in \Phi$,那么 $\varphi \rightarrow \psi \in \Phi$ 且 $\mathbf{0} \in \Phi$;

(4) 如果 $\alpha, \beta \in \Pi$，那么 $\alpha; \beta \in \Pi, \alpha \cup \beta \in \Pi$ 且 $\alpha^* \in \Pi$；

(5) 如果 $\alpha \in \Pi$ 且 $\varphi \in \Phi$，那么 $[\alpha]\varphi \in \Phi$；

(6) 如果 $\varphi \in \Phi$，那么 $\varphi? \in \Pi$。

需要注意的是：① 程序 $\Pi$ 和命题 $\Phi$ 的归纳定义是相互纠缠、不可分割的。因为在结构 $[\alpha]\varphi$ 中，命题的定义依赖程序的定义；在结构 $\varphi?$ 中，程序的定义依赖命题的定义。② 所有的公式都可以是测试程序，这是命题动态逻辑的一种富测试 (rich test) 解释版本。

复合程序和复合命题具有如下直观意义：

(1) $[\alpha]\varphi$ 表示 "执行程序 $\alpha$ 后，$\varphi$ 必然为真"；

(2) $\alpha; \beta$ 表示 "先执行程序 $\alpha$，然后执行程序 $\beta$"；

(3) $\alpha \cup \beta$ 表示 "随机选择程序 $\alpha$ 或 $\beta$，然后执行该程序"；

(4) $\alpha^*$ 表示 "不确定的有穷多 (零次或更多) 次执行 $\alpha$"；

(5) $\varphi?$ 表示 "测试 $\varphi$；如果 $\varphi$ 真，继续执行；如果 $\varphi$ 假，则该程序失效"。

通过为算子指派优先算法顺序，就可以避免使用括号：一元算子的结合力 (包括 $[\alpha]$) 大于二元算子，而程序复合算子 ";" 的结合力大于程序选择算子 "$\cup$" 的结合力。因此表达式：$[\alpha; \beta^* \cup \gamma^*]\,\varphi \vee \psi$ 应该读作 $([\alpha;(\beta^*) \cup (\gamma^*)]\varphi) \vee \psi$。

当然，括号常常可用于加强一个表达式的语法分析或强化可读性。在下一节所给定的语义中，将证明：程序复合算子 ";" 和程序选择算子 "$\cup$" 具有结合性。因此，$\alpha; \beta; \gamma$ 和 $\alpha \cup \beta \cup \gamma$ 这类写法是没有歧义的；程序复合算子符号 ";" 常常被省略，例如 $\alpha; \beta$ 可以写为 $\alpha\beta$。

乍一看，初始算子似乎不常见，之所以选择它们是因其数学简洁性。大量常见的结构可以通过它们来加以定义。在命题逻辑中，命题算子 $\wedge$、$\vee$、$\neg$、$\leftrightarrow$ 和 **1**(恒真算子) 可以由蕴涵算子 $\rightarrow$ 和恒假算子 **0** 来加以定义的。

在模态逻辑中可能算子 "$<\ >$" 是必然算子 "$[\ ]$" 的模态对偶，因此可能算子可以定义为 $<\alpha>\varphi =_{\text{def}} \neg[\alpha]\neg\varphi$。命题 $[\alpha]\varphi$ 和 $<\alpha>\varphi$ 分别读作 "box $\alpha\varphi$" 和 "diamond $\alpha\varphi$"。$<\alpha>\varphi$ 的直观意义是：存在一个计算 $\alpha$，而且在满足 $\varphi$ 的状态下，会结束 (terminate) 该计算。

$<\ >$ 和 $[\ ]$ 的重要差别在于：$<\alpha>\varphi$ 意味着 $\alpha$ 会结束，而在 $[\alpha]\varphi$ 中 $\alpha$ 不会结束。相反，公式 $[\alpha]\mathbf{0}$ 表明：不存在会结束的计算 $\alpha$。不论 $\alpha$ 是什么，公式 $[\alpha]\mathbf{1}$ 恒真。

除此以外，定义

skip $=_{\text{def}}$ $\mathbf{1}$?

fail $=_{\text{def}}$ $\mathbf{0}$?

If $\varphi_1 \to \alpha_1 | \cdots | \varphi_n \to \alpha_n$ fi $=_{\text{def}} \varphi_1$? ; $\alpha_1 \cup \cdots \cup \varphi_n$?; $\alpha_n$

do$\varphi_1 \to \alpha_1 | \cdots | \varphi_n \to \alpha_n$ od $=_{\text{def}} (\varphi_1$? ; $\alpha_1 \cup \cdots \cup \varphi_n$?; $\alpha_n)^*$; $(\neg\varphi_1 \wedge \cdots \wedge \neg\varphi_n)$?

if $\varphi$ then $\alpha$ else $\beta$ $=_{\text{def}}$ if $\varphi \to \alpha | \neg\varphi \to \beta$ fi

$$= \varphi? \ ; \ \alpha \cup \neg\varphi? \ ; \ \beta$$

while $\varphi$ do $\alpha$ $=_{\text{def}}$ do $\varphi \to \alpha$ od

$$= (\varphi? \ ; \ \alpha)^*; \neg\varphi?$$

repeat $\alpha$ until $\varphi$ $=_{\text{def}} \alpha$ ; while $\neg\varphi$ do $\alpha$

$$= \alpha \ ; \ (\neg\varphi? \ ; \ \alpha)^*; \varphi?$$

$\{\varphi\}\alpha\{\psi\}$ $=_{\text{def}} \varphi \to [\alpha]\psi$

程序 skip 是不执行任何操作的程序 (no-op)，而程序 fail 是失效程序 (failing program)。三元算子 if-then-else 和二元算子 while-do 分别是常见程序语言的条件结构和当型循环 (while loop) 结构。结构 if-|-fi 和 do-|-od 分别是备用保护命令 (alternative guarded command) 和迭代保护命令 (iterative guarded command)。结构 $\{\varphi\}\alpha\{\psi\}$ 是霍尔部分正确性断定。下面将说明，上面所给出这些算子的形式定义能够正确地模拟这些算子的直观行为。

# 第二节　正则命题动态逻辑的语义

正则命题动态逻辑的语义源于模态逻辑的语义。命题动态逻辑的程序和命题可以在克里普克框架 (Kripke frame) 结构上加以解释。该结构是以模态逻辑形式语义的发明者 Saul Kripke 的名字来命名的。Kripke 框架是形如 $\Re = (K, \mathfrak{m}_{\Re})$ 的序对。其中 K 是 u, v, w, $\cdots$ 这样的表示状态的元素组成的集合。$\mathfrak{m}_{\Re}$ 是一个意义函数 (meaning function)，它把 K 的一个子集指派给每个原子命题，并把 K 上的一个二元关系指派给每个原子程序，即

$$\mathfrak{m}_{\Re}(p) \subseteq K, \quad p \in \Phi_0$$
$$\mathfrak{m}_{\Re}(\alpha) \subseteq K \times K, \quad \alpha \in \Pi_0$$

通过如下归纳，可以对意义函数 $\mathfrak{m}_\mathfrak{R}$ 的定义进行扩展，从而为所有程序组成的集合 $\Pi$ 和所有命题组成的集合 $\Phi$ 中的所有元素指派一个意义，使得

$$\mathfrak{m}_\mathfrak{R}(\varphi) \subseteq K, \qquad \varphi \in \Phi$$

$$\mathfrak{m}_\mathfrak{R}(\alpha) \subseteq K \times K, \qquad \alpha \in \Pi$$

直观上讲，集合 $\mathfrak{m}_\mathfrak{R}(\varphi)$ 可以看作是在模型 $\mathfrak{R}$ 中满足命题 $\varphi$ 的状态组成的集合，二元关系 $\mathfrak{m}_\mathfrak{R}(\alpha)$ 可以看作是程序 $\alpha$ 的状态的输入/输出序对组成的集合。

从形式上讲，$\varphi \in \Phi$ 的意义 $\mathfrak{m}_\mathfrak{R}(\varphi)$ 以及 $\alpha \in \Pi$ 的意义 $\mathfrak{m}_\mathfrak{R}(\alpha)$，可以通过结构 $\varphi$ 和 $\alpha$ 上的相互归纳定义得到。归纳基础 (即原子符号 $p \in \Phi_0$ 和 $\alpha \in \Pi_0$ 的意义) 在对模型 $\mathfrak{R}$ 的说明中已给出，而复合命题和复合程序的意义可以定义如下：

$\mathfrak{m}_\mathfrak{R}(\varphi \to \psi) =_{\text{def}} (K - \mathfrak{m}_\mathfrak{R}(\varphi)) \cup \mathfrak{m}_\mathfrak{R}(\psi)$

$\mathfrak{m}_\mathfrak{R}(\mathbf{0}) =_{\text{def}} \varnothing$

$\mathfrak{m}_\mathfrak{R}([\alpha]\varphi) =_{\text{def}} K - (\mathfrak{m}_\mathfrak{R}(\alpha) \circ (K - \mathfrak{m}_\mathfrak{R}(\varphi)))$

$\qquad\qquad = \{u | \forall v \in K, \text{ 如果 } (u,v) \in \mathfrak{m}_\mathfrak{R}(\alpha), \text{ 那么 } v \in \mathfrak{m}_\mathfrak{R}(\varphi)\}$

$\mathfrak{m}_\mathfrak{R}(\alpha;\beta) =_{\text{def}} \mathfrak{m}_\mathfrak{R}(\alpha) \circ \mathfrak{m}_\mathfrak{R}(\beta)$ $\qquad\qquad\qquad\qquad\qquad$ (2.2.1)

$\qquad\qquad = \{(u,v) | \exists w \in K, (u,w) \in \mathfrak{m}_\mathfrak{R}(\alpha) \text{ 且 } (w,v) \in \mathfrak{m}_\mathfrak{R}(\beta)\}$

$\mathfrak{m}_\mathfrak{R}(\alpha \cup \beta) =_{\text{def}} \mathfrak{m}_\mathfrak{R}(\alpha) \cup \mathfrak{m}_\mathfrak{R}(\beta)$

$\mathfrak{m}_\mathfrak{R}(\alpha^*) =_{\text{def}} \mathfrak{m}_\mathfrak{R}(\alpha)^* = \bigcup_{n \geqslant 0} \mathfrak{m}_\mathfrak{R}(\alpha)^n$ $\qquad\qquad\qquad$ (2.2.2)

$\mathfrak{m}_\mathfrak{R}(\varphi?) =_{\text{def}} \{(u,u) | u \in \mathfrak{m}_\mathfrak{R}(\varphi)\}$

在 (2.2.1) 中的算子 "∘" 表示关系合成算子。在 (2.2.2) 中，第一个 "*" 代表命题动态逻辑中的迭代符号，第二个 "*" 表示在二元关系上的自返传递闭包算子。因此 (2.2.2) 说明：程序 $\alpha^*$ 被解释成 $\mathfrak{m}_\mathfrak{R}(\alpha)$ 的自返传递闭包。

$\mathfrak{R}, u \models \varphi$ 和 $u \in \mathfrak{m}_\mathfrak{R}(\varphi)$ 可以互换。即，在 $\mathfrak{R}$ 中 $u$ 满足 $\varphi$，或者在 $\mathfrak{R}$ 中 $\varphi$ 在 $u$ 的状态下为真。在 $\mathfrak{R}$ 已知的语境下，$\mathfrak{R}$ 可以省略，直接写作 $u \models \varphi$。$u \not\models \varphi$ 的意义是 $u$ 不满足 $\varphi$，换句话说 $u \notin \mathfrak{m}_\mathfrak{R}(\varphi)$。在这一记号下，可以将上述定义重新定义如下：

$u \models \varphi \to \psi \Leftrightarrow_{\text{def}} u \models \varphi$ 蕴涵 $u \models \psi$

$u \not\models \mathbf{0}$

$u \models [\alpha]\varphi \Leftrightarrow_{\text{def}} \forall v$，如果 $(u,v) \in \mathfrak{m}_\mathfrak{R}(\alpha)$，那么 $v \models \varphi$

$(u,v) \in \mathfrak{m}_\mathfrak{R}(\alpha\beta) \Leftrightarrow_{\text{def}} \exists w, (u,w) \in \mathfrak{m}_\mathfrak{R}(\alpha) \text{ 且 } (w,v) \in \mathfrak{m}_\mathfrak{R}(\beta)$

$(u,v) \in m_{\Re}(\alpha \cup \beta) \Leftrightarrow_{def} (u,v) \in m_{\Re}(\alpha)$ 或 $(u,v) \in m_{\Re}(\beta)$

$(u,v) \in m_{\Re}(\alpha)^* \Leftrightarrow_{def} \exists n \geqslant 0 \exists u_0, \cdots, u_n, u = u_0, v = u_n$, 且 $(u_i, u_{i+1}) \in m_{\Re}(\alpha)$

　　　（其中 $0 \leqslant i \leqslant n-1$）

$(u,v) \in m_{\Re}(\varphi?) \Leftrightarrow_{def} u = v$ 且 $u \models \varphi$

根据上面的定义可以得到如下被定义的算子的意义：

$m_{\Re}(\varphi \vee \psi) =_{def} m_{\Re}(\varphi) \cup m_{\Re}(\psi)$

$m_{\Re}(\varphi \wedge \psi) =_{def} m_{\Re}(\varphi) \cap m_{\Re}(\psi)$

$m_{\Re}(\neg\varphi) =_{def} K - m_{\Re}(\varphi)$

$m_{\Re}(<\alpha>\varphi) =_{def} \{u | \exists v \in K, (u,v) \in m_{\Re}(\alpha)$ 且 $v \in m_{\Re}(\varphi)\}$

　　　　　　　$= m_{\Re}(\alpha) \circ m_{\Re}(\varphi)$

$m_{\Re}(\mathbf{1}) =_{def} K$

$m_{\Re}(\text{skip}) =_{def} m_{\Re}(1?) = \iota$　（恒等关系）

$m_{\Re}(\text{fail}) =_{def} m_{\Re}(0?) = \varnothing$

此外，根据上面的定义可以得到 if-then-else、while-do 和保护指令的语义，而且根据这些形式语义给出的输入/输出关系可以得到其直观运算的意义。例如，与程序 while $\varphi$ do $\alpha$ 相关的关系是序对 $(u,v)$ 的集合，即存在状态 $u_0, u_1, \cdots, u_n$（其中 $n \geqslant 0$），使得 $u = u_0, v = u_n, u_i \in m_{\Re}(\varphi)$ 且 $(u_i, u_{i+1}) \in m_{\Re}(\alpha)$（其中 $0 \leqslant i \leqslant n$）且 $u_n \notin m_{\Re}(\varphi)$。对其进一步讨论将推迟到后续部分。

这一解释下的命题动态逻辑之所以被称为正则命题动态逻辑，$\Pi$ 中的元素之所以被称为正则程序是因为：初始算子 $\cup$、; 和 $*$ 与正则表达式有关，程序被看作原子程序和测试上的正则表达式。事实上，可以证明：如果 p 是一个原子命题符号，那么任意两个无测试的程序 $\alpha$、$\beta$ 是等值的正则表达式 (即，它们表示同一正则集合)，当且仅当，公式 $<\alpha>p \leftrightarrow <\beta>p$ 是有效的。

**例 2.1**　令 p 是一个原子命题，且令 a 是一个原子程序，并且令 $\Re = (K, m_{\Re})$ 是满足如下条件的 Kripke 框架：

$$K = \{u, v, w\}$$

$$m_{\Re}(p) = \{u, v\}$$

$$m_{\Re}(a) = \{(u,v), (u,w), (v,w), (w,v)\}$$

以下示意图 (图 2.1) 是对 $\Re$ 的阐释。

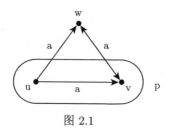

图 2.1

在这个结构中，$u \models <\alpha>\neg p \wedge <a>p$，但是 $v \models [\alpha]\neg p$ 且 $w \models [a]p$。同时，$\mathfrak{R}$ 的任一状态都满足公式：$<a^*>[(aa)^*]p \wedge <a^*>[(aa)^*]\neg p$。

## 第三节　正则命题动态逻辑的计算序列

令 $\alpha$ 是一个程序。$\alpha$ 的一个有穷计算序列是一个有穷长的原子程序字符串，且测试表示 "能够出现在程序 $\alpha$ 停机执行中的" 原子步骤的可能序列 (Harel et al., 2000，第四章 4.3 节)。这些字符串称为有穷计算序列 seqs，写作 $\sigma$，$\tau$, $\cdots$。所有这类序列的集合记为 $CS(\alpha)$。这里之所以使用 "可能" 这个词，是因为 $CS(\alpha)$ 仅仅由 $\alpha$ 的句法决定，而且可能包含在任何解释中都不会被执行的一些字符串。

形式地讲，集合 $CS(\alpha)$ 在结构 $\alpha$ 上通过归纳的方式定义如下：

$CS(a) =_{def} \{a\}$，其中的 a 是原子程序；

$CS(\varphi?) =_{def} \{\varphi?\}$

$CS(\alpha;\beta) =_{def} \{\gamma\delta | \gamma \in CS(\alpha), \delta \in CS(\beta)\}$

$CS(\alpha \cup \beta) =_{def} CS(\alpha) \cup CS(\beta)$

$CS(\alpha)^* =_{def} \bigcup_{n \geqslant 0} CS(\alpha^n)$

其中 $\alpha^0 = skip$ 且 $\alpha^{n+1} = \alpha\alpha^n$。例如，如果 a 是一个原子程序，p 是一个原子公式，那么作为计算序列程序 while p do a $=(p?;a)^*;\neg p?$ 中的所有字符串具有 p?ap?a $\cdots$ p?a skip¬p? 这样的形式。

需要注意的是：一个程序 $\alpha$ 的每个有穷计算序列 $\beta$ 本身就是一个程序，且 $CS(\beta) = \{\beta\}$。而且通过对 $\alpha$ 的结构进行归纳，容易证明如下命题。

**命题 2.2** $\mathfrak{m}_{\mathfrak{R}}(\alpha) = \bigcup_{\sigma \in CS(\alpha)} \mathfrak{m}_{\mathfrak{R}}(\sigma)$。

# 第四节 正则命题动态逻辑的可满足性和有效性

在正则命题动态逻辑中，命题的可满足性和有效性定义与模态逻辑中的相应定义是相同的。令 $\Re = (K, m_\Re)$ 是一个 Kripke 框架，令 $\varphi$ 是一个命题，在本章第二节中已经定义了 $\Re, u \models \varphi$。对某个 $u \in K$ 而言，$\Re, u \models \varphi$ 意思是：$\varphi$ 在 $\Re$ 中是可满足的。如果 $\varphi$ 在某个 $\Re$ 中是可满足的，那么就说 $\varphi$ 是可满足的。

如果对所有的 $u \in K$，都有 $\Re, u \models \varphi$，写作 $\Re \models \varphi$，那么就说 $\varphi$ 在 $\Re$ 中是有效的。若对所有 Kripke 框架 $\Re$ 而言，都有 $\Re \models \varphi$，写作 $\models \varphi$，则说 $\varphi$ 是有效的。

如果 $\Sigma$ 是一个命题集，对所有的 $\varphi \in \Sigma$，如果 $\Re \models \varphi$，就写作 $\Re \models \Sigma$。一个命题 $\psi$ 是 $\Sigma$ 的逻辑后承，其意思是：只要 $\Re \models \Sigma$，就有 $\Re \models \psi$，在这种情况下写作 $\Sigma \models \psi$。但是，这不是说，只要 $\Re, u \models \Sigma$，就有 $\Re, u \models \psi$。如果 $\varphi$ 是 $\{\varphi_1, \cdots, \varphi_n\}$ 的一个逻辑后承，那么推理规则 $\dfrac{\varphi_1, \cdots, \varphi_n}{\varphi}$ 就是可靠的。

从"$\exists$ 与 $\forall$ 是对偶、$< >$ 与 $[\ ]$ 是对偶"的意义上讲，可满足性和有效性也是对偶，即一个命题在 $\Re$ 中是有效的，当且仅当，它的否定在 $\Re$ 中是不可满足的。

**例 2.3** 令 $p, q$ 是原子命题，令 $a, b$ 是原子程序，并令 $\Re = (K, m_\Re)$ 是满足如下条件的一个 Kripke 框架：

$$K = \{s, t, u, v\}$$
$$m_\Re(p) = \{u, v\}$$
$$m_\Re(q) = \{t, v\}$$
$$m_\Re(a) = \{(t, v), (v,t), (s,u), (u,s)\}$$
$$m_\Re(b) = \{(u, v), (v,u), (s,t), (t,s)\}$$

Kripke 框架 $\Re$ 如图 2.2 所示。

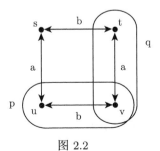

图 2.2

如下两个公式在 $\Re$ 中是有效的：

(1) p $\leftrightarrow$ [(ab*a)*]p；　　(2)q $\leftrightarrow$ [(ba*b)*]q。

此外，令 α 是程序

$$\alpha = (aa \cup bb \cup (ab \cup ba)(aa \cup bb)^*(ab \cup ba))^* \tag{2.4.1}$$

把 α 看作是一个正则表达式，α 在字母表 {a, b} 中生成所有单词，其中每个 a 和 b 出现次数都是偶数。可以证明：对任意命题 φ 而言，命题 φ $\leftrightarrow$ [α]φ 在 $\Re$ 中都是有效的。

**例 2.4**　如下公式是有效的：

$$p \wedge [a^*]((p \to [a]\neg p) \wedge (\neg p \to [a]p)) \leftrightarrow [(aa)^*]p \wedge [a(aa)^*]\neg p \tag{2.4.2}$$

等值符号左右两边以不同的方式说明了：在执行原子程序 a 采取的路径时，p 交替地取真和取假。

## 第五节　正则命题动态逻辑的演绎系统

下列公理系统和规则构成了命题动态逻辑的可靠且完全的希尔伯特式 (Hilbert-style) 的演绎系统。

**公理系统 2.5**　(i) 命题逻辑的公理都是正则命题动态逻辑的公理；

(ii) $[\alpha](\varphi \to \psi) \to ([\alpha]\varphi \to [\alpha]\psi)$；

(iii) $[\alpha](\varphi \wedge \psi) \leftrightarrow [\alpha]\varphi \wedge [\alpha]\psi$；

(iv) $[\alpha \cup \beta]\varphi \leftrightarrow [\alpha]\varphi \wedge [\beta]\varphi$；

(v) $[\alpha\,;\beta]\varphi \leftrightarrow [\alpha][\beta]\varphi$；

(vi) $[\psi?]\varphi \leftrightarrow (\psi \to \varphi)$；

(vii) $\varphi \wedge [\alpha][\alpha^*]\varphi \leftrightarrow [\alpha^*]\varphi$；

(viii) $\varphi \wedge [\alpha^*](\varphi \to [\alpha]\varphi) \to [\alpha^*]\varphi$（归纳公理）；

(MP) $\dfrac{\varphi, \varphi \to \psi}{\psi}$；

(GEN) $\dfrac{\varphi}{[\alpha]\varphi}$。

公理 (ii)、公理 (iii) 和两个推理规则都不是命题动态逻辑所特有的，它们来自模态逻辑。规则 (MP) 和 (GEN) 分别称为分离规则和概括规则。

公理 (viii) 称为命题动态逻辑的归纳公理，其直观意义是：假设 φ 在当前状态下为真，而且经过 α 的任意多次迭代后，如果 φ 仍为真，那么在 α 再次迭代后，φ 将仍然为真。换句话说，如果 φ 一开始就为真，而且程序 α 可以使 φ 的真值得以保持，那么 φ 在 α 的任意多次迭代后都将是真的。

需要注意的是，公式 (viii) 与常见的佩亚诺算术 (Peano arithmetic) 的如下归纳公理相似：$φ(0) ∧ ∀n(φ(n) → φ(n+1)) → ∀nφ(n)$，其中 $φ(0)$ 是归纳基础，$∀n(φ(n) → φ(n+1))$ 是归纳步骤，因此可以得到结论 $∀nφ(n)$。在命题动态逻辑的公理 (viii) 中：归纳基础是 φ，归纳步骤是 $[α^*](φ → [α]φ)$，由此可以得到结论 $[α^*]φ$。

如果命题 φ 是这个系统的定理，写作 ⊢φ，而且如果 ⊬ ¬φ，那么 φ 就是一致的，也就是说，不会出现 ⊢ ¬φ。一个命题集合 Σ 是一致的，其意思是：Σ 中的元素的所有有穷合取都是一致的。

这些建立在 Kripke 框架上的公理和规则的可靠性，可通过本章第二节中使用过的关系代数加以简单论证，本章第六节将给出证明细节。正则命题动态逻辑的完全性可以参见 Harel 等 (2000) 第 7 章。

# 第六节　正则命题动态逻辑的基本性质

根据本章第一节至第五节的相关定义，可得到正则命题动态逻辑的一些基本事实：这些结论的大部分都是以命题动态逻辑 PDL 的有效公式和推理规则的形式出现的。在证明这些结论的同时，也就证明了正则命题动态逻辑演绎系统的可靠性。

## 一、　源于模态逻辑的基本性质

首先给出一些在命题动态逻辑和所有模态系统中都有效的性质。这些性质之所以在命题动态逻辑中有效，是因为命题动态逻辑包含命题模态逻辑，它们在命题动态逻辑 PDL 中有效。定理 2.6 和定理 2.7 不仅在模态逻辑中有效，而且在正则命题动态逻辑中也是有效的，利用关系复合的基本性质就可以证明，此处证明从略。为了方便读者，现在罗列如下。

**定理 2.6**　以下公式在正则命题动态逻辑中都是有效的：

(i) $<α>(φ ∨ ψ) ↔ <α>φ ∨ <α>ψ$；

(ii) $[α](φ ∧ ψ) ↔ [α]φ ∧ [α]ψ$；

(iii) $<α>φ ∧ [α]ψ → <α>(φ ∧ ψ)$；

(iv) $[\alpha](\varphi \to \psi) \to ([\alpha]\varphi \to [\alpha]\psi)$;

(v) $< \alpha >(\varphi \wedge \psi) \to < \alpha >\varphi \wedge < \alpha >\psi$;

(vi) $[\alpha]\varphi \vee [\alpha]\psi \to [\alpha](\varphi \vee \psi)$;

(vii) $< \alpha >\mathbf{0} \leftrightarrow \mathbf{0}$;

(viii) $[\alpha]\varphi \leftrightarrow \neg< \alpha >\neg\varphi$。

定理 2.6 中 (iii)—(vi) 的逆命题是无效的。例如,在如下 Kripke 框架的状态 u 中,(iii) 无效 (图 2.3)。

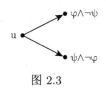

图 2.3

其他逆命题的反模型可以类似地构造。

**定理 2.7**　下列推理规则在正则命题动态逻辑中是可靠的:

(i) 模态概括规则 (GEN): $\dfrac{\varphi}{[\alpha]\varphi}$;

(ii) $< \alpha >$ 的单调性规则: $\dfrac{\varphi \to \psi}{< \alpha >\varphi \to< \alpha >\psi}$;

(iii) $[\alpha]$ 的单调性规则: $\dfrac{\varphi \to \psi}{[\alpha]\varphi \to [\alpha]\psi}$。

在定理 2.7 中的 (ii) 和 (iii) 所表示的单调性是非常有用的,其意思是:相对于逻辑蕴涵顺序的第二个论元而言,结构 $<>$ 和 $[\ ]$ 是单调的。下面的推论 2.9 表明:相对于第一个论元而言,结构 $[\ ]$ 和 $<>$ 分别是单调的和反序的 (antitone)。

## 二、 选择算子 ∪、复合算子;和测试算子? 的性质

下面将给出选择算子 ∪、复合算子;和测试算子? 的基本性质。

**定理 2.8**　下列公式在正则命题动态逻辑中是有效的:

(i) $<\alpha \cup \beta>\varphi \leftrightarrow < \alpha >\varphi \vee < \beta >\varphi$;

(ii) $[\alpha \cup \beta]\varphi \leftrightarrow [\alpha]\varphi \wedge [\beta]\varphi$。

**证明**　对于 (i),需要证明:对任意 Kripke 框架 $\mathfrak{R}$ 而言,$\mathfrak{m}_{\mathfrak{R}}(<\alpha \cup \beta>\varphi) = \mathfrak{m}_{\mathfrak{R}}(< \alpha >\varphi \vee< \beta >\varphi)$ 都成立。根据本章第二节正则命题动态逻辑的语义可知:$\mathfrak{m}_{\mathfrak{R}}(<\alpha \cup \beta>\varphi)$ 与 $\mathfrak{m}_{\mathfrak{R}}(\alpha) \cup \mathfrak{m}_{\mathfrak{R}}(\beta) \circ \mathfrak{m}_{\mathfrak{R}}(\varphi)$ 等值;$\mathfrak{m}_{\mathfrak{R}}(< \alpha >\varphi \vee< \beta >\varphi)$ 与 $(\mathfrak{m}_{\mathfrak{R}}(\alpha) \circ$

$\mathfrak{m}_{\mathfrak{R}}(\varphi))\cup(\mathfrak{m}_{\mathfrak{R}}(\beta)\circ\mathfrak{m}_{\mathfrak{R}}(\varphi))$ 等值。这两个表达式的等值性可以由关系复合算子 $\circ$ 对并关系算子 $\cup$ 的分配律得到。利用对偶关系，命题 (ii) 可从命题 (i) 中得出。证毕。

直观地讲，定理 2.8 的 (i) 表示：程序 $\alpha\cup\beta$ 在一个满足 $\varphi$ 的状态下停机，当且仅当，$\alpha$ 或 $\beta$ 在满足 $\varphi$ 的状态下停机。定理 2.8 (ii) 表示：程序 $\alpha\cup\beta$ 的任意停机状态必须满足 $\varphi$，当且仅当，程序 $\alpha$ 和 $\beta$ 的任意停机状态也满足 $\varphi$。

相对于第一个论元而言，结构 $< >$ 和 $[\,]$ 分别是单调的和反序的，即有

**推论 2.9**　如果 $\mathfrak{m}_{\mathfrak{R}}(\alpha)\subseteq\mathfrak{m}_{\mathfrak{R}}(\beta)$，那么对所有 $\varphi$ 而言：

(i) $\mathfrak{R}\models<\alpha>\varphi\rightarrow<\beta>\varphi$；

(ii) $\mathfrak{R}\models[\beta]\varphi\rightarrow[\alpha]\varphi$。

**证明**　只需等值地证明：如果 $\mathfrak{m}_{\mathfrak{R}}(\alpha)\subseteq\mathfrak{m}_{\mathfrak{R}}(\beta)$，那么对所有 $\varphi$ 而言：

(i) $\mathfrak{m}_{\mathfrak{R}}(<\alpha>\varphi)\subseteq\mathfrak{m}_{\mathfrak{R}}(<\beta>\varphi)$；

(ii) $\mathfrak{m}_{\mathfrak{R}}([\beta]\varphi)\subseteq\mathfrak{m}_{\mathfrak{R}}([\alpha]\varphi)$。

根据 $\mathfrak{m}_{\mathfrak{R}}(\alpha)\subseteq\mathfrak{m}_{\mathfrak{R}}(\beta)$，当且仅当，$\mathfrak{m}_{\mathfrak{R}}(\alpha)\cup\mathfrak{m}_{\mathfrak{R}}(\beta)=\mathfrak{m}_{\mathfrak{R}}(\beta)$，这些命题可从定理 2.8 中得出。证毕。

**定理 2.10**　下列公式在正则命题动态逻辑中是有效的：

(i) $<\alpha;\beta>\varphi\leftrightarrow<\alpha><\beta>\varphi$；

(ii) $[\alpha;\beta]\varphi\leftrightarrow[\alpha][\beta]\varphi$。

**证明**　需要证明：对任意模型 $\mathfrak{R}$ 而言，

(i) $\mathfrak{m}_{\mathfrak{R}}(<\alpha;\beta>\varphi)=\mathfrak{m}_{\mathfrak{R}}(<\alpha><\beta>\varphi)$；

(ii) $\mathfrak{m}_{\mathfrak{R}}([\alpha;\beta]\varphi)=\mathfrak{m}_{\mathfrak{R}}([\alpha][\beta]\varphi)$。

根据正则命题动态逻辑的语义可知，命题 (i) 的意思是

$$(\mathfrak{m}_{\mathfrak{R}}(\alpha)\circ\mathfrak{m}_{\mathfrak{R}}(\beta))\circ\mathfrak{m}_{\mathfrak{R}}(\varphi)=\mathfrak{m}_{\mathfrak{R}}(\alpha)\circ(\mathfrak{m}_{\mathfrak{R}}(\beta)\circ\mathfrak{m}_{\mathfrak{R}}(\varphi))$$

根据关系复合算子的可结合性可以对此加以证明。根据 $< >$ 和 $[\,]$ 之间的对偶性，命题 (ii) 可通过命题 (i) 加以证明。证毕。

**定理 2.11**　下列公式在正则命题动态逻辑中是有效的：

(i) $<\varphi?>\psi\leftrightarrow(\varphi\wedge\psi)$；

(ii) $[\varphi?]\psi\leftrightarrow(\varphi\rightarrow\psi)$。

**证明**　需要证明，对任意模型 $\mathfrak{R}$ 而言，

(i) $\mathfrak{m}_{\mathfrak{R}}(<\varphi?>\psi)=\mathfrak{m}_{\mathfrak{R}}(\varphi\wedge\psi)$；

(ii) $\mathfrak{m}_{\mathfrak{R}}([\varphi?]\psi) = \mathfrak{m}_{\mathfrak{R}}(\varphi \to \psi)$。

命题 (i) 的证明如下：

$$\mathfrak{m}_{\mathfrak{R}}(<\varphi?>\psi) = \{(u,u) | u \in \mathfrak{m}_{\mathfrak{R}}(\varphi)\} \circ \mathfrak{m}_{\mathfrak{R}}(\psi)$$

$$= \{u | u \in \mathfrak{m}_{\mathfrak{R}}(\varphi)\} \cap \mathfrak{m}_{\mathfrak{R}}(\psi)$$

$$= \mathfrak{m}_{\mathfrak{R}}(\varphi) \cap \mathfrak{m}_{\mathfrak{R}}(\psi)$$

$$= \mathfrak{m}_{\mathfrak{R}}(\varphi \wedge \psi)$$

根据 $<>$ 和 $[\ ]$ 之间的对偶性，命题 (ii) 可从命题 (i) 中得出。证毕。

### 三、 逆算子 $^-$ 的性质

下列性质处理了具有如下语义的逆算子 "$^-$"：$\mathfrak{m}_{\mathfrak{R}}(\alpha^-) = \mathfrak{m}_{\mathfrak{R}}(\alpha)^- = \{(v,u) | (u,v) \in \mathfrak{m}_{\mathfrak{R}}(\alpha)\}$。

从直观上讲，逆算子允许 "向后运行一个程序"；从语义上看，程序 $\alpha^-$ 的输入/输出关系就是 $\alpha$ 的输出/输入关系。虽然在实践中常常不能实现，但是它却是一个有用的表达工具。例如，该算子提供了讨论回溯法 (backtracking) 或将计算回溯到前一个状态的便捷方式。

**定理 2.12**　对任意程序 $\alpha$ 和 $\beta$，

(i) $\mathfrak{m}_{\mathfrak{R}}((\alpha \cup \beta)^-) = \mathfrak{m}_{\mathfrak{R}}(\alpha^- \cup \beta^-)$；

(ii) $\mathfrak{m}_{\mathfrak{R}}((\alpha;\beta)^-) = \mathfrak{m}_{\mathfrak{R}}(\beta^-;\alpha^-)$；

(iii) $\mathfrak{m}_{\mathfrak{R}}(\varphi?^-) = \mathfrak{m}_{\mathfrak{R}}(\varphi?)$；

(iv) $\mathfrak{m}_{\mathfrak{R}}(\alpha^{*-}) = \mathfrak{m}_{\mathfrak{R}}(\alpha^{-*})$；

(v) $\mathfrak{m}_{\mathfrak{R}}(\alpha^{--}) = \mathfrak{m}_{\mathfrak{R}}(\alpha)$。

**证明**　这些公式都能利用二元关系的性质直接加以证明。例如，(i) 可通过在二元关系上的逆算子 "$^-$" 与并算子 $\cup$ 加以证明

$$\mathfrak{m}_{\mathfrak{R}}((\alpha \cup \beta)^-) = \mathfrak{m}_{\mathfrak{R}}(\alpha \cup \beta)^-$$

$$= (\mathfrak{m}_{\mathfrak{R}}(\alpha) \cup \mathfrak{m}_{\mathfrak{R}}(\beta))^-$$

$$= \mathfrak{m}_{\mathfrak{R}}(\alpha)^- \cup \mathfrak{m}_{\mathfrak{R}}(\beta)^-$$

$$= \mathfrak{m}_{\mathfrak{R}}(\alpha^-) \cup \mathfrak{m}_{\mathfrak{R}}(\beta^-)$$

$$= \mathfrak{m}_{\mathfrak{R}}(\alpha^- \cup \beta^-)$$

可以类似地证明 (ii)。由于 $\mathfrak{m}_{\mathfrak{R}}(\varphi?)$ 是恒等关系 $\iota$ 的一个子集，所以是对称的，所以 (iii) 成立。(iv) 和 (v) 可以类似证明。证毕。

定理 2.12 可以把含有逆算子 "$^-$" 的任意程序转换成："逆算子 '$^-$' 的所有出现仅应用于原子程序" 的一个等值程序。使用定理 2.12 (i)—(v) 中某个定理的右边部分，替换 "看起来像其对应的左边部分的子程序"，就可以得到等值程序。应用这些规则时，就是把逆算子向内移动，直到不能再应用这些规则为止，即直到所有逆算子 "$^-$" 都仅仅被应用到初始程序为止，这时结果程序与初始程序是等值的。

定理 2.12 讨论了逆算子 "$^-$" 与其他程序算子的相互作用。逆算子 "$^-$" 与模态算子 $< \alpha >$ 和 $[\alpha]$ 的相互作用可以用如下定理来描述。

**定理 2.13**　下列公式在正则命题动态逻辑中是有效的：

(i) $\varphi \rightarrow [\alpha]<\alpha^->\varphi$；

(ii) $\varphi \rightarrow [\alpha^-]< \alpha >\varphi$；

(iii) $< \alpha >[\alpha^-]\varphi \rightarrow \varphi$；

(iv) $<\alpha^->[\alpha]\varphi \rightarrow \varphi$。

**证明**　需要证明，将它们应用于任意 Kripke 框架 $\mathfrak{R}$ 中，分别得到

(i) $\mathfrak{m}_{\mathfrak{R}}(\varphi) \subseteq \mathfrak{m}_{\mathfrak{R}}([\alpha]<\alpha^->\varphi)$；

(ii) $\mathfrak{m}_{\mathfrak{R}}(\varphi) \subseteq \mathfrak{m}_{\mathfrak{R}}([\alpha^-]< \alpha >\varphi)$；

(iii) $\mathfrak{m}_{\mathfrak{R}}(< \alpha >[\alpha^-]\varphi) \subseteq \mathfrak{m}_{\mathfrak{R}}(\varphi)$；

(iv) $\mathfrak{m}_{\mathfrak{R}}(<\alpha^->[\alpha]\varphi) \subseteq \mathfrak{m}_{\mathfrak{R}}(\varphi)$。

为了证明 (i)，假设 $u \in \mathfrak{m}_{\mathfrak{R}}(\varphi)$。对于任意使得 $(u, v) \in \mathfrak{m}_{\mathfrak{R}}(\alpha)$ 的状态 $v$ 而言，$v \in \mathfrak{m}_{\mathfrak{R}}(<\alpha^->\varphi)$，因此 $u \in \mathfrak{m}_{\mathfrak{R}}([\alpha]<\alpha^->\varphi)$。公式 (ii) 可直接从 (i) 中得出，利用 (iii) 和 (iv) 分别是 (i) 和 (ii) 的对偶，可以证明 (iii) 和 (iv)。证毕。

定理 2.13 有一个更有力的结论：在有逆算子 "$^-$" 出现的命题动态逻辑中，相对于蕴涵的偏序而言，算子 $< \alpha >$ 在任意 Kripke 框架 $\mathfrak{R}$ 上是连续的。在没有逆算子 "$^-$" 出现的命题动态逻辑中，使得 $< \alpha >$ 不连续的 Kripke 框架是可以被构造出来的。

令 $\mathfrak{R}$ 是正则命题动态逻辑的任意 Kripke 框架，并令 $\mathfrak{m}_{\mathfrak{R}}(\Phi)$ 是该逻辑中的

一个命题解释集：$\mathfrak{m}_{\mathfrak{R}}(\Phi) =_{\text{def}} \{\mathfrak{m}_{\mathfrak{R}}(\varphi) | \varphi \in \Phi\}$。根据包含 $\subseteq$ 可知，集合 $\mathfrak{m}_{\mathfrak{R}}(\Phi)$ 是偏序。在这个偏序下，任意有穷集 $\{\mathfrak{m}_{\mathfrak{R}}(\varphi_1), \cdots, \mathfrak{m}_{\mathfrak{R}}(\varphi_n)\}$ 的上确界 (supremum) 始终存在，而且在 $\mathfrak{m}_{\mathfrak{R}}(\Phi)$ 中：$\{\mathfrak{m}_{\mathfrak{R}}(\varphi_1) \cup \cdots \cup \mathfrak{m}_{\mathfrak{R}}(\varphi_n)\} = \mathfrak{m}_{\mathfrak{R}}(\varphi_1 \vee \cdots \vee \varphi_n)$。同时，$<\alpha>$ 总能使得有穷集的上确界得以保持：

$$\sup_{i=1}^{n} \mathfrak{m}_{\mathfrak{R}}(<\alpha>\varphi_i) = \mathfrak{m}_{\mathfrak{R}}\left(\overset{n}{\underset{i=1}{\vee}} <\alpha>\varphi_i\right)$$

$$= \mathfrak{m}_{\mathfrak{R}}\left(<\alpha> \overset{n}{\underset{i=1}{\vee}} \varphi_i\right)$$

通过 $n-1$ 次应用定理 2.6 的 (i) 可以对此加以证明。然而，如果 $A \subseteq \Phi$ 是无穷的，那么 $\sup_{\varphi \in A} \mathfrak{m}_{\mathfrak{R}}(\varphi)$ 可能不存在。注意：在通常情况下，$\cup_{\varphi \in A} \mathfrak{m}_{\mathfrak{R}}(\varphi)$ 不是上确界，因为它甚至不在 $\mathfrak{m}_{\mathfrak{R}}(\Phi)$ 中。即使 $\sup_{\varphi \in A} \mathfrak{m}_{\mathfrak{R}}(\varphi)$ 确实存在 (即，如果对某个 $\psi \in \Phi$ 而言，则它是 $\mathfrak{m}_{\mathfrak{R}}(\psi)$)，也不必与 $\cup_{\varphi \in A} \mathfrak{m}_{\mathfrak{R}}(\varphi)$ 等值。

下列定理表明：在逆算子 "$^-$" 出现的命题动态逻辑中，算子 $<\alpha>$ 能够使得所有存在的上确界得以保持。

**定理 2.14**　在逆算子 "$^-$" 出现的命题动态逻辑中，相对于逻辑蕴涵的顺序而言，映射 $\varphi \mapsto <\alpha>\varphi$ 是连续的。即，如果 $\mathfrak{R}$ 是一个 Kripke 框架，A 是一个 (有穷或无穷) 公式集，且 $\varphi$ 是一个使得 $\mathfrak{m}_{\mathfrak{R}}(\varphi) = \sup_{\psi \in A} \mathfrak{m}_{\mathfrak{R}}(\psi)$ 成立的公式，那么 $\sup_{\psi \in A} \mathfrak{m}_{\mathfrak{R}}(<\alpha>\psi)$ 存在且与 $\mathfrak{m}_{\mathfrak{R}}(<\alpha>\varphi)$ 等值。

**证明**　因为 $\mathfrak{m}_{\mathfrak{R}}(\varphi)$ 是 $\{\mathfrak{m}_{\mathfrak{R}}(\psi) | \psi \in A\}$ 的上界 (upper bound)，所以，根据定理 2.7 的 (ii) 和 $<\alpha>$ 的单调性可知，对于每个 $\psi \in A$ 而言，$\mathfrak{m}_{\mathfrak{R}}(<\alpha>\psi) \subseteq \mathfrak{m}_{\mathfrak{R}}(<\alpha>\varphi)$，所以 $\mathfrak{m}_{\mathfrak{R}}(<\alpha>\varphi)$ 是 $\{\mathfrak{m}_{\mathfrak{R}}(<\alpha>\varphi) | \psi \in A\}$ 的上界。为了证明 $\mathfrak{m}_{\mathfrak{R}}(<\alpha>\varphi)$ 是最小上界，设 $\rho$ 是一个其他的任意上界，即，对任意 $\psi \in A$，$\mathfrak{m}_{\mathfrak{R}}(<\alpha>\psi) \subseteq \mathfrak{m}_{\mathfrak{R}}(\rho)$。根据 $[\alpha^-]$ 的单调性 (即定理 2.7 的 (iii)) 可知，对任意 $\psi \in A$，$\mathfrak{m}_{\mathfrak{R}}([\alpha^-]<\alpha>\psi) \subseteq \mathfrak{m}_{\mathfrak{R}}([\alpha^-]\rho)$。由定理 2.13 的 (ii) 可知，对任意 $\psi \in A$，$\mathfrak{m}_{\mathfrak{R}}(\psi) \subseteq \mathfrak{m}_{\mathfrak{R}}([\alpha^-]<\alpha>\psi)$。因此 $\mathfrak{m}_{\mathfrak{R}}([\alpha^-]\rho)$ 是 $\{\mathfrak{m}_{\mathfrak{R}}(\psi) | \psi \in A\}$ 一个上界。又因为 $\mathfrak{m}_{\mathfrak{R}}(\varphi)$ 是最小上界，$\mathfrak{m}_{\mathfrak{R}}(\varphi) \subseteq \mathfrak{m}_{\mathfrak{R}}([\alpha^-]\rho)$。再次根据 $<\alpha>$ 的单调性可知，$\mathfrak{m}_{\mathfrak{R}}(<\alpha>\varphi) \subseteq \mathfrak{m}_{\mathfrak{R}}(<\alpha>[\alpha^-]\rho)$。根据定理 2.13 的 (iii) 可知，$\mathfrak{m}_{\mathfrak{R}}(<\alpha>[\alpha^-]\rho) \subseteq \mathfrak{m}_{\mathfrak{R}}(\rho)$，因此，$\mathfrak{m}_{\mathfrak{R}}(<\alpha>\varphi) \subseteq \mathfrak{m}_{\mathfrak{R}}(\rho)$。因为 $\mathfrak{m}_{\mathfrak{R}}(\rho)$ 是 $\{\mathfrak{m}_{\mathfrak{R}}(<p>\psi) | \psi \in A\}$ 的任意一个上界，所以 $\mathfrak{m}_{\mathfrak{R}}(<\alpha>\varphi)$ 是最小上界。证毕。

## 四、 迭代算子 * 的性质

迭代算子 * 可以解释成二元关系上自返传递的闭包算子，迭代算子在命题动态逻辑中对迭代进行编码。迭代算子 * 与其他算子的区别在于，迭代算子本质上可以进行无穷多次迭代，这体现在如下的语义中：$\mathfrak{m}_{\mathfrak{R}}(\alpha)^* = \mathfrak{m}_{\mathfrak{R}}(\alpha)^* = \cup_{n<\omega}\mathfrak{m}_{\mathfrak{R}}(\alpha)^n$ (参见本章第二节)。该语义为命题动态逻辑引入了不同于其他算子的复杂性，因此命题动态逻辑 PDL 是不紧致的：集合

$$\{<\alpha^*>\varphi\} \cup \{\neg\varphi, \neg<\alpha>\varphi, \neg<\alpha^2>\varphi, \cdots\} \qquad (2.6.1)$$

仅仅是有穷可满足的，而不是可满足的。虽然迭代算子 * 具有无穷性，但令人惊奇的是：命题动态逻辑是可判定的，而且可以被有穷完全公理化 (finitary complete axiomatization)。

根据二元关系上的自返传递闭包算子 * 的性质，可以得到命题动态逻辑中的迭代算子 * 的性质。简而言之，对任意二元关系 R 而言，$R^*$ 是包含 R 的 $\subseteq$-最小自返传递关系。

**定理 2.15**　下列公式在正则命题动态逻辑中是有效的：

(i) $[\alpha^*]\varphi \to \varphi$;

(ii) $\varphi \to <\alpha^*>\varphi$;

(iii) $[\alpha^*]\varphi \to [\alpha]\varphi$;

(iv) $<\alpha>\varphi \to <\alpha^*>\varphi$;

(v) $[\alpha^*]\varphi \leftrightarrow [\alpha^*\alpha^*]\varphi$;

(vi) $<\alpha^*>\varphi \leftrightarrow <\alpha^*\alpha^*>\varphi$;

(vii) $[\alpha^*]\varphi \leftrightarrow [\alpha^{**}]\varphi$;

(viii) $<\alpha^*>\varphi \leftrightarrow <\alpha^{**}>\varphi$;

(ix) $[\alpha^*]\varphi \leftrightarrow \varphi \wedge [\alpha][\alpha^*]\varphi$;

(x) $<\alpha^*>\varphi \leftrightarrow \varphi \vee <\alpha><\alpha^*>\varphi$;

(xi) $[\alpha^*]\varphi \leftrightarrow \varphi \wedge [\alpha^*](\varphi \to [\alpha]\varphi)$;

(xii) $<\alpha^*>\varphi \leftrightarrow \varphi \vee <\alpha^*>(\neg\varphi \wedge <\alpha>\varphi)$.

**证明**　这些性质可直接根据本章第二节命题动态逻辑 PDL 的语义和自返传递闭包的性质得到。证毕。

从语义上讲，$\alpha^*$ 是包含 $\alpha$ 的一个自返传递关系，且定理 2.15 就表征了这一点。而且定理 2.15(ii) 表明 $\alpha^*$ 是自返的；(iv) 表明 $\alpha^*$ 是包含 $\alpha$ 的；(vi) 表明 $\alpha^*$ 是传递的；性质 (x) 表明 $\alpha^*$ 是包含 $\alpha$ 的一个自返传递关系。

### 五、 自返传递闭包和归纳

为了证明迭代的性质，只知道 $\alpha^*$ 是一个含 $\alpha$ 的自返传递关系是不够的。即使再利用全域关系 K×K 也不够，还需要知道表征 "$\alpha^*$ 是包含 $\alpha$ 的最小自返传递关系" 的方式，对此有如下几个规则和公理可以使用。

(RTC) 自返传递闭包规则：

$$\frac{(\varphi \lor <\alpha>\psi) \to \psi}{<\alpha^*>\varphi \to \psi}$$

(LI) 循环不变规则：

$$\frac{\psi \to [\alpha]\psi}{\psi \to [\alpha^*]\psi}$$

(IND) 关于 [ ] 的归约公理：

$$\varphi \land [\alpha^*](\varphi \to [\alpha]\varphi) \to [\alpha^*]\varphi$$

(IND) 关于 < > 的归约公理：

$$<\alpha^*>\varphi \to \varphi \lor <\alpha^*>(\neg\varphi \land <\alpha>\varphi)$$

规则 (RTC) 称为自返传递闭包规则，它与定理 2.15(x) 中的有效命题动态逻辑公式之间的关系是这一规则重要性的最佳体现。这个公式从右到左的蕴涵是用 $<\alpha^*>\varphi$ 代替表达式 (2.6.2) 中的 R 得到的：

$$\varphi \lor <\alpha>R \to R \tag{2.6.2}$$

定理 2.15(x) 表明：$<\alpha^*>\varphi$ 是 (2.6.2) 的解答方案，即，当用 $<\alpha^*>\varphi$ 代替 R 时，(2.6.2) 是有效的。规则 (RTC) 表明：$<\alpha^*>\varphi$ 是相对于逻辑蕴涵而言最小解答方案。即，在一个有效式中，通过替换 (2.6.2) 中的 R 而得到的有效公式中，$<\alpha^*>\varphi$ 是命题动态逻辑可以定义的最小状态集。

具有 (IND) 标签的两个对偶命题一起被称为命题动态逻辑的归约公理。直观地讲，关于 [ ] 的归约公理表明：如果 $\varphi$ 最初是真的，且在程序 $\alpha$ 的任意次迭代后，如果 φ 的真值仍然可以通过 α 的再一次迭代被保持，那么在 α 的任意次迭代后，φ 仍将是真的。关于 < > 的归约公理表明：如果在 α 的某次迭代后，可能达到满足 φ 的状态，那么 φ 或是真的，或者可能进入 "φ 为假但对 α 再一次迭代后 φ 为真" 的状态。

正如本章第五节所指出的那样：关于 [ ] 的归约公理与佩亚诺算术的如下归约公理很相似：$\varphi(0) \wedge \forall n(\varphi(n) \rightarrow \varphi(n+1)) \rightarrow \forall n\varphi(n)$。

在下面的定理 2.18 中，在命题动态逻辑中的其他公理和规则中出现的规则 (RTC)，(LI) 和 (IND) 是相互可推导的。规则 (RTC) 是可靠的。规则 (LI) 和 (IND) 的可靠性将从定理 2.18 中得出。

**定理 2.16**　自返传递闭包规则 (RTC) 是可靠的。

**证明**　需要证明，在任意模型 $\mathfrak{R}$ 中，如果 $\mathfrak{m}_{\mathfrak{R}}(\varphi) \subseteq \mathfrak{m}_{\mathfrak{R}}(\psi)$ 且 $\mathfrak{m}_{\mathfrak{R}}(<\alpha>\psi) \subseteq \mathfrak{m}_{\mathfrak{R}}(\psi)$，那么 $\mathfrak{m}_{\mathfrak{R}}(<\alpha^*>\phi) \subseteq \mathfrak{m}_{\mathfrak{R}}(\psi)$。施归纳于 n 可知：$\mathfrak{m}_{\mathfrak{R}}(<\alpha^n>\varphi) \subseteq \mathfrak{m}_{\mathfrak{R}}(\psi)$。很显然，$\mathfrak{m}_{\mathfrak{R}}(\varphi) = \mathfrak{m}_{\mathfrak{R}}(<\text{skip}>\varphi)$，因为 $\mathfrak{m}_{\mathfrak{R}}(\text{skip}) = \iota$，且对关系复合而言，$\iota$ 是一个等词。根据定义可知：$\alpha^0 = \text{skip}$，因此 $\mathfrak{m}_{\mathfrak{R}}(<\alpha^0>\varphi) \subseteq \mathfrak{m}_{\mathfrak{R}}(\psi)$。

现假设 $\mathfrak{m}_{\mathfrak{R}}(<\alpha^n>\varphi) \subseteq \mathfrak{m}_{\mathfrak{R}}(\psi)$，那么

$$\mathfrak{m}_{\mathfrak{R}}(<\alpha^{n+1}>\varphi) = \mathfrak{m}_{\mathfrak{R}}(<\alpha><\alpha^n>\varphi)$$

$$\subseteq \mathfrak{m}_{\mathfrak{R}}(<\alpha>\psi) \qquad \text{（根据 } <\alpha> \text{ 单调性）}$$

$$\subseteq \mathfrak{m}_{\mathfrak{R}}(\psi) \qquad \text{（根据假设）}$$

因此，对任意 n 而言，$\mathfrak{m}_{\mathfrak{R}}(<\alpha^n>\varphi) \subseteq \mathfrak{m}_{\mathfrak{R}}(\psi)$。因为

$$\mathfrak{m}_{\mathfrak{R}}(<\alpha^*>\varphi) = \cup_{n<\omega}\mathfrak{m}_{\mathfrak{R}}(<\alpha^n>\varphi),$$

所以有 $\mathfrak{m}_{\mathfrak{R}}(<\alpha^*>\varphi) \subseteq \mathfrak{m}_{\mathfrak{R}}(\psi)$。证毕。

归约公理 (IND)、自返传递闭包规则 (RTC) 与循环不变规则 (LI) 之间的演绎关系，可以用下面的引理和定理进行总结。需要强调的是：这些结论是独立于本章第二节语义的纯理论证明。

**引理 2.17**　在命题动态逻辑中，不使用归约公理，就可以推出定理 2.7 的 (ii) 和 (iii) 的单调性规则。

**证明**　这是一条纯粹的模态逻辑的定理。首先证明：在命题动态逻辑中，不使用归约公理，就可以推出定理 2.7 的 (iii) 的单调性规则。假设前提 φ → ψ 成

立，运用模态概括规则可以得到 $[\alpha](\varphi \to \psi)$，那么根据公理系统 2.5 的 (ii) 和分
离规则可得 $[\alpha]\varphi \to [\alpha]\psi$。根据纯命题推导，其对偶单调规则 (即定理 2.7 的 (ii))
可从 (iii) 中得出。证毕。

**定理 2.18**　在命题动态逻辑中，不使用归约公理，如下 3 个公理和规则可互
相推出：① 归约公理 (IND)；② 循环不变规则 (LI)；③ 自返传递闭包规则 (RTC)。

**证明**　首先证明 (IND)→(LI)。假设 (LI) 的前提成立：$\varphi \to [\alpha]\varphi$，根据模态
概括规则可得 $[\alpha^*](\varphi \to [\alpha]\varphi)$，因此，$\varphi \to \varphi \wedge [\alpha^*](\varphi \to [\alpha]\varphi)$ (根据命题推理)→
$[\alpha^*]\varphi$ (根据 (IND))。再根据蕴涵的传递性，可得到 $\varphi \to [\alpha^*]\varphi$，(LI) 的结论得证。

然后证明 (LI)→(RTC)。通过纯命题推理对规则 (RTC) 进行对偶化，可得如
下规则：

$$\frac{\psi \to \varphi \wedge [\alpha]\psi}{\psi \to [\alpha^*]\varphi} \tag{2.6.3}$$

这条规则与规则 (RTC) 等值。因此从规则 (LI) 中可以推导出 (2.6.3)。根据 (2.6.3)
的前提和命题推理，可得出如下两个公式：

$$\psi \to \varphi \tag{2.6.4}$$

$$\psi \to [\alpha]\psi \tag{2.6.5}$$

把规则 (LI) 应用到 (2.6.5)，可得 $\psi \to [\alpha^*]\psi$。再根据 (2.6.4) 和单调性 (即引理
2.17)，可得到 $\psi \to [\alpha^*]\varphi$。(2.6.3) 的结论得证。

其次证明 (RTC)→(IND)。根据公理系统 2.5 的 (iii) 和 (vii) 以及命题推理，
可得

$$\varphi \wedge [\alpha^*](\varphi \to [\alpha]\varphi)$$

$$\to \varphi \wedge (\varphi \to [\alpha]\varphi) \wedge [\alpha][\alpha^*](\varphi \to [\alpha]\varphi)$$

$$\to \varphi \wedge [\alpha]\varphi \wedge [\alpha][\alpha^*](\varphi \to [\alpha]\varphi)$$

$$\to \varphi \wedge [\alpha](\varphi \wedge [\alpha^*](\varphi \to [\alpha]\varphi))$$

根据蕴涵的传递性可得 $\varphi \wedge [\alpha^*](\varphi \to [\alpha]\varphi) \to \varphi \wedge [\alpha](\varphi \wedge [\alpha^*](\varphi \to [\alpha]\varphi))$。应用
与规则 (RTC) 等值的 (2.6.3) 可得到规则 (IND)：$\varphi \wedge [\alpha^*](\varphi \to [\alpha]\varphi) \to [\alpha^*]\varphi$。
证毕。

# 第七节 编码霍尔逻辑与正则命题动态逻辑

霍尔部分正确断定 $\{\varphi\}\alpha\{\psi\}$，可以编码成正则命题动态逻辑中的公式 $\varphi \to [\alpha]\psi$。如下定理表明：在这一编码下，动态逻辑包含了霍尔逻辑。

**定理 2.19** 下列霍尔逻辑的规则在正则命题动态逻辑中是可推出的：

(i) 合成规则：

$$\frac{\{\varphi\}\,\alpha\,\{\sigma\}\,,\{\sigma\}\,\beta\,\{\psi\}}{\{\varphi\}\,\alpha;\beta\,\{\psi\}}$$

(ii) 条件规则：

$$\frac{\{\varphi \wedge \sigma\}\,\alpha\,\{\psi\}\,,\{\neg\varphi \wedge \sigma\}\,\beta\,\{\psi\}}{\{\sigma\}\ \text{if}\ \varphi\ \text{then}\ \alpha\ \text{else}\ \beta\ \{\psi\}}$$

(iii) while 规则：

$$\frac{\{\varphi \wedge \psi\}\,\alpha\,\{\psi\}}{\{\psi\}\ \text{while}\ \varphi\ \text{do}\ \alpha\,\{\neg\varphi \wedge \psi\}}$$

(iv) 弱化规则：

$$\frac{\varphi' \to \varphi,\{\varphi\}\,\alpha\,\{\psi\}\,,\psi \to \psi'}{\{\varphi'\}\,\alpha\,\{\psi'\}}$$

**证明** 在命题动态逻辑中可以推导出 (iii) while 规则。其他霍尔规则也可推导出来。假设如下前提成立：

$$\{\varphi \wedge \psi\}\alpha\{\psi\} = (\varphi \wedge \psi) \to [\alpha]\psi \tag{2.7.1}$$

试图得出如下结论：

$$\{\psi\}\text{while}\ \varphi\ \text{do}\ \alpha\{\neg\varphi \wedge \psi\} = \psi \to [(\varphi?;\alpha)^*;\neg\varphi?](\neg\varphi \wedge \psi) \tag{2.7.2}$$

使用命题推理，公式 (2.7.1) 与表达式 $\psi \to (\varphi \to [\alpha]\psi)$ 等值，根据公理系统 2.5 的 (v) 和 (vi)，这一表达式与表达式 $\psi \to [\varphi?\ ;\alpha]\psi$ 等值。应用循环不变规则 (LI)，可得 $\psi \to [(\varphi?;\alpha)^*]\psi$。根据 $[(\varphi?;\alpha)^*]$ 的单调性 (即引理 2.17) 和命题推理可得 $\psi \to [(\varphi?;\alpha)^*](\neg\varphi \to (\neg\varphi \wedge \psi))$。根据公理系统 2.5 的 (vi)，可得 $\psi \to [(\varphi?;\alpha)^*][\neg\varphi?](\neg\varphi \wedge \psi)$。根据公理系统 2.5 的 (v)，它与 (2.7.2) 的结论等值。证毕。

# 第八节　正则命题动态逻辑的演绎完全性

正则命题动态逻辑的公理化可参见 Segerberg (1977)。Parikh (1978) 独立证明了正则命题动态逻辑的完全性。Kozen 和 Parikh (1981) 给出了一个简短且易于效仿的正则命题动态逻辑完全性证明。Pratt (1978，1980a)、Berman (1979) 和 Nishimura (1979) 也证明了正则命题动态逻辑的完全性。本节工作源于 Harel 等 (2000，第 203-209 页)，其完全性证明源于 Kozen(1981a)，且该证明借鉴了 Berman (1979) 和 Pratt(1980a) 的证明。

本章第一节给出的形式演绎系统 (公理系统 2.5)，可以用来表征正则命题动态逻辑语言中 Kripke 框架能够表达的性质。为了简便起见，这里只给出该系统的公理和推理规则。每一条公理或规则的右边给出了证明其可靠性的依据。

## 一、正则命题动态逻辑的公理

(i) 命题逻辑的所有公理都是命题动态逻辑的公理 (根据命题逻辑)；

(ii) $[\alpha] (\varphi \rightarrow \psi) \rightarrow ([\alpha] \varphi \rightarrow [\alpha] \psi)$ (根据定理 2.6(iv))；

(iii) $[\alpha] (\varphi \wedge \psi) \leftrightarrow [\alpha] \varphi \wedge [\alpha] \psi$ (根据定理 2.6(ii))；

(iv) $[\alpha \cup \beta] \varphi \leftrightarrow [\alpha] \varphi \wedge [\beta] \psi$ (根据定理 2.8(ii))；

(v) $[\alpha ; \beta] \varphi \leftrightarrow [\alpha] [\beta] \varphi$ (根据定理 2.10(ii))；

(vi) $[\psi?] \varphi \leftrightarrow (\psi \rightarrow \varphi)$ (根据定理 2.11(ii))；

(vii) $\varphi \wedge [\alpha] [\alpha^*] \varphi \leftrightarrow [\alpha^*] \varphi$ (根据定理 2.15(ix))；

(viii) $\varphi \wedge [\alpha^*] (\varphi \rightarrow [\alpha] \varphi) \rightarrow [\alpha^*] \varphi$ (根据定理 2.15(xi))；

在带有逆算子 "⁻" 的命题动态逻辑中，还包括如下两个公理：

(ix) $\varphi \rightarrow [\alpha] <\alpha^-> \varphi$ (根据定理 2.13(i))；

(x) $\varphi \rightarrow [\alpha^-] < \alpha > \varphi$ (根据定理 2.13(ii))。

## 二、推理规则

(MP) $\dfrac{\varphi, \varphi \rightarrow \psi}{\psi}$ (根据命题逻辑)；

(GEN) $\dfrac{\varphi}{[\alpha]\varphi}$ (根据定理 2.7(i))。

如果公式 $\varphi$ 在该演绎系统中是可证的，那么就记为 ⊢ $\varphi$。如果 ⊬ ¬$\varphi$，即不存在 ⊢ ¬$\varphi$ 的情况，就称公式 $\varphi$ 是一致的；如果一个有穷公式集 $\Sigma$ 的合取 $\wedge\Sigma$ 是一致的，那么 $\Sigma$ 是一致的；如果一个无穷公式集的每个有穷子集都是一致的，那么该无穷公式集是一致的。

## 三、演绎完全性

"演绎系统是完全的"的意思是：所有的有效公式都是定理。为了证明这个事实，将采用命题逻辑的技巧，使用公式的极大一致集来构建一个非标准 Kripke 框架。然后采用非标准模型的滤过引理（即 Harel 等（2000）的引理 $6.6^{①}$），使得该非标准模型坍塌为一个有穷标准模型。

因为该演绎系统包含了命题逻辑作为子系统，所以如下引理成立。其证明与命题逻辑中相应引理的证明类似。

**引理 2.20**　令 $\Sigma$ 是命题动态逻辑的一个公式集，那么

(i) $\Sigma$ 是一致的，当且仅当，$\Sigma \cup \{\varphi\}$ 是一致的或 $\Sigma \cup \{\neg\varphi\}$ 是一致的；

(ii) 如果 $\Sigma$ 是一致的，那么 $\Sigma$ 包含在一个极大一致集中；

另外，如果 $\Sigma$ 是一个极大一致的公式集，那么

(iii) $\Sigma$ 包含了所有的命题动态逻辑定理；

(iv) 如果 $\varphi \in \Sigma$ 且 $\varphi \rightarrow \psi \in \Sigma$，那么 $\psi \in \Sigma$；

(v) $\varphi \vee \psi \in \Sigma$，当且仅当，$\varphi \in \Sigma$ 或 $\psi \in \Sigma$；

(vi) $\varphi \wedge \psi \in \Sigma$，当且仅当，$\varphi \in \Sigma$ 且 $\psi \in \Sigma$；

(vii) $\varphi \in \Sigma$，当且仅当 $\neg\varphi \notin \Sigma$；

(viii) $\mathbf{0} \notin \Sigma$。

此证明不足道。下面的引理是命题动态逻辑特有的。

**引理 2.21**　令 $\Sigma$ 和 $\Gamma$ 是极大一致公式集，并令 $\alpha$ 是一个程序。下面两个程序是等价的：

(a) 对所有公式 $\psi$ 而言，如果 $\psi \in \Gamma$，那么 $<\alpha>\psi \in \Sigma$。

(b) 对所有公式 $\psi$ 而言，如果 $[\alpha]\psi \in \Sigma$，那么 $\psi \in \Gamma$。

**证明**　(a) $\Rightarrow$ (b) 方向的证明：

$$[\alpha]\psi \in \Sigma \Rightarrow <\alpha>\neg\psi \notin \Sigma\,(根据引理\ 2.20\,(vii))$$

$$\Rightarrow \neg\psi \notin \Gamma\,(根据\,(a))$$

---

① Harel D, Kozen D, Tiuryn J. Dynamic Logic. Cambridge: MIT Press, 2000: 200-201.

$$\Rightarrow \psi \in \Gamma \,(根据引理\ 2.20\ (vii))$$

(b) $\Rightarrow$(a) 方向的证明：

$$\psi \in \Gamma \Rightarrow \neg\psi \notin \Gamma \,(根据引理\ 2.20\ (vii))$$

$$\Rightarrow [\alpha]\neg\psi \notin \Sigma \,(根据\ (b))$$

$$\Rightarrow\ <\alpha>\psi \in \Sigma \,(根据引理\ 2.20\ (vii))$$

证毕。

现在可以像 Harel 等 (2000) 的 6.3 节中所定义的那样建立一个非标准 Kripke 框架 $\dot{N} = (N, m_{\dot{N}})$。状态 N 将是一个极大一致公式集。N 中元素称作状态，用 s, t, u, $\cdots$ 表示。但需牢记所有 $s \in N$ 都是极大一致公式集，因此可使用记法 $\varphi \in s$。

通常，令 $\dot{N} = (N, m_{\dot{N}})$ 定义如下：

$N =_{\text{def}} \{命题动态逻辑的极大一致公式集\}$

$m_{\dot{N}}(\varphi) =_{\text{def}} \{s \,|\, \varphi \in s\}$

$m_{\dot{N}}(\alpha) =_{\text{def}} \{(s, t) \mid 对所有的\ \varphi\ 而言，如果\ \varphi \in t，那么\ <\alpha>\varphi \in s\}$

$\qquad\qquad = \{(s, t) \mid 对所有的\ \varphi\ 而言，如果\ [\alpha]\varphi \in s，那么\ \varphi \in t\}$

根据引理 2.21 可知，$m_{\dot{N}}(\alpha)$ 的两种定义是相等的。需要注意的是，$m_{\dot{N}}(\varphi)$ 和 $m_{\dot{N}}(\alpha)$ 的定义可以应用于所有的命题 $\varphi$ 和程序 $\alpha$，而不是只能应用于原子命题和原子程序。因此，复合命题和复合程序的意义并不是像往常一样由原子命题和原子程序的意义归纳定义的。然而，$m_{\dot{N}}(\alpha^*)$ 能满足迭代算子 * 公理，并且其他所有的算子在 $\dot{N}$ 中的作用与它们在标准模型中的作用一样，即它们看起来好像是归纳定义的，现在对此加以证明，从而确保根据 Harel 等 (2000) 的 6.3 节定义的 $\dot{N}$ 是非标准 Kripke 框架。

**引理 2.22**　(i) $m_{\dot{N}}(\varphi \to \psi) = (N - m_{\dot{N}}(\varphi)) \cup m_{\dot{N}}(\psi)$；

(ii) $m_{\dot{N}}(0) = \varnothing$；

(iii) $m_{\dot{N}}([\alpha]\varphi) = N - m_{\dot{N}}(\alpha) \circ (N - m_{\dot{N}}(\varphi))$。

**证明**　根据引理 2.20 的 (iv) 和 (viii) 可以分别得到等式 (i) 和 (ii)，因此 $m_{\dot{N}}(\neg\varphi) = N - m_{\dot{N}}(\varphi)$，这同样是引理 2.20 (vii) 的推论。

对于 (iii)，只需证明：$m_{\dot{N}}(<\alpha>\varphi) = m_{\dot{N}}(\alpha) \circ m_{\dot{N}}(\varphi)$。

这可以从两个包含方向分别进行证明。

$$s \in \mathfrak{m}_{\dot{N}}(\alpha)\mathfrak{m}_{\dot{N}}(\varphi) \Leftrightarrow \exists t(s, t) \in \mathfrak{m}_{\dot{N}}(\alpha) \text{且 } t \in \mathfrak{m}_{\dot{N}}(\varphi)$$

$$\Leftrightarrow \exists t(\forall \psi \in t < \alpha > \psi \in s) \text{且} \varphi \in t$$

$$\Rightarrow < \alpha > \varphi \in s$$

$$\Leftrightarrow s \in \mathfrak{m}_{\dot{N}}(< \alpha > \varphi)$$

现证明相反方向，假定 $s \in \mathfrak{m}_{\dot{N}}(< \alpha > \varphi)$，即 $< \alpha > \varphi \in s$。现在构建 $t$ 使得 $(s, t) \in \mathfrak{m}_{\dot{N}}(\alpha)$ 且 $t \in \mathfrak{m}_{\dot{N}}(\varphi)$。首先证明集合

$$\{\varphi\} \cup \{\psi | [\alpha]\psi \in s\} \tag{2.8.1}$$

是一致的。令 $\{\psi_1, \cdots, \psi_k\}$ 是 $\{\psi | [\alpha]\psi \in s\}$ 的任意有穷子集。那么根据引理 2.20 的 (vi) 可得 $< \alpha > \varphi \wedge [\alpha]\psi_1 \wedge \cdots \wedge [\alpha]\psi_k \in s$，因此根据 "$< \alpha > \varphi \wedge [\alpha]\psi \to < \alpha > (\varphi \wedge \psi)$ 是命题动态逻辑的定理" 和引理 2.20 的 (iii) 和 (iv) 可得

$$< \alpha > (\varphi \wedge \psi_1 \wedge \cdots \wedge \psi_k) \in s$$

因为 $s$ 是一致的，公式 $< \alpha > (\varphi \wedge \psi_1 \wedge \cdots \wedge \psi_k)$ 是一致的，所以根据规则 (GEN)，公式 $\varphi \wedge \psi_1 \wedge \cdots \wedge \psi_k$ 也是一致的。这说明有穷集 $\{\varphi, \psi_1, \cdots, \psi_k\}$ 是一致的。因为这些元素是从集合 (2.8.1) 中任意选择的，所以该有穷集是一致的。

与命题逻辑中的对应引理的证明类似，把集合 (2.8.1) 扩充为一个极大一致集 $t$，$t$ 是 $\dot{N}$ 的一个状态。那么根据 $\mathfrak{m}_{\dot{N}}(\alpha)$ 和 $\mathfrak{m}_{\dot{N}}(\varphi)$ 的定义可知，$(s, t) \in \mathfrak{m}_{\dot{N}}(\alpha)$ 且 $t \in \mathfrak{m}_{\dot{N}}(\varphi)$，因此 $s \in \mathfrak{m}_{\dot{N}}(\alpha) \circ \mathfrak{m}_{\dot{N}}(\varphi)$。证毕。

**引理 2.23**　(i) $\mathfrak{m}_{\dot{N}}(\alpha \cup \beta) = \mathfrak{m}_{\dot{N}}(\alpha) \cup \mathfrak{m}_{\dot{N}}(\beta)$；

(ii) $\mathfrak{m}_{\dot{N}}(\alpha; \beta) = \mathfrak{m}_{\dot{N}}(\alpha) \circ \mathfrak{m}_{\dot{N}}(\beta)$；

(iii) $\mathfrak{m}_{\dot{N}}(\psi?) = \{(s, s) \mid s \in \mathfrak{m}_{\dot{N}}(\psi)\}$；

在带有逆算子 "$^-$" 的命题动态逻辑中，有

(iv) $\mathfrak{m}_{\dot{N}}(\alpha^-) = \mathfrak{m}_{\dot{N}}(\alpha)^-$。

**证明**　此处只给出 (ii) 和 (iii) 的详细证明，其他可类似得出。

(ii) 的反包含 "$\supseteq$" 方向证明如下：

$$(u, v) \in \mathfrak{m}_{\dot{N}}(\alpha) \circ \mathfrak{m}_{\dot{N}}(\beta) \Leftrightarrow \exists w (u, w) \in \mathfrak{m}_{\dot{N}}(\alpha) \text{ 且 } (w, v) \in \mathfrak{m}_{\dot{N}}(\beta)$$

$$\Leftrightarrow \exists w \forall \varphi < \beta > \varphi \in w \text{ 且 } \forall \psi \in w < \alpha > \psi \in u$$

$$\Rightarrow \forall \varphi \in v < \alpha > < \beta > \varphi \in u$$

$$\Leftrightarrow \forall \varphi \in v < \alpha; \beta > \varphi \in u$$

$$\Leftrightarrow (u, v) \in \mathfrak{m}_{\dot{N}}(\alpha; \beta)$$

现在证明 (ii) 的反包含 "⊆" 方向。假定 $(u, v) \in \mathfrak{m}_{\dot{N}}(\alpha; \beta)$。可断定集合

$$\{\varphi | [\alpha]\varphi \in u\} \cup \{ < \beta > \psi | \psi \in v\} \tag{2.8.2}$$

是一致的。令 $\{\varphi_1, \cdots, \varphi_k\} \subseteq \{\varphi | [\alpha]\varphi \in u\}$ 且 $\{ < \beta > \psi_1, \cdots, < \beta > \psi_{\mathfrak{m}}\} \subseteq \{ < \beta > \psi | \psi \in v\}$ 是任选有穷子集，并令 $\varphi = \varphi_1 \wedge \cdots \wedge \varphi_k$，且 $\psi = \psi_1 \wedge \cdots \wedge \psi_{\mathfrak{m}}$。那么根据引理 2.20 的 (vi) 可得 $\psi \in v$，并因为 $(u, v) \in \mathfrak{m}_{\dot{N}}(\alpha; \beta)$，根据 $\mathfrak{m}_{\dot{N}}(\alpha; \beta)$ 的定义得到 $< \alpha; \beta > \psi \in u$。又因为 $[\alpha] \varphi \leftrightarrow [\alpha] \varphi_1 \wedge \cdots \wedge [\alpha] \varphi_k$ 是命题动态逻辑的一条定理，并且根据引理 2.20 的 (vi) 可知：$[\alpha] \varphi_1 \wedge \cdots \wedge [\alpha] \varphi_k$ 在 u 中，所以 $[\alpha] \varphi \in u$。随之可得 $[\alpha] \varphi \wedge < \alpha > < \beta > \psi \in u$。根据 "$< \alpha > \varphi \wedge < \alpha > \psi \rightarrow < \alpha > (\varphi \wedge \psi)$ 是命题动态逻辑的定理" 可知，$< \alpha > (\varphi \wedge < \beta > \psi) \in u$，因此根据规则 (GEN) 可得 $\varphi \wedge < \beta > \psi$ 是一致的。但是 $\vdash \varphi \wedge < \beta > \psi \rightarrow \varphi_1 \wedge \cdots \wedge \varphi_k \wedge < \beta > \psi_1 \wedge \cdots \wedge < \beta > \psi_{\mathfrak{m}}$，所以蕴涵式的右边是一致的。因为这是 (2.8.2) 的一个任意有穷子集的合取，所以 (2.8.2) 是一致的，因此可扩充为一个极大一致集 w。根据 $\mathfrak{m}_{\dot{N}}(\alpha)$ 和 $\mathfrak{m}_{\dot{N}}(\beta)$ 的定义可知，$(u, w) \in \mathfrak{m}_{\dot{N}}(\alpha)$ 且 $(w, v) \in \mathfrak{m}_{\dot{N}}(\beta)$，因此 $(u, v) \in \mathfrak{m}_{\dot{N}}(\alpha) \circ \mathfrak{m}_{\dot{N}}(\beta)$。

(iii) 的证明如下：

$$
\begin{aligned}
(s, t) \in \mathfrak{m}_{\dot{N}}(\psi?) \quad &\Leftrightarrow \forall \varphi \in t < \psi? > \varphi \in s \qquad （根据 \mathfrak{m}_{\dot{N}}(\psi?) 的定义）\\
&\Leftrightarrow \forall \varphi \in t \psi \wedge \varphi \in s \\
&（根据 < \psi? > \varphi \leftrightarrow (\varphi \wedge \psi) 是命题动态逻辑的定理）\\
&\Leftrightarrow \forall \varphi \in t \psi \in s \text{ 且 } \varphi \in s \qquad （根据引理 2.20(vi)）\\
&\Leftrightarrow t \subseteq s \text{ 且 } \psi \in s \\
&\Leftrightarrow t = s \text{ 且 } \psi \in s \qquad （因为 t 是极大的）\\
&\Leftrightarrow t = s \text{ 且 } s \in \mathfrak{m}_{\dot{N}}(\psi)
\end{aligned}
$$

证毕。

**定理 2.24**　根据 Harel 等 (2000) 的 6.3 节定义的结构 $\dot{N}$ 是一个非标准 Kripke 框架。

**证明**　根据引理 2.22 和引理 2.23 可知，算子 →、0、[ ]、;、∪、⁻ 和 ? 在 $\dot{N}$ 中的行为与在标准模型中的行为一样。现在只需证明迭代算子 * 的如下性质在所有状态中都成立：

$$[\alpha^*]\,\varphi \leftrightarrow \varphi \wedge [\alpha\,;\,\alpha^*]\,\varphi$$
$$[\alpha^*]\,\varphi \leftrightarrow \varphi \wedge [\alpha^*]\,(\varphi \rightarrow [\alpha]\,\varphi)$$

但这一点是显而易见的，因为这两条性质都是命题动态逻辑的定理，所以根据引理 2.20 的 (iii) 可知，这两条性质在所有的极大一致集中。这就保证了 $\dot{N}$ 满足 Harel 等 (2000) 的非标准 Kripke 框架中的条件 (6.2.2) 和 (6.2.3)，即 $\mathfrak{m}_{\dot{N}}([\alpha*]\varphi) = \mathfrak{m}_{\dot{N}}(\varphi \wedge [\alpha\,;\,\alpha^*]\varphi)$ 和 $\mathfrak{m}_{\dot{N}}([\alpha^*]\varphi) = \mathfrak{m}_{\dot{N}}(\varphi \wedge [\alpha^*](\varphi \rightarrow [\alpha]\varphi))$。证毕。

非标准 Kripke 框架 $\dot{N}$ 的定义独立于任何特定的 $\varphi$。就 "每个一致公式都会被 $\dot{N}$ 的某个状态满足" 这一意义而言，这一非标准 Kripke 框架是一个通用模型。

**定理 2.25** (命题动态逻辑的完全性)　如果 $\models \varphi$，那么 $\vdash \varphi$。

**证明**　这可以等价地证明：如果 $\varphi$ 是一致的，那么它就被一个标准 Kripke 模型所满足。如果 $\varphi$ 是一致的，那么根据引理 2.20 的 (ii)，它包含在一个极大一致集 u 中，u 是上述构建的非标准 Kripke 模型 $\dot{N}$ 的一个状态。根据非标准 Kripke 模型的滤过引理 (即 Harel 等 (2000) 的引理 6.6)，$\varphi$ 被有穷 Kripke 框架 $\dot{N}\,/\,FL(\varphi)$ 中的状态 [u] 所满足，其中 $\dot{N}\,/\,FL(\varphi)$ 是根据定义所得的标准 Kripke 框架。证毕。

## 四、逻辑后承

在经典逻辑中，由于演绎定理 $\varphi \vdash \psi \Leftrightarrow \vdash \varphi \rightarrow \psi$ 的存在，定理 2.25 形式的完全性定理可以用于处理公式间的逻辑后承关系 $\varphi \models \psi$。不幸的是，正如 $\psi = [\alpha]$ p 和 $\varphi = p$ 所示的那样，演绎定理在命题动态逻辑中是失效的。然而，以下的结论允许定理 2.25 (Harel 等 (2000) 的算法 8.2) 经过扩张后，可以处理逻辑后承关系。

**定理 2.26**　令 $\varphi$ 和 $\psi$ 是任意命题动态逻辑的公式。那么 $\varphi \models \psi \Leftrightarrow \models [(a_1 \cup \cdots \cup a_n)^*]\,\varphi \rightarrow \psi$，其中 $a_1, \cdots, a_n$ 是出现在 $\varphi$ 或 $\psi$ 中的全部原子程序。这里允

许无穷合取, 如果 $\Sigma$ 是一个仅出现有穷多的原子程序的公式集, 那么 $\Sigma \models \psi \Leftrightarrow \models \wedge\{[(a_1 \cup \cdots \cup a_n)^*]\, \varphi \mid \varphi \in \Sigma\} \to \psi$, 其中 $a_1, \cdots, a_n$ 是出现在 $\Sigma$ 或 $\psi$ 中的全部原子程序。

此定理的证明是不足道的, 故从略。

# 第三章　一阶动态逻辑系统及其复杂性与表达力

本章从人工智能的视角研究了允许量化的一阶动态逻辑 (first-order dynamic logic，DL) 及其相关内容。允许在一阶结构上进行量化的一阶动态逻辑叫作量化动态逻辑 (quantificational dynamic logic，QDL)。一阶动态逻辑的两个核心系统就是量化动态逻辑与命题动态逻辑，作为一阶动态逻辑基础系统的命题动态逻辑与量化动态逻辑的关系类似于命题逻辑与谓词逻辑的关系。

第一节依次论述了一阶动态逻辑的基本句法、更加丰富的程序 (如：序列程序和递归可枚举程序、数组、通过代数栈的递归、通过布尔栈的无参数递归)、语义 (包括作为赋值的状态、赋值语句、程序与公式、正则程序与 while 程序、序列和递归可枚举程序)、可满足性和有效性。第二节探讨了一阶动态逻辑与静态逻辑的关系，包括非解释性推理和解释性推理。第三节研究了一阶动态逻辑的复杂性，包括有效性问题、谱复杂性。第四节分别从非解释性层面和解释性层面下探讨了一阶动态逻辑公理化的系统问题。第五节研究了一阶动态逻辑的表达力，包括展开性、谱和表达力、有界不确定性、无界存储、无界不确定性。本章相关阐释主要以 Harel 等 (2000，第 283-380 页) 的工作为基础展开。

命题动态逻辑是使用程序对命题逻辑的一个扩张，是一阶动态逻辑的基础系统；一阶动态逻辑是命题动态逻辑的一阶扩展。命题动态逻辑是一阶动态逻辑的子系统，因此命题动态逻辑的所有性质在一阶动态逻辑中也是有效的。

## 第一节　一阶动态逻辑系统

量化动态逻辑是命题动态逻辑的一阶扩展版本。与标准的正则命题动态逻辑 PDL 相比，量化动态逻辑具有以下特征：① 存在被称为 "计算域"(domain computation) 的一阶结构 $\mathfrak{A}$，允许该结构上的一阶量化 (因而也叫作一阶动态逻辑)；② 状态不再是抽象的点，而是 $\mathfrak{A}$ 的承载子 (carrier) A 上的一组变元赋值；③ 原子程序不再是抽象的二元关系，而是各种形式的赋值语句，在计算过程中赋值语句把值指派给变元，这类赋值最为简单的例子就是简单赋值 (simple assignment)x:=t，其中 x 是变元，t 是项 (term)；④ 原子公式一般都是一阶原子公式。在本书中，量化动态逻辑与一阶动态逻辑可以互相替换。

Harel 等 (2000) 讨论的一阶动态逻辑的句法包括在 $\mathfrak{A}$ 的承载子 A 上取值的个体变元、对一阶结构 $\mathfrak{A}$ 的特异函数 (distinguished function) 和谓词而言的函数和谓词符号、在 A 上取值的量词。具有更强表达力的一阶动态逻辑变种还包括数组 (array)、栈变元 (stack variable) 和其他结构、处理这些结构的初始运算、可以改变这些结构的赋值。在一阶动态逻辑中引入新的结构有时会增强表达力，有时却不能；引入新的结构有时能够影响判定可满足性的复杂性，有时却不能。本章及后续几章的主要目标之一就是：根据相关逻辑系统的相对表达力和复杂性对这些结构进行分类。本章将通过定义所需要的各种逻辑结构和编程结构 (programming constructs)，为这一目标做些准备工作。

Harel 等 (1977) 在 Pratt (1976) 工作的基础上，首次提出了一阶动态逻辑。Harel (1979) 给出了一阶动态逻辑的多个变种，其中的变种 DL (STK) 非常接近上下文无关 (context-free) 动态逻辑。

## 一、　一阶动态逻辑的基本句法

一阶动态逻辑语言是建立在经典一阶逻辑的基础之上的。该语言包括一阶词库 $\Sigma$、该词库涉及函数符号词库、谓词 (或关系) 符号词库。在这一词库上，可以定义一组程序和一组公式。正如在命题动态逻辑中的那样，程序和公式通过模态结构 [ ] 相互作用。程序和公式通常可以通过相互归纳的方式加以定义。

令 $\Sigma = \{f, g, \cdots, p, r, \cdots\}$ 是一个有穷的一阶词库，其中 f 和 g 表示 $\Sigma$ 中的典型函数符号，p 和 r 表示典型的关系符号。虽然本章不会明确表示元数，但是 $\Sigma$ 中的每个函数和关系符号与固定元数 (arity) 相关。假定 $\Sigma$ 总是包括元数为 2 的等号 =。元数为 0, 1, 2, 3 和 n 的函数与关系分别称为零元 (nullary)、一元、二元和三元及 n 元函数与关系。零元函数也叫常量，并用 $V = \{x_0, x_1, \cdots\}$ 表示个体变元的可数集。如下一阶动态逻辑中的程序和公式的定义依赖于词库 $\Sigma$，但是除了特殊原因外，不必强调这种依赖性。

### (一) 原子公式和程序

这里研究的动态逻辑的所有版本中的原子公式都是指一阶词库 $\Sigma$ 中的原子公式，即：形如 $r(t_1, \cdots, t_n)$ 这样的公式，其中 r 是 $\Sigma$ 中的 n-元关系符号，$t_1,$ $\cdots, t_n$ 是 $\Sigma$ 中的项。

正如在命题动态逻辑中一样，一阶动态逻辑中的程序可以使用各种编程结构，由原子程序通过归纳的方式加以定义。复合程序的意义可以根据其组成部分的意义，通过归纳的方式给出。通过选择不同种类的原子程序和编程结构，可以得到不同种类的程序。

在一阶动态逻辑的基础版本中，一个原子程序就是一个简单赋值：

$$x := t \tag{3.1.1}$$

其中 $x \in V$, t 是 $\Sigma$ 中的项。直观地讲，该程序把 t 的值指派给变元 x。在大多数常见的编程语言 (programming language) 中，也能够找到这种形式的赋值。后面将讨论更强形式的指派，如诸如栈指派、数组指派 (array assignment) 和不确定的通配符 (wildcard) 指派。必要时需要明确原子程序的选择，但是现在使用 "原子程序" 这一术语来囊括原子程序的所有可能的选择。

### (二) 穷测试与富测试

正如在命题动态逻辑中一样，一阶动态逻辑包含 "把公式转变为程序" 的测试算子。在后文研究的大多数一阶动态逻辑的变种中，都只允许把无量词 (quantifier-free) 的一阶公式看作测试，有时把这种版本的测试叫作穷测试 (poor test)。另一种选择就是，允许把任意的一阶公式看作测试；大多数情况下，不对这种形式的测试加以限制，允许把任意的一阶动态逻辑公式看作测试，包含了其他程序的公式以及包含了其他测试的公式等都可以看作测试；把这种版本的测试叫作富测试 (Harel et al., 2000，第 263-266 页)。在穷测试版本的一阶动态逻辑中，不必依赖公式就可以对程序加以定义；而在富测试版本的一阶动态逻辑中，程序和公式则需要通过相互归纳的方式加以定义。

由于带有原子程序，我们所研究的一阶动态逻辑在任意时候都依赖于所允许选择的测试。必要时，将对此加以明确说明，但是现在使用 "测试" 这一术语则囊括了测试的所有可能选择。

### (三) 正则程序

对于给定的原子程序集和测试集，正则程序 (regular program) 的集合如同在命题动态逻辑中那样被定义 (Harel et al., 2000，第 163-187 页):

(1) 任意原子程序或测试都是一个程序;

(2) 如果 $\alpha$ 和 $\beta$ 是程序，则 $\alpha; \beta$ 是一个程序;

(3) 如果 $\alpha$ 和 $\beta$ 是程序，则 $\alpha \cup \beta$ 是一个程序;

(4) 如果 $\alpha$ 是程序，则 $\alpha^*$ 是一个程序。

### (四) while 程序

一些有关一阶动态逻辑的文献涉及了 while 程序类。一阶动态逻辑的 while 程序类的定义与在命题动态逻辑中的定义是一样的 (Harel et al., 2000，第 259-263 页)。形式地讲，确定性 while 程序构成正则程序的子类，其中的程序算子 $\cup$，? 和 * 仅以如下的形式出现:

$$\text{skip} =_{\text{def}} \mathbf{1}$$

$$\text{fail} =_{\text{def}} \mathbf{0}$$

$$\text{if } \varphi \text{ then } \alpha \text{ else } \beta =_{\text{def}} (\varphi?; \alpha) \cup (\neg\varphi?; \beta) \tag{3.1.2}$$

$$\text{while } \varphi \text{ do } \alpha =_{\text{def}} (\varphi?; \alpha)^*; \neg\varphi? \tag{3.1.3}$$

除了允许不受限制地使用非确定性选择结构 $\cup$ 外，非确定性 while 程序的类与确定性 while 程序是一样的;在这两种语言中都允许不受限制地使用序列合成算子。对原子程序形式和测试形式的限制，对正则程序一样适用。例如，如果只允许穷测试，那么出现在程序 (3.1.2) 和程序 (3.1.3) 的 $\varphi$ 必须是一个无量词的一阶公式。

确定性 while 程序类很重要，因为它表征了许多现实的命令式编程语言 (imperative programming language) 所共有的基本编程结构。在自然数 N 的标准结构中，确定性 while 程序的表达力足以定义所有部分递归函数，因此在 N 上，它们与正则程序具有相同的表达力。类似的结果对于与 N 类似的宽泛模型类也是成立的，对于这些模型中 "部分递归函数" 的适当定义而言也是成立的。然而，一般来说，while 程序 (即使是不确定的) 不具有普遍的表达力。后续章节将对此加以详细讨论。

(五) 一阶动态逻辑的公式

一阶动态逻辑公式的定义方式与命题动态逻辑公式的定义方式相似；不同的是，前者添加了一个量化 (quantification) 规则。换句话说，一阶动态逻辑公式的定义是按照类似于一阶逻辑公式的方式定义的，不同的是，前者添加了一个模态规则。一阶动态逻辑的基础版本是用正则程序加以定义的：

(1) 假公式 **0** 是一个公式；

(2) 任意原子公式是一个公式；

(3) 如果 $\varphi$ 和 $\psi$ 是公式，那么 $\varphi \to \psi$ 是一个公式；

(4) 如果 $\varphi$ 是公式且 $x \in V$，那么 $\forall x \varphi$ 是一个公式；

(5) 如果 $\varphi$ 是公式且 $\alpha$ 是一个程序，那么 $[\alpha]\varphi$ 是一个公式。

一阶动态逻辑句法 (syntax) 的定义中唯一缺少的规则就是测试规则。在基础版本的一阶动态逻辑中：如果 $\varphi$ 是一个无量词 (quantifier-free) 的一阶公式，那么 $\varphi$? 是一个测试。对于富测试版本的一阶动态逻辑而言，程序和公式的定义是相互依赖的，定义测试的规则可以简化为：如果 $\varphi$ 是一个公式，那么 $\varphi$? 是一个测试。

使用命题逻辑中系统的记法：$\neg\varphi$ 表示 $\varphi \to \mathbf{0}$。正如在一阶逻辑中那样，一阶特称量词 $\exists$ 可以看作一个被定义的结构：把 $\neg\forall x \neg\varphi$ 缩写为 $\exists x \varphi$。类似地，如在命题动态逻辑中一样，模态结构 $<>$ 可以看作一个被定义的结构，因为它是 $[\ ]$ 的模态对偶。其他的命题联结词 $\wedge$，$\vee$，$\leftrightarrow$ 的定义与其在命题逻辑中一样可以由 $\neg$ 和 $\to$ 来定义。在必要时使用括号来确保公式的唯一可读性 (即没有歧义)。注意，$V$ 中的个体变元有双重用途：它们既是程序变元，又是逻辑变元。

## 二、 带有更丰富程序的一阶动态逻辑

本节讨论的一阶动态逻辑带有有穷计算序列程序，或递归可枚举程序，或数组，或代数栈或布尔栈。

### (一) 有穷计算序列程序和递归可枚举程序

一些程序类可以非常方便地被定义为某些有穷计算序列集 (sets of seqs)。在正则命题动态逻辑中，一个有穷计算序列是形如 $\sigma_1; \cdots; \sigma_k$ 的一个程序，其中，每个 $\sigma_i$ 都是一个赋值语句或者无量词的一阶测试。每一个正则程序 $\varphi$ 都与唯一的有穷计算序列集合 $CS(\alpha)$ 有关 (Harel et al., 2000，第 170-171 页)。虽然这些

定义是在命题动态逻辑中给出的，但是同样适用于一阶动态逻辑；二者唯一的差别在于原子程序和测试的形式不一样。

从最广义的角度看，程序是任意的有穷计算序列集。虽然这在语义上是有意义的，因为可以用一种有意义的方式把一个输入/输出关系指派给这样的集合，但是这种程序很难称为可执行程序。至少应该要求这类有穷计算序列的集合是递归可枚举的 (recursively enumerable，简称 r.e.)，这样就将存在 "可以列举一个给定程序的所有可能执行" 的某个能行过程。然而，这一概念会产生一个微妙的问题。

考虑下面这个有穷计算序列集合：$\{x_i := f^i(c) \mid i \in N\}$。这个集合满足上述限制，但它几乎不能称为程序。它有无穷多个变元，因此该集合可能会在无穷多个变元上改变其赋值。另一个有穷计算序列集合例子是 $\{x_{i+1} := f(x_i) \mid i \in N\}$。它不仅可以改变无穷多个变元上的赋值，而且还依赖于输入赋值上的无穷多个变元。

为了避免这种问题，每个程序只使用有穷多个变元。这就产生了以下递归可枚举程序的定义，这是本章研究最多的程序。具体来说，一个递归可枚举程序 $\alpha$ 是 "在一个有穷变元集上枚举一个有穷计算序列集" 的一个图灵机。被枚举的有穷计算序列集合称为 $CS(\alpha)$。用 $FV(\alpha)$ 表示出现在 $CS(\alpha)$ 的有穷计算序列中的有穷变元集合。

与递归可枚举程序相关的一个重要问题是有界内存 (bounded memory)。随着函数符号的嵌套深度的增加，递归可枚举程序中的赋值语句或测试可能有无穷多个项 (虽然这些项只使用有穷多个变元)，而且它们可能需要无穷的内存来计算。如果出现在有穷计算序列集中的项 (term) 的深度是有界的，那么就说该有穷计算序列集是有界内存的。在不牺牲计算能力的情况下，在一个有界内存的有穷计算序列集中，可以要求所有项都具有 $f(x_1, \cdots, x_n)$ 这样的形式。

### (二) 数组和代数栈

如果在一阶动态逻辑中允许使用辅助数据结构，那么就会得到在一阶动态逻辑中使用的编程语言的各种变种。这里给出带有数组 (array) 和栈 (stacks) 的版本，以及被称为通配符赋值 (wildcard assignment) 的带有不确定赋值语句的版本。

此外，还可以用其他类型的结构来扩充 while 程序，例如：① 带有声明的块字 (blocks with declaration)；② 具有各种参数传递机制 (parameter passing mechanisms) 的递归过程、高阶过程、并发过程 (concurrent processes) 等。很容易形成一个由数千种编程语言组成的家族，从而产生数千种逻辑。显然，必须对这种情况进行限制。值得注意的是，如下所述，某些种类的递归过程可由栈运算 (stacks operations) 来表征。

### 1. 数组

可用如下数组变元 (array variables) 的可数集来处理数组：$V_{array}=\{F_0, F_1, \cdots\}$。每个数组变元都有一个没有明确说明的相关元数 (arity) 或论元 (argument) 数量。假设有可数多个变元，每个的元数 $n \geq 0$。在数组变元出现的情况下，可将个体变元的集合 $V$ 等同于零元数组变元的集合，因此 $V \subseteq V_{array}$。

在计算域 (domain of computation) 中，元数为 $n$ 的 $V_{array}$ 中的变元将在带有论元和值 (values) 的 $n$-元函数上取值。在本章中，计算域的元素扮演两个角色：它们既被用作数组的指标 (indices)，也被用作可以存储在数组中的值。同样，我们也可以为数组指标引入一个单独的排序；虽然在概念上很简单，但这将使符号复杂化，不会给人以新的启示。我们扩展了一阶项集，允许数组变元不受限制地出现，前提是考虑到了元数。

带数组的正则程序的类的定义、带数组的确定和不确定的 while 程序类的定义，分别与不带数组的类的定义类似，只是除了简单赋值之外，还允许数组赋值 (array assignments)。数组赋值类似于简单赋值，但在数组赋值的左边，我们允许一个项，其中最外面的符号是数组变元：$F(t_1, \cdots, t_n) := t$，其中 $F$ 是一个 $n$-元数组变元而且 $t_1, \cdots, t_n, t$ 是项，可能涉及其他数组变元。注意，当 $n=0$ 时，这一数组赋值会简化为普通的简单赋值。

### 2. 通过代数栈的递归

现在考虑一阶动态逻辑，其中程序可以操作栈。自动机理论和形式语言中的文献常常将栈与下推存储器 (pushdown store) 区分开来。在前者中，自动机可以检查栈的内容，但只能在顶部进行更改。为了能够表征递归，本章将使用术语"栈"来表示更常见的下推存储器，并规定：只允许在栈的顶部进行检查。

这种扩展的动机是为了表征递归。众所周知，递归过程可以使用栈进行建模，出于各种技术原因，最好是扩展程序的数据操作功能，而不是引入新的控制结构。当它遇到递归调用 (recursive call) 时，递归的栈模拟将推出栈上的局部变元 (local variable) 和参数的返回位置和值。它将在调用结束后弹出它们。栈存储的 LIFO(后进先出) 性质与控件执行递归调用的顺序相匹配。

为了处理栈版本的一阶动态逻辑中的栈,需要添加两个新的原子程序:push(t) 和 pop(y),其中 t 是一个项而且 y∈V。直观地说,push(t) 将 t 的当前值推到栈的顶部,pop(y) 将顶部值从栈的顶部弹出,并将该值指派给变元 y。如果栈为空,则 pop 运算 (pop operation) 不会更改任意内容。我们可以添加一个栈的空 (emptiness) 测试,但它可以显示为冗余的。从形式上讲,栈只是计算域中有穷的元素串。

带有栈的正则程序类,以及带有栈的确定的和不确定的 while 程序的类,可以通过如下途径得到:除了简单的赋值外,使用 push 和 pop 操作将程序的各个类扩展为原子程序。

与数组的情况不同,这里只有一个栈。事实上,当允许两个或多个栈时,表达能力会发生显著变化。而且,为了能够模拟递归,计算域必须至少有两个不同的元素,以便返回地址可以在栈中正确编码。实现此目的的一种方法是使用域的一个元素将返回地址本身存储在第一个元数中,然后将第二个元素的一次出现作为定界符 (delimiter symbol) 存储下来,最后由域元素组成参数和局部变元的当前值。这里描述的栈通常称为代数栈 (algebraic stack),因为它包含来自计算域的元素,它与下面描述的布尔栈 (Boolean stack) 是有所不同的。

### 3. 通过布尔栈的无参数递归

一个有趣的特殊情况是栈只能包含两个不同的元素。这个版本的编程语言可以表征没有参数或局部变元的递归过程。因为这里只需要存储返回地址,而不需要计算域中的实际数据项。如上所述,这可以通过使用两个值来实现,因此可以得到布尔栈的概念。

为了得到能够处理布尔栈的一阶动态逻辑,需要添加如下三种新的原子程序和一种新的测试:① push-1;② push-0;③ pop。而新的测试则为简单的 top?。直观地说,push-1 和 push-0 将相应的不同布尔值推到栈上,pop 则去掉顶部的元素;而且测试 top? 计算结果为真,当且仅当,栈的顶部元素是 1,并且不会带来不良后果。

若仅使用测试 top?,那么就没有能够区分顶部元素 0 的栈和空栈的显式算子 (explicit operator)。以前可能已经定义了这样一个算子,而且在更现实的语言中,肯定会这么做。但是这样的算子在数学上是多余的,因为可以用已有的算子来模拟它。

#### 4. 通配符赋值

Apt 和 Plotkin(1986) 在研究公平性 (fairness) 时考察了 x:=? 这样的不确定赋值。该文献把它称为随机赋值 (random assignment)，尽管它与随机性或概率无关。这里称其为通配符赋值 (wildcard assignment)。直观地讲，它把计算域中的一个非确定选择的元素指派给变元 x。此结构与 [ ] 模态词结合，类似于一阶全称量词，因为它从语义上满足如下两个等价公式：$[x:=?]\varphi$ 和 $\forall x\varphi$。但是，通配符赋值可能出现在程序中，因此可以迭代。

### 三、 一阶动态逻辑的语义

本节将为前面章节中描述的句法结构指派意义 (meaning)，并在一阶结构 $\mathfrak{A}$ 上解释程序和公式，变元在这种结构的承载子 (carrier) 上取值。从程序语义运算角度来看：程序通过简单的赋值序列 x:=t 或其他赋值来改变变元的值，控制流由计算过程中不同时间执行的测试的真值决定。

#### (一) 作为赋值的状态

计算过程中任意时刻所有相关信息的即时快照 (snapshot) 由程序变元的值决定，因此状态是在一阶结构 $\mathfrak{A}$ 的承载子上的变元 V 的赋值 (valuation)u, v, $\cdots$。如果可以从赋值 u 开始，执行程序 $\alpha$，并在赋值 v 停机 (halt)，那么关于状态的形式定义就会把 (u, v) 这样的赋值序对与程序 $\alpha$ 关联起来。此时，序对 (u, v) 就称为 $\alpha$ 的一个输入/输出序对，记为 $(u, v)\in\mathfrak{m}_{\mathfrak{A}}(\alpha)$，这与正则命题动态逻辑的相应定义是一样的。

正如在谓词逻辑中定义的那样，令 $\mathfrak{A} - (A, \mathfrak{m}_{\mathfrak{A}})$ 为一个词库 (vocabulary)$\Sigma$ 上的一阶结构，就称 $\mathfrak{A}$ 为计算域，$\mathfrak{A}$ 的承载子 A 是一个集合，而且 $\mathfrak{m}_{\mathfrak{A}}$ 是一个满足如下两个条件的意义函数 (meaning function)：① $\mathfrak{m}_{\mathfrak{A}}(f)$ 是一个对 $\Sigma$ 的 n-元函数符号 f 进行解释的 n-元函数 $\mathfrak{m}_{\mathfrak{A}}(f)$: $A^n \to A$；② $\mathfrak{m}_{\mathfrak{A}}(r)$ 是一个对 $\Sigma$ 的 n-元关系符号 r 进行解释的 n-元关系 $\mathfrak{m}_{\mathfrak{A}}(r)\subseteq A^n$。等号 = 始终被解释为恒等关系。

对于 $n\geqslant 0$，令 $A^n \to A$ 表示在 A 中的所有 n-元函数的集合，约定 $A^0 \to A=A$。令 $A^*$ 表示 A 上的所有有穷长度字符串的集合。

一阶结构 $\mathfrak{A}$ 决定了 Kripke 框架，因此下文的 Kripke 框架也用 $\mathfrak{A}$ 来表示。$\mathfrak{A}$ 上的一个赋值就是一个函数 u，该函数把 A 上的一个 n-元函数指派给每个 n-元数组变元。该赋值还按照如下方式为栈赋予意义。我们将使用两个唯一的变元名

STK 和 BSTK 来分别表示代数栈和布尔栈。赋值 u 将 A 中元素的有穷长度字符串指派给代数栈 STK，将布尔值 **1** 和 **0** 的有穷长度字符串指派给布尔栈 BSTK。形式地讲：

$u(F) \in A^n \to A$，如果 F 是一个 n-元数组变元

$u(STK) \in A^*$

$u(BSTK) \in \{1, 0\}^*$

约定 $A^0 \to A = A$，并假设 $V \subseteq V_{array}$，把 A 中的元素按照 "若 $x \in V$，则 $u(x) \in A$" 指派给个体变元 (即零元数组变元)。通过归纳可以把赋值 u 唯一地扩展到项 t。对于 n-元函数符号 f 和 n-元数组变元 F，

$u(f(t_1, \cdots, t_n)) =_{def} m_{\mathfrak{A}}(f)(u(t_1), \cdots, u(t_n))$

$u(F(t_1, \cdots, t_n)) =_{def} u(F)(u(t_1), \cdots, u(t_n))$

函数补片算子 (function-patching operator) 的定义如下 (Harel et al., 2000, 第 14-21 页)：若 X 和 D 是集合，$f: X \to D$ 是任意函数，$x \in X$ 且 $d \in D$，那么函数 $f[x/d]: X \to D$ 的定义如下：

$$f[x/d](y) =_{def} \begin{cases} d, & x = y \\ f(y), & x \neq y \end{cases}$$

以后将以多种方式 (可能在逻辑层面也可能在元逻辑层面) 使用这种记法，例如：

(1) 如果 u 是一个赋值，x 是一个个体变元，而且 $a \in A$，那么 $u[x/a]$ 是通过如下方式从 u 获得的新赋值：将 x 的值更改为 a 并保持所有其他变元的值不变。

(2) 如果 F 是一个 n-元数组变元 (array variable) 而且 $f: A^n \to A$，那么 $u[F/f]$ 是通过如下方式获得的新赋值：将与 u 相同的值指派给栈变元和除 F 以外的所有数组变元，而且 $u[F/f](F) = f$。

(3) 如果 $f: A^n \to A$ 是一个 n-元函数而且 $a_1, \cdots, a_n, a \in A$，那么表达式 $f[a_1, \cdots, a_n/a]$ 表示 "除了输入 $a_1, \cdots, a_n$ 以外，其他地方都与 f 一致" 的 n-元函数，而且其取值为 a，准确地说

$$f[a_1, \cdots, a_n/a](b_1, \cdots, b_n) = \begin{cases} a, & b_i = a_i \ (1 \leqslant i \leqslant n) \\ f(b_1, \cdots, b_n), & b_i \neq a_i \ (1 \leqslant i \leqslant n) \end{cases}$$

对于除了有穷多个数组变元 F 外的所有数组变元和 n-元组 $a_1, \cdots, a_n \in A^n$

而言，如果 u(F)(a₁, ···, aₙ)=v(F)(a₁, ···, aₙ)，那么就称赋值 u 和 v 为彼此的有穷变种 (finite variants)。换句话说，赋值 u 和 v 最多在有穷多个数组变元上不同，而且对于使得 u 和 v 不同的数组变元而言，函数 u(F) 和 v(F) 在最多有穷多个值上不同。

关系 "是 ··· 的有穷变种" 是赋值上的等价关系。由于一个停机计算只能运行有穷多次，因此只能执行有穷多个赋值；所以，一个停机计算不会超过等价类的边界。在下面给出的二元关系语义中，如果序对 (u, v) 是程序 A 的输入/输出序对，那么就说 v 是 u 的有穷变种。

现在定义 Kripke 框架的状态。对于 a∈A，令 wₐ 是如下这样的一个赋值：栈为空，而且所有数组和个体变元都被解释为 "在任意时候都取值为 a 的" 常量函数。𝔄 的一个状态是赋值 wₐ 的任意有穷变种。𝔄 的状态的集合记为 Sᵃ。如果一个状态与某个 wₐ 仅在个体变元的值上有所不同，则称它为初始状态。把状态看作是所有赋值的集合是有用的，刚才定义的状态可以防止数组初始化为高度复杂的 oracle，否则将削弱一阶动态逻辑的相关表达力。

## (二) 赋值语句

与正则命题动态逻辑的语义一样 (Harel et al., 2000，第 167-171 页)，一阶动态逻辑中的每个程序 α 都与一个二元关系有关，即 $\mathfrak{m}_{\mathfrak{A}}(\alpha) \subseteq S^{\mathfrak{A}} \times S^{\mathfrak{A}}$(称为 p 的输入/输出关系)，每一个公式 φ 都与一个集合相联系，即 $\mathfrak{m}_{\mathfrak{A}}(\varphi) \subseteq S^{\mathfrak{A}}$。通过对在 α 和 φ 的结构进行相互归纳，可以定义集合 $\mathfrak{m}_{\mathfrak{A}}(\alpha)$ 和集合 $\mathfrak{m}_{\mathfrak{A}}(\varphi)$。为了给出该归纳定义的基础，现在需要首先给出前面讨论过的所有赋值语句的语义。

(1) 数组赋值 (array assignment)F(t₁, ···, tₙ):=t 被解释为如下的二元关系：

$$\mathfrak{m}_{\mathfrak{A}}(F(t_1, \cdots, t_n):=t)=_{def}\{(u, u[F/u(F)[u(t_1), \cdots, u(t_n)/u(t)]]) \mid u\in S^{\mathfrak{A}}\}$$

换言之，从状态 u 开始，数组赋值的作用是将输入 u(t₁), ···, u(tₙ) 时的 F 的值更改为 u(t)，并使所有其他输入时的 F 的值和所有其他变元的值保持不变。对于 n=0，此定义简化为以下简单赋值的定义：$\mathfrak{m}_{\mathfrak{A}}(x:=t) =_{def}\{(u, u[x/u(t)]) \mid u\in S^{\mathfrak{A}}\}$。

(2) 代数栈的 push 运算 push(t) 以及布尔堆栈的 push-1 和 push-0 运算被分别解释为如下二元关系：

$$\mathfrak{m}_{\mathfrak{A}}(push(t))=_{def}\{(u, u[STK/(u(t) \cdot u(STK))]) \mid u\in S^{\mathfrak{A}}\}$$

$$\mathfrak{m}_{\mathfrak{A}}(\text{push-1})=_{\text{def}}\{(u, u[\text{BSTK}/(\mathbf{1} \cdot u(\text{BSTK}))]) \mid u \in S^{\mathfrak{A}}\}$$

$$\mathfrak{m}_{\mathfrak{A}}(\text{push-0})=_{\text{def}}\{(u, u[\text{BSTK}/(\mathbf{0} \cdot u(\text{BSTK}))]) \mid u \in S^{\mathfrak{A}}\}$$

换言之，push(t) 将代数栈变元 STK 的值从 u(STK) 更改为字符串 u(t) · u(STK)，后者是值 u(t) 与字符串 u(STK) 的串联 (concatenation)，其余的都保持不变。push-1 和 push-0 的效果与此相似，只不过是用特殊的常量 $\mathbf{1}$ 和 $\mathbf{0}$ 代替 u(t) 与 u(BSTK) 进行串联。

(3) 代数栈的 pop(y) 运算与布尔栈的 pop 运算被分别解释为如下二元关系：

$$\mathfrak{m}_{\mathfrak{A}}(\text{pop}(y)) =_{\text{def}}\{(u, u[\text{STK}/\text{tail}(u(\text{STK}))][y/\text{head}(u(\text{STK}), u(y))]) \mid u \in S^{\mathfrak{A}}\}$$

$$\mathfrak{m}_{\mathfrak{A}}(\text{pop}) =_{\text{def}}\{(u, u[\text{BSTK}/\text{tail}(u(\text{BSTK}))]) \mid u \in S^{\mathfrak{A}}\}, \quad \text{其中}$$

$$\text{tail}(a \cdot \sigma) =_{\text{def}} \sigma$$

$$\text{tail}(\varepsilon) =_{\text{def}} \varepsilon$$

$$\text{head}(a \cdot \sigma, b) =_{\text{def}} a$$

$$\text{head}(\varepsilon, b) =_{\text{def}} b$$

其中 $\varepsilon$ 是空字符串。换言之，如果 $u(\text{STK}) \neq \varepsilon$，此运算将 STK 的值从 u(STK) 更改为"通过删除 u(STK) 的第一个元素而获得的字符串"，并将该元素指派给变元 y。如果 $u(\text{STK}) = \varepsilon$，那么一切不变。布尔栈的 pop 运算只更改 BSTK 的值，而不进行别的更改。这里不包括"用于测试栈是否为空的"显式结构，因为可以模拟这些结构。但是，确实需要能够引用布尔栈的顶部元素 (top element) 的值，因此包含 top? 测试。

(4) 布尔测试程序 top? 被解释为如下二元关系：

$$\mathfrak{m}_{\mathfrak{A}}(\text{top?}) =_{\text{def}}\{(u, u) \mid u \in S^{\mathfrak{A}}, \text{head}(u(\text{BSTK}))=1\}$$

换言之，这个测试允许控制继续进行，当且仅当，布尔栈的顶部包含 1，此外，没有别的改变。

(5) 对于 $x \in V$，通配符赋值 x:=? 被解释为如下关系：

$$\mathfrak{m}_{\mathfrak{A}}(x:=?) =_{\text{def}} \{(u, u[x/a]) \mid u \in S^{\mathfrak{A}}, a \in A\}$$

执行此语句的结果是，承载子集合 A 的某个任意值将会指派给 x，并且所有其他变元的值保持不变。

*(三) 程序和公式*

复合程序和公式的意义通过对 $\alpha$ 和 $\varphi$ 的结构进行相互归纳来定义，基本上与正则命题动态逻辑的复合程序和公式的意义的定义相同 (Harel et al., 2000，第 163-188 页)。为了完全性，需要包含下面这些定义。

**1. 正则程序和 while 程序**

下面是正则程序的四种结构的语义定义

$$\mathfrak{m}_{\mathfrak{A}}(\alpha;\beta) =_{\text{def}} \mathfrak{m}_{\mathfrak{A}}(\alpha) \circ \mathfrak{m}_{\mathfrak{A}}(\beta)$$

$$= \{(u,v) \mid \exists w(u,w) \in \mathfrak{m}_{\mathfrak{A}}(\alpha) \text{且} (w,v) \in \mathfrak{m}_{\mathfrak{A}}(\beta)\} \tag{3.1.4}$$

$$\mathfrak{m}_{\mathfrak{A}}(\alpha \cup \beta) =_{\text{def}} \mathfrak{m}_{\mathfrak{A}}(\alpha) \cup \mathfrak{m}_{\mathfrak{A}}(\beta) \tag{3.1.5}$$

$$\mathfrak{m}_{\mathfrak{A}}(\alpha*) =_{\text{def}} \mathfrak{m}_{\mathfrak{A}}(\alpha)^* = \bigcup_{n \geqslant 0} \mathfrak{m}_{\mathfrak{A}}(\alpha)^n$$

$$\mathfrak{m}_{\mathfrak{A}}(\varphi?) =_{\text{def}} \{(u,u) \mid u \in \mathfrak{m}_{\mathfrak{A}}(\varphi)\} \tag{3.1.6}$$

被定义的结构 (如 if-then-else 和 while-do) 的语义与命题动态逻辑中相应结构的定义一样。

**2. 有穷计算序列和递归可枚举程序**

前面已讲过：一个递归可枚举程序是一个可枚举的有穷计算序列集 $CS(\alpha)$ 的图灵机。如果 $\alpha$ 是一个递归可枚举程序，定义 $\mathfrak{m}_{\mathfrak{A}}(\alpha) =_{\text{def}} \bigcup_{\sigma \in CS(\alpha)} \mathfrak{m}_{\mathfrak{A}}(\sigma)$。因此，$\alpha$ 的意义 (meaning) 可以被定义为 $CS(\alpha)$ 中的有穷计算序列意义的并 (union)。有穷计算序列 $\sigma$ 的意义 $\mathfrak{m}_{\mathfrak{A}}(\sigma)$ 是由原子程序和测试以及序列合成算子 (sequential composition operator) 的意义来决定的。

有趣的一点是,可以使用其他编程结构将程序翻译成递归可枚举程序。这一点仅仅适用于数组和栈 (布尔栈甚至可以翻译为带有有界内存的递归可枚举程序),但是通配符赋值则不能翻译成递归可枚举程序。后文将谈及与这些程序相关的有穷计算序列的递归可枚举集合，所以能够进行这种翻译是很重要的。例如，要了解如何把数组翻译成递归可枚举程序，可以考虑如下这样的算法：通过只生成普通赋值和测试来模拟程序的执行。该算法不会生成形如 $F(t_1, \cdots, t_n) := t$ 的数组赋值，而是"记住"这一算法，当遇到形如 $x := F(t_1, \cdots, t_n)$ 这样的赋值时，就直接生成 $x := t$ 这样的形式。这需要特别注意，必须跟踪 $t$ 和 $t_1, \cdots, t_n$ 中变元的变化，并将它们整合到生成的赋值中。

### 3. 一阶动态逻辑公式

有关一阶原子公式的语义定义，请参阅谓词逻辑 (Harel et al., 2000，第 102-119 页)。一阶动态逻辑公式的结构的语义定义如下：

$$\mathfrak{m}_{\mathfrak{A}}(\mathbf{0}) =_{\text{def}} \varnothing \tag{3.1.7}$$

$$\mathfrak{m}_{\mathfrak{A}}(\varphi \to \psi) =_{\text{def}} \{u \mid 若\ u \in \mathfrak{m}_{\mathfrak{A}}(\varphi), 则\ u \in \mathfrak{m}_{\mathfrak{A}}(\psi)\} \tag{3.1.8}$$

$$\mathfrak{m}_{\mathfrak{A}}(\forall x \varphi) =_{\text{def}} \{u \mid \forall a \in A\ u[x/a] \in \mathfrak{m}_{\mathfrak{A}}(\varphi)\} \tag{3.1.9}$$

$$\mathfrak{m}_{\mathfrak{A}}([\alpha]\varphi) =_{\text{def}} \{u \mid \forall v\ 若\ (u,v) \in \mathfrak{m}_{\mathfrak{A}}(\alpha), 则\ v \in \mathfrak{m}_{\mathfrak{A}}(\varphi)\} \tag{3.1.10}$$

同样，可以根据通配符赋值定义一阶量词 $\forall$ 和 $\exists$：

$$\forall x \varphi \leftrightarrow [x :=?]\varphi \tag{3.1.11}$$

$$\exists x \varphi \leftrightarrow < x :=? > \varphi \tag{3.1.12}$$

请注意，对于确定型程序 $\alpha$ (例如：通过使用 while 编程语言而不是正则程序获得的，并且不允许通配符赋值的确定型程序)，$\mathfrak{m}_{\mathfrak{A}}(\alpha)$ 是从状态到状态的部分函数 (partial function)；也就是说，对于每个状态 $u$，最多有一个 $v$ 满足 $(u, v) \in \mathfrak{m}_{\mathfrak{A}}(\alpha)$。函数的部分性 (partiality) 源于"$\alpha$ 在某些状态下启动时可能不会停止的"可能性。例如，$\mathfrak{m}_{\mathfrak{A}}(\text{while } \mathbf{1} \text{ do skip})$ 是空关系。通常，关系 $\mathfrak{m}_{\mathfrak{A}}(\alpha)$ 不必是单值关系。

如果 $K$ 是一组给定的句法结构，带有由这些结构构建的程序的一阶动态逻辑版本称为带有 $K$ 的一阶动态逻辑，或者简记为 DL($K$)。类似地，有 DL(r.e.), DL(array), DL(stk), DL(bstk), DL(wild)，等等这类记法。一般默认这些逻辑是穷测试版本，其中只有无量词的一阶公式可以作为测试出现。标准的一阶动态逻辑表示为 DL(reg)，用 DL(dreg) 来表示带有 while 程序 (确定的正则程序) 的 DL。同样，while 程序只使用穷测试。也允许使用像 DL(dreg+wild) 这类组合。

### 四、 可满足性和有效性

一阶动态逻辑的可满足性、有效性等概念与谓词逻辑和正则命题动态逻辑 (Harel et al., 2000，第 163-187 页) 中的相应定义一样。令 $\mathfrak{A}=(A, \mathfrak{m}_{\mathfrak{A}})$ 为一个结构，并令 u 是 $S^{\mathfrak{A}}$ 中的一个状态，对于一个公式 $\varphi$，如果 $u \in \mathfrak{m}_{\mathfrak{A}}(\varphi)$，那么就记为 $\mathfrak{A}, u \models \varphi$，并称在 $\mathfrak{A}$ 中 u 满足 $\varphi$。当 $\mathfrak{A}$ 明确时，有时会记作 $u \models \varphi$。如果对于 $\mathfrak{A}$ 中所有的 u 而言，$\mathfrak{A}, u \models \varphi$ 成立，则称 $\varphi$ 是 $\mathfrak{A}$-有效的，并记为 $\mathfrak{A} \models \varphi$。如果 $\mathfrak{A} \models \varphi$ 对于所有 $\mathfrak{A}$ 成立，就称 $\varphi$ 是有效的。若对于某些 $\mathfrak{A}$ 和 u 而言，如果 $\mathfrak{A}, u \models \varphi$ 成立，则称 $\varphi$ 是可满足的。对于公式集 $\Delta$，若 $\mathfrak{A} \models \varphi$ 对于所有 $\varphi \in \Delta$ 成立，则记为 $\mathfrak{A} \models \Delta$。

非形式地讲，$\mathfrak{A}, u \models [\alpha]\varphi$ 成立，当且仅当，每个 "在状态 u 开始" 的结束计算 (terminating computation) $\alpha$，都会在满足 $\varphi$ 的一个状态下结束 (terminate)，而且 $\mathfrak{A}, u \models < \alpha >\varphi$ 成立，当且仅当，存在一个 "在状态 u 开始并在满足 $\varphi$ 的一个状态下结束" 的计算 $\alpha$。对于一个纯粹的一阶公式 $\varphi$ 而言的元语句 (metastatement) $\mathfrak{A}, u \models \varphi$ 与在一阶逻辑中的元语句的意义相同。

## 第二节　一阶动态逻辑与静态逻辑的关系

一阶动态逻辑的推理有两种形式：非解释性推理和解释性推理。前者涉及逻辑中可表达的独立于解释域 (domain of interpretation) 的属性，而后者涉及运用逻辑对特殊定义域或定义域的有穷类上的计算进行推理。本节将讨论这两个层面的推理以及它们与一阶动态逻辑和经典静态逻辑之间的关系。

从 Ianov(1960) 以来，以程序图式 (program schematology) 的形式进行的非解释性推理就成为一种常态，具体可以参见 Luckham 等 (1970)、Paterson 和 Hewitt(1970) 和 Greibach(1975) 的工作。解释程序正确性的研究可以追溯到图灵 (Turing) 和冯·诺依曼 (von Neumann) 的工作，但似乎是继 Floyd(1967)、Hoare(1969) 和 Manna(1974) 之后，这一研究才得以明确。Engeler(1967) 探讨了在 $L_{\omega_1\omega}$ 中的程序嵌入逻辑。算术结构首先由 Moschovakis(1974) 以可接受结构 (acceptable structures) 的名称定义。算术结构在 Harel(1979) 的程序逻辑中被重新引入和研究。

## 一、 非解释性推理

本节论述与一阶动态逻辑非解释性推理有关的问题。

### (一) 非解释性推理：图式

与命题动态逻辑不同，一阶动态逻辑 DL 公式涉及变元、函数、谓词和量词；状态是从变元到某个值域的映射，原子程序是赋值语句。要给这些结构赋予语义意义，就需要能够解释函数和谓词符号的一阶结构 $\mathfrak{A}$。尽管如此，除了一阶语义的相应规定，没有必要对 $\mathfrak{A}$ 或函数和谓词符号解释的性质作出任意特殊的假设。我们从这一层次的推理中得出的任何结论在任何可能的解释下都是有效的。非解释性推理是指这种类型的推理。

例如，如下公式：

$$p(f(x),\ g(y,\ f(x)))\rightarrow <z:=f(x)>p(z,\ g(y,\ z))$$

在任意定义域上为真，而不必考虑 p, f 和 g 的解释。

另一个有效公式的例子是

z=y∧∀x f(g(x))=x

　　→[while p(y) do y:=g(y)]<while y≠z do y:=f(y)>1

注意这里 [ ] 的用法适用于 < >。这个公式断定，在假设 f 不作用于 g 的情况下，任意把 g 对 z 应用若干次的计算，都可通过把 f 对该计算结果应用若干次，而回溯到初始 z。

非解释性推理最适合于比较编程语言的特性，因为我们希望这种比较不会受到特定的解释域的编码能力的影响。例如，如果放弃非解释层面，并假设带有零、加法、乘法的自然数的固定论域是 $\mathbb{N}$，那么所有合理的编程语言在计算能力上都是等价的，它们都恰好计算部分递归函数。相反，可以在非解释层面下证明递归是比迭代更强大的编程结构。在非解释层面下比较编程语言的表达能力的研究有时被称为图式学 (schematology)，而非解释性程序通常被称为程序模式 (program schemes)。

以正则程序和非确定的 while 程序为例。二者表达力一样强，因为每个 while 程序都是正则程序，这可以通过回顾一阶动态逻辑中的定义得到

$$\text{if } \varphi \text{ then } \alpha \text{ else } \beta =_{\text{def}} (\varphi?;\ \alpha) \cup (\neg\varphi?;\ \beta)$$

$$\text{while } \varphi \text{ do } \alpha =_{def} (\varphi?; \alpha)^*; \neg\varphi?$$

相反地,在任意结构中,非确定的 while 程序与正则程序表达力一样强。使用正则算子定义逻辑,因为它们在数学表述中更容易操作,但是在表示算法时 while 程序算子显得更加自然。

如果不允许非确定的 while 程序,情况就不同了。后面关于 "表达力" 的章节将表明:当考虑到所有结构时,具有确定性 while 程序的动态逻辑的表达力严格弱于具有正则程序的动态逻辑。但是,这两种逻辑在自然数集 N 上是等价的 (参见本章后续定理 3.6)。

### (二) 不成立的经典性质

现在致力于说明,对于 (即使是相当弱的版本的) 一阶动态逻辑而言,经典 (非解释) 一阶逻辑的如下三个基本性质是不成立的:Löwenheim-Skolem 定理、完全性、紧致性。

**Löwenheim-Skolem 定理** (Harel et al., 2000,第 116-117 页) 令 Φ 是一个可数的公式集,① 如果 Φ 有一个无穷模型,那么它就具有一个可数无穷模型;② 如果 Φ 有一个可数无穷模型,那么它就具有所有无穷基数的模型。由于该定理,经典一阶逻辑不能定义为到上同构 (up to isomorphism) 的初等算术结构:$N = (\omega, +, \cdot, 0, 1, =)$。

换句话说,不存在在结构 $\mathfrak{A}$ 中为真的一阶语句,当且仅当,$\mathfrak{A}$ 和 $N$ 是同构的。然而,这在一阶动态逻辑中这样定义却是可行的。

**命题 3.1** 存在可以把自然数 N 定义为到上同构的一个 DL(dreg) 的公式 $\Theta_N$。

**证明** DL(dreg) 公式:$\forall x <y:=0;$ while $y \neq x$ do $y:=y+1>1$。 (3.2.1)

把 $\Theta_N$ 看作是 (3.2.1) 表示的 DL(dreg) 公式与以下六个一阶公式的合取:

(1) $\forall x\ x+1 \neq 0$;

(2) $\forall x \forall y\ x+1 = y+1 \rightarrow x=y$;

(3) $\forall x\ x+0 = x$;

(4) $\forall x \forall y\ x+(y+1) = (x+y)+1$;

(5) $\forall x\ x \cdot 0 = 0$;

(6) $\forall x \forall y\ x \cdot (y+1) = (x \cdot y)+x$。

语句 (3.2.1) 的意思是 $<>$ 内的程序对所有 x 都停机；换句话说，该结构中的每个元素都是从 0 加上有穷多次 1 而得到的。这在一阶逻辑中是无法表达的。(3.2.1) 的一个缺点就是可以在 $\Theta_\mathbb{N}$ 的所有模型中使用归纳原理。上述一阶公式的前两个公式表示 $\Theta_\mathbb{N}$ 的每一个模型都是无穷的，其他四个一阶公式是加法和乘法的归纳定义。由此可知，$\Theta_\mathbb{N}$ 的每一个模型都与 $\mathbb{N}$ 同构。证毕。

Löwenheim-Skolem 定理对于一阶动态逻辑来说不成立，因为 $\Theta_\mathbb{N}$ 有一个无穷模型 (即自然数 $\mathbb{N}$)，但是所有模型都同构于 $\mathbb{N}$，所以是可数的。除了 Löwenheim-Skolem 定理，紧致性在一阶动态逻辑也是不成立的。考虑以下可数公式集 $\Gamma$：

$$\{<\text{while } p(x) \text{ do } x{:=}f(x)>\mathbf{1}\}\cup\{p(f^n(x))|n\geqslant 0\}$$

很容易看出 $\Gamma$ 是不可满足的，但它是有穷可满足的，即它的每个有穷子集都是可满足的。

最糟糕的是，对于通常认为的任意演绎系统 (比如：公理模式和有穷推理规则的有穷能行系统)，完全性都不能成立。这样的系统的定理集是递归可枚举的，因为它们可以通过如下方式进行枚举：写下公理并以各种可能的方式系统地应用推理规则。但是，一阶动态逻辑的有效语句集不是递归可枚举的。在后面讨论 "复杂性" 时将会对此进行详细说明。即使这样，还是可以研究一阶动态逻辑的证明和演绎。在后面 "公理化" 的章节中将给出一阶动态逻辑公理系统的大量有趣且实用的结果。

### (三) 一阶动态逻辑的表达力

本节从非解释层面讨论相对于经典静态逻辑的一阶动态逻辑的表达力。特别地，这里将介绍递归可枚举程序的富测试动态逻辑，并证明它等价于无穷语言 $L_{\omega_1^{ck}\omega}$。后续章节将给出其详细说明。

首先给出可以比较不同版本的一阶动态逻辑的定义。前面已经说明：如果一个状态与常量状态 $w_a$ 仅在个体变元的值上不同，那么该状态就是初始状态。如果 $DL_1$ 和 $DL_2$ 是同一词库上的一阶动态逻辑的两个变种，则称 $DL_2$ 具有和 $DL_1$ 一样的表达力。如果对于每个在 $DL_1$ 中的公式 $\varphi$，都有一个 $DL_2$ 中的公式 $\psi$ 使得 $\mathfrak{A}, u\models \varphi \leftrightarrow \psi$ 对所有一阶结构 U 和初始状态 u 来说都成立，那么就写为 $DL_1 \leqslant DL_2$。若 $DL_1$ 表达的内容 $DL_2$ 都可以表达，但是 $DL_2$ 表达的内容 $DL_1$ 不一定能够表达，则称 $DL_2$ 的表达力严格强于 $DL_1$，写为 $DL_1<DL_2$。若 $DL_1$ 表达的内容 $DL_2$ 都可以表达，而且 $DL_2$ 表达的内容 $DL_1$ 都可以表达，则称 $DL_1$ 和 $DL_2$ 具有同等表达力，或者简单地说相等，写为 $DL_1 \equiv DL_2$。这些概念也可以用于比较不同版本的一阶动态逻辑与静态逻辑 (比如 $L_{\omega\omega}$) 的表达力的强弱。

上述定义中对初始状态的限制是有技术原因的。如果 $DL_1$ 和 $DL_2$ 可以访问不同的数据类型集，那么它们可能因为一些原因而无法进行比较，除非我们小心地限制它们进行比较的状态。我们将在 "表达力" 这一节看到这方面的例子。

在后续 "可满足性和有效性" 的章节给出的 $DL(K)$ 定义中，编程语言 K 是一个显性参数。事实上，$DL(K)$ 和 K 在特别的一阶词库 $\Sigma$ 上也将被视为参数。研究表明，不同版本的一阶动态逻辑的相对表达力不仅对编程语言 K 敏感，而且对一阶词库 $\Sigma$ 也敏感。一些文献在研究时没有明确说明所研究的词库范围，这可能导致对研究结果的误解，因此 Harel 等 (2000) 在研究不同版本一阶动态逻辑时，都假设了一个固定的一阶词库 $\Sigma$。

(四) 带有递归可枚举程序的富测试的一阶动态逻辑

现在讨论到目前为止最一般的一阶动态逻辑版本——带有递归可枚举程序的富测试的一阶动态逻辑，记为 DL(rich-test r.e.)。该逻辑的程序与本章第一节定义的有穷计算序列的递归可枚举集合一样，只是这里的有穷计算序列可能包含任意先前构造的公式 $\varphi$ 的测试 $\varphi?$。

使用如下归纳的方式可以给出 DL(rich-test r.e.) 的形式定义：

(1) 所有的原子程序都是程序，所有的原子公式都是公式；

(2) 若 $\varphi, \psi$ 是公式，$\alpha, \beta$ 是程序，那么 $\{\alpha_n | n \in \omega\}$ 是 (自由或约束) 变元有穷集上的一个程序的递归可枚举集合，而且 x 是一个变元，那么① $\mathbf{0}$，② $\varphi \to \psi$，③ $[\alpha]\varphi$，④ $\forall x\, \varphi$ 都是公式；而且① $\alpha; \beta$，② $\{\alpha_n | n \in \omega\}$，③ $\varphi?$ 都是程序；

(3) 富测试递归可枚举程序 $\alpha$ 的计算序列的集合 $CS(\alpha)$ 与通常一样定义。

在 Harel 等 (2000) 给出的 "无穷逻辑" 中，$L_{\omega_1\omega}$ 是 "具有一阶语言 $L_{\omega\omega}$ 的形成规则的" 语言，但是在该语言中也允许存在可数的无穷合取 $\bigwedge_{i \in I} \varphi_i$ 和可数的无穷析取 $\bigvee_{i \in I} \varphi_i$。此外，若 $\{\varphi_i | i \in I\}$ 是递归可枚举的，那么结果语言就表示为 $L_{\omega_1^{ck}\omega}$ 而且有时候被称为建构性 (constructive) 的 $L_{\omega_1\omega}$。

**命题 3.2**   $DL(\text{rich-test r.e.}) \equiv L_{\omega_1^{ck}\omega}$。

**证明**   在下面的翻译中，$\varphi$ 是 $L_{\omega_1^{ck}\omega}$ 公式，$\psi$ 是 $DL(\text{rich-test r.e.})$ 公式，$\alpha$ 是富测试递归可枚举程序。从 $L_{\omega_1^{ck}\omega}$ 到 $DL(\text{rich-test r.e.})$ 的翻译是通过映射 $\mu$ 获得的。其主要定义如下（其中 $\neg\varphi$ 表示 $\varphi \to 0$ 而且 $<\alpha>\varphi$ 表示 $\neg[\alpha]\neg\varphi$）：

$$\mu\left(\bigvee_{i\in I}\varphi_i\right) =_{def} <\{\mu(\varphi_i)? \mid i\in I\}>1。$$

逆向翻译是通过一个映射 v 和一个映射 $(\ )_\alpha$ 而获得的，映射 $(\ )_\alpha$ 将 $DL(\text{rich-test}$ r.e.) 公式转换为 $L_{\omega_1^{ck}\omega}$ 公式。其中的 $\alpha$ 是一个任意富测试递归可枚举程序。映射 v 的定义的主要条款是 $v(<\alpha>\psi) =_{def} v(\psi)_\alpha$，而且 $(\ )_\alpha$ 的定义的主要条款如下：

$$\varphi_{x:=t} =_{def} \varphi[x/t]$$

$$\varphi_{\alpha;\beta} =_{def} (\varphi_\alpha)_\beta$$

$$\varphi_{\{\alpha_n|n\in\omega\}} =_{def} \bigvee_{n\in\omega} \varphi_{\alpha_n}$$

$$\varphi_{\psi?} =_{def} \varphi\wedge v(\psi)$$

证毕。

很显然，本章第一节定义的递归可枚举程序是一般富测试递归可枚举程序的一个特例，可能会得到 "$DL(\text{rich-test r.e.})$ 的表达力与 $DL(\text{r.e.})$ 的表达力相同" 的结论。事实上，它们的表达力并不相同。

**定理 3.3**   $DL(\text{r.e.}) < DL(\text{rich-test r.e.})$。

**证明**   虽然可以用一个 Ehrenfeucht-Fraïssé 论证证明 $DL(\text{r.e.})$ 不能区分递归序数 $\omega^\omega$ 和 $\omega^\omega\cdot 2$，但是任意递归序数都可以由到上同构的 $DL(\text{rich-test r.e.})$ 的公式来加以定义。详细情况见 (Meyer and Parikh, 1981)。证毕。

因此，这里假定一阶词汇 $\Sigma$ 至少包含一个正元数 (positive arity) 的函数符号。在这样的假设下，就可以轻易证明一阶动态逻辑 DL 的表达力严格强于 $L_{\omega\omega}$ 的表达力。

**定理 3.4**   $L_{\omega\omega} < DL$。

**证明**   在本节 "非解释层面" 部分就已经说明：如何在到上同构的 DL 中为 $\Sigma$ 构造一个唯一定义的无穷模型。根据上面 Löwenheim-Skolem 定理可知，在 $L_{\omega\omega}$ 中是不可能构造这样的模型的。证毕。

**推论 3.5**　$L_{\omega\omega} <$ DL $\leqslant$ DL(r.e.) $<$ DL(rich-test r.e.) $\equiv L_{\omega_1^{ck}\omega}$。

在后续 "表达力" 章节中，将给出 DL(stk)，DL(bstk)，DL(wild) 等这类一阶动态逻辑 DL 的中间版本相对表达力，并证明了推论 3.5 中的第二个不等式是严格不等式。

## 二、解释性推理

本节研讨与一阶动态逻辑解释性推理有关的问题。

### (一) 算术结构的解释性推理

算术结构的解释性推理最接近于对具体的、完全指定的程序的实际推理过程。从语法上讲，程序和公式都是非解释性的。这里假定一个固定的结构或结构类，我们可以研究其计算行为依赖于 (有时是深层的) 特定结构特性的程序。事实上，几乎所有验证实际程序正确性的任务最终都会以解释性推理的名义来完成。

以 "带有通常算术运算的自然数" 这一特定结构 $\mathbb{N} = (\omega, +, \cdot, 0, 1, =)$ 为例。令 "−" 表示 (一阶可定义的) 减法运算，并令 gcd(x, y) 表示可以给出 x 和 y 最大公约数的一阶可定义运算。一阶动态逻辑的如下公式 (3.2.2) 是 $\mathbb{N}$-有效的，即 (3.2.2) 在自然数集 $\mathbb{N}$ 的所有状态下为真：

$$x = x' \wedge y = y' \wedge xy \geqslant 1 \rightarrow <\alpha> (x = \gcd(x', y')) \qquad (3.2.2)$$

其中 α 是 Harel 等 (2000) 的例 4.1 的如下的 while 程序，或者是正则程序：

$$(x \neq y?; ((x > y?; x := x-y) \cup (x<y?; y := y-x)))^* x = y?$$

公式 (3.2.2) 说明了在 $\mathbb{N}$ 上计算最大公约数的实际程序的正确性和结束 (termination)。

现在讨论另一个例子，考虑自然数集 $\mathbb{N}$ 上的以下公式：

$$\forall x \geqslant 1 <(\text{if even}(x) \text{ then } x:=x/2 \text{ else } x:= 3x+1)^*> (x=1)$$

这里 "/" 表示整除，而且 even( ) 是 "测试其论元是否为偶数的" 关系；这二者都是一阶可定义的。这个看似简单的公式可以做到：从任意正整数开始，重复以下两个操作，可以最终得到 1。

(1) 如果该数是偶数，则除以 2；

(2) 如果该数是奇数，则乘以 3，再加 1。

该公式被称为数论中 "3x+1 问题"，虽然已经提出 60 多年了，但其真值目前还不清楚。该公式也可以表示为公式 $\forall x \geqslant 1 < \alpha > 1$，其中 $\alpha$ 为：while x≠1 do if even(x) then x:=x/2 else x:=3x+1。

特定结构 N 可以推广，从而得到算术结构类。大致说来，一个结构 $\mathfrak{A}$ 是算术结构，其意思是：结构 $\mathfrak{A}$ 包含 N 的一阶可定义副本，并且具有如下这样的一阶可定义函数：该函数可将 $\mathfrak{A}$ 的有穷元素序列编码为单个元素，并能够进行相应的解码。

算术结构很重要，因为：① 计算机科学中的大多数结构 (例如，带有被递归定义的数据类型的离散结构) 都是很自然地起源于算术结构；② 任意结构都可以通过添加适当的编码和解码功能对算术结构进行扩展而得到；③ 虽然这里给出的解释层面的大多数结果在自然数 N 中给出的，但是其中许多结果对任意算术结构都是成立的，所以它们更重要。

(二) 自然数集上的表达力

在本节前面的 "非解释性推理" 部分已经证明：在非解释性层面下，所有结构上的 $L_{\omega\omega} < DL < DL(r.e.) < DL(rich\text{-}test\ r.e.)$ 都成立。因此，当对所有结构进行统一解释时，一阶逻辑、正则一阶动态逻辑 DL 和 DL(rich test r.e.) 形成了一个表达力越来越强大的逻辑序列。但是当把结构固定下来，比如说固定为自然数集 N，这一表达力逻辑序列是否仍然成立呢？现在对此加以讨论。

首先引入一个比较 N 上的表达能力的符号。如果 $DL_1$ 和 $DL_2$ 是一阶动态逻辑 (或者静态逻辑，如 $L_{\omega\omega}$) 的变种而且在词库 N 上加以定义，而且对于每个 $\varphi \in DL_1$，都存在 $\psi \in DL_2$ 使得 $N \models \varphi \leftrightarrow \psi$，那么就记为 $DL_1 \leqslant_N DL_2$。如同前面 "非解释性推理" 部分 "根据 $\leqslant$ 的表达力可以定义 $<$ 和 $\equiv$ 的表达力" 类似，根据 $\leqslant_N$ 的表达力可以定义 $<_N$ 和 $\equiv_N$ 的表达力。

现在证明，在自然数集 N 上，一阶动态逻辑的表达力不比一阶逻辑 $L_{\omega\omega}$ 的表达力更强。这一结论对于有穷测试一阶动态逻辑也是成立的。虽然这一结论是针对 N 给出的，但实际上在任意算术结构这一结论也是成立的。

**定理 3.6**[①]　$L_{\omega\omega} \equiv_N DL \equiv_N DL(r.e.)$。

① 定理 3.6 来自 (Harel, 1979)，亦可参见 (Harel, 1984；Harel and Kozen, 1984)，这一定理类似于 Cook(1978) 关于表达力的结论。

**证明** 等式两边的方向 ≤ 的证明是不足道的。为了证明另一方向的表达力，这里给出如下这样的一阶公式 $\varphi_L$ 结构：对于每个 $\varphi \in$ DL(r.e.) 而言，$\mathbb{N} \models \varphi \leftrightarrow \varphi_L$。$\varphi_L$ 的结构是通过在 $\varphi$ 的结构上的归纳得到。

唯一足道的情况是形式为 $[\alpha]\psi$ 的 $\varphi$。对于该形式的一个公式，假设已经构建了 $\psi_L$。令 FV($\alpha$) $\subseteq \{x_1, \cdots, x_k\}$ 对于某个 $k \geq 0$ 成立，在算术词库上考虑使得 FV($\alpha$) $\subseteq \{x_1, \cdots, x_k\}$ 成立的有穷计算序列 $\sigma$ 的集合，其中每个这样的 $\sigma$ 都是有穷表达式，因此可以编码为自然数 $\ulcorner\sigma\urcorner$。现在考虑集合

$$R =_{\text{def}} \{(\ulcorner\sigma\urcorner, n_1, \cdots, n_k, m_1, \cdots, m_k) \in \mathbb{N}^{2k+1} | (\bar{n}, \bar{m}) \in \mathfrak{m}_{\mathbb{N}}(\sigma)\}$$

其中 $\bar{n}$ 是 "把 $n_i$ 指派给 $x_i$(其中 $1 \leq i \leq k$) 并把 0 指派给其余变元的" 状态。状态 $\bar{m}$ 也可以类似定义。显然 R 是一个递归集，而且存在在 $\mathbb{N}$ 中定义 R 的一阶公式 $\gamma(y, x_1, \cdots, x_k, z_1, \cdots, z_k)$。可以假设变元 $y, z_1, \cdots, z_k$ 不会出现在 $\psi_L$ 中。令 $\varphi_\sigma(y)$ 是定义集合 $\{\ulcorner\sigma\urcorner | \sigma \in$ CS($\alpha$)$\}$ 的一个公式，那么期望的公式 $\varphi_L$ 就是

$$\forall y \forall z_1 \cdots \forall z_k(\varphi_\alpha(y) \wedge \gamma(y, x_1, \cdots, x_k, z_1, \cdots, z_k) \to \psi_L[x_1/z_1, \cdots, x_k/z_k])$$

证毕。

从原则上讲，该结果表明：通过将每个一阶动态逻辑公式翻译为一阶的等价公式，就可以在一阶逻辑 $L_{\omega\omega}$ 中执行所有 $\mathbb{N}$ 上解释的程序的推理。定理 3.6 的证明过程说明，这类翻译是能行的。而且，定理 3.6 对于包含必要编码能力的任意算术结构也是成立的。如前所述，每个自然数集 $\mathbb{N}$ 上的结构都可以扩展为算术结构。

但是，定理 3.6 的翻译产生了与原来的公式几乎完全不同的公式，因此，这种机制有点不自然，与在实际程序应用中发现的参数类型不太相符。因此在本章 "解释性推理" 部分，提供了一种补救措施，以克服这些缺点。

现在致力于证明：在自然数集 $\mathbb{N}$ 上，DL(rich-test r.e.) 比定理 3.6 的三个等价逻辑具有更强的表达力。这一结论对于任意算术结构也成立。

**定理 3.7** 在自然数集 $\mathbb{N}$ 上，DL(rich-test r.e.) 可准确定义 (超算数) 集合 $\Delta_1^1$。

**证明** 本章第三节的定理 3.14 证明了如下集合是超算数 (hyper-arithmetic) 集合：

$$\{\psi \in \text{DL(rich-test r.e.)} | \mathbb{N} \models \psi\} \tag{3.2.3}$$

任意 DL(rich-test r.e.)-可定义集合

$$\{(a_1, \cdots, a_n)|N \models \varphi[x_1/a_1, \cdots, x_n/a_n]\} \tag{3.2.4}$$

都可以由一个带有自由变元 $x_1, \cdots, x_n$ 的 DL(rich-test r.e.) 公式 $\varphi$ 加以定义,而且该公式可以通过简单地替换[①]转换为 (3.2.3)。因此,集合 (3.2.4) 是超算术的。

现在进行相反方向的证明。这里把 $\Delta_1^1$ 的特征化看作是被全部 IND 程序定义的 N 的子集。换句话说,就是被 "在递归序数 (recursive ordinal) 限定的 '时间' 内停机的"IND 程序所定义。时间的广义概念是由递归良基树上的序数映射 ord: T→Ord 来定义的 (Harel et al., 2000,第 38-53 页)。停机 IND 计算的时间是与计算树的根有关的序数。

给定一个在 N 上的带有程序变元 $x_1, \cdots, x_n$ 的 IND 程序 $\pi$,并给定一个由良基的递归树 $T \subseteq \omega^*$ 描述的递归序数,就可以用自由变元 $x_1, \cdots, x_n$ 定义一系列 DL(rich-test r.e.) 公式 $\varphi_w^\ell$,其中 $w \in T$ 且 $\ell$ 是 $\pi$ 的语句标签 (statement label)。公式 $\varphi_w^\ell[x_1/a_1, \cdots, x_n/a_n]$ 表示在 $x_i$ 值为 $a_i$(其中 $1 \leqslant i \leqslant n$) 的状态下,从语句 $\ell$ 开始,$\pi$ 停机并最多停止接受 ord(w) 步骤。

$\varphi_w^\ell$ 的定义是对良基树 T 进行归纳得来的。在下面的定义中,c($\ell$) 表示语句$\ell$在 $\pi$ 中的延续 (continuation);也就是说,如果 $\ell$ 是最后一条语句,那么 c($\ell$) 就是 $\pi$ 的第一条语句,否则 c($\ell$) 就是紧随 $\ell$ 之后的语句。

现在给出公式 $\varphi_w^\ell$ 的定义。若 $\ell$ 是语句 $x_i := \exists$,定义

$$\varphi_\ell^w =_{def} <\{x_i := m| m \in \omega\}> <\{\varphi_{c(\ell)}^{wn}?| n \in \omega, wn \in T\}>\mathbf{1}$$

若 $\ell$ 是语句 $x_i := \forall$,定义 $\varphi_w^\ell =_{def} [\{x_i := m| m \in \omega\}] <\{\varphi_{c(\ell)}^{wn}?| n \in \omega, wn \in T\}>\mathbf{1}$

若 $\ell$ 为 accept,定义 $\varphi_\ell^w$ 为 $\mathbf{1}$;若 $\ell$ 为 reject,定义 $\varphi_\ell^w$ 为 $\mathbf{0}$。

若 $\ell$ 是语句 if r then go to $\ell'$,定义

$$\varphi_\ell^w =_{def} <\text{if } r \text{ then } \{\varphi_\ell^{wn}?| n \in \omega, wn \in T\} \text{ else } \{\varphi_{c(\ell)}^{wn}?| n \in \omega, wn \in T\}>\mathbf{1}$$

断定 $\pi$ 在 ord(T) 限定的序数时间内停机和接受的顶级语句 (top-level statement) 是 $\varphi_{\ell_0}^\varepsilon$,其中 $\ell_0$ 是 $\pi$ 的第一个语句,$\varepsilon$ 是空字符串。证毕。

定理 3.6 表明:在自然数集 N 上,一阶动态逻辑语言 DL 和 DL(r.e.) 都可以准确定义 (一阶可定义的) 算术集。而且定理 3.7 表明:DL(rich-test r.e.) 可以准

---

① 假设 DL(rich-test r.e.) 公式的编码模式是为了有效识别和替换自由变元而设计的。

确定义超算数或者 $\Delta_1^1$ 集合。因为这些类之间的包含是严格包含关系，例如，一阶数论是超算术的而不是算术的，所以有

推论 **3.8**　DL(r.e.) $<_N$DL(rich-test r.e.)。

# 第三节　一阶动态逻辑的复杂性

本节讨论了一阶动态逻辑的复杂性。第一部分"有效性问题"首先讨论了一阶动态逻辑有效性的难度。在本章第二节从非解释性推理和解释性推理这两个视角进行了讨论：在非解释性推理部分，"对所有解释上的任意签名的一个给定公式的有效性的"复杂性进行了判断；在解释性推理部分，讨论了数论动态逻辑公式 N 的真值或算术结构上的有效性。第二部分研究本章"一阶动态逻辑"部分定义的一些编程语言的谱复杂性 (spectral complexity)。谱复杂性是一个衡量有穷结构上停机问题难度的概念，而且这一概念有助于后续章节对不同版本的一阶动态逻辑 DL 的表达力的分析比较。

## 一、　有效性问题

由于一阶动态逻辑的所有版本都包含了一阶逻辑作为其子系统，因此这些一阶动态逻辑的真值的建立比 $L_{\omega\omega}$ 更困难。同样地，因为 $L_{\omega_1^{ck}\omega}$ 包含了 DL(r.e)，所以 DL(r.e) 真值的建立比 $L_{\omega_1^{ck}\omega}$ 更容易。也就是说，建立 DL(r.e) 等不同版本的一阶动态逻辑真值的难度介于 $L_{\omega\omega}$ 与 $L_{\omega_1^{ck}\omega}$ 之间。这些界限既适用于不同版本的一阶动态逻辑的非解释性推理，也适用于解释性推理。

### (一) 非解释性推理层面的有效性

本节将讨论一阶动态逻辑有效性问题的复杂性。根据上面的论述和 Harel 等 (2000) 的定理 3.60[1]和定理 3.67[2]可知，该复杂性问题介于 $\Sigma_1^0$ 和 $\Pi_1^1$ 之间。也就是说，作为下界，一阶动态逻辑有效性问题是不可判定的，其下界 $\Sigma_1^0$ 并不比递归可枚举好，而其上界是 $\Pi_1^1$。该上界与下界之间的差距太大，因此有必要为一阶动态逻辑及其变种找到更为精确的复杂性上界与下界。与其相关的问题是：在 $\Sigma_1^0$ 中是否存在一个足道的，并可以对其进行完全公理化的一阶动态逻辑片段呢？

---

① 定理 3.60：一阶逻辑的有效性问题是 $\Sigma_1^0$-完全的。详情请参见 (Harel et al., 2000，第 114 页)。

② 定理 3.67：判断 $L_{\omega_1^{ck}\omega}$ 公式的有效问题是 $\Pi_1^1$-完全的。详情请参见 (Harel et al., 2000，第 123 页)。

　　不妨从完全 DL(reg) 着手研究这些问题，并研究"可推导出更精确上界的"如下两个公式子类：① 形式为 $\psi \to [\alpha]\varphi$ 的部分正确性断定；② 形式 $\psi \to <\alpha> \varphi$ 的结束或完全正确性断定；其中 $\varphi$ 和 $\psi$ 是一阶公式。虽然其结果是针对正则程序而言的，但是对于更强大的编程语言也成立；而且对确定性 while 程序也成立。虽然在得到这些结果时，没有提到作为基础的一阶词库 $\Sigma$，但是对于上界来说，这是无关紧要的。但是对于下界，需要假设 $\Sigma$ 包含一元函数符号和三元谓词符号来满足证明的需要。

　　**定理 3.9**[①]　动态逻辑的有效性问题是 $\Pi_1^1$-hard，即使对于形式为 $\exists x\,[\alpha]\psi$ 的公式 (其中 $\alpha$ 是一个正则程序而且 $\varphi$ 是一阶程序)，有效性问题也是 $\Pi_1^1$-hard。

　　**证明**　为了方便起见，这里用可满足性而不是有效性来表述证明。对 Harel 等 (2000) 的命题 2.22[②]的 $\Sigma_1^1$-完全的铺砌问题 (tiling problem) 中进行归约 (reduction)：给定一个盖瓦类型的有穷集合 T，通过铺砌有蓝色南边界和西边界的无穷 $\omega \times \omega$ 网格，是否可以使得红色盖瓦无穷次地出现？

　　这里将根据需要修改 Harel 等 (2000) 的定理 3.67 的编码。定理 3.67 的词库包含一个常量符号 a、一元函数符号 f 和四个三元关系符号 $S_{OUTH}$，$N_{ORTH}$，$W_{EST}$ 和 $E_{AST}$。在定理 3.67 的证明中，定义了以下公式：

$$RED(x, y) \Leftrightarrow_{def} N_{ORTH}(x, y, f^{red}(a)) \vee S_{OUTH}(x, y, f^{red}(a))$$
$$\vee E_{AST}(x, y, f^{red}(a)) \vee W_{EST}(x, y, f^{red}(a))$$

直观地说，x, y 位置的盖瓦有一个红色的边。令 $\psi_T$ 是 Harel 等 (2000) 定理 3.60 证明中使用的如下五个公式 (3.3.1)— (3.3.5) 与如下公式 (3.3.6) 的合取：

$$\forall x \forall y \vee_{A \in T} T_{ILE_A}(x, y) \tag{3.3.1}$$

$$\forall x\, S_{OUTH}(x, a, f^{blue}(a)) \tag{3.3.2}$$

$$\forall y\, W_{EST}(a, y, f^{blue}(a)) \tag{3.3.3}$$

$$\forall x \forall y \wedge_{c \in C}(E_{AST}(x, y, f^c(a)) \to W_{EST}(f(x), y, f^c(a))) \tag{3.3.4}$$

$$\forall x \forall y \wedge_{c \in C}(N_{ORTH}(x, y, f^c(a)) \to S_{OUTH}(x, f(y), f^c(a))) \tag{3.3.5}$$

$$\forall x\, <y:=x;\ z:=x;\ (y:=f(y))^*;(z:=f(z))^*>RED(y,z) \tag{3.3.6}$$

其意思是：$\psi_T$ 是可满足的，当且仅当，T 铺砌的 $\omega \times \omega$ 网格使得红色盖瓦能够

---

　　① Meyer 首先证明了一阶动态逻辑 DL 是 $\Pi_1^1$-完全的，Harel 等 (1977) 给出了定理 3.1，这里给出的证明来自 (Harel，1985)。

　　② 命题 2.22：第四个盖瓦问题是 $\Pi_1^1$-完全的。详情参见 (Harel et al., 2000，第 63 页)。

在铺砌中无穷次地频繁出现，Harel 等 (2000) 的定理 3.60 证明中的编码解释适用于此。公式 (3.3.6) 让红色盖瓦在铺砌中无穷次出现，即：无论如何铺砌盖瓦，总能至少找到一个带有红色盖瓦的点。

需要注意的是：在所要求的一阶动态逻辑 DL 公式中，前五个子句都在程序可能符号 diamond (即 < >) 之内，并作为合取支附加到 RED(x,y) 上；根据有效性，为了与定理的内容适应，需要对所得到公式进行否定，这样就会得到所期望的结果。证毕。

以下是定理 3.9 的直接推论：

**定理 3.10**　一阶动态逻辑 DL 和 DL(rich test r.e.) 以及所有中间版本的有效性问题，都是 $\Sigma_1^1$-完全的。

为了降低这些结果的负面影响，现在证明：在非量化的单程序 DL(r.e.) 公式的特殊情况下，其有效性问题比较容易解决 (尽管它们仍然是不可确定的)。为此，需要首先证明如下引理。

**引理 3.11**　对于每个递归可枚举程序 $\alpha$ 和每个一阶公式 $\varphi$ 而言，存在一个一阶公式的递归可枚举集合 $\{\varphi_\sigma | \sigma \in CS(\alpha)\}$ 使得 $\models [\alpha]\varphi \leftrightarrow \bigwedge\limits_{\sigma \in CS(\alpha)} \varphi_\sigma$。

**证明**　对于每个有穷计算序列 $\sigma$ 而言，可以定义如下的一个映射 $(\ )_\sigma$，该映射将一阶公式转换为如下所示的一阶公式[①]：

$$\varphi_\varepsilon =_{\mathrm{def}} \varphi, \text{ 其中 } \varepsilon \text{ 是空有穷计算序列}$$

$$\varphi_{x:=t;\sigma} =_{\mathrm{def}} \varphi_\sigma[x/t]$$

$$\varphi_{\psi?;\sigma} =_{\mathrm{def}} \psi \to \varphi_\sigma$$

可以通过简单步骤对引理结论进行验证。证毕。

**定理 3.12** (Meyer and Halpern, 1982)　包含 $<\alpha>\varphi$ 这样的公式的 DL(r.e) 子语言的有效性问题是 $\Sigma_1^0$-完全的，其中 $\varphi$ 是一阶程序而且 $\alpha$ 是递归可枚举程序。

**证明**　只需要在 $\Sigma_1^0$ 中证明这一有效性问题即可。因为在 $L_{\omega\omega}$ 的子语言中，这一有效性问题是 $\Sigma_1^0$-完全的。根据引理 3.11 可知，$<\alpha>\varphi$ 等同于 $\bigvee\limits_{\sigma \in CS(\alpha)} \varphi_\sigma$，而且所有的 $\varphi_\sigma$ 都是一阶的。根据一阶逻辑的紧致性可知，存在某个有穷子集 $\Gamma \subseteq \{\varphi_\sigma | \sigma \in CS(\alpha)\}$ 使得 $\models <\alpha>\varphi$ 成立，当且仅当，$\models \bigvee\Gamma$。每个这样的有

---

[①] 可以将这种映射与命题 3.2 的证明中定义的映射进行比较。

穷析取都是一阶公式，因此有穷子集 $\Gamma$ 可以以递归可枚举的方式生成并验证其有效性。证毕。

事实上，包含 $\psi \to <\alpha>\varphi$ 这样的公式的 DL(r.e.) 子语言的有效性问题也是 $\Sigma_1^0$-完全的，其中 $\psi$ 是一阶程序。因此，从非解释性推理的角度看，带有一阶测试的不确定性程序的结束断定 (termination assertions)，或者确定性程序的完全正确性断定，都是递归可枚举的，因而是可公理化的。下一节将给出一个明确的公理化过程。

现在讨论部分正确性。

**定理 3.13**[1]　包含 $[\alpha]\varphi$ 这样的公式的 DL(r.e) 的子语言的有效性问题是 $\Pi_2^0$-完全的，其中 $\varphi$ 是一阶程序而且 $\alpha$ 是一个递归可枚举程序。即使将 $\alpha$ 限制在确定性 while 程序的范围，其有效性问题仍然是 $\Pi_2^0$-完全的。

**证明**　首先证明其上界。根据引理 3.11 可知，$\models[\alpha]\varphi$，当且仅当，$\bigwedge\limits_{\sigma \in CS(\alpha)} \varphi_\sigma$。因此，在一阶公式有效性的递归可枚举的问题中，$\bigwedge\limits_{\sigma \in CS(\alpha)} \varphi_\sigma$ 的有效性是余递归可枚举的 (co-r.e.)，因此其有效性问题在 $\Pi_2^0$ 中。

现在证明其下界。这里把 Harel 等 (2000) 的命题 2.21[2]的盖瓦问题的 $\Sigma_2^0$-完全性归约为双重可满足性问题。这个问题需要盖瓦类型的一个有穷集 $T$，来铺砌整数网格的正象限 (positive quadrant)，使南边界上的颜色形成一个有穷的颜色序列，并且其后紧随一个无穷的蓝色序列。

这里的编码需要适合 Harel 等 (2000) 的定理 3.60 的证明，这里使用该证明的记法。这里令 $\psi_T'$ 是定理 3.60 证明中使用的公式 (3.3.1)，(3.3.4)，(3.3.5) 与下述公式的合取：$\forall x\, S_{\text{OUTH}}(x, a, f^{\text{blue}}(a)) \to S_{\text{OUTH}}(f(x), a, f^{\text{blue}}(a))$。

这一公式表示当蓝色第一次出现在南边界上起，蓝色就一直保持在该边界上。现在可以将 $\psi_T'$ 与南边界上实际出现蓝色的要求进行结合，得到如下公式：

$\psi_T =_{\text{def}} <x:=a;\ \text{while}\ \neg S_{\text{OUTH}}(x, a, f^{\text{blue}}(a))\ \text{do}\ x := f(x)>\psi_T'$

这表示 $\psi_T$ 是可满足的，当且仅当，$T$ 能在南边界颜色的附加约束下，可以对网格进行铺砌。证毕。

定理 3.13 可以轻易扩展到部分正确性断定；也就是说，扩展到形如 $\psi \to [\alpha]\varphi$

---

[1] Pratt(1976) 证明了定理 3.13 中的一阶动态逻辑 DL 不是递归可枚举的。

[2] 命题 2.21：第三个盖瓦问题是 $\Sigma_2^0$-完全的。详情参见 (Harel et al., 2000, 第 62 页)。

这样的公式，其中 $\psi$ 是一阶程序。虽然 $\Pi_2^0$ 明显优于 $\Pi_1^1$，但值得注意的是，从非解释推理的层面看，即使是简单程序的简单正确性断定的真值也不是递归可枚举的，因此不能对这种有效性进行有穷完全公理化。

### (二) 解释性推理层面的有效性

根据本章第二节第二部分从解释性推理层面下建立的经典静态逻辑，来考量不同版本的一阶动态逻辑 DL 特征，就可以给出自然数集 N 上的有效性问题的精确复杂性。

**定理 3.14** 当所讨论的词库是自然数集 N 时，DL(dreg) 和 DL(rich test r.e.) 及二者之间的所有中间版本的 N-有效性问题，都是超算术 ($\Delta_1^1$) 问题而不是算术问题。

**证明** 令 $X=_{def} \{\varphi \in DL(\text{rich-test r.e.}) \mid N \models \varphi\}$，并令 $\Theta_N$ 是把 N 定义为到上同构 (up to isomophism) 的 DL(dreg) 公式 (参见本章命题 3.1)。因为对于每个 $\varphi \in DL(\text{rich-test r.e.})$，都有 $\varphi \in X \Leftrightarrow \models \Theta_N \rightarrow \varphi$。根据定理 3.10 可知 X 在 $\Pi_1^1$ 中。另一方面，因为对于每个语句 $\varphi$，$\varphi \notin X$ 当且仅当 $\neg\varphi \in X$，由此可得 X 也在 $\Sigma_1^1$ 中，因此 X 在 $\Delta_1^1$ 中。由于 N 的一阶理论不是算术理论，因此 DL(dreg) 与 DL(rich test r.e.) 之间的中间版本的 N-有效性问题，也不是算术问题。证毕。

## 二、 谱复杂性

现在介绍编程语言的谱复杂性 (spectral complexity)，该概念为 "有穷解释的程序的停机问题的复杂性" 提供了度量方法。"谱复杂性" 一词由 Tiuryn(1986) 提出，尽管 Tiuryn 和 Urzyczyи(1983) 已经提出了与此概念相关的主要观点和许多结果；但其完整观点和结果需要参考 Tiuryn 和 Urzyczyn(1983)。该概念是 "公式的二阶谱"(second-order spectrum) 概念的一个实例。Sholz(1952) 研究了一阶谱，并提出了谱问题 (spectral problem)。Börger(1984) 对该问题及其相关结果进行了总结。本节的结果来自 Tiuryn 和 Urzyczyn(1983)；完整版本参见后者。

在本章第一节第三部分 "一阶动态逻辑的语义" 部分已经说明：对于某些 $a \in A$ 来说，一个状态是常量赋值 $w_a$ 的有穷变体，如果一个状态 w 仅在个体变元上与 $w_a$ 不同，那么它就是初始状态。因此，可以通过在个体变元上指定其值的相关部分来唯一地定义初始状态。一个初始状态 w 是一个 m-状态，其意思是：对于 $m \in N$、某个 $a \in A$ 和所有 $i \geqslant m$ 而言，$w(x_i)=a$。一个 m-状态可以被 $(a_0, \cdots, a_m)$

这样的 (m+1)-元组值确定，对于第一个 m+1 个体变元 $x_0, \cdots, x_m$ 而言，$(a_0, \cdots, a_m)$ 这样的 (m+1)-元组的值就是 w 的值。一个 m-状态 $w=(a_0, \cdots, a_m)$ 是 Herbrand 式状态，其意思是：集合 $\{a_0, \cdots, a_m\}$ 可以生成 A；也就是说，A 的每个元素都可在 w 状态下作为一个项的值而得到。

(一) 对有穷结构进行编码

令 $\Sigma$ 是一个有穷的一阶词库，并假设 $\Sigma$ 的符号按如下线性序排列。在该线性序中，函数符号比谓词符号小；函数符号按元数排序，即元数较小的符号小于元数较大的符号。相同元数的函数符号以任意但固定的方式排列。谓词符号的顺序与此相似。

令 $\mathfrak{A}$ 为 $\Sigma$ 的一个结构，定义一个在 $\mathfrak{A}$ 中的自然链 (natural chain)，使得"由空集生成的 $\mathfrak{A}$ 的子结构中的"所有元素按照特殊的方式进行线性排序。对于 $k \in N$ 而言的一个自然链是一个部分函数 $C_{\mathfrak{A}}: N \to A$ 的定义如下：

$$C_{\mathfrak{A}}(k) =_{def} \begin{cases} f_i^{\mathfrak{A}}(C_{\mathfrak{A}}(i_1), \cdots, C_{\mathfrak{A}}(i_n)), & \text{如果 } (i, i_1, \cdots, i_n) \text{ 是字典序中的第一个向量，} f_i \text{ 是在 } \Sigma \text{ 中的 n-元函数符号，} i_1, \cdots, i_n < k, \text{ 而且 } f_i^{\mathfrak{A}}(C_{\mathfrak{A}}(i_1), \cdots, C_{\mathfrak{A}}(i_n)) \notin \{C_{\mathfrak{A}}(j) | j < k\} \\ \text{未加定义,} & \text{其他情况时} \end{cases}$$

需要注意的是，如果 $\Sigma$ 中没有常量符号，那么 $C_{\mathfrak{A}} = \varnothing$。从现在起，假设 $\Sigma$ 中至少包含一个常量符号。令 $\Sigma$ 为一个一阶词库，并令 $c_0, \cdots, c_m$ 为没有出现在 $\Sigma$ 中的符号。通过向 $\Sigma$ 中添加常量符号 $c_0, \cdots, c_m$，就可以得到 $\Sigma$ 中的一个扩展词库 $\Sigma \cup \{c_0, \cdots, c_m\}$。如果 $\Sigma$ 中的符号是以某种方式进行线性排列的，那么就假设这些新常量符号 $c_0, \cdots, c_m$ 也是线性排列的，因此 $\Sigma \cup \{c_0, \cdots, c_m\}$ 的符号与 $\Sigma$ 中的符号具有相同的线性排列，只是这些新常量符号刚好在原常量之后，且在 $\Sigma$ 的函数符号之前。

令 $\Sigma' = \Sigma \cup \{c_0, \cdots, c_m\}$。对于每个 $\Sigma$-结构 $\mathfrak{A}$ 和在 $\mathfrak{A}$ 中的 m-状态 $w=(a_0, \cdots, a_m)$ 而言，通过用 $a_i$ 解释每个 $c_i$，并保持对原符号的解释不变，就可以将结构 $\mathfrak{A}$ 扩展为 $\Sigma'$-结构 $\mathfrak{A}_w$。如下命题 3.15[①] 表明，利用一个带有代数栈 (algebraic stack) 的确定性程序，可以对 $\mathfrak{A}_w$ 中的自然链进行统一计算。

---

① 命题 3.15 和自然链的概念来自 Urzyczyn(1983a)。

**命题 3.15**　对于每个 m>0 而言,存在一个带有代数栈的确定性程序 $N_{EXTm}$,使得对于任意 $\Sigma$-结构 $\mathfrak{A}$ 而言,m-状态 w 在 $\mathfrak{A}$ 中;而且对于 b∈A 而言:

$$\mathfrak{A}, w[x_{m+1}/b] \models <N_{EXTm}>1 \Leftrightarrow b \in C_{\mathfrak{A}w}(\mathbb{N})$$

此外,对于某个 k 而言,如果 $b=C_{\mathfrak{A}w}(k)$,那么当某个状态上输入 $w[x_{m+1}/b]$ 时,$N_{EXTm}$ 将结束;而且在这个状态中,如果 $C_{\mathfrak{A}w}(k+1)$ 被定义,那么 $x_{m+1}$ 值为 $C_{\mathfrak{A}w}(k+1)$,否则 $x_{m+1}$ 值为 b。

**证明**　根据 $C_{\mathfrak{A}}$ 的递归定义,可以很容易地编写一个递归过程,用于计算相对于 $\mathfrak{A}_w$ 中自然链的 b∈A 的后继。这一过程可以被进一步翻译成 "所期望的带有代数栈的确定性程序"(详情请参见本章第一节第二部分)。证毕。

因此,对于每个结构 $\mathfrak{A}$ 和输入作为 m-状态的 w 而言,都存在一种典范方法,用于计算 "由输入生成的元素" 的后继函数。

**命题 3.16**　令 $\mathfrak{A}_1$ 和 $\mathfrak{A}_2$ 为由空集生成的同一承载子上的 $\Sigma$-结构 (即,每个元素都由一个基项 (ground term) 命名),而且假设 $C_{\mathfrak{A}_1} = C_{\mathfrak{A}_2}$。那么 $\mathfrak{A}_1$ 和 $\mathfrak{A}_2$ 是同构的,当且仅当,$\mathfrak{A}_1 = \mathfrak{A}_2$。

**证明**　令 f: $\mathfrak{A}_1 \to \mathfrak{A}_2$ 是一个同构。一个对 $C_{\mathfrak{A}_1}$ 的定义域中的 k 进行直接归纳,就可以证明 $f(C_{\mathfrak{A}_1}(k)) = C_{\mathfrak{A}_2}(k)$,所以 f 为恒等关系而且 $\mathfrak{A}_1 = \mathfrak{A}_2$。证毕。

令 $\Sigma$ 为一阶词库,并假设 $\Sigma$ 至少包含一个正元数的函数符号。这里实际上假定 $\Sigma$ 是富词库 (rich vocabulary);也就是说,它至少包含一个谓词符号,或者函数符号[1]的元数之和至少为 2。富词库的例子有:两个一元函数符号,或者一个二元函数符号,或者一个一元函数符号和一个一元谓词符号。一个不丰富的词库称为穷词库 (poor vocabulary)。因此,一个穷词库只有一个一元函数符号,可能还有一些常量,但除了等号之外没有关系符号。富词库与穷词库的主要区别在于:富词库允许一个给定有穷基数具有指数多个两两不同构的结构,而穷词库仅仅允许一个给定有穷基数具有多项式个两两不同构的结构。

以下讨论范围是富词库。"$\Sigma$ 是单一元 (mono-unary) 词库" 的意思是:该词库除了包含一个单独的一元符号以外,不包含任意函数符号,即可以包含常量和一元谓词符号。

---

[1] 这里不考虑相等符号。

令 $\mathfrak{A}$ 是由空集生成的 $\Sigma$-结构，并令 $\#A=n$。不失一般性，假设 $A=\{0, 1, \cdots, n-1\}$，而且对于所有 $k<n$，$C_{\mathfrak{A}}(k)=k$。如果需要，可以通过对元素进行重命名，从而将每个结构转换为满足此属性的结构。令 $S_n$ 是一个固定词库 $\Sigma$ 上所有此类结构组成的集合。显然，集合 $S_n$ 依赖于词库 $\Sigma$。若想让这种对 $\Sigma$ 的依赖变得明显，可以写作 $S_n^L$。根据命题 3.16 可知：若 $\mathfrak{A}$，$B \in S_n$ 是不同结构，那么它们不是同构的；不带有真子结构 (proper substructure) 的每个 n-元素 $\Sigma$-结构都与 $S_n$ 的一个元素同构。

可以用一个二元字符串 $\lceil\mathfrak{A}\rceil \in\{0, 1\}^*$ 对 $S_n$ 的每个元素 $\mathfrak{A}$ 进行如下编码：$\{0, \cdots, n-1\}$ 的所有元素都编码成相同长度 $\lfloor\log(n-1)\rfloor+1$ 的二元字符串。$\mathfrak{A}$ 的代码由 $\Sigma$ 的相继符号 (consecutive symbols) 的值按照在 $\Sigma$ 中出现的顺序串联而成，与 $\{0, \cdots, n-1\}$ 中的自然顺序相比，$\mathfrak{A}$ 中任意函数或谓词[①]是按照相继论元 (consecutive arguments) 的字典顺序列出的。对于每个 $\mathfrak{A} \in S_n$，$\lceil U\rceil$ 的长度在 n 中是多项式的[②]。现在用一个例子来说明这一编码技术。

**例 3.17**　令 $\mathfrak{A}=(\{0, 1, 2\}, c, f, \leqslant)$，其中 c 是一个表示 1 的常量，f 是二元加法模 3，而且 $\leqslant$ 是线性序 $0\leqslant1\leqslant2$。显然，$\mathfrak{A}$ 是由空集生成的。$\mathfrak{A}$ 中的自然链是 1, 2, 0，因而 $\mathfrak{A}\notin S_3$。然而，$\mathfrak{A}$ 与 $\mathfrak{A}' = (\{0,1,2\}, c', f', \leqslant')$ 是同构的，其中 c' 表示 0，$f'(x, y) = x+y+1(\bmod 3)$，而且 $\leqslant'$ 是线性序 $2\leqslant'0\leqslant'1$。在 $\mathfrak{A}'$ 中的自然链是 0, 1, 2，因此 $\mathfrak{A}'\in S_3$。为了读取 $\mathfrak{A}'$ 的代码，把 00 缩写为 0，把 01 缩写为 1，把 10 缩写为 2。$\mathfrak{A}'$ 的代码 (code) 如下所示：

$$\underbrace{0120201012}_{\text{code of } f'}\underbrace{110010111}_{\text{code of } \leqslant'}$$

**(二) 谱**

现在定义编程语言的谱 (spectrum) 概念。令 K 为一个编程语言，并令 $\alpha \in K$ 而且 $m\geqslant0$。$\alpha$ 的第 m 个谱就是如下集合：$SP_m(\alpha) =_{\text{def}} \{\lceil\mathfrak{A}\rfloor_w|\mathfrak{A}$ 是一个有穷 $\Sigma$-结构，w 是一个 $\mathfrak{A}$ 中的 m-状态，而且 $\mathfrak{A}, w\models< \alpha >1\}$。K 的谱是集合：$SP(K) =_{\text{def}} \{SP_m(\alpha)|\alpha \in K, m\in N\}$。给定 $m\geqslant0$，对于某种 $\Sigma$-结构 $\mathfrak{A}$ 和一个 $\mathfrak{A}$ 中的 m-状态而言，$S_n^{\Sigma\cup\{c_0,\cdots,c_m\}}$ 中的结构可以视为形式为 $\mathfrak{A}_w$ 的结构，这种情况是独一无二的。

---

① 谓词的真值用 0 表示 **0**，用 1 表示 **1**。

② 这个多项式依赖于 $\Sigma$。

本节将建立谱的复杂性，即有穷解释中停机问题 (halting problem) 的复杂性。给定 m⩾0，一个富词库 $\Sigma$，还有新常量 $c_0, \cdots, c_m$。因为对于某个 $\Sigma$-结构 $\mathfrak{A}$ 和 $\mathfrak{A}$ 中的 m-状态 w 而言，不是所有的二元字符串的形式都为 「$\mathfrak{A}$」，所以这里把注意力限制在形式为 「$\mathfrak{A}$」的字符串上。

令 $H_m^\Sigma =_{\mathrm{def}} \{$「$\mathfrak{A}$」$|\mathfrak{A} \in S_n^{\Sigma \cup \{c_0, \cdots, c_m\}}\}$，其中 n⩾1。容易证明，对于每个词库 $\Sigma$ 和 m⩾0 而言，语言 $H_m^\Sigma$ 是 LOGSPACE 的。为此，需要证明如下引理。

**引理 3.18** 令 m⩾0 而且令 L 为富词库。对于每个语言 $X \subseteq \{0,1\}^*$ 而言，存在一个语言 $Y \subseteq H_m^\Sigma$ 使得 $X \leqslant_{\log} Y \leqslant_{\log} X$。

**证明** 根据属于 $\Sigma$ 的符号可以构造证明。考虑 $\Sigma$ 包含一元关系符号 r 和一元函数符号 f 的情况。其他的情况的证明与此类似。

令 $x \in \{0, 1\}^*$。定义一个 $\Sigma$-结构 $\mathfrak{B}_x$ 和一个 Herbrand 式 m-状态 u。令 $n=|x|$ 为 x 的长度。$\mathfrak{B}_x$ 的承载子是集合 $\widehat{U}=\{0, 1, \cdots, n\}$。f 在 $\mathfrak{B}_x$ 中的解释是模 n+1 的后继函数 (successor function)。r 的解释如下：对于 $i \in \widehat{U}$，令 $r^{\mathfrak{B}_x}(i)$ 成立，当且仅当，1⩽i⩽n 且 x 中的第 i 个比特位为 1。所有其他函数符号 (包括常量) 都被解释为始终等于 0 的函数。所有其他关系符号都被解释为空关系。状态 u 把 0 指派给每个变元。可以证明：存在一个 LOGSPACE-可计算函数 $\Theta: \{0, 1\}^* \to \{0, 1\}^*$，使得 $\Theta(x)=$「$\mathfrak{B}_x, u$」。因为当 $x \neq y$ 时，$\mathfrak{B}_x$ 和 $\mathfrak{B}_y$ 不是同构的，由此可见 $\Theta$ 不是一一对应函数。

现在描述另一个函数 $\Psi: \{0,1\}^* \to \{0,1\}^*$ 的计算。给定一个输入 $y \in \{0,1\}^*$，它检查是否 $y \in H_m^\Sigma$。如果是，它会找到代码为 y 的结构 $\mathfrak{A}$ 的 (二元) 基数，然后从代码中读取：① $f^{\mathfrak{A}}$ 是否是后继？② $\mathfrak{A}$ 的所有其他操作是否始终等于 0？③ 除 $r^{\mathfrak{A}}$ 之外的所有关系是否为空？如果是，它从 $r^{\mathfrak{A}}$ 的代码中读取字符串 x 的比特位使得 「$\mathfrak{B}_x, u$」$=y$。如果计算 $\Psi$ 的机器从代码中读取到这三个方面的测试答案中任何一个是否定答案，那么计算将异常中止 (abort)，并且 $\Psi(y)$ 的值是空字符串。可以检验 $\Psi$ 是否确实可由一个 LOGSPACE 传感器 (transducer) 计算，以及

$\Psi(\Theta(x))=x$ 对于所有 $x \in \{0, 1\}^*$；

$\Theta(\Psi(y))=y$ 对于所有 $y \in \Theta(\{0, 1\}^*)$。

给定 $X \in \{0, 1\}^*$，令 $Y=\Theta(X)$。由此可见 $\Theta$ 对 $X \leqslant_{\log} Y$ 进行了归约，$\Psi$ 对 $Y \leqslant_{\log} X$ 进行了归约。证毕。

　　至此可以将复杂性类与谱联系起来。令 K 为任意编程语言，并令 $C \subseteq 2^{\{0,1\}^*}$ 为一个集合族。SP(K) 表征 C，记为 SP(K)≈C，其意思是：SP(K)⊆C，而且对于每个 X∈C 和 m≥0 而言，如果 $X \subseteq H_m^\Sigma$，那么存在一个程序 $\alpha \in K$ 使得 $SP_m(\alpha)=X$。

　　例如，如果 C 是多项式时间 (polynomial time) 内可识别的所有集合的类，那么 SP(K)≈P 意味着：来自 K 的程序的有穷解释上的停机问题在多项式时间内是可判定的，并且有穷解释的代码的每个多项式时间可识别 (polynomial-time-recognizable) 集合都是 K 中某个程序的谱。

　　这里给出本章第一节介绍的一些编程语言的谱复杂性。

　　**定理 3.19**　令 Σ 为一个富词库。那么：(i) SP(dreg) ⊆ LOGSPACE；(ii) SP(reg) ⊆ NLOGSPACE。此外，若 Σ 是单一元词库，那么 SP(dreg) 可以表征 LOGSPACE，而且 SP(reg) 可以表征 NLOGSPACE。

　　**证明**　首先证明 (i)。令 α 是一个确定的正则程序，而且令 m≥0。一个以 O(log n)-空间为界且接受 $SP_m(\alpha)$ 的确定性脱机 (off-line) 的图灵机可以构造如下。对于一个给定输入字符串 z∈{0, 1}*，它检查：对于一些 n≥1，z 是否是一个扩展结构 $\mathfrak{A}_w \in S_n^{\cup \{c_0, \cdots, c_m\}}$ 的代码；这可以在 O(log n) 空间中完成。如果是，它将开始模拟 $\mathfrak{A}$ 中 α 的计算，并以 w 给出的值作为 α 的寄存器 (register) 的初始值。在模拟的任意阶段，α 的寄存器的当前值都存储在图灵机 $M_\alpha$ 的工作带上，并且使用其长度 O(log n) 的二进制表示。α 的寄存器的值的必要测试和更新可以从输入字符串 z 中读取。图灵机 $M_\alpha$ 停机，当且仅当，α 对于 $(\mathfrak{A}, w)$ 停机。

　　(ii) 的证明本质上与 (i) 的证明是相同的，只是在 (ii) 中图灵机 $M_\alpha$ 是不确定的。为了证明 (ii)，假设 Σ 是单一元词库。现在证明 SP(dreg) 表征了 LOGSPACE。SP(reg) 的证明与此类似。令 X∈LOGSPACE，而且对于一些 m≥0，$X \subseteq H_m^\Sigma$。一个确定性正则程序 α 使得对于每个 n≥1 和每个 $\mathfrak{A}_w \in S_n^{\Sigma \cup \{c_0, \cdots, c_m\}}$ 而言，$\mathfrak{A}$, w⊨< α >1 ⇔「$\mathfrak{A}_w$」∈X。

　　首先，考虑 $\mathfrak{A}$ 的承载子仅有一个元素的情况。在一个单元素承载子上只有有穷多个两两不同构的结构，它们仅仅通过对谓词符号给出不同解释加以区分。令 $\mathfrak{A}_1, \cdots, \mathfrak{A}_k$ 都为单元素结构使得「$\mathfrak{A}_w^i$」∈X。因为 $\mathfrak{A}^i$ 只有一个元素，因此 w 是被唯一地确定的。

　　程序 α 首先检查由输入生成的结构是否只有一个元素。如果是，它会检查该结构是否是上面列出的 $\mathfrak{A}^i$ 之一，在这种情况下会停机；否则就会产生分歧。从现在起，假设 $\mathfrak{A}$ 有一个以上的元素，并令 M 是一个以 $O(\log n)$-空间为界且接受 X 的确定性脱机 (off-line) 的图灵机。不失一般性，可以假设 M 的带字母表 (tape alphabet) 为 $\{0,1\}$。此外，由于 M 的输入 $\ulcorner\mathfrak{A}\urcorner_w$ 的长度在 $\#\mathfrak{A}=n$ 中是多项式长度，所以可以假设 M 的工作带的长度是 $k\lfloor\log n\rfloor$，其中 k 为常量。因此，这个带的内容可以由 $\alpha$ 存储在 k 寄存器中，每个寄存器保存一个值 $a\in A$，其二进制扩展表示工作带的相关部分。

为了存储图灵机 M 的头位 (head position)，程序 $\alpha$ 使用计数器 (counters)，可以模拟如下：因为 $\Sigma$ 是一元词库，所以可以定义一个确定的正则程序，它充当着命题 3.15 的程序 $N_{EXTm}$ 的角色。根据 $\Sigma$ 的假设可知，$\alpha$ 可以计算 n-元素结构中一直数到 n−1 的后续函数。因此，使用多个寄存器，$\alpha$ 可以数到一个多项式步数。

代码 $\ulcorner\mathfrak{A}\urcorner_w$ 的比特位可以从 $\mathfrak{A}$ 和首个 m+1 寄存器 $x_0, \cdots, x_m$ 中直接读取，并存储 w 的初始值。对于这个问题，在计数器上进行多项式大小运算就足够了。对 M 的工作带的内容和 M 进行更新，就可以利用 $\alpha$ 逐步地模拟图灵机 M 的计算。图灵机 M 停机，当且仅当，M 最终达到一个接受状态。证毕。

**定理 3.20**[1] 在一个富词库 $\Sigma$ 上，SP(dstk) 与 SP(stk) 可以表征 P。

**证明** 此证明与定理 3.19 的证明非常相似。这里要运用 Cook 的 $O(\log n)$ 辅助下推自动机 (auxiliary pushdown automata，APDA)[2]，而不是以 $O(\log n)$-空间为界的图灵机进行相互模拟。APDA 的下推存储器可以直接模拟正则程序的代数栈。根据 Cook 的定理[3]可知，确定性或非确定性 $O(\log n)$ 辅助下推自动机所接受的语言与 P 一致。命题 3.15 的程序 $N_{EXTm}$ 可以用来模拟定理 3.19 的证明中的计数器。证毕。

**定理 3.21** 若 $\Sigma$ 是一个富词库，那么 SP(darray) 和 SP(array) 可以表征 PSPACE。

**证明** 此证明与定理 3.19 的证明非常相似。这次使用数组和确定性或非确定性多项式空间图灵机来相互模拟确定性/非确定性正则程序。根据 Savitch 的定理[4]可知，图灵机的两个模型都接受同一类语言，即 PSPACE。为了模拟向后归

---

[1] Sazonov(1980) 和 Gurevich(1983) 分别给出了有穷模型理论领域中与定理 3.20 相似的结果。

[2] 辅助下推自动机的定义可以参见 Hopcroft 和 Ullman (1979) 的第 14 章。

[3] 详情可以参见 Hopcroft 和 Ullman (1979) 的定理 14.1。

[4] 详情可以参见 Hopcroft 和 Ullman (1979) 的定理 12.1。

约 (reduction) 的计数器，这里需要一个带有数组的确定性正则程序，该数组执行与命题 3.15 的程序 $N_{EXTm}$ 相同的功能。证毕。

Engelfriet(1983) 引入了高阶栈来研究复杂度的类。Tiuryn(1986) 研究了一阶动态逻辑 DL 中的高阶数组和高阶栈，并在基本递归集类中建立了严格层级。为了证明这种严格层级，Kowalczyk 等 (1987) 把面向高阶栈的 Cook 的辅助下推自动机定理进行了推广。

# 第四节　一阶动态逻辑的公理化

本节讨论一阶动态逻辑的公理化。为此，与第二节和第三节思路类似，分别从非解释层面和解释性层面两个视角来考量。但是，在这两种情况下，相关的有效性问题都是高度不可判定的，必须找到解决的办法。本节的论述主要是以 Harel 等 (2000，第 327-341 页) 的工作展开的。

## 一、非解释性层面的公理化

本章第三节第一部分研究证明，一阶动态逻辑 DL 中的有效性是 $\Pi_1^1$-完全的；仅限于进行简单的结束断定 (termination assertions) 时，DL 中的有效性才是递归可枚举的。这意味着：结束断定或者在确定性程序的完全正确性，可在标准意义上进行完全公理化。现在讨论全部 DL 的公理化问题。

### (一) 结束断定的完全性

虽然本章定理 3.12 已经证明如下结论：包含 $<\alpha>\varphi$ 这样的公式的 DL(r.e) 子语言的有效性问题是 $\Sigma_1^0$-完全的，其中 $\varphi$ 是一阶公式而且 $\alpha$ 是一个递归可枚举程序。但需要强调的是，有效的结束断定只能够表征非常简单的计算。

**命题 3.22**　令 $\varphi \to <\alpha>\psi$ 是一阶动态逻辑 DL 的有效公式，其中 $\varphi$ 和 $\psi$ 是一阶公式并且 $\alpha$ 仅包含一阶测试。存在一个常量 k⩾0 使得对于每个结构 $\mathfrak{A}$ 和状态 u，如果 $\mathfrak{A}, u \models \varphi$，那么存在一个长度最多为 k 的计算序列 $\sigma \in CS(\alpha)$，使得 $\mathfrak{A}, u \models <\sigma>\psi$。

**证明**　根据相关定义即可证明。证毕。

由于这种结束断定的有效性问题是递归可枚举的，可以为其寻找一个结构良好的完全公理系统。

**公理系统 3.23**　(1) 公理模式：

(i) 所有有效的一阶公式的实例都是公理；

(ii) 所有有效的命题动态逻辑 PDL 公式的实例都是公理；

(iii) $\varphi[x/t] \rightarrow <x := t>\varphi$，其中 $\varphi$ 是一阶公式。

(2) 推理规则：(i) $\dfrac{\varphi, \varphi \rightarrow \psi}{\psi}$(分离规则)。

用 $\vdash_{s_1}$ 表示公理系统 3.23 的可证性。

**引理 3.24**　对于每个一阶公式 $\psi$、原子赋值和原子测试的每个序列 $\sigma$ 而言，存在一阶公式 $\psi_\sigma$ 使得 $\models \psi_\sigma \leftrightarrow <\sigma>\psi$。

**证明**　根据相关定义即可证明。证毕。

**定理 3.25**[①]　对于任意形式为 $\varphi \rightarrow < \alpha >\psi$ 的一阶动态逻辑 DL 公式、一阶公式 $\varphi$ 与 $\psi$ 以及只包含一阶测试的程序 $\alpha$ 而言，$\models \varphi \rightarrow < \alpha >\psi \Leftrightarrow \vdash_{s_1} \varphi \rightarrow < \alpha >\psi$。

**证明**　可靠性证明 ($\Leftarrow$) 是不足道的。完全性证明 ($\Rightarrow$) 可以施归纳于 $\alpha$ 的结构，并充分利用了一阶逻辑的紧致性。这里只给出 $\varphi \rightarrow <\beta \cup \gamma>\psi$ 时的详细证明，其他情况的证明更为简单。

假设 $\models \varphi \rightarrow <\beta \cup \gamma>\psi$，因此 $\models \varphi \rightarrow \bigvee\limits_{\sigma \in CS(\beta \cup \gamma)} \psi_\sigma$，其中 $\psi_\sigma$ 是与引理 3.24 中的 $<\sigma>\psi$ 等价的一阶公式。根据一阶逻辑的紧致性，对于某个有穷的有穷计算序列集 $C \subseteq CS(\beta \cup \gamma) = CS(\beta) \cup CS(\gamma)$ 而言，$\models \varphi \rightarrow \bigvee\limits_{\sigma \in C} \psi_\sigma$。对于某个有穷集 $C_1 \subseteq CS(\beta)$ 和 $C_2 \subseteq CS(\gamma)$ 而言，这一公式可以写为

$$\models \varphi \rightarrow \left( \bigvee\limits_{\sigma \in C_1} \psi_\sigma \right) \vee \bigvee\limits_{\tau \in C_2} \psi_\tau$$

由于最后的公式是一阶并且是有效的，根据一阶逻辑的完全性可知

$$\models_{s_1} \varphi \rightarrow \left( \bigvee\limits_{\sigma \in C_1} \psi_\sigma \right) \vee \bigvee\limits_{\tau \in C_2} \psi_\tau \tag{3.4.1}$$

但是，由于 $C_1 \subseteq CS(\beta)$ 且 $C_2 \subseteq CS(\gamma)$，有 $\models \bigvee\limits_{\sigma \in C_1} \psi_\sigma \rightarrow < \beta > \psi$ 并且

---

① 定理 3.25 来自 Meyer 和 Halpern(1982)。

$\models \bigvee\limits_{\tau \in C_2} \psi_\tau \to <\gamma>\psi$。根据归纳假设可知 $\vdash_{s_1} \bigvee\limits_{\sigma \in C_1} \psi_\sigma \to <\beta>\psi$ 并且 $\vdash_{s_1} \bigvee\limits_{\tau \in C_2} \psi_\tau \to$ $<\gamma>\psi$。根据 (3.4.1) 和命题推理可得 $\vdash_{s_1} \varphi \to (<\beta>\psi \vee <\gamma>\psi)$，结合命题动态逻辑 PDL 重言式 $<\beta>\psi \vee <\gamma>\psi \to <\beta \cup \gamma>\psi$ 可得 $\vdash_{s_1} \varphi \to <\beta \cup \gamma>\psi$。证毕。

**注记 3.26**　如果允许 $\alpha$ 包含的测试本身就是定理 3.25 中定义的公式，那么其结果也成立。

### (二) 一般情况下的无穷完全性

由于一阶动态逻辑 DL 中有效性的高度不可判定性，因而不能够得到一般意义上的完全公理系统。要想对有效的 DL 公式进行有序的公理化，就需要放弃标准公理化系统的有穷性 (finitary nature)。

这样就可以对 DL 进行完全的无穷公理化，为此，就需要一个包含无穷多个前提 (premises) 的推理规则。

在此之前，需要做一些技术上的处理。把有效的一阶公式都作为公理模式，但是需要用 DL 的一般公式进行实例化；为了使公式适用于一阶操作，需理解诸如"$\varphi$ 中 x 的自由出现"和代替 $\varphi[x/t]$ 之类的概念。例如，即使 $\varphi$ 包含程序，也可以使用谓词演算 $\forall x\, \varphi \to \varphi[x/t]$ 这一公理模式。

之所以会出现这个问题，是由一阶动态逻辑 DL 的语义的动态特性可能会导致：DL 公式中的一个变元既是自由出现又是约束出现。例如，在公式 $<$while x $\leqslant 99$ do x := x+1$>$1 中，表达式 x +1 中 x 的出现，对于第一个赋值而言是自由的，对于后续赋值而言却是约束的。

有几种处理该问题的合理方法，这里只说明其中一种。在不失一般性的前提下，假设在需要时，所有程序都以如下特殊的形式出现

$$<\bar{z} := \bar{x}; \alpha; \bar{x} := \bar{z}>\varphi \tag{3.4.2}$$

其中 $\bar{x} = (x_1, \cdots, x_n)$ 且 $\bar{z} = (z_1, \cdots, z_n)$ 是变元的元素组 (tuples)，$\bar{z} := \bar{x}$ 表示 $z_1 := x_1; \cdots; z_n := x_n$（$\bar{x} := \bar{z}$ 类似表示），$\alpha$ 中没有出现 $x_i$，但 $z_i$ 是只出现在 $\alpha$ 相关的上下文中的新变元。其基本思路是：将 $x_i$ 的值复制到 $z_i$ 中，从而冻结 $x_i$，使得程序只作用于"局部"变元 $z_i$，执行带有 $z_i$ 的程序，就可以恢复 $x_i$。通过持续地将任意程序的所有变元更改为新变元，并添加适当的赋值，从而复制并恢复这些赋值，就可以轻易地从任意 DL 公式中获得具有形式 (3.4.2) 的程序。显然，更

改变元得到的新公式与原公式是等价的。给定形式 (3.4.2) 的一个 DL 公式，如下三种情况的变元是约束出现的：

(1) 在形式 $\exists x\, \varphi$ 的子公式中出现的所有 x；

(2) 在形式 (3.4.2) 的子公式中所有 $z_i$ 的出现 (注意：$z_i$ 在 $\varphi$ 中不出现)；

(3) 在形式 (3.4.2) 的子公式中所有 $x_i$ 的出现，除了在赋值 $z_i := x_i$ 中的 $x_i$ 出现。

没有约束出现的变元的每次出现都是自由的。本章的公理系统中有一个公理将自由翻译为 (3.4.2) 这样的特殊形式；在后文中，在需要时都会使用这种特殊形式。现在使用如下的赋值公理模式对此加以说明

$$\forall x(<y := f(x);\ x := g(y, x)>\ p(x, y))$$

$$\rightarrow <z_1 := h(z);\ z_2 := y;\ z_2 := f(z_1);\ z_1 := g(z_2, z_1);\ x := z_1;\ y := z_2 > p(x, y)$$

用 $\varphi$ 表示 $<y := f(x);\ x := g(y, x)>\ p(x, y)$，根据上面的约定，这一蕴涵的结论仅为 $\varphi[x/h(z)]$，即：$\varphi$ 被转换成 (3.4.2) 这样的特殊形式后，将 $\varphi$ 中所有 x 的自由出现代替为 $h(z)$。上面的公式是下面的赋值公理模式的一个合法实例。

现在考察如下公理系统。

**公理系统 3.27** (1) 公理模式：

(i) 所有有效的一阶公式的实例都是公理；

(ii) 所有有效的命题动态逻辑 PDL 公式的实例都是公理；

(iii) $<x := t>\varphi \leftrightarrow \varphi[x/t]$；

(iv) $\varphi \leftrightarrow \hat{\varphi}$，其中 $\hat{\varphi}$ 表示对 $\varphi$ 进行了如下代替：对于不在 $\varphi$ 中出现的 z，用程序 $z := x;\ \alpha';\ x := z$ 代替了程序 $\alpha$ 的某次出现；$\alpha'$ 表示用 z 代替了 $\alpha$ 中 x 的所有出现。

(2) 推理规则：

(i) $\dfrac{\varphi, \varphi \rightarrow \psi}{\psi}$ (分离规则)；

(ii) $\dfrac{\varphi}{[\alpha]\varphi}$ 与 $\dfrac{\varphi}{\forall x \varphi}$ (概括规则)；

(iii) $\dfrac{\varphi \rightarrow [\alpha^n]\psi, n \in \omega}{\varphi \rightarrow [\alpha^*]\psi}$ (无穷收敛规则)。

公理系统 3.27 的可证性，用 $\vdash_{S_2}$ 表示，这是具有无穷推理规则系统的常用概念，即使用无穷规则要求公式有无穷多个前面已经推导出来的前提。

公理系统 3.27 由以下四部分组成：赋值公理、关于程序的命题推理模式、不带有程序的一阶推理模式 (但程序可能出现在实例化的一阶公式中) 以及关于 $[\alpha^*]$ 的无穷规则。$[\alpha^*]$ 的对偶结构 $<\alpha^*>$ 可以由有效的命题动态逻辑 PDL 公式得到 $<\alpha^*>\varphi \leftrightarrow (\varphi \vee <\alpha;\alpha^*>\varphi)$。详情参见例 3.29。至此，可以得到如下结论。

**定理 3.28**[①]　对于任意一阶动态逻辑的公式 $\varphi$ 而言，$\models \varphi \Leftrightarrow \vdash_{S_2} \varphi$。

**证明**　可靠性证明是不足道的。利用经典无穷逻辑 $L_{\omega_1\omega}$ 的任意一种完全性证明都可以证明定理 3.28 的完全性。Mirkowska(1971) 使用代数方法证明其完全性；而 Harel (1984) 则采用 Henkin 方法证明了其完全性。这里给出的完全性证明，是对 Keisler (1971) 中完全性证明的改版。

令原子集合 At 由所有一致的有穷公式集组成，这些公式集的元素可能来自新常量符号组成的可数集 G。原子 A 是一致的 (consistent)，意思是不存在 $\vdash_{S_2} \neg\hat{A}$ 的情况，其中 $\hat{A} = \bigwedge_{\varphi\in A}\varphi$。现在说明如何建构任意的 $A \in At$ 模型，从而得出：对于任意的一致公式 $\varphi$ 而言，$\{\varphi\} \in At$。

给定一个原子 A，定义其闭包 CL(A) 是包含所有 A 公式及其子公式的最小公式集，就像 Harel 等 (2000) 的 6.1 节中定义的 Fischer-Ladner 闭包 $FL(\varphi)$ 一样。不同的是：用可数集 G 中的常量代替任意项时，闭包 CL(A) 也是封闭的；并且对于每个 $c, d \in G$，闭包 CL(A) 包含 $c = d$。至此，可以构建原子的无穷序列 $A = A_0 \subseteq A_1 \subseteq A_2 \subseteq \cdots$。给定 $A_i \in At$，通过以下来构建 $A_{i+1}$：考虑公式 $\varphi_i$ 处于某个固定排序，并检查 $A_i \cup \{\varphi_i\} \in At$ 是否成立，其中 $\varphi_i$ 是 CL(A) 的第 i 个封闭公式。如果 $A_i \cup \{\varphi_i\} \in At$ 成立，则根据 $\varphi_i$ 的形式向 $A_i$ 添加某些特定公式来生成 $A_{i+1}$。

这一过程的典型实例如下：如果 $\varphi_i = <\alpha^*>\psi$，那么一定存在某个 n 使得 $\hat{A}_i \vee <\alpha^n>\psi$ 是一致的；那么令 $A_{i+1}$ 为 $A_i \cup \{\varphi_i, <\alpha^n>\psi, t_i=c\}$，其中 $t_i$ 是当前词库基本词项 (basic terms) 的某个固定枚举中的第 i 项，但是 $t_i$ 带有集合 G 中的常量，并且 $c \in G$ 不会出现在 $A_i$ 中。为了证明 n 的存在，反过来假设对于每个 n，有 $\vdash_{S_2} \neg(\hat{A}_i \wedge <\alpha^n>\psi)$。那么对于每个 n，有 $\vdash_{S_2} \hat{A}_i \rightarrow [\alpha^n]\neg\psi$。根据无穷收敛规则，$\vdash_{S_2} \hat{A}_i \rightarrow [\alpha^*]\psi$，即 $\vdash_{S_2} \neg(\hat{A}_i \wedge <\alpha^*>\psi)$。但这与 $A_i \cup \{\varphi_i\} \in At$ 这一事实相矛盾。

令 $A_\infty = \bigcup_i A_i$，并且令 $c = \{d \in G \mid (c=d) \in A_\infty\}$。取承载子 $D = \{c | c \in G\}$，来

---

① 定理 3.28 受到 Mirkowska(1971) 对算法逻辑 (algorithmic logic) 的类似结果的启发。

获得结构 $\mathfrak{A}=(D, \mathfrak{m}_{\mathfrak{A}})$。例如，可以令 $\mathfrak{m}_{\mathfrak{A}}(p)(\hat{c}_1, \cdots, \hat{c}_k)$ 为真，当且仅当，$p(c_1, \cdots, c_k) \in A_{\infty}$。施归纳于公式的复杂性可知：所有的 $A_{\infty}$ 公式在 $\mathfrak{A}$ 中为真。证毕。

**例 3.29** 用公理系统 3.27 证明公式 $x=y \rightarrow [(x:=f(f(x)))^*]<(y:=f(y))^*>x=y$ 的有效性。为此，需要证明对于每个 n 而言，$\vdash_{S_2} x=y \rightarrow [(x:=f(f(x)))^n]<(y:=f(y))^*>x=y$，然后利用无穷收敛规则即可得证。令 n 是固定的，首先证明

$$\vdash_{S_2} x=y \rightarrow [x:=f(f(x))][x:=f(f(x))]\cdots[x:=f(f(x))]$$

$$<y:=f(y)><y:=f(y)>\cdots<y:=f(y)>x=y \tag{3.4.3}$$

其中 $[x:=f(f(x))]$ 有 n 次出现，$<y:=f(y)>$ 有 2n 次出现。首先考虑 $\vdash_{S_2} x=y \rightarrow f^{2n}(x) = f^{2n}(y)$ 的一阶有效性 (其中 $f^{2n}(\cdot)$ 是有 2n 次 f 出现的 $f(f(\cdots(\cdot)\cdots))$ 的缩写)，然后对赋值公理进行 n 次命题变换可得 $\vdash_{S_2} x=y \rightarrow [x:=f(f(x))]\cdots[x:=f(f(x))]x=f^{2n}(y)$。对赋值公理进行 2n 次命题变换可以得到 (3.4.3)。然后，根据命题动态逻辑 PDL 公式 $\varphi \rightarrow <\alpha^*>\varphi$ 的有效性，取 $\varphi$ 是 x=y，取 $\alpha$ 是 y:=f(y)。接着，对同一个实例化应用 2n 次命题动态逻辑 PDL 公式 $<\alpha><\alpha^*>\varphi \rightarrow <\alpha^*>\varphi$ 的有效性，使用单调性规则：

$$\frac{\varphi \rightarrow \psi}{<\alpha>\varphi \rightarrow <\alpha>\psi} \quad \text{与} \quad \frac{\varphi \rightarrow \psi}{[\alpha]\varphi \rightarrow [\alpha]\psi}$$

就可以得到

$$\vdash_{S_2} x=y \rightarrow [x:=f(f(x))]\cdots[x:=f(f(x))]<(y:=f(y))^*>x=y$$

再 n−1 次运用命题动态逻辑 PDL 公式 $[\alpha][\beta]\varphi \rightarrow [\alpha; \beta]\varphi$ 的有效性，即可得到所期望的结果。

## 二、 解释性层面的公理化

证明真实程序的性质，一般涉及解释性层面的推理。在解释性层面，特定结构 $\mathfrak{A}$ 的 $\mathfrak{A}$-有效性是值得研究的。一个典型的证明可能对计算长度进行归纳，以建立一个局部正确性的不变性或者在某个结束的良基集中展示一个递减值。这两种情况都可以归约为：验证某些依赖定义域的事实，有时称为验证条件。从数学上来看，这种验证实则是一个"从程序断定到基础结构断定"的有效转换 (effective transformation)。

　　下面将说明：如何利用 "相对于任意给定算术结构 $\mathfrak{A}$ 完全的" 公理系统，对程序结构进行直接归纳，从而得到一阶动态逻辑 DL 的这种有效转换。其基本思想是利用定理 3.6，对于任意给定的 DL 公式，存在 $\mathfrak{A}$ 中的一阶等价物。在构造的公理系统中，不使用无穷规则来处理有效性问题的 $\Pi_1^1$-hardness，而是把所有 $\mathfrak{A}$ 有效的一阶公式作为附加公理。相对于公理集，该证明是有穷的并且是有效的。

　　在这一节中，利用对于形式 $\varphi \to [\alpha]\psi$ 的部分正确性断定 (其中 $\varphi$ 和 $\psi$ 是一阶公式、$\alpha$ 包含一阶测试)，就可以将一阶动态逻辑 DL 归约为一阶逻辑 $L_{\omega\omega}$，并且不需要出现自然数，而且本节论述的系统也适用于有穷结构。但是，对于全部的 (full) DL 而言的算术完全系统确实明确地使用了自然数。

　　(一) 关于正确性断定的相对完全性

　　根据 "关于部分正确性公式的" 本章定理 3.13 可知，不能得到与定理 3.25 所证明的结束公式相似的完全性结果。绕开这一难题的办法就是只考虑表达结构 (expressive structure)。

　　相对于一阶词库 $\Sigma$ 的一个结构 $\mathfrak{A}$ 对一个编程语言 K 是有表达力的 (expressive)，其意思是：对于每个 $\alpha \in K$ 和每个一阶公式 $\varphi$，存在一个一阶公式 $\psi_L$ 使得 $\mathfrak{A} \models \psi_L \leftrightarrow [\alpha]\varphi$。对于大多数编程语言来说，具有表达力的结构是有穷结构和算术结构。

　　考虑以下公理系统。

　　**公理系统 3.30**　　(1) 公理模式：

　　(i) 所有有效的命题动态逻辑 PDL 公式的实例都是公理；

　　(ii) $<x := t>\varphi \leftrightarrow \varphi[x/t]$，其中 $\varphi$ 是一阶公式。

　　(2) 推理规则：

　　(i) $\dfrac{\varphi, \varphi \to \psi}{\psi}$ (分离规则)；

　　(ii) $\dfrac{\varphi}{[\alpha]\varphi}$ (概括规则)。

　　公理系统 3.30 实则是向 Harel 等 (2000) 第 7 章的命题动态逻辑 PDL 公理系统中添加了赋值公理而得到的。给定一阶动态逻辑 DL 公式和结构 $\mathfrak{A}$，把 "所有 $\mathfrak{A}$-有效的一阶语句" 作为公理集添加到公理系统 3.30 得到一个系统，此系统中公式 $\varphi$ 的可证明性用 $\mathfrak{A} \vdash_{s_3} \varphi$ 表示。

**定理 3.31**[①]　对于每个表达结构 $\mathfrak{A}$ 和每个形式 $\varphi \to [\alpha]\psi$ 的 DL 公式 $\xi$ 而言，其中 $\varphi$ 和 $\psi$ 为一阶公式，$\alpha$ 是只涉及一阶测试的程序，那么 $\mathfrak{A} \models \xi \Leftrightarrow \mathfrak{A} \vdash_{s_3} \xi$。

**证明**　可靠性的证明是不足道的。对 $\alpha$ 的结构进行归纳即可证明完全性。这里只证明 $\alpha = \beta^*$ 时的情况，其他情况可以类似证明。

假定 $\mathfrak{A} \models \varphi \to [\beta^*]\psi$。考虑一阶公式 $([\beta^*]\psi)_L$，用 $\bar{x}$ 表示，这个公式通过 A 的可表达性存在。显然，$\mathfrak{A} \models \varphi \to \bar{x}$ 和 $\mathfrak{A} \models \bar{x} \to \psi$。由于这两个公式都是一阶公式并且是 $\mathfrak{A}$-有效的，所以这两个公式都是公理，所以得到

$$\mathfrak{A} \vdash_{s_3} \varphi \to \bar{x} \tag{3.4.4}$$

$$\mathfrak{A} \vdash_{s_3} \bar{x} \to \psi \tag{3.4.5}$$

但是根据 $\beta^*$ 的语义，有 $\mathfrak{A} \models \bar{x} \to [\beta]\bar{x}$，根据归纳假设可得 $\mathfrak{A} \vdash_{s_3} \bar{x} \to [\beta]\bar{x}$。利用带有 $[\beta^*]$ 的概括规则和 Harel 等 (2000) 第 7 章的命题动态逻辑 PDL 归纳公理中的分离规则可得 $\mathfrak{A} \vdash_{s_3} \bar{x} \to [\beta^*]\bar{x}$。结合 (3.4.4)、(3.4.5) 和 PDL 变换可得 $\mathfrak{A} \vdash_{s_3} \varphi \to [\beta^*]\psi$。证毕。

**注记 3.32**　如果允许 $\alpha$ 包含 $< \alpha >\bar{x}$ 形式的测试，该定理也成立，其中 $\bar{x}$ 为一阶结构，$\alpha$ 可以由相同的方式归纳地构建。

### (二) 一般情况下的算术完全性

现在着手证明全部一阶动态逻辑 DL 公理系统的完全性。该证明思路类似于前一节的证明，因为它相对于所考虑的结构中有效的公式而言是完全的。只不过这里的系统只适用于算术结构，而且此系统不适合处理其他表达结构，尤其是有穷结构，因为它需使用自然数，所以这里证明的完全性结果称为算术完全性。

这里只证明了相对于自然数集 N 这一特殊结构的完全性，忽略了处理一般算术结构所需的技术。只不过这里的证明可以使用 N 中的变元 n，m 等，而且这些变元的值也是自然数。在标准解释下，可以使用 n + 1 这类记法。当证明相对于一个非特定的算术结构的完全性时，必须在这种用法之前加上适当的谓词，以确保所讨论的部分定义域与自然数同构。例如，经常使用的一阶公式，可以记为 nat(n)，这对于表示自然数的元素来说是成立的，而且根据算术结构的定义可知这种一阶公式是存在的。

---

[①] 相对完全性的概念和定理 3.31 来自 Cook(1978)。

考虑下面的公理系统。

**公理系统 3.33**　(1) 公理模式：

(i) 所有有效的一阶公式的实例都是公理；

(ii) 所有有效的命题动态逻辑 PDL 公式的实例都是公理；

(iii) $<x := t>\varphi \leftrightarrow \varphi[x/t]$，其中 $\varphi$ 是一阶公式。

(2) 推理规则：

(i) $\dfrac{\varphi, \varphi \to \psi}{\psi}$（分离规则）；

(ii) $\dfrac{\varphi}{[\alpha]\varphi}$ 和 $\dfrac{\varphi}{\forall x \varphi}$（概括规则）；

(iii) $\dfrac{\varphi(n+1) \to <\alpha>\varphi(n)}{\varphi(n) \to <\alpha^*>\varphi(0)}$（收敛规则，其中 $\varphi$ 是一阶公式，变元 n 都不会出现在 $\alpha$ 中）。

**注记 3.34**　对于一般的算术结构，收敛规则中的 +1 和 0 表示合适的一阶定义。与公理系统 3.30 中类似，把 "所有 $\mathfrak{A}$-有效的一阶语句作为公理" 添加到公理系统 3.33 得到一个系统，此系统中公式 $\varphi$ 的可证明性用 $\mathfrak{A} \vdash_{s_4} \varphi$ 表示。

仔细观察可以发现，公理系统 3.27 和公理系统 3.33 处理 $\alpha^*$ 的方式是互为对偶的。只不过系统 3.33 里有 $<\alpha^*>$ 的算术收敛规则，$[\alpha^*]$ 是根据 PDL 归纳公理来处理的，而公理系统 3.27 中有 $[\alpha^*]$ 的无穷规则，$<\alpha^*>$ 是根据 PDL 的展开公理来处理的。

在讨论算术完全性之前，需要先证明比本章定理 3.6 的表达力结论更为具体的版本，即引理 3.35。需要说明的是，虽然这一结论是针对自然数集 N 而言的，但是对引理 3.35 进行适当推广后的结论却适用于任意算术结构。

**引理 3.35**[①]　对于任意 DL 公式 $\varphi$ 和程序 $\alpha$ 而言，存在带有自由变元 n 的一阶公式 $\bar{x}(n)$ 使得：对于自然数集 N 中任意状态 u 而言：N, u $\models \bar{x}(n) \Leftrightarrow$ N, u $\models <\alpha^{u(n)}>\varphi$，其中 u(n) 表示变元 n 在状态 u 中的值。

**证明**　此证明类似于本章定理 3.6 的证明。在此证明中，$\bar{x}(n)$ 被构造为 $(<\alpha>\varphi)_L$。用一个公式 $\varphi_\alpha(n, y)$ 来定义递归可枚举集合 $\{(n, \lceil \sigma_1 \cdots \sigma_n \rceil) \in N^2 | \sigma_1, \cdots, \sigma_n \in CS(\alpha)\}$，而不是用 $\varphi_\alpha(y)$ 来定义集合 $\{\lceil \sigma \rceil | \sigma \in CS(\alpha)\}$。剩下的证明与本章定理 3.6 类似。证毕。

---

① 本节算术完全性的概念和定理 3.36 与定理 3.37 来自 Harel(1979)。

首先证明公理系统 3.33 相对于一阶结束断定 (termination assertions) 是算术完全的。

**定理 3.36** 对于每个形式 $\varphi \to <\alpha>\psi$ 的一阶动态逻辑 DL 公式 $\xi$、一阶公式 $\varphi$ 和 $\psi$,以及仅仅涉及一阶测试的程序 $\alpha$ 而言,有 $N \models \xi \Leftrightarrow N \vdash_{s_4} \xi$。

**证明** 可靠性证明是不足道的。对 $\alpha$ 的结构进行归纳即可证明完全性。与定理 3.31 类似,这里给出 $\alpha = \beta^*$ 时的完全性证明。其他情况的证明大同小异。

根据假设可知:$N \models \varphi \to <\beta^*>\psi$。考虑对于 $\psi$ 和 $\alpha$ 的引理 3.35 的一阶公式 $\bar{x}(n)$。对于不会出现在 $\varphi,\psi$ 或 $\alpha$ 中的 $n$ 而言,有 $N \models \varphi \to \exists n\bar{x}(n)$,且 $N \models \bar{x}(0) \to \psi$。由于这些公式都是一阶公式,因此有 $N \vdash_{s_4} \varphi \to \exists n\bar{x}(n)$ 且 $N \vdash_{s_4} \bar{x}(0) \to \psi$。

但是根据 $\bar{x}(n)$ 的意义可知:$N \models \bar{x}(n+1) \to <\beta>\bar{x}(n)$。根据归纳假设可知 $N \vdash_{s_4} \bar{x}(n+1) \to <\beta>\bar{x}(n)$,再根据收敛规则可得 $N \vdash_{s_4} \bar{x}(n) \to <\beta^*>\bar{x}(0)$。根据带有 $\forall n$ 的概括规则和一阶变换可得 $N \vdash_{s_4} \exists n\bar{x}(n) \to <\beta^*>\bar{x}(0)$。根据这一段和上一段的公式即可证明完全性。证毕。

至此,可以给出如下定理 3.37,该定理对于任意算术结构也是成立的。

**定理 3.37** 对于一阶动态逻辑 DL 的每个公式 $\xi$ 而言,$N \models \xi \Leftrightarrow N \vdash_{s_4} \xi$。

**证明** 可靠性的证明是不足道的。为了证明完全性,令 $N \models \xi$,并 $k_\xi$ 是"在 $\xi$ 中程序个数"与"在 $\xi$ 中非一阶公式之前的量词的个数"之和 (当然,在测试中也需要对量化词和程序的个数进行计数)。施归纳于 $k_\xi$ 即可证明完全性。

当 $k_\xi = 0$ 时,则 $\xi$ 是一阶公式,那么 $N \vdash_{s_4} \xi$。当 $k_\xi > 0$ 时,假设 $\xi$ 是以合取范式的形式出现的,那么就可以对每个合取支进行处理。这里不失一般性地处理形式 $\varphi \to op\ \psi$ 的公式即可。对于某个 $x$ 或 $\alpha$ 而言,$op \in \{\forall x, \exists x, <\alpha>, [\alpha]\}$ 并且 $op\ \psi$ 不是一阶公式。这样可得到 $k_\varphi$,且 $k_\psi < k_\xi$。

根据自然数集 $N$ 的表达力,存在的一阶公式 $\varphi_L$ 和 $\psi_L$。显然,由于 $N \models \varphi \to op\ \psi$,因此 $N \models \varphi_L \to op\ \psi_L$,故

$$N \vdash_{s_4} \varphi_L \to op\psi_L \tag{3.4.6}$$

对于 $op \in \{\forall x, \exists x\}$ 而言,由于该公式是一阶的,(3.4.6) 是不足道的。对于 $[\alpha]$ 和 $<\alpha>$,施归纳于 $\alpha$ 即可证明完全性,其证明过程分别类似于定理 3.31 和定理 3.36 的完全性证明。唯一不同的是,目前的归纳假设证明用于处理的是非一阶测试。

因为 $k_\varphi, k_\psi < k_\xi$,根据归纳假设,由 $N \models \varphi \to \varphi_L$ 且 $N \models \psi_L \to \psi$,可以推

出 $N \vdash_{s_4} \varphi \to \varphi_L$ 且 $N \vdash_{s_4} \psi_L \to \psi$。结合 (3.4.6) 和某些命题动态逻辑 PDL 变换和一阶变换 (manipulation) 可得 $N \vdash_{s_4} \varphi \to op\ \psi$。证毕。

在公理系统 3.33 的收敛规则中, 可以放宽 "作为工具的自然数倒数到 0" 这一要求。事实上, "在任意给定的算术结构中进行适当表达的良基集" 就够用了。同样, 没有必要要求 "$\alpha$ 的一次执行可以使该收敛规则中参数化的 $\varphi(n)$ 的真值正好减少了 1"; 只要每次迭代的下降量都是正的就可以了。

**例 3.38**　考虑计算 $v^w$ 的如下程序 (其中 v 和 w 是自然数):

(z, x, y):=(1, v, w);

while y>0 do

　　if even(y)

　　　　then (x, y):=($x^2$, y/2)

　　　　else (z, y):=(zx, y-1)

使用公理系统 3.33, 可以证明: 该程序会结束并能够正确计算 z 中的 $v^w$。具体地说, 就是需要证明

$N \vdash_{s_4}$ $(z = 1 \wedge x = v \wedge y = w)$

　　　　$\to <(((y>0 \wedge even(y))?; x:=x^2; y:=y/2)$

　　　　　　$\cup(odd(y)?; z:=z\cdot x; y:=y-1))^*>(y=0 \wedge z=v^w)$

考虑上述一阶公式 $\varphi \to <(\alpha \cup \beta)^*>\psi$。构造一个一阶公式 $\bar{x}(n)$, 可以证明:

(i) $N \vdash_{s_4} \varphi \to \exists n \bar{x}(n)$;

(ii) $N \vdash_{s_4} \bar{x}(0) \to \psi$;

(iii) $N \vdash_{s_4} \bar{x}(n+1) \to <\alpha \cup \beta>\bar{x}(n)$。

把收敛规则应用于 (iii) 并进行变换, 即可得到需要的结果。

令 $\bar{x}(n) =_{def} z x^y = v^w \wedge n = \lfloor \log_2 y \rfloor + 1bin(y)$。其中 1bin(y) 是把 y 的二进制表示为论域的一个函数, 该函数表示 "产生数字 1 的个数"。显然, 1bin(y), even(y), odd(y) 和 $\lfloor \log_2 y \rfloor$ 都是可计算的, 因此它们在自然数集 N 中是一阶可定义的, 并且它们在 $\bar{x}(n)$ 中的出现是缩写。同时, 把 y:= y/2 看作 N 的明显等价的程序的缩写, 而且这里的 y 是偶数。

为证明 (i) 和 (ii), 需要证明其中的公式是 N-有效的, 因为这些公式是一阶的并且是公理。例如, $\bar{x}(0) \to \psi$ 是

$(z x^y = v^w \wedge 0 = \lfloor \log_2 y \rfloor + 1bin(y)) \to (y=0 \wedge z=v^w)$

因为 1bin(y)=0 蕴涵 y=0，因此 $zx^y$=z，所以以上这一公式是 N-有效的。

为证明 (iii)，需要证明如下公式：

$$N \vdash_{s_4} (\bar{x}(n+1) \wedge y > 0 \wedge even(y)) \rightarrow\ <\alpha> \bar{x}(n) \qquad (3.4.7)$$

$$N \vdash_{s_4} (\bar{x}(n+1) \wedge odd(y)) \rightarrow\ <\beta> \bar{x}(n) \qquad (3.4.8)$$

根据命题动态逻辑 PDL 和一阶推理即可证明 (iii)。事实上，把赋值公理和测试的 PDL 公理应用到以下公式，就可以得到 (3.4.7)。

$$(zx^y = v^w \wedge n+1 = \lfloor \log_2 y \rfloor + 1bin(y) \wedge y > 0 \wedge even(y))$$

$$\rightarrow (y > 0 \wedge even(y) \wedge z = (x^2)^{y/2} = v^w \wedge n = \lfloor \log_2(y/2) \rfloor + 1bin(y/2))$$

这一公式是 N-有效的 (因此是公理)，因为对于任意偶数 y 而言，1bin(y)=1bin(y/2) 且 $\lfloor \log_2(y) \rfloor = 1 + \lfloor \log_2(y/2) \rfloor$。

类似地，(3.4.8) 可以由如下公式得到

$$(zx^y = v^w \wedge n+1 = \lfloor \log_2 y \rfloor + 1bin(y) \wedge odd(y))$$

$$\rightarrow (odd(y) \wedge zxx^{y-1} = v^w \wedge n = \lfloor \log_2(y-1) \rfloor + 1bin(y-1))$$

这一公式是 N-有效的，因为对于任意奇数 y 而言，1bin(y)=1+1bin(y-1) 且 $\lfloor \log_2 y \rfloor = \lceil \log_2(y-1) \rceil$。

需要注意的是，如果允许 $\bar{x}(n)$ 的值在循环中每次 "减少" 超过 1，证明就会更容易。在这种情况下，如果有一个更自由的收敛规则，就不必那么固执地寻找减少 1 的确切数目。事实上，可以将 $\bar{x}(n)$ 简单地设为 $zx^y = v^w \wedge n = y$。之所以选择这个例子就是为了说明：原则上，总会用到严格的收敛规则。根据其完全性结果就可以明白这一点。

最后需要说明的是，为了证明 DL(dreg) 的完全性，需要对本章中所有公理系统进行适当限制。特别地，正如 Harel 等 (2000) 第 5.7 节所指出的那样，当 "*" 被限制成 "仅出现在 while 语句中 (仅仅出现在形式 $(\xi?;p)^*;(\neg\xi)?$ 的语句中)" 时，利用概括规则与命题动态逻辑 PDL 的归纳公理和测试公理，就可得到 Hoare-while-规则 $\dfrac{\varphi \wedge \xi \rightarrow [\alpha]\varphi}{\varphi \rightarrow [\text{while } \xi \text{ do } \alpha](\varphi \wedge \neg\xi)}$。

需要特别说明的是：使用不变性证明部分正确性，使用有良基集证明结束断定受到了 Floyd(1967) 的启发。Apt (1981) 对这些方法进行了很好总结，并给出了相应的完全性结果。而 Clarke (1979)、Lipton (1977) 和 Wand (1978) 给出了一些否定性结论。

## 第五节　一阶动态逻辑的表达力

本节主要在非解释层面上比较不同版本一阶动态逻辑 DL 的表达力，即对于编程语言 $P_1$ 和 $P_2$ 而言，$DL(P_1) < DL(P_2)$ 是否成立。如果成立，就意味着：对于在 $DL(P_1)$ 中的每个公式 $\varphi$ 而言，存在 $DL(P_2)$ 中的公式 $\psi$，使得对于所有结构 $\mathfrak{A}$ 和初始状态 $u$ 而言，有 $\mathfrak{A}, u \models \varphi \leftrightarrow \psi$。

Harel 等 (2000) 提出的关于一阶动态逻辑的相对表达力的许多结论回答了 Harel(1979) 中提出的诸多问题。自 Ianov(1960) 以来，在比较图式法 (comparative schematology) 的视域下，一些文献 (Greibach，1975；Manna，1974) 研究了非解释性推理，并对不同程序类的表达力进行了比较。Kfoury (1985) 首次使用展开属性对程序逻辑表达力进行比较 (即本节定理 3.4.2)。Kreczmar (1977) 研究了实数域 (fields)、复数域以及 Archimedian 域上的展开性质，确定性 while 程序的展开性质对这三个结构而言都是成立的。Urzyczyn (1983c) 的博士学位论文系统地研究了 (主要是正则程序的) 展开性质。

Tiuryn 和 Urzyczyn (1983) 将程序的逻辑谱与其相对表达力联系起来了，完整内容参见 Tiuryn 和 Urzyczyn (1983)。Tiuryn 和 Urzyczyn (1984) 证明了广义谱定理 (即本节定理 3.49)。Harel 等 (2000) 对编程语言的容许性 (admissibility) 概念进行了简化，并引入了 “结束归类”(termination subsumption) 这一辅助概念，从而简化了 Tiuryn 和 Urzyczyn (1984) 对谱定理的证明。

在不确定性赋值的名义下，Harel 等 (1977) 研究了通配符赋值。Halpern 和 Reif (1981) 研究了正则程序在不带有等号的词库中的表达力。Meyer 和 Winklmann (1982) 则探讨了无量词的正则程序逻辑片段的表达力。Urzyczyn (1988) 研究了带有布尔数组的程序。本节的研究主要以 Harel 等 (2000，第 343-380 页) 为基础。

在研究表达力之前，先给出如下说明。首先，通过研究逻辑的表达力，而不是程序的计算力，可以比较确定性编程语言和不确定性编程语言等，本节第二部分有更详细的论述。其次，基本问题 “$DL(P_1) \leqslant DL(P_2)$?” 的答案可能在很大程度上依赖于所考虑的逻辑和程序所涉及的词库。事实上，正如后文将看到的那样，当从一个词库变为另一个词库时，这一答案可能从 “yes” 转变为 “no”。因此，本节的定理需要明确说明所涉及的词库。

本节第一部分引入了一个非常有用的概念——程序展开 (unwinding of a program)，并且证明了这一概念的一些基本性质。第二部分建立了公式谱 (即使得给定公式成立的有穷解释码) 与程序逻辑的相对表达力之间的基本联系，并讨论了一些与计算复杂度理论有关的联系。第三部分研究了非确定性 (nondeterminism) 在逻辑表达力中的作用，并分别讨论了正则程序和带有布尔栈的正则程序以及更强大的程序。第四部分研究了非确定性对有界存储和无界存储表达力的影响，并分别讨论了多元词库和一元 (monadic) 词库。第五部分讨论了布尔栈、代数栈和纯正则程序。第六部分讨论了将通配符赋值 (wildcard assignment) 添加到其他程序结构中的一些方面。

现在采用一个非常自由的程序概念。令 $\Sigma$ 为有穷词库。关于编程语言所有假设就是：对于每个程序 $\alpha$ 而言，存在一个有穷计算序列集合 $CS(\alpha)$，该集合描述了 $\alpha$ 在相同签名 (signature) 的所有结构中的语义，因此对于每个 $\Sigma$-结构 $\mathfrak{A}$，有一个由等式 $\mathfrak{m}_{\mathfrak{A}}(\alpha) = \cup\{\mathfrak{m}_{\mathfrak{A}}(\sigma)|\sigma \in CS(\alpha)\}$ 定义的二元的输入/输出关系 $\mathfrak{m}_{\mathfrak{A}}(\alpha) \subseteq S^{\mathfrak{A}} \times S^{\mathfrak{A}}$。

假设存在一个出现在 $\alpha$ 中的个体变元的有穷集 $FV(\alpha) \subseteq V$ 与每个程序 $\alpha \in K$ 相关联。需要的性质是，对所有 u, v$\in S^{\mathfrak{A}}$，如果 $(u, v) \in \mathfrak{m}_{\mathfrak{A}}(\alpha)$，那么对于所有 x$\in (V-FV(\alpha))$，有 u(x)=v(x)，即：$\alpha$ 不会改变不在 $FV(\alpha)$ 中的个体变元的值。

## 一、展开性质

现在需要给出一种基于展开性质 (unwind property) 的技巧，用于说明一种逻辑的表达力严格弱于另一种逻辑的表达力。程序 $\alpha$ 可以在结构 $\mathfrak{A}$ 中展开，其意思是，存在 $m \in \mathbb{N}$ 且存在有穷计算序列 $\sigma_1, \cdots, \sigma_m \in CS(\alpha)$，使得 $\mathfrak{m}_{\mathfrak{A}}(\alpha) = \mathfrak{m}_{\mathfrak{A}}(\sigma_1) \cup \cdots \cup \mathfrak{m}_{\mathfrak{A}}(\sigma_m)$。

下面的命题 3.39 表明：展开性质在结构的初级等式 (elementary equivalence) 下是不变的。

**命题 3.39**　在结构初级等式下，展开性质是不变的，即：对于每个程序 $\alpha$ 以及所有初级等式的结构 $\mathfrak{A}$ 和 $\mathfrak{B}$ 而言，有 $\mathfrak{m}_{\mathfrak{A}}(\alpha) = \mathfrak{m}_{\mathfrak{A}}(\sigma_1) \cup \cdots \cup \mathfrak{m}_{\mathfrak{A}}(\sigma_m) \Rightarrow \mathfrak{m}_{\mathfrak{B}}(\alpha)\mathfrak{m}_{\mathfrak{B}}(\sigma_1) \cup \cdots \cup \mathfrak{m}_{\mathfrak{B}}(\sigma_m)$，其中 $\sigma_1, \cdots, \sigma_m \in CS(\alpha)$。

**证明**　假设 $\alpha$ 在 $\mathfrak{A}$ 中展开，即存在 $m \in \mathbb{N}$ 和 $\sigma_1, \cdots, \sigma_m \in CS(\alpha)$ 使得

$$\mathfrak{m}_{\mathfrak{A}}(\alpha) = \mathfrak{m}_{\mathfrak{A}}(\sigma_1) \cup \cdots \cup \mathfrak{m}_{\mathfrak{A}}(\sigma_m) \tag{3.5.1}$$

对于每个 $i \in N$, 令 $\varphi_i$ 是一个描述 $\sigma_i$ 的输入/输出关系的一阶公式, 即: 如果 $x_1, \cdots,$ $x_n$ 为 $\alpha$ 的所有寄存器, 并且 $y_1, \cdots, y_n$ 是新变元, 那么 $\models \varphi_i \leftrightarrow <\sigma_i>(x_1=y_1 \wedge \cdots \wedge$ $x_n=y_n)$。根据本章引理 3.24 可知: 这样的公式是存在的。

由 (3.5.1) 可知, 对于 $i \in N$ 而言, 公式 $\forall x_1 \cdots \forall x_n \forall y_1 \cdots \forall y_n(\varphi_i \rightarrow (\varphi_1 \vee \cdots \vee$ $\varphi_n))$ 在 $\mathfrak{A}$ 中成立, 因此, 该公式在 $\mathfrak{B}$ 中也成立, 故 $\mathfrak{m}_{\mathfrak{B}}(\alpha) \subseteq \mathfrak{m}_{\mathfrak{B}}(\sigma_1) \cup \cdots \cup \mathfrak{m}_{\mathfrak{B}}(\sigma_m)$。由于相反的包含关系总是成立的, 因此 $\alpha$ 在 $\mathfrak{B}$ 中展开。证毕。

**引理 3.40**　如果 $\varphi$ 是编程语言 P 上的一阶动态逻辑 DL 公式, 并且 $\mathfrak{A}$ 是 "在 $\varphi$ 中出现的所有程序都能够在 $\mathfrak{A}$ 上展开的" 结构, 那么存在一阶公式 $\bar{\varphi}$ 使得 $\mathrm{Th}\mathfrak{A} \models \varphi \leftrightarrow \bar{\varphi}$。

**证明**　施归纳于 $\varphi$ 即可得证。唯一足道的步骤为当 $\varphi$ 是 $[\alpha]\varphi'$ 时的情况。如果程序 $\alpha$ 在 $\mathfrak{A}$ 中展开, 那么对于某个 $m \in N$ 和某个有穷计算序列 $\sigma_1, \cdots,$ $\sigma_m \in CS(\alpha)$ 而言, 在 $\mathfrak{A}$ 中程序 $\alpha$ 等价于程序 $\sigma_1 \cup \cdots \cup \sigma_m$, 并且根据命题 3.39 可知: 它们在 $\mathrm{Th}(\mathfrak{A})$ 的所有模型中也是等价的。根据本章引理 3.24 可知, 存在能够在所有模型上描述 $\sigma_1 \cup \cdots \cup \sigma_m$ 的输入-输出关系的一阶公式 $\psi_{\alpha}$, 即 $\models \psi_{\alpha} \leftrightarrow <\sigma_1 \cup \cdots \cup \sigma_m>(x_1=y_1 \wedge \cdots \wedge x_n=y_n)$, 其中 $x_1, \cdots, x_n$ 是 $\alpha$ 的所有寄存器 (registers), $y_1, \cdots, y_n$ 是新变元。根据归纳假设可知, 存在一阶公式 $\bar{\varphi}'$ 使得 $\mathrm{Th}\mathfrak{A} \models \varphi' \leftrightarrow \bar{\varphi}'$。假设 $y_1, \cdots, y_n$ 在 $\varphi'$ 中不自由出现, 则 $\mathrm{Th}\mathfrak{A} \models [\alpha]\varphi' \leftrightarrow \forall y_1 \cdots \forall y_n(\psi_{\alpha} \rightarrow \bar{\varphi}'[x_1/y_1, \cdots, x_n/y_n])$。证毕。

引理 3.40 给出了一个能够说明某些程序不能展开的可行方法, 该方法可以用来说明本章命题 3.15 的 $N_{\mathrm{EXT}_0}$ 程序不能展开。

**命题 3.41**　如果 $\mathfrak{A}$ 是一个不带有真子结构的无穷结构, 则 $N_{\mathrm{EXT}_0}$ 在 $\mathfrak{A}$ 中不展开。

**证明**　公式 $\forall x_0 \forall x_1 <N_{\mathrm{EXT}_0}>1$ 在结构 $\mathfrak{A}$ 中成立, 当且仅当 $\mathfrak{A}$ 中没有真子结构。令 $\mathfrak{A}$ 是一个不带有真子结构的无穷结构, 如果 $N_{\mathrm{EXT}_0}$ 在 $\mathfrak{A}$ 中展开, 那么根据引理 3.40 可知, 存在一阶公式 $\varphi$ 使得 $\mathrm{Th}\mathfrak{A} \models \varphi \leftrightarrow \forall x_0 \forall x_1 <N_{\mathrm{EXT}_0}>1$。这与向上的 Löwenheim-Skolem 定理 (Harel et al., 2000, 定理 3.59) 相矛盾, 因为 $\mathrm{Th}\mathfrak{A}$ 包含不可数多个模型。证毕。

下面定理 3.42 表明, 展开性质可用于区分程序逻辑的表达力。

**定理 3.42**　令 $P_1$ 和 $P_2$ 是相同一阶词库上的两种编程语言, 并且假设存在程序 $\alpha \in P_1$ 使得对于任意有穷集合 $\{\beta_1, \cdots, \beta_m\} \subseteq P_2$ 而言, 存在一个 $\mathfrak{A}$ 结构,

在 $\mathfrak{A}$ 上所有的 $\beta_1, \cdots, \beta_m$ 展开但 $\alpha$ 不展开，那么 DL($P_2$) 不能归约为 (reducible to)DL($P_1$)。

**证明**　令 CS($\alpha$)={$\sigma_i|$ $i \geqslant 0$}，令 FV($\alpha$)={$x_1, \cdots, x_n$} 是所有输入 $\alpha$ 的寄存器。令 $y_1, \cdots, y_n$ 是新变元。证明公式 $\psi = <\alpha>(x_1=y_1 \wedge \cdots \wedge x_n=y_n)$ 不等价于 DL($P_2$) 的任意公式即可。事实上，假设 $\psi$ 等价于 DL($P_2$) 的公式 $\varphi$。令 $\beta_1, \cdots,$ $\beta_m$ 是出现在 $\varphi$ 中的所有程序，并且令 $\mathfrak{A}$ 是一个 "每个 $\beta_i$(其中 $1 \leqslant i \leqslant m$) 都可在其中展开，而 $\alpha$ 不在其中展开的" 结构。这意味着集合 $\{\psi\} \cup \{\neg<\sigma_0 \cup \cdots \cup \sigma_k>(x_1= y_1 \wedge \cdots \wedge x_n= y_n)| k \geqslant 0\}$ 在 $\mathfrak{A}$ 上是有穷满足的。

对于 $k \geqslant 0$，令 $\psi_k$ 是在所有模型中都与如下公式等价的一阶公式：$\neg<\sigma_0 \cup \cdots \cup \sigma_k>(x_1=y_1 \wedge \cdots \wedge x_n=y_n)$(参见引理 3.24)。根据引理 3.40，在初等 (elementarily) 等价于 $\mathfrak{A}$ 的所有结构上，存在等价于 $\varphi$ 的一阶公式 $\bar{\varphi}$，即 Th$\mathfrak{A} \models \varphi \leftrightarrow \bar{\varphi}$。又因为 $\varphi$ 等价于 $\psi$，所以集合 Th$\mathfrak{A} \cup \{\bar{\varphi}\} \cup \{\psi_k| k \geqslant 0\}$ 是有穷可满足的。根据谓词逻辑 (参见 Harel 等 (2000) 中的定理 3.57) 的紧致性可知，存在一个模型 $\mathfrak{B}$ 使得 $\varphi$ 成立，$\psi$ 不成立。这就导出了矛盾。证毕。

## 二、 谱和表达力

本节的目标是：探讨 "比较一阶动态逻辑在各种编程语言上的表达力" 与 "相应编程语言谱的复杂性" 之间的关系。正如后文所述，对于足够强大的编程语言而言，区分相应逻辑的唯一方法就是研究程序在有穷解释上的行为。

可翻译性 (translability) 是比较图式学一个重要的概念，其意思是将一种编程语言翻译成另一种编程语言。令 $K_1$ 和 $K_2$ 为编程语言。一个程序 $\beta \in K_2$ 模拟了另一程序 $\alpha \in K_1$，其意思是：对于每个 $\Sigma$-结构 $\mathfrak{A}$，以下公式成立：

$$\{(u, v \upharpoonright FV(\alpha)) \mid (u, v) \in \mathfrak{m}_\mathfrak{A}(\alpha), u \text{ 是初始状态}\}$$
$$= \{(u, v \upharpoonright FV(\alpha)) \mid (u, v) \in \mathfrak{m}_\mathfrak{A}(\beta), u \text{ 是初始状态}\}$$

将上述公式中的 $v$ 限制为 FV($\alpha$) 的原因是：允许 $\beta$ 使用辅助变元 (auxiliary variable) 和其他数据类型。程序 $\alpha \in K_1$ 可以翻译为 $K_2$，意思是：存在可以模拟 $\alpha$ 的 $\beta \in K_2$。如果每个编程语言 $K_1$ 可以翻译为 $K_2$，记作 $K_1 \leqslant K_2$，意思是：$K_1$ 中的每个程序都可以翻译为 $K_2$ 中的相应程序。

一个编程语言 $K$ 是容许的，其意思是

(i) $K$ 可以翻译成递归可枚举程序的类；

(ii) 所有原子正则程序和所有测试可以分别翻译到 K 中相应的程序和测试；

(iii) K 在合成 (composition) 运算、if-then-else 和 while-do 下是语义封闭的。例如，在合成运算下的语义封闭，意味着：如果 $\alpha, \beta \in K$，那么存在 $\gamma \in K$，使得对于每个 $\mathfrak{A}$ 而言，有 $\mathfrak{m}_{\mathfrak{A}}(\gamma) = \mathfrak{m}_{\mathfrak{A}}(\alpha) \circ \mathfrak{m}_{\mathfrak{A}}(\beta)$，对于其他结构也可类似定义。

因此，如果 K 是容许的，则把 K 看作在上述结构下是句法封闭的，这样就允许写出像 if $\varphi$ then $\alpha$ else $\beta$ 这样的表达式，其中 $\varphi$ 是无量词的公式，并且 $\alpha$, $\beta \in K$。这样的表达式 (即使它们不属于 K) 在语义上也等价于在 K 中的程序。这样约定后可以简化记法，并且不易混淆。

如果只关心逻辑的表达力，那么可翻译性关系就会进一步削弱。例如，正如后文所述，存在编程语言 $K_1$ 和 $K_2$ 使得 $DL(K_1) \leqslant DL(K_2)$ 成立，即使 $K_1$ 包含非确定性程序，$K_2$ 只包含确定性程序，使得 $K_1 \leqslant K_2$ 是不可能的。命题 3.43 表明，影响相关逻辑的表达力的关键是编程语言中程序的结束性质。

**命题 3.43**　令 K 为容许的编程语言。对于每个 $DL(K)$ 的公式 $\varphi$ 而言，存在 $DL(K)$ 的公式 $\varphi'$ 在所有的解释上等价于 $\varphi$，并且使得：对于每个在 $\varphi'$ 中的程序 $\alpha$ 而言，如果 $\alpha$ 出现在语境 (context) $[\alpha]\psi$ 中，那么 $\psi = \mathbf{0}$。

**证明**　如果 $\alpha$ 出现在语境 $[\alpha]\psi$ (其中 $\psi \neq \mathbf{0}$) 的 $\varphi$ 中时，那么用 $\forall y_1 \cdots \forall y_m (\neg[\alpha;(x_1{=}y_1 \wedge \cdots \wedge x_m{=}y_m)?]\mathbf{0} \rightarrow \psi[x_1/y_1, \cdots, x_m/y_m])$ 代替 $[\alpha]\psi$，其中 $x_1, \cdots$, $x_m$ 是在 $\alpha$ 中是自由出现的所有变元，$y_1, \cdots, y_m$ 是既不出现在 $\alpha$ 中也不出现在 $\psi$ 中的新变元。由于 K 是容许的，因此，$\alpha; (x_1{=}y_1 \wedge \cdots \wedge x_m{=}y_m)?$ 属于 K。经过有穷步骤后，就可将 $\varphi$ 转换成 $\varphi'$。证毕。

上述论述引出了以下定义。$K_2$ 结束包含 (termination subsume) $K_1$，记为 $K_1 \leqslant_T K_2$，其意思是：对于每个 $\alpha \in K_1$ 而言，存在 $\beta \in K_2$ 使得对于每个 $\Sigma$-结构 $\mathfrak{A}$ 和每个状态 $u \in S^{\mathfrak{A}}$ 而言，有 $\mathfrak{A}, u \models < \alpha >\mathbf{1} \Leftrightarrow \mathfrak{A}, u \models < \beta >\mathbf{1}$。换句话说，$\mathfrak{A}, u \models [\alpha]\mathbf{0} \Leftrightarrow \mathfrak{A}, u \models [\beta]\mathbf{0}$。证毕。

**命题 3.44**　令 $K_1$ 和 $K_2$ 是容许的编程语言。

(i) 如果 $K_1 \leqslant K_2$，那么 $K_1 \leqslant_T K_2$；

(ii) 如果 $K_1 \leqslant_T K_2$，那么 $DL(K_1) \leqslant DL(K_2)$。

**证明**　(i) 的证明是不足道的。根据命题 3.43 可以证明 (ii)。证毕。

一个容许的编程语言 K 是一个半通用 (semi-universal) 编程语言，其意思是：对于每个 $m>0$，命题 3.15 中的程序 $N_{EXTm}$ 可以翻译成 K 中的程序。半通用编程语言的例子包括递归可枚举程序、带有代数栈的正则程序和带有数组的正则程序。下面命题 3.45 的一个推论是：一阶动态逻辑 DL 在半通用编程语言上的表达能力只能通过研究有穷解释来确定。

本章第三节第二部分研究说明，一个状态 u 是 Herbrand 式状态，其意思是：由 u 指派给有穷多个个体变元的值生成了这一结构。

**命题 3.45**　如果 K 是半通用编程语言，那么对于每个递归可枚举程序 α 而言，存在 β ∈K 使得 α 和 β 在所有无穷解释上有相同结束性质，即：对于每个无穷 Σ-结构 𝔄 和每个在 𝔄 中的 Herbrand 式状态 u 而言，𝔄, u⊨< α >1 ⇔ 𝔄, u⊨< β >1。

**证明**　令 α 为任意递归可枚举程序并且令 $FV(\alpha) \subseteq \{x_0, \cdots, x_m\}$。显然，在任意解释中 α 的结束断定只依赖于在 FV(α) 中变元的值以及由这些值生成的子结构。因此，假设在命题的结论中状态 u 是 Herbrand 式 m-状态。通过观察使用 $N_{EXTm}$ 及其在无穷解释中的性质，可以得到带有后继函数的计数器，此后继函数对应于特定序，在该序中，由输入生成的子结构的所有元素都是以自然链的方式出现的。这里的 0 表示该自然链的第一个元素；测试 0 和测试计数器的相等性是很容易做到的。具有这些计数器的确定性正则程序的控制结构足够强大，可以用来计算每个部分递归函数。

现在用计数器来模拟能够计算 $CS(\alpha) = \{\sigma_n | n \in N\}$ 的图灵机。正则程序 β 将从 $\sigma_0$ 开始模拟 α 搜索所有有穷计算序列 $\sigma_n$，试图寻找结束的第一个有穷计算序列。如果找到一个这样的 $\sigma_n$ 有穷计算序列，就会停机。

为模拟 $\sigma_n$ 计算，β 必须能够计算带有 $\{x_0, \cdots, x_m\}$ 中变元的任意项 t 的值。此过程如下：给定 t，通过第一次计算深度为 1 的 t 的子项值，然后及时计算深度 2 的 t 的子项值，等等，程序 β 就可以计算 "相对于存储在 $x_0, \cdots, x_m$ 中的这些实际值而言" 的 t 值。为此，β 必须存储这些中间值 (intermediate values)。因此，需要利用计数器和程序 $N_{EXTm}$ 的功能完成此计算。使用计数器，β 就可以对任意自然数的有穷序列进行编码。使用 $N_{EXTm}$，β 就可以给出 "由输入生成的子结构的所有元素的" 自然编码。

至此，可以计算带有 $\{x_0, \cdots, x_m\}$ 中变元的任意项的值，程序 β 可以计算每个 $\sigma_n$。由于 K 是容许的编程语言，所以程序 β 等价于 K 中的程序。证毕。

一个容许的编程语言 K 是发散封闭的 (divergence-closed)，其意思是：对于

每个 $\alpha \in K$，存在 $\beta \in K$ 和两个变元 x, y∈V，使得每个带有 "至少两个元素的" A 的有穷 Herbrand 式解释 $(\mathfrak{A}, u)$ 满足

$$\mathfrak{A}, u \models < \alpha >1 \Leftrightarrow \mathfrak{A}, u \models < \beta >(x=y)$$

$$\mathfrak{A}, u \models [\alpha]0 \Leftrightarrow \mathfrak{A}, u \models < \beta >(x \neq y)$$

非正式地讲，$\beta$ 不发散 (without diverging) 地决定了 $\alpha$ 是否可能结束。

**引理 3.46**　如果 K 是发散封闭的编程语言，那么对于每个 $\alpha \in K$ 而言，存在 $\gamma \in K$ 使得每个带有 "至少两个元素的" A 的有穷 Herbrand 式解释 $(\mathfrak{A}, u)$ 满足

$$\mathfrak{A}, u \models < \alpha >1 \Leftrightarrow \mathfrak{A}, u \models [\gamma]0$$

$$\mathfrak{A}, u \models [\alpha]1 \Leftrightarrow \mathfrak{A}, u \models <\gamma>1$$

**证明**　令 $\gamma$ 是程序 $\beta;(x \neq y)?$，其中 $\beta$ 是与 K 的发散封闭的定义中的 $\alpha$ 相对应的一个程序。因为 K 是容许的，所以 $\gamma$ (语义上) 属于 K。证毕。

下面的命题 3.47 列出了一些半通用的、发散封闭的语言，其中一些情况依赖于词库 $\Sigma$。

**命题 3.47**　以下编程语言是半通用且发散封闭的：

(i) 对于每个词库 $\Sigma$ (这里的 $\Sigma$ 至少包含 "元数至少是 2 的" 的一个函数符号，或至少包含两个一元函数符号)，带有代数栈的 (确定性/不确定性) 正则程序和带有数组的 (确定性/不确定性) 正则程序都是半通用且发散封闭的。

(ii) 对于每个单独一元词库 $\Sigma$ 而言，确定性的正则程序和带有布尔栈的确定性正则程序都是半通用且发散封闭的。

**证明**　首先证明 (i)。在定理 3.20 的证明中，给出了 Cook 的 log n-APDA 程序与带有代数栈的确定性正则程序之间的一个互模拟 (mutual simulation)。根据 Cook 定理的证明 (参见 Hopcroft 和 Ullman (1979) 的第 14 章)，可以不失一般性地假设：确定性 log n-APDA 程序对于每个输入都会停机。因为带有代数栈的确定性正则程序 $\alpha$ 可以逐步模拟确定性 log n-APDA 程序，所以 $\alpha$ 都能够在有穷步内判断：log n-APDA 程序是接受输入还是拒绝输入。如果接受输入，那么就把相同的值指派给具体变元 x 和 y，并且 $\alpha$ 停机；如果拒绝输入，那么就把不同的值指派给 x 和 y，并且 $\alpha$ 停机。对于带有代数栈的不确定性正则程序而言，也是如此指派。

对于带有数组的正则程序也可类似证明。只不过这时的互模拟使用的是 "以

多项式空间为界的" 图灵机。可以不失一般性地假设，这些图灵机对每次输入都会停机。至此就证明了 (i)。

现在证明 (ii)。其证明与 (i) 的证明类似，只不过这时的互模拟使用的是 "以对数空间 (log-space) 为界的" 图灵机 (参见定理 3.19)。这就证明了关于确定性正则程序的结果。(ii) 的第二部分可以直接根据上面的 (i) 和如下这样的事实得到：在单独的一元 (mono-unary) 词库上，带有布尔栈的正则程序在计算上等价于带有代数栈的正则程序。证毕。

所有正则程序的类对于比单独的一元词库更丰富的词库而言是不是发散封闭的，目前尚不清楚。但可以证明，对于半通用且发散封闭的编程语言而言，有穷解释的一阶动态逻辑 DL 理论可以归约为结束性质。

**命题 3.48**　如果 K 是半通用且发散封闭的，那么对于每个 DL(K) 的公式 $\varphi$ 而言，存在程序 $\alpha_\varphi \in K$，使得对于每个有穷 $\Sigma$-结构 $\mathfrak{A}$、每个 $m \geqslant 0$ 以及 $\mathfrak{A}$ 中每个 Herbrand 式的 m-状态而言，$\mathfrak{A}, w \models \varphi \leftrightarrow \langle \alpha_\varphi \rangle 1$。

**证明**　固定 $m \geqslant 0$。施归纳于 $\varphi$ 即可得证。假设 A 至少有两个元素。当 $\varphi$ 是形式 $\varphi_1 \rightarrow \varphi_2$ 的情况时，对归纳假设得到的程序进行发散测试 (divergence test)。当 $\varphi$ 是形式 $\forall z \varphi_1$ 的情况时，除了对与 $\varphi_1$ 对应的程序进行发散测试外，还需要使用 $N_{EXTm}$ 搜索 A，即通过输入生成的结构。最后，当 $\varphi$ 是形式 $[\alpha]\psi$ 的情况时，根据 $\beta_\psi$ 的归纳假设可知：在所有 Herbrand 式的有穷解释上，$\langle \beta_\psi \rangle 1$ 等价于 $\psi$。根据引理 3.46 可知对于 $\beta_\psi$，在所有至少具有两个元素的 Herbrand 式的有穷解释上，$\gamma_\psi$ 使得 $\langle \beta_\psi \rangle 1$ 等价于 $[\gamma]_\psi 0$。因此，在所有至少具有两个元素的 Herbrand 式有穷解释上，$\varphi$ 等价于 $[\alpha; \gamma_\psi] 0$。再次将引理 3.46 应用到程序 $\alpha; \gamma_\psi$，可得所需的 $\alpha_\varphi$。

为了将此结果扩展到一个元素结构上，必须执行一个测试，以观察该结构是否确实只有一个元素。为此，如下两个公式的合取用 $\psi$ 表示：① $x_i = x_j$，对于 $0 \leqslant i, j \leqslant m$；② $f(x_0, \cdots, x_0) = x_0$，其中 f 在 $\Sigma$ 的所有函数符号上取值。

通过观察可以发现：一个元素的结构，最多只有 $2^k$ 个不同的同构类型，其中 k 是词库中关系符号的数目。每个这样的结构都是由形式 $r(x_0, \cdots, x_0)$ 或 $\neg r(x_0, \cdots, x_0)$ 的公式的合取唯一决定的，其中 r 在 $\Sigma$ 的所有关系符号中取值。

现在给定 $\varphi$，令 $\gamma_1, \cdots, \gamma_n$ 是描述单元素 (one-element) 结构 (其中 $\varphi$ 成立) 的所有公式。令 $\alpha'$ 是在 $\varphi$ 的证明的第一部分中找到的程序，即 $\alpha'$ 是在 "至少包

含两个不同元素的结构" 中能够正确运行的程序。所需的程序 α 为

　　if ψ

　　then if $\gamma_1 \vee \cdots \vee \gamma_n$

　　　　then skip

　　　　else fail

　　else α′

证毕。

　　以上证明并没有给出一个 "从 φ 到程序 α" 的一个能行的构造过程。原因是：一般而言，不存在 "能够判定给定的 DL(K) 公式是否在单元素结构中成立" 的能行过程。例如，对于一个递归可枚举程序 α，"α 能否在给定的单元素解释下结束" 是不可判定的。

　　本节的主要结论是：复杂性类和谱与一阶动态逻辑的表达力有关。该结果为建立多个程序逻辑的相对表达力提供了有力的工具，后文将多次使用这一结论。

　　**定理 3.49** (谱定理)　令 Σ 是一个富词库，并令 $K_1$ 和 $K_2$ 是在 Σ 上的编程语言，而且 $K_1$ 是可接受的，$K_2$ 是半通用和发散封闭的。令 $C_1$, $C_2 \subseteq 2^{\{0,1\}^*}$ 表示在对数空间归约 (logarithmic reduction) 下的向下封闭集合族 (families of sets)。对于 i = 1, 2，令 $SP(K_i) \approx C_i$。下列语句是等价的：

　　(i) $DL(K_1) \leqslant DL(K_2)$；

　　(ii) 对于所有 m⩾0，$SP_m(K_1) \subseteq SP_m(K_2)$；

　　(iii) $C_1 \subseteq C_2$；

　　(iv) $K_1 \leqslant_T K_2$。

　　**证明**　对于蕴涵 (i)⇒(ii) 的证明，考虑任意 m ⩾ 0 和任意 α ∈ K。由 (i) 可知，存在一个 DL($K_2$) 公式 φ，使得在所有解释中 $< \alpha >1$ 等价于 φ。根据命题 3.48，存在一个 β ∈ $K_2$，使得对于每个有穷 Σ 结构 𝔄 和每个 Herbrand 式 m-状态 w 而言，𝔄, w⊨$< \beta >1 \leftrightarrow \varphi$ 成立，则 SP(α) = SP(β)，从而证明 (ii)。

　　对于 (ii)⇒(iii) 的证明，考虑 X ∈ $C_1$。根据引理 3.18 可知，存在一种语言 Y $\subseteq H_0^L$ 使得

$$X \leqslant_{\log} Y \leqslant_{\log} X \tag{3.5.2}$$

　　因此，Y∈$C_1$，由于 SP($K_1$) 表征了 $C_1$，因此存在 α ∈ $K_1$，使得 Y = $SP_0(\alpha)$。

根据 (ii) 可知，存在 $\beta \in K_2$ 使得 $SP_0(\alpha) = SP_0(\beta)$，因此 $Y \in C_2$。由于 $C_2$ 在对数空间归约下是向下封闭的，所以根据 (3.5.2) 可知，$X \in C_2$。这证明了 (iii)。

对于 (iii)$\Rightarrow$(iv) 的证明，考虑任意 $\alpha \in K_1$。可以给出程序 $\beta \in K_2$，使得对于所有 $\Sigma$-结构 $\mathfrak{A}$ 和状态 $w$，有 $\mathfrak{A}, w \models < \alpha > 1 \Leftrightarrow \mathfrak{A}, w \models < \beta > 1$。

令 $FV(\alpha) \subseteq \{x_0, \cdots, x_m\}$ 并且令 $\gamma \in K_2$ 使得 $SP_m(\alpha) = SP_m(\gamma)$。由于 $K_1$ 是容许的，因此存在一个递归可枚举程序 $\alpha'$ 在所有解释中都等价于 $\alpha$。令 $\beta' \in K$ 是命题 3.45 的程序，此程序与 $\alpha'$ 在所有无穷解释中都具有相同的结束性质。

在 $\beta$ 模拟 $\alpha$ 的第一阶段中，$\beta$ 运行 $\beta'$ 以确定 $\alpha'$ 是否结束，$\alpha$ 也因此结束。在"假设由 $\{w(x_0), \cdots, w(x_m)\}$ 生成 $\mathfrak{A}$ 的子结构 $\mathfrak{A}'$ 是无穷的"情况下进行模拟。要么模拟成功，$\alpha$ 结束，这时 $\beta$ 也结束；要么 $\beta'$ 发现 $\mathfrak{A}'$ 是有穷的。根据 $N_{EXTm}$ 返回的 $x_{m+1}$ 的值是否与之前相等，可以判断 $\mathfrak{A}'$ 的有穷性。发现这一点后，$\beta$ 终止模拟，并在恢复 $x_0, \cdots, x_m$ 的初始值时运行程序 $\gamma$。如果 $\gamma$ 使用任意变元 $x_n$（其中 $n > m$)，那么在运行 $\gamma$ 之前，$\beta$ 通过赋值 $x_n := x_m$ 重置 $\gamma$ 的值。由于 $\mathfrak{A}'$ 是有穷的，$\gamma$ 结束，当且仅当，$\alpha$ 结束。这证明了 $K_1 \leqslant_T K_2$。

蕴涵 (iv)$\Rightarrow$(i) 的证明其实就是命题 3.44。证毕。

现在给出如何应用谱定理的例子，后文将给出该定理的多个应用实例。

**定理 3.50**　令 $\Sigma$ 为一个富词库。那么

(i) $DL(stk) \leqslant DL(array)$；

(ii) $DL(stk) \equiv DL(array)$，当且仅当，$P = PSPACE$。

对于带有代数栈的确定性正则程序和带数组的确定性正则程序而言，定理 3.50 也成立。

**证明**　根据定理 3.49、命题 3.47、定理 3.20 和定理 3.21 即可得证。证毕。

对于穷词库也有证明类似结论，只是类的复杂性有所改变。事实上，根据定理 3.20(i) 可以直接被证明：带有代数栈的 (确定性) 正则程序可以翻译成带有数组的 (确定性) 正则程序。

## 三、有界不确定性

本节将考察不确定性在程序逻辑表达力中的作用，主要结论是：对于具有足够计算能力的编程语言而言，不确定性不会增加逻辑的表达力。

### (一) 正则程序

从正则程序的基本情况开始讨论不确定性的作用。前面已经说明：DL 和 DDL 分别表示不确定性正则程序逻辑和确定性正则程序逻辑。

本节的词库只包含两个一元函数符号 f 和 g。任意给定的非空前缀封闭子集 (prefix-closed subset) $A \subseteq \{0, 1\}^*$ 决定了结构 $\mathfrak{A} = (A, f^{\mathfrak{A}}, g^{\mathfrak{A}})$，其中

$$f^{\mathfrak{A}}(w) = \begin{cases} w \cdot 0, & w \cdot 0 \in A \\ w, & w \cdot 0 \notin A \end{cases}$$

在该定义中，w·0 表示单词 w 右端毗连 (concatenating) 0 的结果。$g^{\mathfrak{A}}$ 的定义与此类似，只不过用 1 代替了 $f^{\mathfrak{A}}$ 中的 0 而已。这种结构被称为树状结构。

在本节中，代数 $\mathfrak{A}$ 可以通过它的承载子 A 来描述。特别地，对于 $n \in \mathcal{N}$ 而言，代数 $T_n = \{w \in \{0, 1\}^* | \ |w| \leqslant n\}$；其证明的主要部分就是说明：确定性正则程序所能访问 (visit) 的 $T_n$ 的元素的个数在 n 中最多是多项式个。因此，对于足够大的 n 而言，从 $T_n$ 的根开始的一个计算，存在 $T_n$ 中的元素不会被访问，这个界限依赖于程序，程序越大，n 就越大。

另一方面，以下简单的不确定性正则程序访问任意 $T_n$ 中的所有元素：

$$\text{while } x \neq y? \text{ do } (x := f(x) \cup x := g(x))$$

因此，公式

$$\varphi = \exists x \, \forall y < \text{while } x \neq y? \text{ do } (x := f(x) \cup x := g(x)) > 1 \tag{3.5.3}$$

说明存在一个这样元素：从该元素出发，通过运算 f 和 g 的有穷多次应用，可达到定义域中的每个元素。这说明，公式 (3.5.3) 与 DDL 中的任意公式都不等价。

由于技术原因，这里用加标语句表示 while 程序。因此，确定性 while 程序包含以下三种语句：

(1) $\ell : x_i := \xi(x_j)$, where $\xi(x_j)$ is either $x_j$, $f(x_j)$, or $g(x_j)$;

(2) $\ell : \text{halt}$;

(3) $\ell : \text{if } x_i := x_j \text{ then } \ell' \text{ else } \ell''$.

程序 $\alpha$ 在结构 $A \subseteq \{0, 1\}^*$ 中的计算行为由一系列状态 $\pi = (\ell_1, a^1), \cdots, (\ell_i, a^i), \cdots$ 表示，其中 $\ell_i$ 是在第 i 步上执行的语句标签，$a^i$ 是存储在寄存器 $\alpha$ 中的当前值的向量 (vector)。要表示 $\alpha$ 的计算，$\pi$ 必须满足以下两条性质：

(1) $(\ell_1, a^1)$ 是初始状态，即 $\ell_1$ 是 $\alpha$ 要执行的第一个语句的标签，$a^1$ 表示输入。

(2) 要从 $(\ell_i, a^i)$ 移动到 $(\ell_{i+1}, a^{i+1})$，执行标签为 $\ell_i$ 的语句，这决定了下一个语句 $\ell_{i+1}$，而且 $a^{i+1}$ 是执行 $\ell_i$ 后新值的向量。如果 $\ell_i$ 是 halt(停机) 的标签，那么就不存在下一个状态。

计算 $\pi$ 的 L-跟踪 (trace) 是指：$\pi$ 的相继语句 (consecutive statement) 的标签序列 $\mathrm{Ltr}(\pi) = \ell_1, \cdots, \ell_n, \cdots$。令 $\mathrm{Cmp}(\alpha, A)$ 表示 $A$ 中 $\alpha$ 的所有计算组成的集合。计算 $\pi$ 是结束计算，其意思是：该计算是有穷的，且 $\pi$ 的最后一对 (pair) 包含 halt 语句。由于现在处理的是确定性程序，每个非结束的有穷计算都可以唯一地扩展到一个较长的计算。计算的长度是其中对 (pair) 的数目。令 $\mathrm{LtrCmp}(\alpha, A, n)$ 表示 $\alpha$ 在 "长度最多为 $n$ 的" $A$ 中的计算的所有 L-跟踪组成的集合。

令 $L = \ell_1, \ell_2, \cdots$ 是一个标签序列。将 $\alpha$ 沿 $L$ 的形式计算定义为：项的 $k$ 元组的序列 $t^0, t^1, \cdots$，其中 $k$ 是 $\alpha$ 的寄存器数目。该序列表示存储在寄存器中的值的历史，并假定该计算后紧随标签序列 $L$。这些值就是项 (term)，它们依赖于 "由变元①$x_1, \cdots, x_k$ 表示的" 输入。令 $1 \leqslant i \leqslant k$，并且 $0 \leqslant m < |L|$。通过对 $m$ 的归纳来定义 $t_i^m$：

$$t_i^0 =_{\mathrm{def}} x_i$$

$$t_i^{m+1} =_{\mathrm{def}} \begin{cases} \xi(t_j^m), & \ell_m \text{ 是 } x_i := \xi(x_j) \text{的标签} \\ t_i^m, & \ell_m \text{ 不是 } x_i := \xi(x_j) \text{ 的标签} \end{cases}$$

在上面的公式中，缩写 $\xi(x)$ 表示 $x$，$f(x)$ 或 $g(x)$ 中的一个。令标签的任意序列 $L = \ell_1, \ell_2, \cdots$ 和沿 $L$ 的 $\alpha$ 的形式计算是 $t^0, t^1, \cdots$。对于 $\alpha$ 的寄存器 $x_i$ 和 $x_j$ 而言，$x_i$ 和 $x_j$ 在 $L$ 的第 $m$ 步见证 (witness) 了一个左转，记为 $W_L(i, j) = m$，其意思是：$m > 0$ 是 "使得 $\ell_{m-1}$ 是语句 if $x_p = x_q$ then $\ell_m$ else $\ell'$ 的标签的" 最小的数，而且元素 $t_p^m$ 包含变元 $x_i$，并且 $t_q^m$ 包含变元 $x_j$(或元素 $t_p^m$ 包含变元 $x_j$，并且 $t_q^m$ 包含变元 $x_i$)。如果不存在这样的 $m$，那么就说 $x_i$ 和 $x_j$ 不能见证一个左转，在这种情况下，令 $W_L(i, j) = 0$。

项的一般形式是 $\xi_1 \cdots \xi_m(x)$，其中每个 $\xi_i$ 要么是 $f$ 要么是 $g$。考虑到 $\mathfrak{A}$ 中对函数符号的解释，可以用词 $x w_m \cdots w_1$ 来表示项，其中：如果 $\xi_i$ 是 $f$，那么 $w_i \in \{0, 1\}^*$ 是 0；如果是 $\xi_i$ 是 $g$，那么 $w_i \in \{0, 1\}^*$ 是 1。项的这种表示支持这样的直觉：

---

① 这里没有对程序寄存器和变元进行明确的区分。一般认为寄存器是执行程序的计算机的一部分；而变元是用于描述计算性质的形式语言的一部分，而且一般在词项中出现。

把单词 $u \in A$ 作为 x 的一个值，该项的估值可以从 u 出发沿路径 $w = w_m \cdots w_1$ 而得到。当然，这里约定：只要停留在 A 的元素中，就要遵循路径 w，即 "真" 结果为 $uw_n \cdots w_1$，其中 $w_n \cdots w_1$ 是 w 的最长前缀，使得 $uw_n \cdots w_1 \in A$。

**引理 3.51**　令 $\alpha$ 是一个确定性的 while 程序，并令 $\pi, \pi' \in Cmp(\alpha, T_n)$ 是分别带有输入值 a 和 a' 的计算，令 $L = Ltr(\pi)$ 和 $L' = Ltr(\pi')$ 分别是计算 $\pi$ 和 $\pi'$ 的 L-跟踪。假设

(i) $|L| = |L'|$;

(ii) 对于所有 $1 \leqslant i, j \leqslant k$, 有 $W_L(i, j) = W_{L'}(i, j)$;

(iii) 对于所有 $1 \leqslant i \leqslant k$, $|a_i| = |a'_i|$,

那么 $L = L'$。

**证明**　令 $L = \ell_1, \ell_2, \cdots$, 并且 $L' = \ell'_1, \ell'_2, \cdots$。施归纳于 $0 < m < |L|$ 即可证明：对于所有 m 而言，$\ell_m = \ell'_m$。

当 $m = 1$ 时的证明是不足道的，因为 $\ell_1 = \ell'_1$ 是 $\alpha$ 的起始语句的标签。令 $1 < m < |L|$ 并且假设对于所有 $r < m$, $\ell_r = \ell'_r$。考虑被 $\ell_{m-1} = \ell'_{m-1}$ 标记的语句，如果该语句是一个赋值语句 (assignment statement)，那么下一个语句可以由 $\alpha$ 唯一确定，因此 $\ell_m = \ell'_m$。

现在假设 $\ell_{m-1}$ 是语句 if $x_p = x_q$ then $\ell$ else $\ell'$ 的标签，而且 $\ell_m = \ell$, $\ell'_m = \ell'$, $\ell \neq \ell'$。如果存在 $1 \leqslant i, j \leqslant k$ 使得 $W_L(i, j) = m$，那么 $W_{L'}(i, j) = m$ 并且 $\ell_m = \ell'_m$。所以现在假设

$$W_L(i, j) \neq m, \ 1 \leqslant i, j \leqslant k \tag{3.5.4}$$

考虑沿 $\ell_1, \cdots, \ell_{m-1}$ 的 $\alpha$ 的形式计算 $t^0, t^1, \cdots, t^{m-1}$。对于 $1 \leqslant i, j \leqslant k$ 而言，令 $t_p^{m-1} = x_i w$ 和 $t_q^{m-1} = x_j w'$，并且令 $w, w' \in T_n$。因此，有

$$T_n \models a_i w = a_j w' \tag{3.5.5}$$

$$T_n \models a'_i w \neq a'_j w' \tag{3.5.6}$$

令 $m_0 = W_L(i, j)$。根据 (3.5.5) 可知 $m_0 > 0$；根据 (3.5.4) 可知 $m_0 < m$。根据 (3.5.5) 可知：$a_i$ 是 $a_j$ 的前缀，或者 $a_j$ 是 $a_i$ 的前缀。可以不失一般性地假设 $a_i$ 是 $a_j$ 的前缀。因此，对于 $\xi \in \{0, 1\}^*$ 而言

$$T_n \models a_j = a_i \xi \tag{3.5.7}$$

根据 (3.5.6) 和 (iii) 可知

$$T_n \models a'_j \neq a'_j \xi \tag{3.5.8}$$

由于在步骤 $m_0$ 中, 这两种计算都运行在一些 if-then-else 语句的 "yes" 分支中, 因此对于某些 $u, u' \in \{0, 1\}^*$ 而言

$$T_n \models a_i = a_j u' \quad \text{并且} \quad T_n \models a'_i u = a'_j u' \tag{3.5.9}$$

同样, 根据 (iii) 和 (3.5.9) 可知, 存在共同的 $\xi' \in \{0, 1\}^*$ 使得 $T_n \models a_j = a_i \xi'$, 并且 $a'_j = a'_i \xi'$. 因此, 根据 (3.5.7) 可得 $\xi = \xi'$, 这与 (3.5.8) 矛盾. 证毕.

**引理 3.52** 令 $\alpha$ 是带有 $k$ 个寄存器的确定性 while 程序, 那么对于所有 $n, p \in \mathbb{N}$ 而言: $\#\mathrm{LtrCmp}(\alpha, T_n, p) \leqslant n^k p^{k^2}$.

**证明** 根据引理 3.51 可知, 给定长度 $r \leqslant p$ 的 L-跟踪 L 是由左转见证函数 (left-turn-witness function)$W_L$, 而且输入数据的长度是唯一确定的. 函数 $W_L$ 可能的数目是 $r^{k^2} \leqslant p^{k^2}$, 在 $T_n$ 中 $k$ 个输入变元的值的可能长度数目是 $n^k$. 因此在长度最多为 $p$ 的所有 L-跟踪的总数目不超过 $n^k \cdot p^{k^2}$.

虽然引理 3.52 不适用于不确定性程序, 但是却适用于比 while 程序更强大的程序, 尽管这些程序仍然必须是确定性的.

对于每个 $1 \leqslant i \leqslant k$ 而言, 现在定义函数 $G_i: \mathbb{N} \to \mathbb{N}$. 对于 $n \in \mathbb{N}$, $G_i(n)$ 是满足如下条件的最大数 $m \in \mathbb{N}$: 存在计算 $\pi \in \mathrm{Cmp}(\alpha, T_n)$ 和 i-元素集 $B \subseteq T_n$ 使得: 对于 $\pi$ 的 $m$ 个相继步骤 (不必在计算之初开始), $\alpha$ 的一些寄存器存储了 B 的所有元素. 此外, 还要求在 $\pi$ 中不存在重复的状态.

程序 $\alpha$ 的状态数目最多为 $2^{c \cdot n^k}$, 其中 $c > 0$ 依赖于 $|\alpha|$. 因此, 对于 $1 \leqslant i \leqslant k$ 而言, $G_i(n) \leqslant 2^{c \cdot n^k}$ 成立. $G_i$ 实际上在 $n$ 中以一个多项式为界. 显然, 对于所有 $n \in \mathbb{N}$, $G_k(n) \leqslant |\alpha|$.

**引理 3.53** 对于每个 $1 \leqslant i < k$ 和 $n \geqslant 1$ 而言, $G_i(n) \leqslant (n+1) G_{i+1}(n) + |\alpha|^{k+1} n^{k^3 + k^2}$.

**证明** 取任意 $1 \leqslant i < k$ 且 $n \geqslant 1$, 并令 $\mathcal{B} \subseteq T_n$ 是 i-元素集合. 令 $\pi \in \mathrm{Cmp}(\alpha, T_n)$ 是不带有重复状态的计算. 此外, 假设从步骤 $p \geqslant 1$ 开始, 由 B 得到的值出现在第 $p$ 个状态之后的每个状态中.

对于任意 $q \geqslant 0$ 而言, 令 $V(B, q)$ 是在 $\pi$ 的 $q$ 步内, 由 B 获得的值组成的集合. 施归纳于 $q$ 可以得到如下更精确的定义.

(1) $V(B, 0) = B$;

(2) $w \in V(B, q+1)$，当且仅当，$w \in V(B, q)$，或存在 $r > p$，$\alpha$ 的寄存器 $x_{j_1}$，$x_{j_2}$ 和一个值 $u \in V(B, q)$ 使得 $w = u \cdot 0$ 或 $w = u \cdot 1$，$u$ 出现在寄存器 $x_{j_1}$ 中 $\pi$ 的第 $r$ 步，并且 $\pi$ 的第 $r$ 个语句为 $x_{j_2} := f(x_{j_1})$ 或 $x_{j_2} := g(x_{j_1})$，这依赖于 $w$ 是 $w = u \cdot 0$ 还是 $w = u \cdot 1$。

取 $\pi$ 中位置 $q > p$ 处的任意状态 $(\ell, a)$。令 $m \leqslant n$，假设 $q + (m+1)G_{i+1}(n) < |\pi|$。令 $(\ell', b)$ 是 $\pi$ 中位置 $q + (m+1)G_{i+1}(n)$ 处的状态。现在证明以下性质：

$$\text{对于所有 } 1 \leqslant j \leqslant k \text{ 而言, } (|b_j| = m \Rightarrow b_j \in V(B, m)) \tag{3.5.10}$$

施归纳于 $0 \leqslant m \leqslant n$ 即可得证。当 $m = 0$ 时，假设 $|b_j| = 0$。因为除了将包含 $\varepsilon$ 的另一个寄存器的内容指派给一个寄存器，没有其他方法将寄存器设置为值 $\varepsilon$，因此在计算 $\pi$ 的整个过程中，$\varepsilon$ 必须存储在寄存器中。如果是 $\varepsilon \notin B$，那么从第 $p$ 步开始，$B \cup \{\varepsilon\}$ 就存储在 $\pi$ 的状态中。由于 $p + G_{i+1}(n) < q + G_{i+1}(n) < |\pi|$，因此在第 $p$ 步之后，在计算 $\pi$ 中多于 $G_{i+1}(n)$ 步，这就产生了矛盾。因此，$\varepsilon \in B$ 并且 $b_j \in V(B, 0)$。

对于归纳步骤，令 $0 < r \leqslant n$，假设对于所有 $m < r$，(3.5.10) 成立。假设 $q + (r+1) \cdot G_{i+1}(n) < |\pi|$，令 $(\ell', b)$ 是 $\pi$ 中位置 $q + (r+1)G_{i+1}(n)$ 处的状态。令 $1 \leqslant j \leqslant k$ 使得 $|b_j| = r$。如果 $b_j \notin B$，那么 $b_j$ 必须在步骤 $q + rG_{i+1}(n)$ 之后的某个时刻被创建。因此，在 $q + rG_{i+1}(n)$ 之后的某个位置，存在一个状态 $(\ell'', b')$ 使得值 $b_j$ 通过形式为 $x := f(x_{j_1})$ 或 $x := g(x_{j_1})$ 的赋值，在某个 $b'_{j_1}$ 的某个寄存器 $x$ 中得到。因此 $|b'_{j_1}| = r - 1$。根据归纳假设可知，有 $b'_{j_1} \in V(B, r-1)$，因此 $b_j \in V(B, r)$。这证明了 (3.5.10)。

由 (3.5.10) 可知，在计算 $\pi$ 中的步骤 $p + (n+1)G_{i+1}(n)$ 后的所有值均属于 $V(B, n)$。因此，在 $\pi$ 的 $p + (n+1)G_{i+1}(n) + |\alpha| \cdot \#V(B, n)^k$ 步骤之后，至少有一个状态必须重复。所以，$G_i(n) \leqslant (n+1)G_{i+1}(n) + |\alpha| \cdot \#V(B, n)^k$。

根据引理 3.52 可知，长度最多为 $n$ 的 $\alpha$ 的计算片段的 L-跟踪的可能数目不大于 $|\alpha|n^k n^{k^2}$，因此 $\#V(B, n) \leqslant |\alpha|n^{k^2+k}$。由此，得到 $G_i(n) \leqslant (n+1)G_{i+1}(n) + |\alpha|^{k+1}n^{k^3+k^2}$。证毕。

令 $\text{Moves}(\alpha, T_n)$ 是所有单词 $w \in \{0, 1\}^*$ 组成的集合使得：存在一个结束计算 $\pi \in \text{Cmp}(\alpha, T_n)$ 和一个变元 $x$ 使得 $xw$ 出现在沿 $\text{Ltr}(\pi)$ 的形式计算中。因此，

Moves($\alpha$, $T_n$) 是在一个结束计算中，$\alpha$ 可以执行其一个输入的所有可能移动组成的集合，该集合是多项式有界的 (polynomially bounded)。

**命题 3.54**　对于每个确定性 while 程序 $\alpha$ 而言，存在常量 c>0 使得

$$\#\mathrm{Moves}(\alpha, T_n) \leqslant (|\alpha|n)^{ck^5}$$

**证明**　由引理 3.53 可知，$G_0(n)$，即在结束或重复一个状态之前，对于 c'>0（其依赖于程序 $\alpha$），在 $T_n$ 中做的 $\alpha$ 步骤的数目最多为 $k \cdot |\alpha|^{k+1}(n+1)^k n^{k^3+k^2} \leqslant (|\alpha|n)^{c'k^3}$。因此，由引理 3.52 可知，对于某些 c''>0 而言，在 $T_n$ 中结束计算的不同 L-跟踪的数目最多为 $(|\alpha|n)^{c''k^5}$。因为长度为 p 的 L-跟踪在沿 L 的形式计算中最多只包含 kp 个项，所以对于合适的 c>0 而言，

$$\#\mathrm{Moves}(\alpha, T_n) \leqslant k(|\alpha|n)^{c'k^3}(|\alpha|n)^{c''k^5} \leqslant (|\alpha|n)^{ck^5}$$

证毕。

对于一个单词 $w \in \{0, 1\}^*$ 而言，令 $T^*(w) =_{\mathrm{def}} \{w^n u \mid n \in \mathbb{N}, u \in \{0, 1\}^*$，并且 $|u| \leqslant |w|\}$。该集合可以看作是与路径 w 相连的树 $T_{|w|}$ 的一个无穷序列。

**命题 3.55**　令 $\alpha$ 是带有 k 个寄存器的确定性 while 程序，并且令 $w \in \{0, 1\}^*$ 是长度为 $n \geqslant 2k$ 的一个单词。如果 $w \notin \mathrm{Moves}(\alpha, T_n)$，那么 $\alpha$ 可以在 $T^*(w)$ 中展开 (unwinds)。

**证明**　令 $\alpha$ 有寄存器 $x_1, \cdots, x_k$，并选择 n 满足 $n \geqslant 2k$。试图描述一个确定性的 while 程序 $\beta$ 在 $T_n$ 中相对于特定被选输入而言的计算，可以模拟在 $T^*(w)$ 中对于每个 w 且 $|w|=n$ 而言的 $\alpha$ 计算。事实上，$\beta$ 不依赖于 w；模拟的正确性可以由 $\beta$ 的适当输入的选择来保证。如果把 $T^*(w)$ 看作是由 $T_n$ 的无穷多个副本 (copies) 组成的，每个副本都沿着 w 与下一个副本相连，那么 $\beta$ 在 $T_n$ 的信息块 (block)[①]行为与 $\alpha$ 在 $T^*(w)$ 的信息块中行为相同。显然，当存储在 $\alpha$ 的寄存器中的值进入相同的信息块时，$\beta$ 必须记住这些值。假设 $w \notin \mathrm{Moves}(\alpha, T_n)$ 意味着 $\alpha$ 的值不能沿着 w 的任意路线进行移动。

程序 $\beta$ 有 k 个寄存器 $x_1, \cdots, x_k$，用于保存被截断 (truncated) 为单独的 $T_n$ 的 $\alpha$ 的寄存器的值。程序 $\beta$ 有两个寄存器 b 和 e，寄存器 b 会被初始化为 $T_n$ 的

---

① block 在计算机学科等相关学科中，有块字分程序、块、堵塞等意思。这里是指 "信息块"，即有固定长度的单词或字符串。

根，寄存器 e 将被初始化为节点 w<sup>①</sup>。另外，程序 β 有 k 个寄存器 $z_1, \cdots, z_k$，信息块的名称将被存储于 $z_i$ 中，在这些信息块中，α 把值存储于 $x_i$。这些名称由形式为 $0^m$ 的单词表示，其中 $1 \leqslant m \leqslant 2k$。足以表达这一模拟的本质信息是：两个变元是否存储了来自相同信息块的值，或者说，存储了来自相邻信息块的值。这两个值之间至少相距一个信息块的值，而且彼此是不可访问的。

对于形式为 $\ell$: $x_i := \xi x_j$, $\xi \in \{0, 1, \varepsilon\}$ 的 α 中的每个语句而言，程序 β 有与之对应的语句：$\ell$: $x_i := \xi x_j$; if $x_i = e$ then $z_i := 0 \cdot z_i$; $x_i := b$ else $z_i := z_j$。形式为 $\ell$: if $x_i = x_j$ then $\ell'$ else $\ell''$ 的每个 α 语句，可以在 β 中由如下语句代替 $\ell$: if $x_i = x_j \wedge z_i = z_j$ then $\ell'$ else $\ell''$。

取任意 $w \in \{0, 1\}^*$，其中 $|w| = n$。每个值 $a \in T^*(w)$ 都可以唯一地表示为 $a = w^m u$，其中 $m \geqslant 0$，$|u| \leqslant n$ 并且 $u \neq w$。给定在 $T^*(w)$ 中 α 的初始值 v，其中 $v(x_i) = w^{m_i} u_i$（其中 $u_i \leqslant n$ 并且 $u_i \neq w$）；定义 $T_n$ 中 β 的初始值 $\bar{v}$ 如下：$\bar{v}(x_i) = u_i$; $\bar{v}(b) = \varepsilon$; $\bar{v}(e) = w$ 且 $\bar{v}(z_i) = 0^p$，其中，p 在集合 $\{m_j | j = 1, \cdots, k\} \cup \{m_j + 1 | j = 1, \cdots, k\}$ 中的 $m_i$ 位置（即：从 1 开始，从最小的数到最大的数进行报数过程的 $m_i$ 位置）。

上述信息块枚举考虑了：两个值是在相同信息块中还是在相邻的信息块中，或者它们是否至少相隔一个完整的信息块。至此，如果 $w \notin \text{Moves}(\alpha, T_n)$，那么 α 相对于初始值 v 在 $T^*(w)$ 中结束，当且仅当，β 相对于对应值 $\bar{v}$ 在 $T_n$ 中结束。此外，α 可以由 β 来模拟，因为对于 α 的每一步，β 最多有 4 个步骤，在这之后，以上描述的值之间的对应关系 $[v \mapsto \bar{v}]$ 将会保持。因此，α 相对于输入 v 在 $T^*(w)$ 中结束，当且仅当，α 在最多 $|\beta| \cdot n^{2 \cdot k + 2}$ 步中结束。因此 α 在 $T^*(w)$ 中是可以展开的。证毕。

**命题 3.56**　对于"在包含两个一元函数符号的词库上的"确定性 while 程序的每个有穷集 $\{\alpha_1, \cdots, \alpha_p\}$ 而言，存在一个单词 $w \in \{0, 1\}$，使得每个 $\alpha_i$ 在 $T^*(w)$ 中可以展开。

**证明**　取足够大的 n 使得 $\{0, 1\}^n - \bigcup_{i=1}^{p} \text{Moves}(\alpha_i, T_n) \neq \varnothing$。根据命题 5.16 可知，存在这样的一个 n。再根据命题 3.55 可知，每个 $\alpha_i$ 在 $T^*(w)$ 中可以展开，其中 $w \in \{0, 1\}^n - \bigcup_{i=1}^{p} \text{Moves}(\alpha_i, T_n)$。证毕。

---

① 在此阶段还未对 w 这个词进行固定，这将通过引入一个合适的值。

对于确定性 while 程序的每个有穷集 $\{\alpha_1, \cdots, \alpha_p\}$ 而言，无穷结构 $T^*(w)$ 可以单独构建，即不必构造所有确定性 while 程序都可以展开的结构。即使这样，现在还是可以给出比命题 3.56 更强的结论。

**定理 3.57**[①]  存在 "所有的确定性 while 程序都可以展开的" 无穷树状结构 $\mathfrak{A}$。

因为此证明相当复杂并且技术性极强，其证明详情可以参考 Urzyczyn(1983b)。这里只给出其证明思路：构建一个无穷树状结构 $\mathfrak{A}$ 作为一个有穷树状结构序列的极限。该序列是以如下这样的方式归纳地构建而成的：如果一个确定性 while 程序可以推出 $\mathfrak{A}$ 中极少数的无穷路径之一，那么该程序就必须展现出周期行为。

至此可以对确定性程序的表达力和不确定性程序的表达力进行区分。

**定理 3.58**[②]  对于 "至少包含两个一元函数符号或者至少包含一个元数大于 1 的函数符号的" 每个词库而言，带有确定性正则程序的一阶动态逻辑 DDL 的表达力严格小于带有非确定性正则程序的一阶动态逻辑 DL 的表达力，即 DDL < DL。

**证明**  对于含有两个一元函数符号的词库而言的相关结论，可以直接由命题 3.56 和定理 3.42 的直接得到。对于含有一个元数大于 1 的函数符号的词库情况，可归约为前一种情况。证毕。

定理 3.58 的结论能否推广到只包含一个一元函数符号的词库中，这是复杂性理论中一个开问题。

**定理 3.59**[③]  对于每个富单独一元词库而言，"DDL 的表达力严格弱于 DL 的表达力"，等价于 LOGSPACE $\neq$ NLOGSPACE。

**证明**  根据本章谱定理 (即定理 3.49)、命题 3.47(ii) 和定理 3.19 即可得证。证毕。

(二) 布尔栈

现在讨论不确定性在带有布尔栈的正则程序的表达力中所起的作用。对于至少包含两个一元函数符号的词库，不确定性增加了一阶动态逻辑 DL 在带布尔栈的正则程序上的表达能力。

有两种方法可以证明此结果。这两种证明方法的共同点就是：都构造了一个

---

[①] 定理 3.57 来自 Urzyczyn(1983b)，定理 3.58 是其推论。

[②] 定理 3.58 来自 Berman 等 (1982)，Stolboushkin 和 Taitslin (1983) 对其进行了独立证明。这里给出的证明来自 (Tiuryn, 1989)。

[③] 定理 3.59 来自 Tiuryn 和 Urzyczyn (1984)。

无穷树形代数，而且带有布尔栈的确定性正则程序可以在此代数中展开。这一性质是通过展示"带有布尔栈的确定性正则程序的周期行为"来实现的。

在本节的余下部分中的词库是指"包含两个一元函数符号的"词库。

**定理 3.60**[①]　对于"至少包含两个一元函数符号或元数大于 2 的函数符号的"词库而言，DL(dbstk) < DL(bstk)。

现在使用操作布尔栈的指令 (instruction to manipulate the Boolean stack) 对本节前面部分的确定性程序进行扩充，因此，带有布尔栈的程序 α 的计算是形式 $(\ell_1, a^1, \sigma_1), \cdots, (\ell_i, a^i, \sigma_i)$ 的序列，其中 $\ell_i$ 是在第 i 步执行的语句的标签，$a^i$ 是存储于第 i 步之前 α 的寄存器中的当前值的一个向量 (vector)，$\sigma_i \in \{0, 1\}^*$ 是第 i 步之前的布尔栈的内容。在此，既不假设 $\ell_1$ 是 α 的第一个指令 (instruction) 的标签，也不假设 $\sigma_1$ 为空。

对于每个 n>0 而言，如果 push 语句的数目大于或等于第一个 n 步 $(\ell_1, a^1, \sigma_1), \cdots, (\ell_n, a^n, \sigma_n)$ 中的 pop 语句数目，那么这样的计算就称为合法计算。

令 𝔄 是一个 Σ-结构，并令 r>0，而且 α 是一个带有布尔栈的确定性 while 程序。一个在 𝔄 中的程序 α 的计算 $(\ell_1, a^1, \sigma_1), \cdots, (\ell_i, a^i, \sigma_i), \cdots$ 具有强 r-周期性 (strongly r-periodic)，其意思是：对于所有 $i \in \mathbb{N}$ 而言，存在 n<r 使得 $\ell_{n+i} = \ell_{n+r+i}$ 且 $a^{n+i} = a^{n+r+i}$。一个程序 α 在 𝔄 中具有统一周期性 (uniformly periodic)，其意思是：对于所有 $\sigma \in \{0, 1\}^*$ 而言，存在 r>0 使得对于每个标签 $\ell$ 和值的每个向量 a 而言，从 $(\ell, a, \sigma)$ 开始的计算具有强 r-周期性。

令 m⩾2，一个计算 $(\ell_1, a^1, \sigma_1), \cdots, (\ell_i, a^i, \sigma_i), \cdots$ 具有"对于 m-循环节而言的"向上周期性 (upward periodic for m-periods)，其意思是：存在 r>0 且 n<r 使得对 0⩽ i < (m−1)r 而言，$\ell_{n+i} = \ell_{n+r+i}$，而且计算 $(\ell_n, a^n, \sigma_n), \cdots, (\ell_{n+r-1}, a^{n+r-1}, \sigma_{n+r-1})$ 是合法的，那么对 m-循环节来说是向上周期的。因此，标签的序列重复 m 次，每个 m 循环都是合法的，即只要循环开始，就不必检查布尔栈的内容。

**(三) Adian 结构**

Adian 结构来源对群理论 (group theory) 中的 Burnside 问题的探讨。Adian (1979) 证明了：对于每个 n ⩾ 665 的奇数而言，存在一个由两个元素生成的无穷

---

① 定理 3.60 来自 Stolboushkin (1983)。与正则程序的情况一样 (Stolboushkin and Taitslin, 1983)，此证明利用了 Adian 的群理论 (Adian, 1979)。

集 $G_n$ 满足等式 $x^n = 1$，其中 1 是群的单元。每个这样的群 $G_n$ 都可以自然地得到一个 $\Sigma$-代数 $Б_n = <G_n, f, g>$，其中 f 和 g 是由 f(x)=ax 和 g(x)=bx 定义的一元函数 (其中 a 和 b 是 $G_n$ 的生成元 (generator))。

由于在 $G_n$ 中有 $a^{-1} = a^{n-1}$ 且 $b^{-1}=b^{n-1}$，因此，假定单元 1 用空字符串 $\varepsilon$ 表示，则每个 $G_n$ 上的项都可以用 $\{a, b\}^*$ 中的字符串表示。因此 $G_n$ 在 $\{0, 1\}^*$ 上可以得到一个等价关系：对于 u, w$\in\{0, 1\}^*$ 而言，u$\equiv$w，当且仅当，用 a 代替 0 且 b 代替 1 后，从 u 中得到的项与从 w 中得到的项在 $G_n$ 中是相等的。商 (quotient)$\{0, 1\}^*/\equiv$ 可以看作是一个无穷有向图 (infinite directed graph)，其中每个节点的出度都是 2 (every node is of out-degree 2)。这种图不是树状结构，因为它包含长度大于 1 的循环 (loop)。对于 u, w $\in \{0, 1\}^*$ 而言，可能有 0u $\equiv$ 1w。$G_n$ 的循环性 (cyclicity) 说明带有布尔栈的确定性 while 程序具有周期行为。

**定理 3.61**[①]　对于每个 n $\geqslant$ 665 的奇数而言，任意带有布尔栈的确定性 while 程序在 $Б_n$ 中都具有周期一致性。

此定理的证明细节请参见 Stolboushkin(1983)。根据定理 3.61 可以直接得到：每个带布尔栈的确定性 while 程序可以在 $Б_n$ 中展开。另一方面，普通的不确定正则程序 x:=$\varepsilon$; x:=g(x)$^*$ 在 $Б_n$ 中不能展开。因此，定理 3.61 可以直接由定理 3.42 得出。

(四) 陷阱程序

从给定的 K 类程序得到的陷阱程序 (trapping programs)，需要构建满足以下两个性质树状结构 $\mathfrak{A}$：① K 中的程序在 $\mathfrak{A}$ 中计算时，表现某种形式的受限周期行为；② 结构 $\mathfrak{A}$ 只包含一条无穷路径，而在该路径上很少有重复的子词 (subwords)。根据这两个性质可知，$\mathfrak{A}$ 中的任意计算都不可能在这条无穷路径上停留很长的时间，因此需要讨论 K 中的程序在 $\mathfrak{A}$ 中的展开性质。这里只讨论带有布尔栈的确定正则程序的这类展开性质。

令 m$\geqslant$2，并令 $\mathfrak{I}$ 是树状结构类。"一个程序 $\alpha$ 在 $\mathfrak{I}$ 中重复 m 次"的意思是：存在 n$\in$ N，使得对于每个 $\mathfrak{A}\in\mathfrak{I}$，$\alpha$ 在 $\mathfrak{A}$ 中的任意计算的每个长度为 n 的合法片段对于 m-周期都具有向上周期性。需要说明的是，对于 $\mathfrak{I}$ 中的所有结构而言，其长度都统一为 n。令 $\mathfrak{A}$ 是树状结构，并令 n$\geqslant$0。"把 n 作为 $\mathfrak{A}$ 的长度

---

① 定理 3.61 也来自 Stolboushkin (1983)。

标准是不完善的", 其意思是: 存在 w∈A, 使得 |w|=n, 并且要么 w0 ∉ A, 要么 w1∉A。否则, 把 n 作为 𝔄 的长度标准就是不完善的。"树状结构 𝔄 是 p-稀疏的 (p-sparse)", 其意思是: 𝔄 中的每两个不完善的长度标准至少被 p 个完善的长度标准隔开。

当程序运行在某个树状结构上时, 构建带有布尔栈的确定性 while 程序的受限的周期行为, 需要用到以下定理。

**定理 3.62**[①]　对于每个带有布尔栈的确定性 while 程序 α 和每个 m⩾2 而言, 存在 p∈N, 使得 α 在所有 p-稀疏结构的类上重复 m 次。

至此, 可以构建一个陷阱 (trap)。

**定理 3.63**　对于带有布尔栈的确定性 while 程序的每个有穷集 $\{\alpha_1, \cdots, \alpha_n\}$ 而言, 存在一个无穷树状结构 𝔄, 使得每个 $\alpha_i$ 可以在 𝔄 中展开。

**证明**　令 W 是一个无穷无立方的字符串 (infinite cube-free string), 即: 不存在形式为 uuu 的有穷非空字符串是 W 的子字符串, 这类字符串是存在的 (Salomaa, 1981)。令 k 是每个 $\alpha_i$ 使用的寄存器数目的上界。可以证明: 对于每个函数 f: $\{1, \cdots, k\} \rightarrow \{1, \cdots, k\}$ 而言, f 的 r 次幂 $f^r$ 是幂等的 (idempotent), 即 $f^r f^r = f^r$。固定这样的一个 r, 并令 m=4r。将定理 3.62 应用于 m 和每个 $\alpha_i$, 并令 $p_i \in N$ 使得 $\alpha_i$ 在 $p_i$-稀疏结构的类上重复 m 次。显然, 可以通过取最大 $p_i$ 来选择一个通用的 p。

现在把字符串 W 分割成多个部分 (pieces), 而且每部分块长度均为 p, 即 $W = w_1 w_2 \cdots$, 其中对于所有 i⩾1 而言, $|w_i| = p$。这里的捕获结构可以定义如下:

$$A =_{def} \{u \in \{0, 1\}^* | \exists j \geqslant 0 \ \exists u' \in \{0, 1\}^* \ u = w_1 w_2 \cdots w_j u' \text{并且} |u'| < p\}$$

这里的集合 A 可以看作是沿着无穷路径 W 连接深度为 p 的全二叉树 (full binary tree) 的信息块序列。由于 𝔄 是 p-稀疏的, 所以每个 $\alpha_i$ 在 𝔄 中都重复 (repititions) m 次。令 q⩾0, 使得 $\alpha_i$ 在 𝔄 中长度为 q 的任意计算的每个合法片段对于 m-周期而言都具有向上周期性。取从一个空栈 (empty stack) 开始的 $\alpha_i$ 的任意计算, 以及在 𝔄 中的任意初始值。假设该计算的长度至少是 q, 并考虑该计算中的第一个 q 步骤。因此, 这个片段对于 m-周期而言具有向上周期性。

考虑第一阶段。在完成第一阶段后, 任意寄存器的值 (比如 $x_j$), 都依赖于在这个时间段的输入点上某个寄存器 $x_{j'}$ 的值, 即: 在完成第一个周期后, 对于 ξ∈{0,

---

① 定理 3.62 和定理 3.63 来自 Kfoury(1985)。定理 3.63 可以推出定理 3.58。

1}*，$x_j$ 等价于 ${\xi}x_{j'}$。这导致函数 f: $\{1, \cdots, k\} \rightarrow \{1, \cdots, k\}$ 在 j 上的值为 f(j)=j'。因此，经过 r 个周期之后，寄存器 $x_j$ 的内容依赖于在第一个周期开始时存储于寄存器 $x_{f(j)}$ 中的值。同理可证，经过 2r 个周期后，$x_j$ 的内容依赖于第 (r+1) 周期开始时存储于寄存器 $x_{f'(j)}$ 中的值。后一个值依赖于第一个周期开始时存储于寄存器 $x_{f'f(j)} = x_{f(j)}$ 中的内容。因此，经过 4r 个周期后，在 $x_j$ 中存储的值是从第一个周期开始时存储在 $x_{f(j)}$ 中的值通过应用形式 ${\xi}_1{\xi}_2{\xi}_2{\xi}_2$ 的项而得到的。

至此，已经证明：经过 4r 个周期后，存储在每个 ${\alpha}_i$ 的寄存器中的所有值都在路径 W 之外。因此，该计算不能继续到下一个信息块，这意味着每个程序 ${\alpha}_i$ 都可以在 $\mathfrak{A}$ 中展开。证毕。

从定理 3.63 推导出定理 3.60 的过程，与 Adian 结构和定理 3.61 的情况类似。

(五) 代数栈及其他

可以证明：对于使用足够强大的数据类型的编程语言而言，不确定性并不能增加一阶动态逻辑的表达力。

**定理 3.64**[1]　对于每个词库而言：

(i) DL(dstk) = DL(stk)；　　(ii) DL(darray) = DL(array)。

**证明**　根据本章谱定理 (即定理 3.49)、命题 3.47，以及定理 3.50 的 (i) 或引理 3.51 的 (ii) 即可得证。证毕。

至此，可以证明：即使递归可枚举程序不是发散封闭的，不确定性不会增加表达力。

## 四、 无界存储

本节将阐明：允许无界存储 (unbounded memory) 会增加相应逻辑的表达力。但是，这个结果依赖于词库 Σ 的假设。本章第一节第二部分已经说明：递归可枚举程序 α 是有界存储，其意思是：集合 CS(α) 只包含有穷多个 V 中的不同变元，而且 "在 CS(α) 的有穷计算序列中出现的项" 中函数符号的嵌套 (nesting) 是有界的。这一限制意味着这样的程序在所有解释中，可以由 "使用有穷多个固定数目的寄存器 (比如 $x_1, \cdots, x_n$) 的设备 (device)" 来模拟；而且这样的程序的所有基本步骤，要么由执行形式如 $r(x_{i_1}, \cdots, x_{i_m})$?(其中 r 是 Σ 的 m-元关系符号) 的测试组成，要么由执行 $x_i := f(x_{i_1}, \cdots, x_{i_k})$ 和 $x_i := x_j$ 这两种形式之一的简单赋值

---

[1] 定理 3.64 来自 (Tiuryn and Urzyczyn，1983)。

组成。但是，一般来说，这样的设备可能需要一个非常强大的控制系统 (例如图灵机)，来决定下一步要采取的基本步骤。

带有有界存储 (bounded memory) 的编程语言的一个例子是带有布尔栈的正则程序类。实际上，布尔栈加强了正则程序的控制结构，而不需要引入额外的寄存器用于存储代数元素。可以证明：带有布尔栈的正则程序具有有界存储。而带有代数栈或数组的正则程序是具有无界存储的编程语言。

研究表明：这些表达力的结果依赖于词库的假设。词库 $\Sigma$ 是多元 (polyadic) 词库，其意思是：该词库包含元数大于 1 的函数符号。如果词库只包含数为 1 的函数符号，那么该词库称为单元 (monadic) 词库。这里先讨论多元词库，然后再讨论情况更复杂的单元词库。

(一) 多元词库

本节的主要结果的证明需要一些技巧。为此，需要首先讨论达格 (dags) 上的石子游戏 (pebble games)，然后展示了一个难以放置的达格，这一游戏使用的技术将用于命题 3.67 的证明。

### 1. 达格上的石子游戏

令 $Đ=(D, \to_Đ)$ 是一个达格，并令 $n \geqslant 1$。现在描述涉及 n 个石子的 $Đ$ 上的游戏。此游戏就是把一些石子 (可能是全部石子) 放在 $Đ$ 的顶点上，而且每个顶点上最多放一个石子。一个移动要么包括从图中拿走石子，要么把一个自由的石子放在某个顶点 d 上。只有当 d (使得 $c \to_Đ d$ 的顶点 c) 的所有直接前导都被石子占据时，才允许把一个自由的石子放在顶点 d 上。如果 d 的所有前导 (predecessors) 被石子占据时，也允许将一个石子直接从 d 的前导移到 d 上。

通过引入 n-构形 (configuration) 的概念和 n-构形集上的延承关系 (relation of sucession)，n-石子游戏规则才可以更精确地表达。n-构形 C 是基数最多为 n 的 D 的任意子集。对于 n-构形 C 和 C' 而言，如果以下两个条件之一成立，那么 C' 才可以 n-延承 C：(i) $C' \subseteq C$；(ii) 对于某个 d，有 $C'-C=\{d\}$ 且 $\{c \in D \mid c \to_Đ d\} \subseteq C$。

一个 n-构形的序列 $C_0, C_1, \cdots, C_m$ 是 n-石子游戏，其意思是：对于 $0 \leqslant i \leqslant m-1$ 而言，$C_{i+1}$ 可以 n-延承 $C_i$。把将 n-石子游戏转化为 (n−1)-石子游戏时需要用到如下引理 3.65，下一节在构造一个特殊达格时也会用到它。

**引理 3.65** 令 Đ=(D, →Đ) 为一个达格，并令 a∈D。定义 A =def{d | a→*Đd}，其中 →*Đ 是 →Đ 的自返传递闭包。令 $C_0, \cdots, C_m$ 是 Đ 中的 n-石子游戏且 n⩾2。假设对于每个 0⩽i⩽m 而言，A∩$C_i$ ≠ ∅。那么存在 (n−1)-石子游戏 $B_0, \cdots, B_m$ 使得

$$\bigcup_{i=0}^{m} C_i \subseteq A \cup \bigcup_{i=0}^{m} B_i \qquad (3.5.11)$$

**证明**　对于每个 0⩽i⩽m 而言，令 $B_i=C_i-A$。(3.5.11) 显然成立。由于 A 和 $C_i$ 相交，$B_i$ 是一个 (n−1)-构形。现在只需证明：对于 0⩽i⩽m−1 而言，$B_{i+1}$ 可以 (n−1)-延承 $B_i$。在情况 (i) 中，有 $C_{i+1} \subseteq C_i$，所以 $B_{i+1} \subseteq B_i$。在情况 (ii) 中，有 $C_{i+1} - C_i=\{d\}$。要么 d∈A，这时 $B_{i+1} \subseteq B_i$；要么 d∉A，这时 $B_{i+1}-B_i=\{d\}$。但是，如果 d∉A，那么 d 在 A 中就没有前导，并且由于 {c| c →Đd}⊆ $C_i$，则 {c | c →Đd}⊆ $B_i$ 也成立。证毕。

**2. 难以铺好的达格**

现在描述一个不能用有穷多个石子铺好的达格。令 Ǎdef(ℕ, →Ǎ) 是如下定义的达格：→Ǎ =def {(n, n+1) | n∈ ℕ}∪{(n, 2n+1) | n∈ ℕ}∪{(n, 2n+2) | n∈ ℕ}。达格 Ǎ 可以看作是连续自然数链与无穷二叉的并 (union)，该无穷二叉树 "以 0 为根" 而且 "对于每个 n 而言，2n+1 是它的左子节点，2n+2 是它的右子节点"。节点 n 的父节点有 ⌊(n−1)/2⌋ 个 (称其为 n 的父树 (tree-parent))。通过观察可以发现：n→Ǎ *m ⇔ n⩽m。

令 C⊆ ℕ 且 k∈ ℕ。定义 C 的 k-邻域 (neighborhood)，记为 N(C, k) 如下：N(C, k) =def{j∈ ℕ| (∃i∈C∪{0})i⩽j⩽i+k}。现在归纳地定义函数 f: ℕ→ℕ 如下：(i)f(0) =def0；(ii)f(n+1) =def4(n+1)(f(n)+1)。如下引理 3.66 可以说明 Ǎ 不能用有穷多个石子铺好。

**引理 3.66** 对于每个 n⩾1 和每个 Ǎ 的 n-构形 C 而言，如果 C, $C_1, \cdots, C_r$ 是 Ǎ 中的 n-石子游戏，那么 $C_r \subseteq N(C, f(n))$。

**证明**　施归纳于 n 即可得证。当 n=1 时的证明是不足道的。当 n>1 时，假设存在 Ǎ 的 n-构形 C 和 Ǎ 中的 n-石子游戏 C, $C_1, \cdots, C_r$，使得对某个 k∈$C_r$ 而言，k∉N(C, f(n))。现在试图找到一个 (n−1)-构形与该引理的结论相矛盾的 (n−1)-石子游戏。

令 j∈C∪{0} 为使得 j<k 的最大元素，因此 f(n)<k−j。令 m=⌈(k−j+1)/2⌉+j+1，

m 大致在 j 与 k 间隔 (interval) 的中间。该间隔不包含来自 C 的任意节点。为了将石子从 j 移动到 k，n-游戏 C, $C_1$, $\cdots$, $C_r$ 必须在所有中间节点上至少移动一个石子。令 $i_0$ 是使得 $m \in C_{i_0}$ 的最小数，并且在 $C_{i_0}$ 之后的每个构形均包含在 m 和 k 之间的一个节点。为了在所有这些节点中移动一个石子，还必须通过这些节点的父树节点移动石子，并把这些父树节点称为红色节点。

由于父树节点 i>0 是 $\lfloor (i-1)/2 \rfloor$，所以所有红节点都小于或等于 $\lfloor (k-1)/2 \rfloor$，而且 $\lceil (k-j+1)/2 \rceil + j + 1 \geqslant \dfrac{k+j+3}{2} > \lfloor k/2 \rfloor$，因此 $m > \lfloor k/2 \rfloor$，所以每个红色节点都小于 m。现在将引理 3.65 应用于 $\breve{A}$，节点 m，以及 n-石子游戏 $C_{i_0}$, $\cdots$, $C_r$，可以得到 (n−1)-游戏 $B_1$, $\cdots$, $B_p$，使得每个红色节点都在 $\bigcup\limits_{i=1}^{p} B_i$ 中。根据归纳假设可知

$$\# \bigcup_{i=1}^{p} B_i \leqslant \# N(B_1, \ f(n-1)) \leqslant n(f(n-1)+ 1) \tag{3.5.12}$$

另一方面，红色节点的数目是区间 m 到 k 之间的节点数目的一半，即：这个数目至少有 (k−j)/2，因此有 $\dfrac{k-j}{2} > \dfrac{f(n)}{2} = 2n(f(n-1)+1)$。所以，红色节点的数目大于 n(f(n−1)+1)，这与 (3.5.12) 矛盾。证毕。

### 3. 展开性质

首先在包含常量符号 0 和二元函数 g: $\mathbb{N}^2 \to \mathbb{N}$ 的词库上定义结构 $\mathfrak{A} =_{\mathrm{def}} (\mathbb{N}, g, 0)$，其中二元函数 g 的定义如下：

$$g(m, n) =_{\mathrm{def}} \begin{cases} n+1, & n > 0 \text{ 且 } m = \lfloor (n-1) \,/\, 2 \rfloor \\ 0, & \text{否则} \end{cases}$$

至此，可以证明如下命题。

**命题 3.67**[①]　每个带有有界存储的递归可枚举程序可以在 $\mathfrak{A}$ 中展开。

**证明**　令 $\alpha$ 是带有有界存储的递归可枚举程序，并令 CS($\alpha$)={$\sigma_i|\ i \in \mathbb{N}$}。令 $x_1$, $\cdots$, $x_n$ 是出现在 CS($\alpha$) 的有穷计算序列中的所有变元。每个有穷计算序列 $\sigma_i \in$ CS($\alpha$) 都可以看作是一个同步赋值 $(x_1, \cdots, x_n) := (t_{1,i}, \cdots, t_{n,i})$，此赋值的执

---

① 命题 3.67 来自 Kfoury(1983)。Kfoury 和 Stolboushkin(1997) 对命题 3.67 的证明进行了简化，这里采用了这一简化证明。

行服从于无量词条件 $\varphi_i$ 的可满足性。换句话说，$\sigma_i$ 等价于 $\varphi_i?;(x_1, \cdots, x_n) := (t_{1,i}, \cdots, t_{n,i})$。施归纳于 $\sigma_i$ 中的步骤数即可对此加以证明。

从现在起，假设 $CS(\alpha)$ 中的有穷计算序列具有上述形式。令 $T(\alpha)$ 是项的最小集合，而且该集合包含出现在 $CS(\alpha)$ 中所有项，并且在子项下封闭。对于每个 $a_1, \cdots, a_n \in \mathbb{N}$ 而言，令 $T^{\mathfrak{A}}(a_1, \cdots, a_n) =_{\text{def}} \{t^{\mathfrak{A}}(a_1, \cdots, a_n) | t \in T(\alpha)\}$。每个在 $b \in T^{\mathfrak{A}}(a_1, \cdots, a_n)$ 中的元素都可以用"仅仅使用 n 个变元的"简单赋值来计算。因此，b 可以看作是从初始构形 $\{a_1, \cdots, a_n\}$ 开始，通过 n-石子游戏来获得。根据引理 3.66 可知：$T^{\mathfrak{A}}(a_1, \cdots, a_n) \subseteq N(\{a_1, \cdots, a_n\}, f(n))$，因此

$$\#T^{\mathfrak{A}}(a_1, \cdots, a_n) \leqslant (n+1) \cdot (f(n)+1) \tag{3.5.13}$$

至此，可以得出这样的结论：从任意给定输入开始的计算位于基数为 $(n+1) \cdot (f(n)+1)$ 的 $\mathfrak{A}$ 的部分子代数中。

由于具有有界基数 (bounded cardinality) 的 $\mathfrak{A}$ 的两两不同构的部分子代数的个数是有穷的，因此，存在 $m \geqslant 0$ 使得 $\alpha$ 和 $\sigma_1 \cup \cdots \cup \sigma_m$ 可以表示 $\mathfrak{A}$ 中的相同输入-输出关系。为了证明这一点，假设有两个 $\mathfrak{A}$ 的同构部分子代数，例如 $(B_1, a_1, \cdots, a_n)$ 和 $(B_2, b_1, \cdots, b_n)$。而且假设对于输入 $a_1, \cdots, a_n$ 而言，$\alpha$ 的计算位于 $\mathfrak{B}_1$ 中；并类似地假设对于输入 $b_1, \cdots, b_n$ 而言，$\alpha$ 的计算位于 $\mathfrak{B}_2$ 中，那么

$$\{i \in \mathbb{N} | \mathfrak{B}_1 \models \varphi_i(a_1, \cdots, a_n)\} = \{i \in \mathbb{N} | \mathfrak{B}_2 \models \varphi_i(b_1, \cdots, b_n)\}$$

用 I 表示该集合。根据 (3.5.12) 可知，集合 $\{(t_{1,i}^{\mathfrak{A}}(a_1, \cdots, a_n), \cdots, t_{n,i}^{\mathfrak{A}}(a_1, \cdots, a_n)) | i \in I\}$ 是有穷的。令 $m \in \mathbb{N}$ 使得

$$\{(t_{1,i}^{\mathfrak{A}}(a_1, \cdots, a_n), \cdots, t_{n,i}^{\mathfrak{A}}(a_1, \cdots, a_n)) | i \in I\}$$
$$= \{(t_{1,i}^{\mathfrak{A}}(a_1, \cdots, a_n), \cdots, t_{n,i}^{\mathfrak{A}}(a_1, \cdots, a_n)) | i \in I, i \leqslant m\}$$

因此，数目 m 仅仅依赖于 $(B_1, a_1, \cdots, a_n)$ 的同构类，而不依赖于该子代数的特定选择。由于只有有穷多个有界基数的同构类，所以就可以得到这类最大的 m，因此，$\alpha^{\mathfrak{A}} = \sigma_1^{\mathfrak{A}} \cup \cdots \cup \sigma_m^{\mathfrak{A}}$。证毕。

**定理 3.68**[①] 对于每个"至少包含一个'元数大于 1 的'函数符号的"词库，

---

① 定理 3.68 来自 Erimbetov(1981)，由 Tiuryn(1981) 对其进行了独立证明（完整内容参见 (Tiuryn, 1984)）。Erimbetov(1981) 给出了定理 3.68 的一个特殊情况，即 DL(dreg)<DL(dstk)。这两种证明都采用了相似的方法，即有穷树上的石子游戏。本节给出的证明是基于 (Kfoury, 1983) 中提出的思想。

在有界存储的编程语言上, 一阶动态逻辑 DL 不能归约为: 包含 "等价于 $N_{EXT0}$ 的程序的" 编程语言上的任意 DL。

**证明**　该定理关于每个 "包含一个二元函数符号的词库" 的结论, 可以直接根据命题 3.67、定理 3.42 和命题 3.41 得到。对于只包含元数大于 2 的函数符号的词库的情况, 也可以类似证明。证毕。

**定理 3.69**　对于每个 "包含元数大于 1 的一个函数符号的词库" 而言,

$$DL\,(\text{dbstk}) < DL(\text{dstk}) \quad 和 \quad DL(\text{bstk}) < DL(\text{stk})$$

**证明**　根据 "带有布尔栈的正则程序具有有界存储" 和定理 3.68 可证。证毕。

**(二) 单元词库**

关于单元词库的情况, 就显得复杂些。石子游戏的方法适用于多元词库, 却不适用于单元词库, 因为每个项 (被视为一个 dag) 都可以用一个单独的小石子来填充。因此, 从形式上讲, 在单元词库上的程序的无界存储的问题消失了。但是, 比较带有或不带有布尔栈的正则程序的表达力与具有代数栈的程序的表达力, 还是有意义的。虽然 $DL(\text{reg}) < DL(\text{stk})$ 对于单元词库是否成立, 目前还不清楚。但是对于确定性正则程序, Harel 等 (2000) 给出了以下定理。

**定理 3.70**　令词库是单独一元 (mono-unary) 富词库, 那么

$$DL(\text{dreg}) \equiv DL(\text{dstk}) \Leftrightarrow \text{LOGSPACE} = P$$

**证明**　由于确定性正则程序在单独一元词库上是半通用的和发散封闭的 (参见命题 3.47), 根据本章定理 3.49、定理 3.20 和定理 3.19 即可得证。证毕。

对于单元词库而言, 带有布尔栈的不确定性正则程序类在计算上等价于带有代数栈的不确定性正则程序的类, 因此, 有

**定理 3.71**　对于所有单独一元词库而言, $DL(\text{bstk}) \equiv DL(\text{stk})$。

对于确定性程序, 情况略有不同。

**定理 3.72**　(i) 对于所有单独一元词库而言, $DL(\text{dbstk}) \equiv DL(\text{dstk})$;

(ii) 对于所有至少包含两个函数符号的单元词库, $DL(\text{dbstk}) < DL(\text{dstk})$。

**证明**　(i) 的证明是不足道的。现在证明 (ii), 因为 $DL(\text{bstk}) \leqslant DL(\text{stk})$; 再结合定理 3.60 和定理 3.64 即可得证。证毕。

对于单元词库而言, $DL(\text{bstk}) < DL(\text{stk})$ 是否成立, 目前还不清楚。

## 五、带有布尔栈的一阶动态逻辑的表达力

带有布尔栈的正则程序位于纯正则程序与带有代数栈的正则程序之间。现在比较带有和不带有布尔栈的正则程序的表达力。如下定理 3.73 给出了明确答案。需要注意的是，该定理仅仅是针对确定性程序而言。

**定理 3.73**[①]　如果词库至少包含一个元数大于 1 的函数符号或至少两个一元函数符号，那么 DL(dreg)<DL(dbstk)。

**证明**　证明步骤依次如下：① 令 $\mathfrak{A}$ 是一个 "所有确定性 while 程序都可以展开的" 无穷树状结构，定理 3.57 提供了这样的结构；② 在 $\mathfrak{A}$ 中选取一条无穷路径，并把该路径分割成有穷多个部分 (pieces)，然后在两个相继部分 u 和 w 之间插入 $w^R$(字符串 w 是反序排列)，将 u 和 w 分开；③ 证明 "所有确定性 while 程序仍然可以在被转换 (即插入 $w^R$) 后的结构中展开"；④ 由于存在 "可以跟随全无穷路径的" 带有布尔栈的 while 程序；因此只需在这些布尔栈上存储插入的字符串，并利用这些存储的字符串，以便找到一条穿过无穷路径的下一段的路径。详细的证明请参见 (Urzyczyn, 1987)。

对于不确定性程序，定理 3.73 是否成立，目前还不得而知。根据定理 3.72 的 (i) 和定理 3.70 可知，对于单独一元富词库而言，语句 "DL(dreg) ≡ DL(dbstk)" 等价于 LOGSPACE=P。

## 六、无界不确定性

本章第一节第二部分中所讨论的通配符赋值语句 (wildcard assignment statement)x:=?，选择了不确定性计算域中的一个元素，并将该元素赋值给 x。通配符赋值语句 x:=? 是一种表示无界不确定性的装置，与不确定性选择结构 ∪ 的二元不确定性相对立。添加了通配符赋值的正则程序编程语言是不可接受的编程语言，因为通配符赋值可以产生 "由输入生成的子结构" 之外的值。

下面的定理 3.74 表明，添加通配符赋值可以在相当大的程度上增加了一阶动态逻辑 DL 的表达力；即使是递归可枚举程序也无法模拟它。

**定理 3.74**[②]　令词库 Σ 包含两个常量 $c_1$，$c_2$，一个二元谓词符号 p 和等号 =，此外不再包含其他函数或谓词，那么存在一个 "不等价于 DL(r.e.) 中任意公

---

① 定理 3.73 来自 Urzyczyn(1987)。Stolboushkin(1989) 使用 Adian 结构，给出了不同的证明。

② 定理 3.74 来自 Meyer 和 Winklmann(1982)。

式" 的 DL(wild) 公式, 因此 DL(wild) $\not\leq$ DL(r.e.)。

**证明**　考虑 DL(wild) 公式 $\varphi =_{def} <(x:=c_1;z:=?;p(x, z)?;x:=z)^*>x=c_2$, 该公式在 $\mathfrak{A}$ 中为真, 当且仅当, $(c_1, c_2)$ 属于 p 的传递闭包 (transitive closure)。由于词库 $\Sigma$ 不包含函数符号, 所以每个 DL(r.e.) 公式都等价于一个一阶公式。根据谓词逻辑的紧致性可知, 不存在 "可以表达二元关系的传递闭包" 的一阶公式。证毕。

带有无界存储的任意逻辑是否可以归约为 DL(wild), 目前尚不清楚。当通配符赋值和数组赋值都被允许添加到一阶动态逻辑中时, 情况又如何呢? Harel 等 (2000) 的研究表明: 在这样的扩张一阶动态逻辑中, 定义结构的 (定义域的) 有穷性是可能的, 但是在只添加了通配符赋值或只添加了数组赋值的一阶动态逻辑中, 则不可能定义这种有穷性。因此, 具有无界存储和不确定性程序的一阶动态逻辑的表达力, 大于只具有有界存储或只具有不确定性程序的一阶动态逻辑的表达力。

**定理 3.75**[1]　令词库 $\Sigma$ 只包含相等符号, 那么存在 "既不等价于 DL(array) 中任意公式, 也不等价于 DL(wild) 中任意公式" 的 DL(array+wild) 公式。

**证明**　令 F 是一元函数变元, 考虑公式 $\varphi =_{def} < \alpha > \forall y \exists x <z:=F(x)>z=y$, 其中 $\alpha = (x:=?; y:=?; F(x):=y)^*$。该程序把一些元素存储在 F 的一些位置 (location)。在模型 $\mathfrak{A}$ 中, 公式 $\varphi$ 表示可以在有穷的步数内将定义域中的所有元素都存储在变元 F 中, 因此定义域是有穷的。这种有穷性不能在 DL(array) 中表达, 因为 DL(array) 在该词库上可归约为一阶逻辑, 而且谓词逻辑具有紧致性。

现在证明在词库 $\Sigma$ 中, DL(wild) 也可以归约为一阶逻辑。为此, 通过观察可以发现, 对于 $\Sigma$ 这样的简单词库, 每个带有通配符赋值的正则程序都可以在每个结构中展开。给定一个带有通配符赋值的正则程序 $\alpha$, 令 $x_1, \cdots, x_k$ 是出现在 $\alpha$ 中的所有变元。在 $CS(\alpha)$ 中的有穷计算序列是以下三种类型的原子程序: ① $x_i:=x_j$; ② $x:=?$ ③ $\varphi$?, 其中 $i, j \in \{1, \cdots, k\}$ 和 $\varphi$ 是形式为 $x_i=x_j$ 的原子公式的布尔组合。容易证明, 对于每个有穷计算序列 $\sigma \in CS(\alpha)$ 而言, 都存在一个程序 $\gamma$ 和一个一阶公式 $\psi$, 使得对于每个结构 $\mathfrak{A}$ 而言, 有 $m_{\mathfrak{A}}(\sigma) = \{(u, v) \in m_{\mathfrak{A}}(\gamma)| u \in m_{\mathfrak{A}}(\psi)\}$。

这里的程序 $\gamma$ 只使用 $\{x_1, \cdots, x_k\}$ 中的变元, 它是一个 (普通或通配符) 赋值有穷计算序列, 使得在赋值左侧中的变元不会在 $\gamma$ 中出现两次。此外, $\psi$ 是形

---

① 定理 3.75 来自 Meyer 和 Parikh(1981)。

式为 $\exists x_{i_1} \cdots \exists x_{i_m} \varphi$ 这样的公式的合取，其中每个 $x_{i_j} \in \{x_1, \cdots, x_k\}$，且 $\varphi$ 是形式为 $x_i = x_j$ 的原子公式的布尔组合。由于只有有穷多个不同的 $\gamma$ 和 $\psi$ 满足上述条件，因此，$CS(\alpha)$ 中只有有穷多个在语义上不同的有穷计算序列，所以 $\alpha$ 可以在所有的结构中展开。证毕。

需要特别说明的是，在本节关于逻辑表达力比较的相关阐述中，假设了程序只使用无量词的一阶测试。Urzyczyn(1986) 研究表明，允许进行全部一阶测试，大多数情况下都会提高相应逻辑的表达力。Urzyczyn(1986) 还证明了把数组赋值添加到不确定性递归可枚举程序中，可以增加逻辑的表达力。而 Meyer 和 Tiuryn(1981, 1984) 的研究表明：把数组赋值添加到确定性的递归可枚举程序，不能增加逻辑的表达力。

Makowski(1980) 提出了"在抽象的模型论中通常研究的逻辑之间的"弱等价概念，并通过对添加的谓词符号进行解释，达到对模型进行扩展的目的；利用这一概念得出：本节处理的大多数逻辑程序的版本都是弱等价的。

# 第六节　一阶动态逻辑的重要变种

本节通过对一阶动态逻辑 DL 进行某些限制或扩展，从而得到一阶动态逻辑的多个变种逻辑，进而在未解释层面上比较这些变种逻辑的表达力。在算术结构上这些问题往往是不足道的，因为：如果在程序中不允许存在无穷多个不同测试，那么这些变种逻辑的表达力都难以超越一阶算术的表达力 (参见第二章定理 2.6 和定理 2.7)。在标准一阶动态逻辑 DL 中，这些变种逻辑的表达力是值得探讨的。

## 一、算法逻辑

算法逻辑是一阶动态逻辑的前身。Salwicki (1970) 给出了算法逻辑的基础系统，之后华沙一群数学家对其进行了大量后续研究。他们最初几年的工作可以在 Banachowski 等 (1977) 和 Salwicki(1977) 中找到。Mirkowska (1980, 1981a, 1981b) 使用非确定性 while 程序对算法逻辑进行了扩展，并研究了 $\nabla$ 和 $\Delta$ 算子。Mirkowska (1980, 1981a, 1981b) 使用 Rasiowa 和 Sikorski(1963) 的代数方法，给出了对于命题算法逻辑和一阶算法逻辑的完全无穷演绎系统。Banachowski 等 (1977) 以及 Salwicki(1977) 给出了算法逻辑的早期综述。Constable(1977)、Constable 和 O'Donnell(1978) 及 Goldblatt(1982) 提出了与算法逻辑和一阶动态逻辑相似的逻辑，用于确定性 while 程序的推理。

算法逻辑的初始版本允许确定性 while 程序以及 "由结构 $\alpha\varphi$, $\cup\alpha\varphi$, $\cap\alpha\varphi$ 建构的" 公式。这三种结构分别与标准一阶动态逻辑中的 $<\alpha>\varphi$, $<\alpha^*>\varphi$ 和 $\bigwedge_{n\in\omega}<\alpha^n>\varphi$ 对应，其中 $\alpha$ 为确定性 while 程序，$\varphi$ 是无量词的一阶公式。

在 Mirkowska (1980, 1981a, 1981b) 中，算法逻辑被扩展成：允许非确定性 while 程序和结构 $\nabla\alpha\varphi$, $\Delta\alpha\varphi$。这两种结构分别与标准一阶动态逻辑中 $<\alpha>\varphi$ 和 halt($\alpha$)$\wedge$ [$\alpha$]$\varphi\wedge<\alpha>\varphi$ 对应。$\Delta\alpha\varphi$ 表示程序 $\alpha$ 的所有跟踪 (trace) 都是有穷的，并在满足 $\varphi$ 的条件下结束 (terminate)。

除动态公式外，算法逻辑包含 "动态项" (dynamic term) 的集合，但一阶动态逻辑则不包含这一概念。对于一阶项 t 和确定性 while 程序 $\alpha$ 而言，表达式 $\alpha$t 的意义就是执行程序 $\alpha$ 后 t 的值。如果 $\alpha$ 不停机，那么表达式 $\alpha$t 的意义就未定义。这类项可以进行系统的消除；例如，P(x, $\alpha$t) 可以由 $\exists z$ ($<\alpha>$(z=t) $\wedge$ P(x, z)) 代替。

算法逻辑早期研究的重点是获得无穷完全性结果 (正如第二章第四节第一部分) 那样，开发程序范式，使用参数对递归程序进行研究，以及使用算法逻辑公式对程序的某些方面进行公理化。例如，算法公式 (while s$\neq\varepsilon$ do s:=pop(s))**1** 可视为与数据结构栈相关的一个公理。把这些公理视为相应数据结构的性质，就可以在算法逻辑中研究这些公理的后承 (consequence)。

Mirkowska (1980, 1981a, 1981b) 给出了算法逻辑的一阶的无穷的完全演绎系统。算法逻辑的这种无穷完全性通常可以用 Rasiowa 和 Sikorski(1963) 的代数方法来证明。Constable (1977)、Constable 和 O'Donnell(1978) 及 Goldblatt(1982) 给出了与算法逻辑和一阶动态逻辑相似的逻辑，用于对确定性 while 程序进行推理。

## 二、 非标准的一阶动态逻辑

1979 年，Andréka、Németi 和 Sain 提出了非标准一阶动态逻辑 (nonstandard dynamic logic，NDL)，详情请参见 Németi(1981) 和 Andréka 等 (1982a, 1982b)。关于非标准一阶动态逻辑的更多详情可以参见 Makowski 和 Sain(1986)。命题层面的非标准一阶动态逻辑非标准的语义可以参见 Harel 等 (2000) 的 6.4 节。

非标准一阶动态逻辑 NDL 的主要思想是：在判断一个计算的长度时只考虑

时间的一阶性质，从而允许时间的非标准模型存在。Andréka 等 (1982a, 1982b) 及其后续在 NDL 方面研究集中在：流程图的证明性质，由赋值、条件句和 go to 语句构成的程序。

非标准一阶动态逻辑 NDL 非常适合比较各种程序验证方法的推理能力；这通常是通过为程序验证提供一个给定方法的模型理论特性来实现的。为了说明此方法，需要简要地讨论霍尔逻辑的部分正确性公式的一个特征。目前的论述选择了一种更为简洁的形式，用于揭示非标准时间的基本思想。

令 $\Sigma$ 是一个一阶词库。在本节余下部分中，固定一个在 $\Sigma$ 上 "while-do 结构不出现的" 确定性 while 程序 $\alpha$，这样的程序称为无循环 (loop free) 程序。令 $\bar{z}=(z_1,\cdots,z_n)$ 是包含出现在 $\alpha$ 中的所有变元，并令 $\bar{y}=(y_1,\cdots,y_n)$ 是 "与 $\bar{z}$ 不相交的" n 个不同个体变元的一个向量。

由于 $\alpha$ 是无循环的，所以它只有有穷多个计算序列。可以用 $\bar{y}$, $\bar{z}$ 中所有的自由变元定义一个无量词的一阶公式 $\theta_\alpha$，$\theta_\alpha$ 定义了 $\alpha$ 在所有 $\Sigma$-结构 $\mathfrak{A}$ 中的输入/输出关系，其意义是：状态对 (u, v) 在 $\mathfrak{m}_{\mathfrak{A}}(\alpha)$ 中，当且仅当，$\mathfrak{A}$, $v[y_1/u(z_1)$, $\cdots$, $y_n/u(z_n)] \models \theta_\alpha$；而且对于所有 $x \in V\text{-}\{z_1,\cdots,z_n\}$ 而言，$u(x)=v(x)$。

令 $\alpha^+$ 是以下确定性 while 程序：

$\bar{y} := \bar{z}$;

$\alpha$;

while $\bar{z} \neq \bar{y}$ do $\bar{y}:=\bar{z}$; $\alpha$

其中，$\bar{z} \neq \bar{y}$ 表示 $z_1 \neq y_1 \vee \cdots \vee z_n \neq y_n$，$\bar{y}:=\bar{z}$ 表示 $y_1:= z_1$; $\cdots$; $y_n:= z_n$。因此程序 $\alpha^+$ 迭代地执行 $\alpha$，直到 $\alpha$ 不再改变状态。

本节余下部分将利用非标准一阶动态逻辑 NDL，给出霍尔系统的一个模型理论特征，用于证明 "相对于 $\Sigma$ 上一个给定的一阶理论 T 而言的" $\alpha^+$ 的部分正确性断定。用 $\vdash_{HL}$ 表示霍尔逻辑中的可证明性。

由于 $\alpha^+$ 的特殊形式，霍尔系统归约为以下规则：

$$\frac{\varphi \to \chi, \quad \chi[\bar{z}/\bar{y}] \wedge \theta_\alpha \to \chi, \quad \chi[\bar{z}/\bar{y}] \wedge \theta_\alpha \wedge \bar{z} = \bar{y} \to \psi}{\varphi \to [\alpha^+]\psi}$$

其中 $\varphi, \chi, \psi$ 是一阶公式，$\bar{y}$ 中的变元不会出现在 $\chi$ 中。

通过如下一系列的定义可以得到非标准一阶动态逻辑 NDL 的一个变种。对于由一元函数符号 +1(后继)、常量符号 0 和等号组成的语言而言，一个结构 $\breve{J}$ 是

时间模型 (time model)，其意思是，如下公理在 $\breve{J}$ 中是有效的：

x+1 = y+1 → x=y

x+1 ≠ 0

x≠0 → ∃y y+1=x

$x \neq x\underbrace{+1+1+\cdots+1}_{n}$，对于任意 n=1, 2, … 而言

令 $\mathfrak{A}$ 为一个 Σ-结构，$\breve{J}$ 是一个时间模型。函数 $\rho: \breve{J} \to \mathfrak{A}^n$ 是 $\mathfrak{A}$ 中 α 的一个运行 (run)，其意思是，如下两个无穷公式在 $\mathfrak{A}$ 中是有效的：$\bigwedge\limits_{i \in \breve{J}} \theta_\alpha[\bar{y}/\rho(i), \bar{z}/\rho(i+1)]$;

对于在 Σ 上的所有一阶公式 $\varphi(\bar{z})$ 而言：$\varphi(\rho(0)) \wedge \bigwedge\limits_{i \in \breve{J}} (\varphi(\rho(i)) \to \varphi(\rho(i+1))) \to$

$\bigwedge\limits_{i \in \breve{J}} \varphi(\rho(i))$。

第一个公式表示：对于 $i \in \breve{J}$ 而言，$\rho(i)$ 是在程序 α 的 i 次迭代后，由 $\rho(0)$ 得到的值。第二个公式是运行 $\rho$ 的归纳公式。

在非标准时间语义下，由 T 可以得到一个部分正确性公式 $\varphi \to [\alpha^+]\psi$，记为 $T \models_{NT} \varphi \to [\alpha^+]\psi$，其意思是，对于每一个 T 的模型 $\mathfrak{A}$、时间模型 $\breve{J}$ 和 $\mathfrak{A}$ 中 α 的运行 $\rho$ 而言：$\mathfrak{A} \models \varphi[\bar{z}/\rho(0)] \to \bigwedge\limits_{i \in \breve{J}} (\rho(i)=\rho(i+1) \to \psi[\bar{z}/\rho(i)])$。

如下定理 3.76 刻画了在非确定性时间模型上霍尔逻辑对于形式 $\alpha^+$ 的程序的作用。

**定理 3.76**[①]　对于 Σ 上的每个一阶理论 T 和一阶公式 $\varphi$，$\psi$ 而言，如下两个条件是等价的：

(i) $T \vdash_{HL} \varphi \to [\alpha^+]\psi$;

(ii) $T \models_{NT} \varphi \to [\alpha^+]\psi$。

其证明详情请参见 Makowski 和 Sain(1986)。

## 三、良基

正如 Harel 等 (2000) 的第 10 章的命题动态逻辑 PDL 一样，通过对一阶动态逻辑 DL 进行扩张，程序就会进行无穷计算。把 halt α 和 wf α 分别作为任意

---

① 定理 3.76 来自 Csirmaz(1985)。

程序 α 的新公式归纳地添加到一阶动态逻辑 DL，从而分别得到 DL 的两个扩张系统 LDL 和 RDL。因为 loop α $=_{def}$ ¬halt α；repeat α $=_{def}$ ¬wf α，所以 LDL 和 RDL 名称中的 L 和 R 正是源自于此。

Harel 和 Pratt(1978) 引入了 halt 结构 (实际上，该结构的补结构是 loop 结构)。Streett(1981，1982) 研究了命题动态逻辑 PDL 的 wf 结构 (实际上，该结构的补结构是 repeat 结构)。定理 3.77 来自 Meyer 和 Winklmann(1982)。定理 3.78 来自 Hrel 和 Peleg(1985)。定理 3.79 来自 Harel(1984)。Harel(1979，1984) 讨论了 LDL 和 PDL 的公理化。

现在给出向一阶动态逻辑 DL 添加 halt α 后得到的 LDL 系统的一些结论。

**定理 3.77**　LDL ≡ DL。

**证明**　根据 Harel 等 (2000) 的 10.6 节说明：在不借助完全 μ 演算的情况下，可以通过 "添加一个能够断定论证 α 的所有计算结束的显式谓词 halt" 来获得良基，而谓词 halt 能够根据 wf 作如下归纳定义：

Halt α ⇔$_{def}$ **1**，其中 a 是一个原子程序或测试；

Halt α；β ⇔$_{def}$ halt α∧ [α]halt β；

Halt α∪β ⇔$_{def}$ halt α∧ halt β；

Halt α* ⇔$_{def}$ wf α∧ [α*]halt α，

因此，对于每个正则程序 α 而言，可以找到一个一阶动态逻辑 DL 公式 $\varphi_\alpha$ 使得 ⊨[α*]halt α → ($\varphi_\alpha$ ↔wf α)。给定这样的 $\varphi_\alpha$，halt(α*) 就等价于 [α*]halt α ∧ $\varphi_\alpha$。

考虑 "对应于状态 s 中的 α 的可能计算的" 计算树 $T_\alpha(s)$，该树是通过对有穷计算序列的常用前缀 (common prefixes) 进行识别后，从 α 中推导得来的。$T_\alpha(s)$ 的节点使用 "这一节点达到的状态" 来标记。应该注意的是，树 $T_\alpha(s)$ 是从句法树 $T_\alpha$ 中，通过截断其根是错误测试的子树得到的。s ⊨halt α 成立，当且仅当，$T_\alpha(s)$ 不包含无穷路径。

对于形式为 α* 的任意程序而言，考虑 "通过消除执行 α 的所有内部状态，从 $T_\alpha^*(s)$ 推导出的" 树 $S_\alpha(s)$。因此 t 是 $S_\alpha(s)$ 中 t' 的直系后裔 (immediate descendant)，当且仅当，通过 α* 的某个执行，从 s 可以得到 t'，而且通过再次执行 α，从 t' 可以得到 t。

如果 s⊨[α*]halt α，那么根据 König 引理可知，$S_\alpha(s)$ 是有穷出度 (outdegree)。可以证明，在这种情况下，$S_\alpha(s)$ 有一条无穷路径，当且仅当，要么某种状态沿一条路径重复，要么存在无穷多个状态 $t$，每个状态 $t$ 在 $S_\alpha(s)$ 中只出现有界深度，但对该深度而言，存在如下这样的一个状态：该状态第一次出现的深度大于 $t$ 的最后一次出现的深度。在一阶动态逻辑 DL 中 "$S_\alpha(s)$ 包含一个无穷路径" 可以等价地描述为这样一个事实：状态可以由 "与 $\alpha$ 中的有穷个变元相对应的值的有穷元素组" 来特征。

现在给出此定义的一个典型例子。如下语句等价于一个一阶动态逻辑 DL 语句："在 $S_\alpha(s)$ 中存在这样的状态：该状态第一次出现的深度大于给定状态 $\bar{y}$ 出现的最大深度"：$\exists \bar{z}(< \alpha^* > \bar{x} = \bar{z} \wedge [\bar{z}' := \bar{x};\ (\alpha; \alpha[\bar{z}'/\bar{x}])^*;\ \bar{z}' = \bar{z}?;\ \alpha^*] \neg \bar{x} = \bar{y})$。这里的 $\bar{y}$，$\bar{z}$ 和 $\bar{z}'$ 是新变元的 n-元素组，它们表示 "与出现在 $\alpha$ 中的变元的 n-元素组 $\bar{x}$ 相匹配" 的状态。赋值和测试是逐点 (pointwise) 执行的，就像替换 $\alpha[\bar{z}'/\bar{x}]$ 一样，用 $\bar{z}'$ 的相应新变元替换所有出现在 $\alpha$ 中的变元。内部程序在 $\bar{x}$ 和 $\bar{z}'$ 上同时运行，到达 $\bar{z}$ 后继续在 $\bar{x}$ 上运行 $\alpha$。这说明：$\bar{y}$ 不能以这种方式得到。证毕。

与定理 3.77 形成对照的是：

**定理 3.78**    LDL < RDL。

**证明**    通过证明二元函数 g 在 RDL 中是一个良序，即可证明定理 3.78，这里需要把论域限制为可数论域，一元函数 f 看作是从某个 "0" 常量 c 开始的后继函数。根据在 $L_{\omega_1\omega}$ 中良序是不可定义的 (Keisler，1971)，就可以得到定理 3.78。证毕。

现在探讨一阶动态逻辑 DL 的这些扩展逻辑的有效性问题。DL 是 $\Pi_1^1$-完全的，显然这些扩展逻辑的有效性比 DL 的有效性更难判断。如下的定理 3.79 表明，即使判断 "不包含无穷计算的简单未解释程序的" 有效性都是极其困难的。

**定理 3.79**    对于一阶公式 $\varphi$ 和正则程序 $\alpha$ 而言，形式为 $\varphi \rightarrow$ wf $\alpha$ 和 $\varphi \rightarrow$ halt $\alpha$ 的公式的有效性问题都是 $\Pi_1^1$-完全的。如果把 $\alpha$ 限制为一阶测试，那么形式为 $\varphi \rightarrow$ wf $\alpha$ 的公式的有效性问题仍然是 $\Pi_1^1$-完全的，而 $\varphi \rightarrow$ halt $\alpha$ 的公式的有效性问题是递归可枚举的；也就是说，它是 $\Sigma_1^0$-完全的。

**证明**    $\Pi_1^1$-完全性容易证明。因为通过把 Harel 等 (2000) 的命题 2.22 的重复盖瓦问题归约为类似于第二章定理的证明，就可以得到 $\Pi_1^1$-hardness 的结果。对于 $\Sigma_1^0$ 中带有一阶测试的 halt $\alpha$ 公式的相关证明，利用紧致性和 König 定理即可得证。相关细节请参见 Harel 和 Peleg(1985)。证毕。

Harel(1984) 讨论了 LDL 和 RDL 的公理化。对于一阶公式 $\varphi$ 和不出现在程

序 $\alpha$ 中的 n 而言，把如下公理和推理规则添加到本章公理系统 2.5 中，就可以得到 RDL 的一个算术完全系统：

公理　$[\alpha^*](\varphi \to <\alpha>\varphi) \to (\varphi \to \neg \mathrm{wf}\ \alpha)$

推理规则：$\dfrac{\varphi(n+1) \to [\alpha]\,\varphi(n),\quad \neg\varphi(0)}{\varphi(n) \to \mathrm{wf}\ \alpha}$。

## 四、 动态代数

动态代数 (dynamic algebra) 是一个抽象代数框架，它与命题动态逻辑 PDL 的关系，类似于布尔代数与命题逻辑的关系。Kozen(1980b) 和 Pratt(1979b) 提出了动态代数。Kozen(1979c, 1979b, 1980a, 1980b，1981b)；Pratt(1979a, 1980a, 1988)；Németi(1980)；Trnkova 与 Reiterman(1980) 也对其有所研究。Kozen(1979a) 对动态代数的主要结论进行了综述。

在 Kozen(1979a) 中动态代数被定义为任意两类代数结构 (K, B, ·)，其中 B=(B, →, 0) 是布尔代数，K=(K, +, ·, *, 0, 1) 是 Kleene(克林) 代数 (参见 Harel 等 (2000) 17.5 节)，"·: K×B→B" 是一个标量乘法 (scalar multiplication)，此乘法满足 "与本书第二章第五节公理系统 2.5 的对偶形式相对应的" 代数约束。例如，所有动态代数都满足如下四个等式：

$$(\alpha \cdot \beta) \cdot \varphi = \alpha \cdot (\beta \cdot \varphi)$$

$$\alpha \cdot 0 = 0$$

$$0 \cdot \varphi = 0$$

$$\alpha \cdot (\varphi \vee \psi) = \alpha \cdot \varphi \vee \alpha \cdot \psi$$

这四个等式分别对应如下四个 PDL 公式的有效性：

$$<\alpha;\beta>\varphi \leftrightarrow <\alpha><\beta>\varphi$$

$$<\alpha>\mathbf{0} \leftrightarrow \mathbf{0}$$

$$<0?>\varphi \leftrightarrow \mathbf{0}$$

$$<\alpha>(\varphi \vee \psi) \leftrightarrow <\alpha>\varphi \vee <\alpha>\psi$$

布尔代数 B 是这些命题动态逻辑 PDL 公式的抽象，而 Kleene 代数 K 是这些程序的抽象。

Kleene 代数具有独特价值，Harel 等 (2000) 的 17.5 节对其有较为详细的阐述。简而言之，Kleene 代数是 "在 +, ·, 0, 1 下满足某些迭代算子 '*' 公理的幂等半环 (idempotent semiring)"，在本质上，"*" 的行为类似于字符串集上的星号算子或者二元迭代算子关系上的自返传递闭包。存在 "具有完全不同的演绎强度 (deductive strength) 的 * 的" 基本性质的有穷公理化和无穷公理化。满足更强无穷公理化的 Kleene 代数被称为 *-连续的 (continuous)，参见 Harel 等 (2000) 17.5 节。

可以用有穷和无穷的方式对标量乘法和迭代的交互作用进行公理化。假设

$$\alpha * \cdot \varphi \leqslant \varphi \vee (\alpha * \cdot (\neg \varphi \wedge (\alpha \cdot \varphi))) \tag{3.6.1}$$

上式对应于命题动态逻辑 PDL 归纳公理 (即本书第二章第五节公理系统 2.5(viii)) 的 diamond 形式。在 B 中 $\varphi \leqslant \psi$，当且仅当，$\varphi \vee \psi = \psi$。或者可以假设一个 *-连续的更强公理：

$$\alpha * \cdot \varphi = \sup_{n} (\alpha * \cdot \varphi) \tag{3.6.2}$$

公理 (3.6.2) 是无穷多个公理 $\alpha^n \cdot \varphi \leqslant \alpha^* \cdot \varphi$ (其中 $n \geqslant 0$) 与无穷 Horn 公式 $\left( \bigwedge_{n \geqslant 0} \alpha^n \cdot \varphi \leqslant \psi \right) \to \alpha * \cdot \varphi \leqslant \psi$ 的合取。存在其他公理的情况下，由 (3.6.2) 可以推出 (3.6.1)(Kozen, 1980b)，从严格意义上讲，存在不是 *-连续的动态代数 (Pratt, 1979a)。

由命题动态逻辑 PDL 的一个标准 Kripke 框架 $\Re = (\mathfrak{A}, \mathfrak{m}_{\Re})$，可以得到一个 "由 $\mathfrak{A}$ 子集的布尔代数和 $\mathfrak{A}$ 上二元关系的 Kleene 代数组成的" *-连续的动态代数。动态代数中的运算符的解释与 PDL 中的运算符的解释一样，包括把 0 作为 0?(空程序)，把 1 作为 1?(恒等程序) 并把 $\alpha \cdot \varphi$ 作为 $< \alpha > \varphi$。由非标准的 Kripke 框架 (参见 Harel 等 (2000) 的 6.3 节) 也可以得到动态代数，但得到的不一定是 *-连续的动态代数。动态代数是可分的 (separable)，其意思是：任意一堆不同的 Kleene 元素都可以用某个布尔元来区分；也就是说，如果 $\alpha \neq \beta$，那么存在 $\varphi \in B$ 且 $\alpha \cdot \varphi \neq \beta \cdot \varphi$。

动态代数方面的研究主要包括以下几个方向：

(1) 表示理论 (representation theory)。任意可分的动态代数与某个可能的非标准 Kripke 框架同构；在某些条件下，"可能的非标准 (possibly nonstandard) 框架" 可以被 "标准框架" 所取代。但在一般情况下，即使对于 *-连续的代数 (Kozen，1979c, 1980a, 1980b) 而言，也不会出现这种取代状况。

(2) 命题动态逻辑 PDL 中的代数方法。PDL 的小模型性质 (small model property)(Harel 等 (2000) 的定理 6.5) 和完备性 (Harel 等 (2000) 的定理 7.6) 可以通过纯粹的代数方法来建立 (Pratt，1980a)。

(3) 迭代算子 "*" 的可替换公理的比较研究。例如，利用一个一阶公式，可以把可分动态代数与标准的 Kripke 框架区分开来，但是即使 $L_{\omega_1\omega}$ 也不能把标准的 Kripke 框架与 *-连续的可分动态代数区分开来 (Kozen，1981b)。

(4) 动态代数的等式理论 (equational theory)。许多看似无关的计算模型具有相同动态代数的等式理论 (Pratt，1979a, 1979b)。

此外，从代数观点看，动态代数与拓扑学 (topology)、经典代数和模型理论都有着一定的联系 (Kozen，1979b；Németi，1980)。

## 五、 概率程序

概率程序 (probabilistic program) 可以用于描述诸如抛硬币或随机数抽签这类概率行为。例如，如果执行 $\alpha$ 概率为 1，那么 $\alpha$ 是 "正确的"。Miller(1976) 和 Rabin(1980) 中的一个著名例子说明，存在快速检验数的原始性 (primality of number) 的概率算法，但是不知道 "是否存在快速检验数的原始性的非概率算法"。许多同步化问题 (synchronization problem)，包括数字合同签订、互斥保证等，往往都是用概率的方式解决的。因此这大大促进了形式化和非形式化的概率程序推理方法的研究。需要指出的是，这种方法也适用于一般程序的概率推理，例如，在分析程序的平均复杂性时，输入被看作是来自具有概率分布的某个集合。

Ramshaw (1981) 的博士学位论文研究了概率语义和验证。Kozen(1981d) 给出了 "具有随机赋值语句 x:=? 的" 概率一阶 while 程序的形式语义。由于此语句是在论域 D 上从一些固定的分布中挑选出来的一个元素，因此 "随机"(random) 一词是非常恰当的 (可对比第二章第一节第二部分)。假设这个论域具有一个适当的可数子集 (measurable subset)，那么程序被解释为 D 的拷贝的可测乘积空间上的可测函数。

　　Feldman 和 Harel (1984) 给出了解释层面的一阶动态逻辑的概率版本 Pr(DL)。Kozen 的语义被扩展为如下所述的公式的语义,这些公式在"实数和整数之上"的布尔联结词和量化下封闭的,并且使用一阶公式 φ 的形式为 Fr(φ) 的项。此外,如果 α 是带有非确定性赋值的 while 程序,且 φ 是一个公式,那么 {α}φ 就是一个新公式。

　　该种语义假定:一个论域 D(比如实数) 具有"由 D 的一组适当可测子集组成的"一个测度空间 (measure space)。状态 μ, ν, ⋯ 被认为是该测度空间上的正测度。项被解释为从状态到实数的函数,μ 中的 Fr(φ) 是 μ 中 φ 的频率 (frequency)。频率与正测度的关系,犹如概率与概率测度 (probability measures) 的关系。公式 {α}φ 在 μ 中为真,其意思是:如果在 Kozen 语义中,φ 在 ν 中为真,那么 ν 就是将 α 应用于 μ 的结果状态 (即测度)。因此,{α}φ 的意思是"执行 α 之后,φ 成立",而且该结构类似于一阶动态逻辑 DL 中的 $< α >φ$。

　　例如,在 Pr(DL) 中的 Fr(1)=1 → {α}Fr(1) ⩾ p 的意思是"在概率至少是 p 时 α 停机"。Fr(1)=1 → [i:=1; x:=?; while x > 1/2 do (x:=?; i:=i+1)]

$$\forall n((n{\geqslant}1 \to Fr(i=n)=2^{-n})\wedge (n{<}1 \to Fr(i=n)=0))$$

上述公式在满足如下条件的所有结构中都是有效的,"在这些结构中, x:=? 使用的随机变元分布 (distribution) 是实数区间 [0, 1] 上的均匀分布"。

　　Feldman 和 Harel(1984) 已经证明:Pr(DL) 的一个公理系统"相对于带有整数变元的一阶分析的一个扩展而言"是完全的,而且这一公理系统"对于带有整数变元的离散概率一阶分析而言"是足够的。

　　学者们提出了概率一阶动态逻辑的各种命题版本,例如,Reif(1980);Makowsky 和 Tiomkin(1980); Ramshaw(1981); Feldman(1984); Parikh 和 Mahoney(1983); Kozen(1985)。Ramshaw(1981) 给出了一种与霍尔逻辑类似的逻辑, 但是却发现即使该逻辑包含 if-then-else 规则,但仍然是不完全的。Reif(1980) 给出了"无法定义 if-then-else 规则"的逻辑;而且其中一个证明规则的可靠性被 (Feldman and Harel, 1984) 质疑。Makowsky 和 Tiomkin(1980) 给出了一个无穷系统,并证明了其完全性。Parikh 和 Mahoney(1983) 研究了概率程序的等式性质 (equational properties)。Feldman(1984) 给出了 Pr(DL) 的一个弱表达力版本,尽管此

版本仍然带有量化词，并可以通过 $\mathbb{R}$ 的一阶理论证明可判定性 (Renegar，1991)。Kozen(1985) 把真值函数命题算子替换为类似的算术算子，从而使得算术演算实质上更接近 Kozen(1981d) 的语义。Kozen(1985) 给出了三种等价的语义：Markov 转换语义、涉及测度转换器 (transformer) 的广义操作语义、可测函数转换器的广义谓词转换器语义；并给出了一种小型模型性质和具有良构程序的 PSPACE 决策过程；提出了一种演绎演算，这种演算可以用于计算随机游走 (random walk) 的预期运行时间。

Lehmann 和 Shelah(1982)、Hart 等 (1982)、Courcoubetis 和 Yannakakis (1988)、Vardi(1985a) 研究了概率验证的时态方法 (temporal approach)。Lehmann 和 Shelah(1982) 用 "表示 certainly 的" 算子 C 对命题时态逻辑 (参见 Harel 等 (2000) 17.2 节) 进行了扩展，其中 Cφ 的意思是：当 certainly 的概率是 1 时，φ 为真。这种语言无法表达实际的数字概率，如上述例子中的 p 或者 $2^{-n}$；但是该系统可以表达出诸多有趣的性质，特别是对于采用概率选择的有穷状态协议，例如互斥等同步问题的概率解 (probabilistic solution)。在多数情况下，程序可以不必求助数值来描述，而且是独立地用于随机选择的特定分布。

例如，at $L_1 \to (\neg C \neg \circ$ at $L_2 \wedge \neg C \neg \circ$ at $L_3)$ 的意思是：如果在标签 $L_1$ 上执行，那么下一步在标签 $L_2$ 上执行是可能的 (即在非零概率下为真)，并且下一步在标签 $L_3$ 上执行也是可能的。Lehmann 和 Shelah(1982) 的研究表明：该系统的三个变元，依赖于正概率是否有下界，以及概率数是否有穷，这两个问题 "相对于扩展经典模态或时态逻辑的有穷能行公理而言" 是可判定的和完全的。

概率过程和模型检查已经成为一个热门研究领域，例如，Morgan 等 (1999)、Segala 和 Lynch(1994)、Hansson 和 Jonsson(1994)、Jou 和 Smolka(1990)、Pnueli 和 Zuck(1986, 1993)、Baier 和 Kwiatkowska(1998)、Huth 和 Kwiatkowska(1997)、Blute 等 (1997) 等都对这些问题有所研究。所有这些形式化方法之间的关系仍值得进一步探讨。

## 六、 并发与交流

在 Harel 等 (2000) 的 10.7 节中，可以把程序的并发算子添加到命题动态逻辑 PDL 中，从而得到并发 PDL。同样，可以把程序的并发算子添加到一阶动态逻辑 DL 中，从而得到并发 DL。归纳地说，对于 α 和 β 而言，α ∧ β 是一个程序。与并发 PDL 一样，并发 DL 程序的意义是状态与状态集之间的关系。

目前还不清楚并发 DL 的表达力是否严格大于 DL 的表达力，但是如果在程序中只允许无量化的一阶测试，那么并发 DL 的表达力就严格大于 DL 的表达力。Peleg(1987b) 研究了带有并发算子的一阶动态逻辑，其研究表明：通过适当地增加并发 PDL 的有效公式，可以证明本章第四节的四个公理系统都是完全的。Peleg(1987a，1987c) 把各种交流机制运用到程序的并发部分，对带有并发算子的一阶动态逻辑进行了扩展。

# 第四章　基于类型命题动态逻辑的行动类型与 Agent 能力推理

在动态逻辑的基础上可以对 Agent 行为推理进行建模。本章给出的类型命题动态逻辑系统 (简称 τPDL)，可以用于对行动类型 (过程) 和执行行动类型的 Agent 的能力进行推理。该系统的句法基础是命题动态逻辑 PDL 的句法，只是这二者的语义不同而已：τPDL 逻辑把 "过程"(process) 解释为 "类型"，即二元关系组成的集合；并使用能力语句 (capabilities statements)、原子过程类型和向后可能算子 (backwards possibility operators)，对标准 PDL 进行扩展 (就像在 KARO 框架中那样)。这些原子过程类型被解释为 "先决条件-效果" 序对 (precondition-effect pairs)，写作 $\varphi \Rightarrow \psi$。Hartonas(2012) 通过滤过 (filtration)，证明了对命题动态逻辑进行扩展而得到的逻辑系统 τPDL，其可满足性问题是可判定的，并给出了一个可靠且完全的根岑式 (Gentzen-style) 证明系统。

## 第一节　引　　言

在此首先概述国内外研究现状、研究动机以及本章的结构安排和主要结论。本章主要研究类型命题动态逻辑 τPDL。该逻辑可以把对行动的推理转换为对行动类型的推理，其动机来自语义网服务 (Semantic Web Services) 最新发展的需要，服务的具体行动 (程序 (program)、过程 (process)) 隐藏在公用视图 (public view) 之外，而公共知识只是服务可以执行的行动类型，通过它们的先决条件和效果进行建模，就像在 OWL-S 服务过程模型 (Martin et al., 2004) 中那样。Hartonas(2012) 提出的过程类型系统是正则类型 (regular types)，而正则类型是由原子类型、测试类型和 "由先决条件和效果决定的抽象过程类型" 建构而成的，写作 $\varphi \Rightarrow \psi$。Kozen(2001, 2003) 提出了用于类型过程推理的类型 Kleene 代数系统 (typed Kleene algebras system)，提出这一系统与 Hartonas (2012) 提出 τPDL 系统的动机相同。本章主要阐释后者的工作。

从句法上看，类型命题动态逻辑 τPDL 的语言是：使用能力语句、先决条件–效果 (precondition-effect) 结构和向后可能算子对标准 PDL 进行扩展而得到的；其中的向后可能算子是一种弱形式的逆算子。从语义上看，τPDL 语言与 PDL 式语言的标准语义不同，前者把过程类型项解释为状态集上的二元关系集，而不是解释为单个二元关系。

Hartonas(2012) 给出了一个 Gentzen 证明系统，并在其类型语义中证明其可靠性和完全性。其矢列式 (sequent) 和规则类似于 Kozeny 和 Tiuryn(2013) 提出的 S 系统，也类似于 Barwise 等 (1995) 提出的信息流逻辑 (logic of information flow) 中的矢列式和规则。事实上，信息流逻辑的语义方法与 Hartonas(2012) 中的类型语义密切相关。τPDL 逻辑与 Pratt(1991) 提出的行动逻辑也有关；只是 Pratt 的系统是单一分类系统 (single sorted system)，即一切都是行动，因此它允许通常的蕴涵结构 a ⇒ b；Hartonas(2012) 却把这里的 a 和 b 限制为语句。但是，类似于 Pratt 纯粹归纳公理的命题在 τPDL 系统内也是成立的。

Hartonas(2012) 证明了：τPDL 逻辑对于标准语义而言是可靠的，但是由于类型结构 φ ⇒ ψ 的存在，使之不具有完全性，除非对该结构的解释进行适当限制，就像在 Hartonas(2014) 中所做的那样。如果没有向后可能算子，该 τPDL 逻辑片段也不具有完全性 (引理 4.26 在完全性证明中被严格使用)。虽然知道如何对 "没有类型结构 φ ⇒ ψ 的 τPDL 逻辑片段" 进行纯粹的希尔伯特式的公理化，但是目前还不知道如何对 τPDL 逻辑进行纯粹的希尔伯特式公理化。Hartonas(2014) 解决了这个问题，并得到一个完全希尔伯特式公理系统，但是要充分表征 φ ⇒ ψ 的意义，则需要在系统中加入一个规则。

此外，通过一个滤过和有穷模型性质论证，可证明类型命题动态逻辑 τPDL 的可满足性问题是可判定的。与通常这类情况的论证一样，该论证给出了一个 NExpTIME 判定过程；据目前所知，其复杂性可以化归为确定的单倍指数时间，使用表格系统 (tableau system) 就可以解决这个问题。

使用交流结构可以对类型命题动态逻辑 τPDL 系统进行扩展，以增强其表达力，使其更适合于关于服务 (services) 的推理。Hartonas(2012) 研究这一工作的部分原因是：受到了 "面向网络服务编排 (Web service choreographies) (Carbone et al., 2006) 的过程代数基础的" 最新发展的启发。此外，还可以使用认知算子或信念算子对 τPDL 系统进行来扩展。

为了区分语义, $\tau$PDL 系统中使用量词代替了命题动态逻辑 PDL 中的 box 算子和 diamond 算子。因此, PDL 系统的 $[\alpha]\varphi$ 在 $\tau$PDL 系统就变成了 $\forall A.\varphi$(而且二者的语义也不同)。向后的可能性算子用向后存在量化来表示, 因此 PDL 系统的 $\varphi<\alpha>$ 在 $\tau$PDL 系统中就变成了 $\varphi.\exists A$, 而不是 $\varphi < \alpha >$, 也不是带逆 (converse) 算子的 CPDL 中的 $<\alpha^->\varphi$。

本章第二节主要工作和结论如下: ① 给出了 $\tau$PDL 语言的句法及其类型语义; ② 给出了向后可能性算子、行动能力算子以及形式为 $\varphi \Rightarrow \psi$ 的原子行动类型的语义性质; ③ 证明了关于能力范式 (capabilities normal form) 的事实是成立的, 因此就有可能把每个 $\tau$PDL 语句, 转换成语义上等价于 "能力算子仅应用于原子行动类型" 的语句 (命题 4.10); ④ 讨论了一种标准语义, 该语义把过程项解释为二元关系, 而不是二元关系的集合。

本章第三节主要工作和结论如下: ① 讨论了可满足性问题。通过建立有穷模型性质, 利用标准的滤过技术, 在扩展的 Fischer-Ladner 闭包映射的基础上, 证明了 $\tau$PDL 系统的可判定性。② 命题动态逻辑 PDL 中熟悉的语句 $\varphi$ 的 Fischer-Ladner 闭包的线性界限 (linear bound) 在 $\tau$PDL 语言中是不成立的 (引理 4.19), 因此 $\tau$PDL 语言中的能力算子 (capabilities operator) 是有必要存在的, 但是建立平方界限 (quadratic bound) 还是可能的 (引理 4.20)。③ 证明了: 如果 $\tau$PDL 语句是可以满足的, 那么它在最多有 $2^{O(|\varphi|^2)}$ 个状态的模型中也是可以满足的 (推论 4.22)。

本章第四节主要工作和结论如下: ① 给出了 $\tau$PDL 逻辑的证明系统。② 给出了带有两种矢列式的 Gentzen 式系统。第一类矢列式的形式为 $A_1, \cdots, A_n \vdash \Theta$, 其中 $A_i$ 是过程类型表达式, $\Theta$ 是一个有穷语句集, 类似于 Kozen 和 Tiuryn(2003) 中的系统 S 的矢列式 (只是系统 S 是直觉主义系统), 而 $\tau$PDL 逻辑的一些规则也类似于系统 S 中的规则。第二类矢列式的形式为 $A_1, \cdots, A_k|{\sim}A$, 其中 $k \geqslant 1$ 且 A 和 $A_j$(其中 $1 \leqslant j \leqslant k$) 是过程类型。在 $\tau$PDL 逻辑的类型语义中, $A|\sim B$ 是子类型事实; 在标准语义中, 这些事实可以被看作子关系事实。在 Barwise 等 (1995) 的信息流逻辑的证明系统中, 都用到了这两类矢列式。③ 证明了 $\tau$PDL 系统在类型语义上是可靠的 (命题 4.34), 并证明了该系统在标准语义下也是可靠的 (命题 4.35)。④ 通过典范模型, 讨论了 $\tau$PDL 逻辑在类型语义中的完全性 (定理 4.40)。需要说明的是, 在类型语义中, 典范模型已经是一个 "标准" 模型, 不需要通过滤

过将其转换为标准模型。这是因为在类型语义中，过程类型表达式 $A^+$ 不再被解释为 "对 A 进行解释的一个关系的传递闭包"，而是解释为一组有穷的关系序列，其中每个关系都是 A 类型。⑤ 研究了在标准语义中的 $\tau$PDL 证明系统的完全性，发现 $\tau$PDL 证明系统在标准语义中不具有完全性。当表达式 $\varphi \Rightarrow \psi$ 的语义被解释为：从 $\varphi$ 成立的状态到 $\psi$ 成立的状态的过程语义时，就不能证明其完全性。因为极大一致集之间的典范可及关系，与 "使得如果 $\varphi$ 在状态 U 时成立，所以 $\psi$ 在状态 V 时成立" 的 U 和 V 之间的关系是不一致的。极大一致集之间的典范可及关系的定义为：如果 $U \overset{\varphi \Rightarrow \psi}{\longrightarrow} V$，当且仅当，对于任意 $\vartheta$，如果 $\forall (\varphi \Rightarrow \psi).\vartheta \in U$，那么 $\vartheta \in V$。Hartonas(2014) 也讨论了这个问题，并证明了 "如果 $\varphi \Rightarrow \psi$ 被解释为所有具有如下性质的可定义关系 $\overset{A}{\longrightarrow}$ 的并：如果 $u \overset{A}{\longrightarrow} v$ 且 $\varphi$ 在 u 时成立，则 $\psi$ 在 v 时成立"，那么 $\tau$PDL 逻辑就具有完全性。

本章第五节主要工作和结论如下：① 讨论了 $\tau$PDL 逻辑系统的可能应用及其有用扩展，其中大多数扩展系统似乎是可行可用的；② 探讨了 $\tau$PDL 逻辑与其他 (包括上面提到的一些) 逻辑计算的关系；③ 给出了 $\tau$PDL 逻辑在网络服务组合 (Web service composition) 中的应用实例，以及在多 Agent 系统逻辑方面的有用扩展及其可能应用。

# 第二节　类型命题动态逻辑的句法和语义

本节将给出类型命题动态逻辑 (简称 $\tau$PDL) 语言及其直观语义、框架和模型、标准关系语义和行动能力的语义性质、先决条件-效果行动类型的语义性质。

## 一、$\tau$PDL 逻辑的语言和直观语义

为了定义 $\tau$PDL 的语言，令 At 是原子句的可数集，I 是 Agent(智能体) 名称的可数集 I。图 4.1 给出的语言 L 有两类，其中子语言 $L_s$ 是关于系统状态的性质 (类型) 的语言，而子语言 $L_a$ 是关于行动的性质 (类型) 的语言，其中的行动是程序 (programs) 或把系统状态转换为其他状态的过程 (processes)。

过程类型系统由以下几个成分组成的：基于原子测试和先决条件-效果行动类型的正则类型、序列、并类型 AB 和 A+B，以及迭代类型 $A^+$。需要说明的是，原子过程类型限制为 $\varphi$ 和 $\varphi \Rightarrow \psi$。虽然引入了附加的原子类型 $\pi$，但不会影响相关结果 (注记 4.4)。

$$L_s \ni \varphi := p(p \in At) | \neg \varphi | \forall A. \varphi | \varphi. \exists A | C_\iota A$$

$$L_a \ni A := \varphi | \varphi \Rightarrow \varphi | AA | A + A | A^+$$

图 4.1　τPDL 的语言

状态的性质是由原子语句通过以下算子建构的：∀A.−(box 算子，向前必然性算子)，−.∃A(向后可能性算子)，以及对于每个智能体 $\iota \in I$ (能力算子) 而言的 $C_\iota$-算子。合取、析取和蕴涵算子可以通过定义得到 (见注记 4.6)。

公式 ∀A.φ 的直观意义是：在 A 类型的行动 σ 执行之后，系统的结果状态具有 φ 性质。特别地，$\forall A^+. \varphi$ 的意义是：在执行了任意有穷的但是长度不受限的序列行动 $\sigma_1 \cdots \sigma_n$(其中 $n \geqslant 1$) 之后，φ 在该系统的结果状态下成立，其中每个行动 $\sigma_i$ 都是类型 A 的行动。向后存在量词 (如在 φ.∃A 中的量词) 表明：在执行一个类型 A 的行动 σ 之后，状态 v 的类型是由类型 φ 的状态 u 得到的。因此，它在概念上与时态逻辑的 past 算子以及命题动态逻辑 PDL 的逆算子有关。公式 $C_\iota A$ 是一个能力语句，表示智能体 ι 具有执行 A 类型的行动 (执行过程) 的能力，其中 $\iota \in I$ 是一个 Agent 名字而且 A 是行动类型。

在行动类型语言中，把 φ 和 φ ⇒ ψ 作为基本类型，而且行动类型集是基本类型之上的正则语言，其中 φ 是去掉通常的 PDL 测试算子 "?" 的语句测试。行动类型 φ 是 "测试 φ 是真还是假的" 任意行动 σ 的类型，当然还有许多方法可以测试 φ 是否成立。类型 φ ⇒ ψ 是有先决条件 (precondition) φ 和效果 (effect) ψ 的任意行动 σ，它把类型 φ 的状态转化到类型 ψ 的状态。例如，lightsOff⇒lightsOn 是打开灯的任意行动 (如通过旋转或扳动开关、拍手等行动开灯)。AB 是 "有两个行动序列 σ,τ 的" 行动类型，其中 σ 是 A 类型的，τ 是 B 类型的。A+B 表示：要么是 A 类型要么是 B 类型的行动 σ 的类型。$A^+$ 是一个有穷 (但不受限) 的行动序列 $\sigma_1 \cdots \sigma_n$ (其中 $n \geqslant 1$) 的类型，其中每个行动 $\sigma_i$ $(1 \leqslant i \leqslant k)$ 都是 A 类型的。需要再次说明的是，行动类型项 (action type terms) 被解释为行动集 (即状态上的二元关系集)，这一点可以从前面的讨论中得到。特别地，$A^+$ 不再像在命题动态逻辑 PDL 中的那样被解释为 "用于解释 A 的单个关系的传递闭包"，而是解释为所有有穷行动序列的集合，每个行动序列都是 A 类型的。因此，可以避免非标准模型, 也不需要 (通过滤过) 将这些模型转换成标准模型 (Harel et al., 2000)。本章构建的典范模型已经是标准模型了 (虽然其语义不是标准的)。

## 二、 τPDL 逻辑的框架和模型

**定义 4.1**　一个 L-框架 F 是一个四元结构 $F = \langle S, P, \mapsto, I \rangle$, 也记为 $\langle S, (\overset{\sigma}{\mapsto})_{\sigma \in P}, I \rangle$, 其中 I 是 Agent 名称集; $(S, P, \mapsto)$ 是一个加标转换系统, 并带有框架的基础集合 (underlying set) S: 一个非空的站点 (sites) 集合, 或者系统的状态。P 是标记 (lables) 的集合; 映射 $\mapsto: P \to 2^{S \times S}$ 把一个加标二元关系指派给每个行动 $\sigma \in P$。通过组合可以把该映射 $\mapsto$ 扩展到所有 $P^+$ (即 P 中的项的有穷非空序列)。这样, 组合 $\overset{\sigma}{\mapsto}\overset{\tau}{\mapsto}$ 就可以写作 $-\overset{\sigma,\tau}{\mapsto}$。

**定义 4.2**　一个 L-模型是一个三元组 $\check{N} = \langle F, e, (\iota^{\check{N}})_{\iota \in I} \rangle$, 其中 $e: At \to 2^S$ 是状态原子性质的解释函数; 对于每个 $\iota \in I$ 而言, $\iota^{\check{N}}$ 是一个 "为每个状态 $s \in S$ 下的智能体 $\iota$ 指派能力" 的映射, 即 $\iota^{\check{N}}(s) \subseteq \{\overset{\alpha}{\mapsto} \mid \alpha \in P^+\}$。

该解释函数可以如图 4.2 那样, 被扩展到语句和行动类型语言的所有公式中, 其中对于 $\varphi \in L_s$ 而言, 其解释 $[[\varphi]]_e^F \subseteq S$ 是 $\varphi$ 在其中成立的状态组成的集合; 而且对于 $A \in L_a$ 而言, 集合 $([A])_e^F \subseteq \{\overset{\sigma}{\mapsto} \mid \sigma \in P^+\}$ 是过程集, 即用 P 中元素的有穷非空序列加标后的二元关系, 从直观上讲 P 是 A 类型的。此外, 要求解释和能力赋值函数满足正规性条件 (normality condition) (4.2.1) 和 (4.2.2), 对于每个 $\iota \in I$ 而言

$$([A])_e^F \neq \varnothing (\text{对于任意行动类型而言}) \tag{4.2.1}$$

$$\iota^{\check{N}}(s) = \bigcup \{([\varphi \Rightarrow \vartheta])_e^F \mid s \in [[C_\iota(\varphi \Rightarrow \vartheta)]]_e^F\} \tag{4.2.2}$$

**注记 4.3**　至此, 已经用 P 中的项的加标关系序列, 定义了 $\iota^{\check{N}}(s)$ 和 $([A])_e^F$。从技术上讲, 它们可以用于证明完全性定理。实际上, 在典范模型中, 行动类型项 (action type terms)A 是使用原子行动项 $\gamma = A_1, \cdots, A_n$ 的序列集来解释的, 因此序列 $\gamma \mid \sim A$ 是可证明的。条件 (4.2.1) 要求行动类型项非空 (即使它们的唯一成员可能是空行动), 这在典范模型、滤过和完全性结果的证明中都有这一要求。条件 (4.2.2) 等同于: $s \in [[C_\iota(\varphi \Rightarrow \psi)]]_e^F$ 当且仅当 $([\varphi \Rightarrow \psi])_e^F \subseteq \iota^{\check{N}}(s)$, 这样就可以把指派给 Agent 的能力与有关能力的语义事实联系起来, 并且证明完全性也会用到这一条件。

$$[[p]]_e^F = e(p)$$

$$[[\neg\varphi]]_e^F = S\backslash[[\varphi]]_e^F$$

$$[[\forall A.\varphi]]_e^F = \{s\in S | \forall\sigma\in([A])_e^F \,\forall t(s\overset{\sigma}{\mapsto} t \Rightarrow t\in[[\varphi]]_e^F)\}$$

$$[[\varphi.\exists A]]_e^F = \{t\in S | \exists s\in[[\varphi]]_e^F \,\exists\sigma\in([A])_e^F (s\overset{\sigma}{\mapsto} t)\}$$

$$[[C_\iota\varphi]]_e^F = S$$

$$[[C_\iota(\varphi\Rightarrow\psi)]]_e^F = \{s\in S | ([\varphi\Rightarrow\psi])_e^F \subseteq \iota^{\check{N}}(s)\}$$

$$[[C_\iota(AB)]]_e^F = \{s\in S | s\in[[C_\iota A]]_e^F \text{ 且} \forall\sigma\in([A])_e^F \,\forall t(s\overset{\sigma}{\mapsto} t \text{ 蕴涵 } t\in[[C_\iota B]]_e^F)\}$$

$$[[C_\iota(A+B)]]_e^F = [[C_\iota A]]_e^F \cap [[C_\iota B]]_e^F$$

$$[[C_\iota(A^+)]]_e^F = \bigcup \{[[\varphi]]_e^F \mid [[\varphi]]_e^F \subseteq [[C_\iota A]]_e^F \cap [[\forall A.\varphi]]_e^F\}$$

$$([\varphi])_e^F = \{\overset{\sigma}{\mapsto} | \sigma\in P^+ \text{ 且,}(\forall s, t\in S)(s\overset{\sigma}{\mapsto} t \Rightarrow t=s\in[[\varphi]]_e^F)\}$$

$$([\varphi\Rightarrow\psi])_e^F = \{\overset{\sigma}{\mapsto} | \sigma\in P^+ \text{ 且} \forall s\in[[\varphi]]_e^F \,\forall t(s\overset{\sigma}{\mapsto} t \Rightarrow t\in[[\psi]]_e^F)\}$$

$$([A+B])_e^F = ([A])_e^F \cup ([B])_e^F$$

$$([AB])_e^F = \{\overset{\sigma}{\mapsto}\overset{\tau}{\mapsto} | \sigma\in([A])_e^F, \tau\in([B])_e^F\}$$

$$([A^+])_e^F = \bigcup_{n\geqslant 1} (([A])_e^F)^n$$

图 4.2 类型语义中的解释

**注记 4.4** 在类型命题动态逻辑 τPDL 语言中,添加初始原子行动类型 π 的意义不大。如果进行了添加,则需要对其解释进行扩展,以包括 $([\pi])_e^F \subseteq \{\overset{\alpha}{\mapsto} | \alpha\in P^+\}$ 这种情况。基本原子类型 π 的添加对能力赋值函数的定义影响较小,可修改如下:

$$\iota^{\check{N}}(s) = (\cup\{(([\varphi\Rightarrow\vartheta])_e^F | s\in[[C_\iota(\varphi\Rightarrow\vartheta)]]_e^F\}) \cup (\cup\{(([\pi])_e^F | s\in[[C_\iota\pi]]_e^F\})$$

除此之外,添加初始原子行动类型 π,只是在滤过和完全性结果的归纳证明中添加了不足道的证明步骤而已。

**注记 4.5** (记法约定) 为了简单起见,把 $\overset{\sigma}{\mapsto} \in([A])_e^F$ 简记为 $\sigma\in([A])_e^F$,用转换标签表示转换关系本身。

把满足关系定义为 $s\models_e^F \varphi$ 当且仅当 $s\in[[\varphi]]_e^F$;$\sigma\mathrel{\mathpalette\app\relax}_e^F A$ 当且仅当 $\sigma\in([A])_e^F$(根据在注记 4.5 中的标记约定,$\sigma\in([A])_e^F$ 其实是 $\overset{\sigma}{\mapsto} \in([A])_e^F$)。特别地,$\sigma\mathrel{\mathpalette\app\relax}_e^F A^+$ 当且

仅当 $\sigma \in (([A]_e^F)^+ = \bigcup_{n \geqslant 1}(([A]_e^F)^n$ 当且仅当：对于某个 $n \geqslant 1$ 且 $\sigma_1 \cdots \sigma_n \in ([A])_e^F$ 而言，$\sigma = \sigma_1\sigma_2 \cdots \sigma_n$。

$\tau$PDL 有两种语义事实。第一种是 $\gamma \models_e^F \Theta$，其中 $\gamma = A_1 \cdots A_n$ 是任意环境 (environment，行动类型项的有穷序列) 且 $\Theta$ 是一个语句环境 (语句的有穷集)。$A_1 \cdots A_n \models_e^F \Theta$，当且仅当。对于任意行动序列 $\sigma_1 \cdots \sigma_n$ 和状态 s, t，如果对于所有 i=1, $\cdots$, n 而言有 $\sigma_i \approx_e^F A_i$ (每个 $\sigma_i$ 的类型分别是 $A_i$) 而且 $s \xrightarrow{\sigma_1} \cdots \xrightarrow{\sigma_n} t$，那么对于某个 $\vartheta \in \Theta$ 而言，$t \models_e^F \vartheta$。同样地，$A_1 \cdots A_n \models_e^F \Theta$，当且仅当，对于在模型中的任意路径 $s \xrightarrow{\sigma_1} \cdots \xrightarrow{\sigma_n} t$ 而言，如果路径满足其左边 (即每个 $\sigma_i$ 的类型分别是 $A_i$)，那么结束状态 t 满足某个 $\vartheta \in \Theta$。$\gamma \models \Theta$ 的意义是通过对模型进行全称量化而得到的。

第二种语义事实与行动性质之间的语义蕴涵有关，写作 $\gamma \approx_e^F A$，其中 $\gamma$ 是行动类型的有穷非空序列，而且 A 是一个单独的行动类型，可以定义：$A_1 \cdots A_n \approx_e^F A$ 当且仅当 $\forall \sigma_1 \cdots \sigma_n$(如果 $\sigma_i \approx_e^F A_i$ 对于所有 i = 1, $\cdots$, n 成立，那么 $\sigma_1 \cdots \sigma_n \approx_e^F A$)，其中 $\sigma_1 \cdots \sigma_n$ 是 $\sigma_i$ 的合成 (为了简单起见，用转换标签表示转换关系本身，这里合成 (composition) 就是 $\xrightarrow{\sigma_1} \circ \cdots \circ \xrightarrow{\sigma_n}$)。$P \approx A$ 的意义是通过对模型进行全称量化来获得的。因此 $A \approx B$ 表达一个子类型语义事实。

**注记 4.6** (语言扩展)　合取被定义为 $\varphi \wedge \psi := \varphi.\exists \psi$。其他逻辑算子 (例如，析取、蕴涵 (implication)、行动类型上的向前存在量词和向后全称量词) 可以用通常的方式定义，就像在经典命题基础上的模态逻辑中的定义那样。倾向于使用正迭代 $A^+$，但是这无关紧要，因为 $A^*$ 和 $A^+$ 可以由 $A^*=1+A^+$ 和 $A^+ =AA^*$ 进行相互定义 (其中的 1 表示任意重言式测试)。其他类程序 (program-like) 的结构，如条件类型或 while 循环类型，像 Harel 等 (2000) 中那样，也可以用标准方式定义。

需要说明的是：$\varphi \wedge \psi$ 要么与 $\exists \varphi.\psi$ 要么与 $\psi.\exists \varphi$ 语义等值，这取决于正规性条件 (4.2.1)，而且 $\varphi \to \psi$ 和 $\forall \varphi.\psi$ 的语义等值也是如此。特别地，每个 $\psi.\exists \varphi \models \varphi \wedge \psi$ 和 $\varphi \to \psi \models \forall \varphi.\psi$ 都成立，即使在不满足正规性条件 (4.2.1) 的模型中也是如此，但是如果不满足这一条件，其逆命题 $\varphi \wedge \psi \models \psi.\exists \varphi$ 和 $\forall \varphi.\psi \models \varphi \to \psi$ 就不成立。

### 三、关于 $\tau$PDL 逻辑的一些事实

现在从标准关系语义、行动能力的语义性质、向后可能性算子的语义性质和先决条件-效果行动类型的语义性质，这四个方面给出 $\tau$PDL 逻辑的一些事实。

(一) 标准关系语义

类型命题动态逻辑 $\tau$PDL 的语义不同于标准模态逻辑和命题动态逻辑 PDL 的语义, 因为行动项被解释为过程类型, 因此行动项是二元关系的集合。引入的新结构, 即向后可能性、行动能力语句和先决条件-效果行动可以添加到 PDL 语言中, 并用标准方式进行解释。特别地, $\varphi \Rightarrow \psi$ 可以解释为: 从 "满足 $\varphi$ 的状态 u" 到 "满足 $\psi$ 的状态 v" 的关系。与在 PDL 中一样, 测试被解释为

$$\overset{\varphi}{\mapsto} = \{(u, u) | u \in [[\varphi]]_e^F\} \tag{4.2.3}$$

$$\overset{\varphi \Rightarrow \psi}{-\mapsto} = \{(u, v) | \text{如果 } u \in [[\varphi]]_e^F, \text{则 } v \in [[\psi]]_e^F\} \tag{4.2.4}$$

所有的过程项 (process terms) 都是作为二元关系得到其标准的 PDL 解释。使用标准的关系语义可以解释向后可能性 (backwards possibility)。

$$[[\varphi.\exists A]]_e^F = \{v | \exists u(u \overset{A}{\mapsto} v \text{ 且 } u \in [[\varphi]]_e^F)\} \tag{4.2.5}$$

$$[[\forall A.\varphi]]_e^F = \{u | \forall v(u \overset{A}{\mapsto} v \text{ 蕴涵 } v[[\varphi]]_e^F)\} \tag{4.2.6}$$

在能力语句 $C_\iota A$ 中, A 是过程项, 而不是过程类型, 其语义本质上与本章第二节第二部分中的语义大致相同, 仅有两个不同之处:

(1) 正规性条件 (4.2.2) 需要改写为

$$\iota^{\tilde{N}}(u) = \bigcup\{\overset{\varphi \Rightarrow \psi}{-\mapsto} | u \in [[C_\iota(\varphi \Rightarrow \psi)]]_e^F\} \tag{4.2.7}$$

(2) 语句 $C_\iota(\varphi \Rightarrow \psi)$ 的解释需要相应修改为

$$u \models_e^F C_\iota(\varphi \Rightarrow \psi \text{ 当且仅当 } \overset{\varphi \Rightarrow \psi}{-\mapsto} \subseteq \iota^{\tilde{N}}(u)) \tag{4.2.8}$$

**注记 4.7** (4.2.4) 对 $\varphi \Rightarrow \psi$ 的解释无法用于标准语义中完全性证明。Hartonas(2014) 通过选择如下解释:

$$([\varphi \Rightarrow \psi])_e^F = \bigcup\{\overset{\sigma}{\mapsto} | \sigma \in P^+ \text{ 且 } \forall s, t \in S(s \in [[\varphi]]^F \text{ 且 } s \overset{\sigma}{\mapsto} t \text{ 蕴涵 } t \in [[\psi]]^F)\} \tag{4.2.9}$$

从而完成了完全性证明。当对行动类型进行推理时, 标准解释显得并不自然。

**引理 4.8** 每个命题动态逻辑 PDL 定理在 $\tau$PDL 逻辑中都是有效的。

引理 4.8 的证明不足道。

(二) 行动能力的语义性质

现在给出行动能力的语义解释, 其中 ≡ 表示语义等价性 (可以对比本章第五节第一部分给出的 "关于 Agent 能力逻辑的" KARO 框架中的对应语义解释):

$$C_\iota \varphi \equiv tt \tag{4.2.10}$$

$$C_\iota(A + B) \equiv C_\iota A \wedge C_\iota B \tag{4.2.11}$$

(4.2.10) 的意思是: 任意 Agent 都可以测试任意语句的真假 (无论其结果如何)。下面给出关于行动能力的语义事实。

**引理 4.9** 以下事实成立:

$$C_\iota(\varphi A) \equiv \forall \varphi . C_\iota A \equiv \varphi \to C_\iota A$$

$$C_\iota(\text{if } \varphi \text{ then } A \text{ else} B) = C_\iota(\varphi A + (\neg \varphi) B) \equiv \forall \varphi . C_\iota A \wedge \forall (\neg \varphi) . C_\iota B$$

$$C_\iota A^* = C_\iota(1 + A^+) \equiv C_\iota A^+ (\text{用 1 表示任意的重言测试})$$

$$C_\iota(\text{while } \varphi \text{ do } A) = C_\iota(\neg \varphi + (\varphi A)^+(\neg \varphi)) \equiv \forall \varphi . (C_\iota A \wedge \forall A . C_\iota(\varphi A)^+)$$

**证明** 根据定义即可得证。证毕。

在 $\tau$PDL 逻辑的类型语义中, 把递归能力 $C_\iota A^+$ 解释为函数 $\Phi(X) = C_\iota A \wedge \forall A . X$ 的最大不动点, 这些最大不动点是 $\forall A^+ . C_\iota A$。以下命题 4.10 将给出其正式论述, 该命题在建立可判定的能力逻辑方面具有重要意义, KARO 框架没有对能力进行处理, 具体可以参见 van der Hoek 等 (1994, 1999, 2003)。

**命题 4.10** 以下命题成立:

(1) $s \models_e^F C_\iota A^+$ 当且仅当 $s \models_e^F \forall A^* . C_\iota A$ 当且仅当 $s \models_e^F C_\iota A \wedge \forall A^+ . C_\iota A$;

(2) $[[C_\iota A^+]]_e^F = \bigcap_{n \geqslant 1} [[C_\iota A^n]]_e^F$;

(3) (能力范式) 包含能力算子的每个公式都可以转换为语义上等价 "且能力算子仅应用于原子行动类型" 的公式。

**证明** 首先证明断定 (1)。把 $C_\iota A^+$ 解释为最大不动点 $\nu x . C_\iota A \wedge \forall A . x$, 这也正好是对任意 $\psi$ 而言的 $\forall A^* . \psi$ 解释, 因此特别适用于 $\psi = C_\iota A$。根据不动点的等价性 $\forall A^* . \varphi \equiv \varphi \wedge \forall A^+ . \varphi$ 和 $\tau$PDL 逻辑的语义, 可以证明这三个表达式的等价性。

其次证明断定 (2)。通过归纳法可以证明，对于任意 $s \in [[C_\iota A^+]]_e^F$，都有 $s \models_e^F C_\iota A^n$(对于 $n \geq 1$ 而言)。归纳基础的证明不足道，因为归纳假设意味着：对于某个 $\psi$ 满足 $[[\psi]]_e^F \subseteq [[C_\iota A]]_e^F \wedge [[\forall A.\psi]]_e^F$ 而言，$s \in [[\psi]]_e^F$。

现在进行归纳步骤的证明。假设对于任意 $t \in [[C_\iota A^+]]_e^F$，$t \models_e^F C_\iota A^n$ 都成立。现在令 $s \in [[C_\iota A^+]]_e^F$，证明 $s \models_e^F C_\iota A^{n+1}$ 即可。通过假设 $s \in [[C_\iota A^+]]_e^F$，令 $\psi$ 是一个满足 $s \in [[\psi]]_e^F \subseteq [[C_\iota A]]_e^F \wedge [[\forall A.\psi]]_e^F$ 的语句，那么 $s \models_e^F C_\iota A$ 且 $s \models_e^F \forall A.\psi$。令 $\sigma \approx_e^F A$ 且 $s \overset{\sigma}{\mapsto} t$，因此 $t \models_e^F \psi$。于是有 $t \in [[C_\iota A^+]]_e^F$，根据归纳假设 $t \models_e^F C_\iota A^n$。因此 $s \models_e^F \forall A.C_\iota A^n$。通过语义等价 $C_\iota A^{n+1} \equiv C_\iota A \wedge \forall A.C_\iota A^n$，可得 $s \models_e^F C_\iota A^{n+1}$。

现在证明相反方向，假设对于所有 $n \geq 1$ 而言，$s \models_e^F C_\iota A^n$。在证明 $s \models_e^F \forall A^*.C_\iota A$ 之后，根据当前命题的断定 (1)，即可得证。令 $s = t_0 \overset{\sigma_1}{\mapsto} t_1 \overset{\sigma_2}{\mapsto} \cdots \overset{\sigma_m}{\mapsto} t_m$ 是任意长度为 $m$ 的链，对于每个 $k = 1, \cdots, m$ 而言，有 $\sigma_k \approx_e^F A$。令 $n = m+1$，并根据语义等价 $C_\iota A^{r+1} \equiv C_\iota A \wedge \forall A.C_\iota A^r$ 和归纳假设，可得 $t_m \models_e^F C_\iota A$。

命题 4.10 的断定 (3) 可以验证以下公式是语义等价的 (最后一个是当前命题的断言 (1))：$C_\iota(AB) \equiv C_\iota A \wedge \forall A.C_\iota B$，$C_\iota(A + B) \equiv C_\iota A \wedge C_\iota B$，$C_\iota A^+ \equiv C_\iota A \wedge \forall A^+.C_\iota A$。证毕。

### (三) 向后可能性算子的语义性质

在行动类型上的向后存在量词，与在 $\varphi.\exists A$ 中的存在量词一样，是一个向后的可能性算子；在通常的具体行动项记法中，简洁地记为 $\varphi\langle\alpha\rangle$。这是根据解释 $\varphi.\exists A$ 的语义语句而得到的。

**引理 4.11** 以下语句在本章第二节第二部分中给出的语义中等价

$$\varphi, A \models \psi \text{ 当且仅当 } \varphi.\exists A \models \psi \text{ 当且仅当 } \varphi \models \forall A.\psi \text{ 当且仅当 } A \approx \varphi \Rightarrow \psi$$

$$(4.2.12)$$

**证明** 根据定义可证。证毕。

特别地，性质 (4.2.12) 的意思是：两个算子 $\forall A.$ 和 $.\exists A$ 是冗余的，引理 4.12 将给出该冗余的一般表述。

**引理 4.12** 以下公式是有效的：

(1) $(\forall A.\varphi).\exists A \to \varphi$；

(2) $\varphi \to \forall A.(\varphi.\exists A)$。

**证明** 根据定义可证。证毕。

向后可能性与行动项上的命题动态逻辑 PDL 逆算子有关, 但前者弱于后者。这是因为通常的不可能性推理, 无法处理迭代算子 (如 $((\alpha^-;\beta) \cup \delta)^*$ 中的逆算子)。虽然在 PDL 中 $\langle \alpha^- \rangle \varphi$ 的真与向后可能性 $\varphi\langle\alpha\rangle$ 的真是一致的 ($\varphi\langle\alpha\rangle$ 在类型命题动态逻辑 $\tau$PDL 中的记法是 $\varphi.\exists A$), 但是在 $\tau$PDL 语言中, 没有公式等价于 PDL 公式 $\langle((\alpha^-;\beta) \cup \delta)^*\rangle\varphi$。值得指出的是, 在模型 $\mu$-演算中, 这两种结构是一致的, 因为这时不存在 "无法处理迭代算子中的逆算子的" 问题。

与逆算子一样, 利用向后可能性可以表达关于行动先决条件方面的事实。结构 $\varphi.\forall A$ 被解释为满足如下条件的一个状态: 当前状态的任意 A-前导 (predecessor) 满足 $\varphi$, 因此 $\varphi$ 是类型为 A 的任意行动成功执行的先决条件。作为向后可能性的逆算子, 可以用于过程先决条件的推理。另一方面, PDL 的逆算子会造成一些困难。例如, Pratt (1997) 指出, 如果包含逆算子, 在 Pratt(1980b) 中提出的问题没有得到解决之前, 不适合采用表格决策过程 (tableau decision procedure)。正如 Vardi(1985b) 指出的那样, 在用包含诸如 loop 和 repeat 这样的结构对 CPDL 进行扩展时也会遇到同样的问题。但是, PDL 逆算子也有其他的用法, 把 PDL 逆算子嵌入到知识逻辑中 (Fischer and Imermman, 1987), 这些逻辑似乎超出了带有向后可能性的 PDL 的表达能力。此外, 正如 De Giacomo 所示, 逆算子可以被消去, 但代价就是需要添加足够的信息来表征包含逆算子的公式的意义。这样对于向后可能性算子是否有影响, 目前还不得而知。

在模态 $\mu$-演算中, 行动上的逆算子与作为向后可能性的逆算子是吻合的, Vardi(1998) 从自动机理论的视角研究了其结果系统。虽然作为向后可能性的逆算子不是本章的重点, 但是对带有向后可能性的 PDL 与 CPDL 之间的关系进行研究, 还是有必要的。

## (四) 先决条件–效果行动类型的语义性质

$\varphi \models \forall A.\psi$ 当且仅当 $\varphi.\exists A \models \psi$ 当且仅当 $A \approx \varphi \Rightarrow \psi$, 而且其等价性揭示了与之相随的另一个事实的存在, 该事实也从另一个角度概括了通常的合取与蕴涵之间的关联 (令 A 是语句 $\vartheta$, 那么 $\varphi.\exists\vartheta$ 就是 $\varphi \wedge \vartheta$)。这也说明引入新算子 $\Rightarrow$ 是很自然的事情。该算子与 Pratt(1991) 行动逻辑中的一般蕴涵算子有关。Pratt(1991) 提出的 "一切都是行动" 的单种类系统, 允许在任意两个行动项之间存在一个语句蕴涵算子, 而 Hartonas(2012) 只允许蕴涵算子出现在语句测试中。上面给出的

自带语义事实 (而不是附加的语义事实) 与原子行动类型有关，Pratt(1991) 纯归纳公理 (axiom of pure induction) 中也给出了类似结论。

**引理 4.13**　以下公式是逻辑有效的：

$\varphi, \varphi \Rightarrow \psi \models \psi$

$\varphi \Rightarrow \vartheta, \vartheta \Rightarrow \psi \approx\!\!\!| \varphi \Rightarrow \psi$

$(\varphi \Rightarrow \psi)^* \approx\!\!\!| \varphi \Rightarrow \psi$　(Pratt 纯归纳公理)

$\models \neg\psi \to (\neg\varphi).\forall(\varphi \Rightarrow \psi)$　($\varphi$ 是类型为 $\varphi \Rightarrow \psi$ 的任意行动的先决条件)

$\models \varphi \to \forall(\varphi \Rightarrow \psi).\psi$　($\psi$ 是类型为 $\varphi \Rightarrow \psi$ 的任意行动的先决条件)

**证明**　根据图 4.2 的语义定义即可得证。证毕。

正如在引言中所指出的，该结构的有用之处在于：它可以通过行动的先决条件和效果对行动类型进行编码。Hartonas (2012) 把这种结构限制在一个纯粹的命题系统中，本章第五节会对此作进一步阐述。

## 第三节　类型命题动态逻辑可满足性问题的判定性

本节证明了类型命题动态逻辑 $\tau$PDL 可满足性问题是可判定的，采用标准的滤过技术即可做到这一点：首先是把熟悉的 Fischer-Ladner 映射扩展到新结构中；然后证明，给定一个 $\eta$ 语句，可以将一个模型滤过成一个有穷模型，使得：$\eta$ 在原模型中是可满足的，当且仅当，它在结果商 (quotient) 中是可满足的。其证明过程与命题动态逻辑 PDL 中相应的证明类似，不同点在于：① 对新结构也需要进行论证；② 使用 $\tau$PDL 的语义进行论证；③ 需要建立新的界限 (bound)。需要说明的是：由于引进了能力算子，在 PDL 中很常见的语句 $\eta$ 的 FL-子公式的线性界在 $\tau$PDL 中不成立，引理 4.19 对此进行了证明；引理 4.20 为 $\tau$PDL 建立了一个平方界限 (quadratic bound)。

Fischer-Ladner 闭包映射 $FL(\varphi)$ 和 $FL^{\square}(\varphi)$ 的定义可以对 PDL 中相应的定义进行扩展，详情请参见 Harel 等 (2000)。如图 4.3 中给出新情况的定义。$\varphi$ 的真 FL-子公式是指：除了 $\varphi$ 本身之外的任意 $\psi \in FL(\varphi)$。

**引理 4.14**　关系 $\psi \prec_{FL} \varphi$ 当且仅当 $\varphi$ 的真 FL-子公式 $\psi$ 是良基公式。

**证明**　可以用良基归纳进行证明。对于任意 $\psi$，如果对于所有 $\upsilon \prec_{FL} \psi$ 而言，有 $P(\vartheta)$，那么 $P(\psi)$ 成立，其中 P 是语句的某个性质。通过良基归纳，可以得到：

对于任意 $\varphi$, $P(\varphi)$ 成立。写成 $\psi \preccurlyeq_{FL} \varphi$ 时也包含了 $\psi = \varphi$ 的情况。把良基归纳扩展到行动类型表达式，应用到某个 A，使得 $\forall A.\zeta$ 出现在 $\psi \preccurlyeq_{FL} \varphi$ 中。证毕。

---

$FL(p)$, $FL(\neg\varphi)$, $FL(\forall A.\varphi)$, $FL^{\square}(\forall A.\varphi)$ 的定义与 PDL 中的定义一样，新情况 $\varphi \Rightarrow \psi$ 的定义除外

$FL(\forall(\varphi\Rightarrow\psi).\vartheta) = FL(\vartheta) \cup FL^{\square}(\forall (\varphi\Rightarrow\psi).\vartheta)$

$FL\ (\forall(\varphi\Rightarrow\psi).\vartheta) = \{\forall (\varphi\Rightarrow\psi).\vartheta\} \cup FL(\varphi) \cup FL(\psi)$

$FL(\psi.\exists A) = FL(\psi) \cup FL^{\square}(\psi.\exists A)$

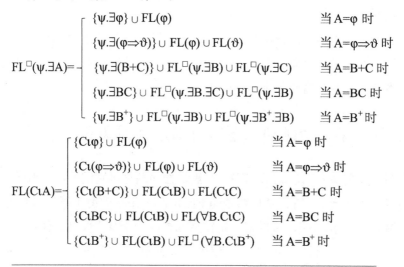

$$FL^{\square}(\psi.\exists A)=\begin{cases} \{\psi.\exists\varphi\} \cup FL(\varphi) & \text{当 } A=\varphi \text{ 时} \\ \{\psi.\exists(\varphi\Rightarrow\vartheta)\} \cup FL(\varphi) \cup FL(\vartheta) & \text{当 } A=\varphi\Rightarrow\vartheta \text{ 时} \\ \{\psi.\exists(B+C)\} \cup FL^{\square}(\psi.\exists B) \cup FL^{\square}(\psi.\exists C) & \text{当 } A=B+C \text{ 时} \\ \{\psi.\exists BC\} \cup FL^{\square}(\psi.\exists B.\exists C) \cup FL^{\square}(\psi.\exists B) & \text{当 } A=BC \text{ 时} \\ \{\psi.\exists B^{+}\} \cup FL^{\square}(\psi.\exists B) \cup FL^{\square}(\psi.\exists B^{+}.\exists B) & \text{当 } A=B^{+} \text{ 时} \end{cases}$$

$$FL(C\iota A)=\begin{cases} \{C\iota\varphi\} \cup FL(\varphi) & \text{当 } A=\varphi \text{ 时} \\ \{C\iota(\varphi\Rightarrow\vartheta)\} \cup FL(\varphi) \cup FL(\vartheta) & \text{当 } A=\varphi\Rightarrow\vartheta \text{ 时} \\ \{C\iota(B+C)\} \cup FL(C\iota B) \cup FL(C\iota C) & \text{当 } A=B+C \text{ 时} \\ \{C\iota BC\} \cup FL(C\iota B) \cup FL(\forall B.C\iota C) & \text{当 } A=BC \text{ 时} \\ \{C\iota B^{+}\} \cup FL(C\iota B) \cup FL^{\square}(\forall B.C\iota B^{+}) & \text{当 } A=B^{+} \text{ 时} \end{cases}$$

---

图 4.3　Fischer-Ladner 闭包定义

**引理 4.15**　以下公式成立：

(1) 如果 $\psi \preccurlyeq_{FL} \eta$，那么 $FL(\psi) \subseteq FL(\eta)$；

(2) 如果 $\psi \in FL^{\square}(\forall A.\eta)$，那么 $FL(\psi) \subseteq FL(\forall A.\eta)$；

(3) 如果 $\psi \in FL^{\square}(\eta.\exists A)$，那么 $FL(\psi) \subseteq FL(\eta.\exists A)$；

(4) 如果 $\forall A.\psi \preccurlyeq_{FL} \eta$，或 $\psi.\exists A_{FL}\eta$，那么 $\psi \prec_{FL} \eta$。

**证明**　除了出现在类型命题动态逻辑 $\tau$PDL 中的新情况的证明略有不同外，同时进行良基归纳 (well-founded induction) 可以证明 (1)—(4)，这些证明与 PDL 中相应证明类似，详情可以参见 Harel 等 (2000)。

**引理 4.16**　以下公式成立:

(1) 如果 $\forall\vartheta.\psi \preccurlyeq_{FL} \eta$, 或 $\psi.\exists\vartheta_{FL}\eta$, 那么 $\vartheta \prec_{FL} \eta$。

(2) 如果 $\forall(\varphi \Rightarrow \vartheta).\psi \preccurlyeq_{FL} \eta$, 或 $\psi.\exists(\varphi \Rightarrow \vartheta) \preccurlyeq_{FL} \eta$, 那么 $\varphi, \vartheta \prec_{FL} \eta$。

(3) 如果 $\forall(A + B).\psi \preccurlyeq_{FL} \eta$, 那么 $\forall A.\psi, \forall B.\psi \prec_{FL} \eta$; 如果 $\psi.\exists(A + B) \preccurlyeq_{FL} \eta$, 那么 $\psi.\exists A, \psi.\exists B \prec_{FL} \eta$。

(4) 如果 $\forall AB.\psi \preccurlyeq_{FL} \eta$, 那么 $\forall A.\forall B.\psi, \forall B.\psi \prec_{FL} \eta$; 如果 $\psi.\exists(BA) \preccurlyeq_{FL} \eta$, 那么 $\psi.\exists B.\exists A, \psi.\exists B \prec_{FL} \eta$。

(5) 如果 $\forall A^{+}.\psi \preccurlyeq_{FL} \eta$, 那么 $\forall A.\psi, \forall A.\forall A^{+}.\psi \prec_{FL} \eta$; 如果 $\psi.\exists A^{+} \prec_{FL} \eta$, 那么 $\psi.\exists A, \psi.\exists A^{+}.\exists A \prec_{FL} \eta$。

**证明**　其证明与 PDL 中相应的证明非常相似,详情可以参见 Harel 等 (2000)。

**定义 4.17** (滤过模型商 (model quotient by filtration))　给定一个模型 $\check{N} = < W, e, (\overset{\sigma}{\mapsto})_{\sigma\in P}, (\iota^{\check{N}})_{\iota\in I} >$ 和一个语句 $\eta$, 定义:

(1) 对于 $u, v\in W$, $u \equiv_{\eta} v$, 当且仅当, 对于所有 $\psi \in FL(\eta)$, $u \models_{e}^{F} \psi$ 当且仅当 $v \models_{e}^{F} \psi$。

(2) $W_{\eta} = \{[u]|u\in W\}$, 其中 $[u] = \{u'|u\equiv_{\eta}u'\}$ 是 $u$ 的等价类。

(3) 对于任意 $\sigma \in P$, 定义 $[u] \overset{\sigma}{\mapsto}_{\eta} [v]$ 当且仅当 $\exists u', v'$ 使得 $u\equiv_{\eta}u', v\equiv_{\eta} v'$ 且 $u' \overset{\sigma}{\mapsto} v'$。

令 $([\psi])_{e_{\eta}}^{F_{\eta}} = \{\overset{\sigma}{\mapsto}_{\eta}| \overset{\sigma}{\mapsto} \in ([\psi])_{e}^{F}\}$ 且 $([\psi \Rightarrow \vartheta])_{e_{\eta}}^{F_{\eta}} = \{\overset{\sigma}{\mapsto}_{\eta}|\overset{\sigma}{\mapsto} \in ([\psi \Rightarrow \vartheta])_{e}^{F}\}$。使用图 4.2 中的子句递归扩展到所有程序项 (program terms)。

(4) 为了定义 $\iota^{\check{N}_{\phi}}([u])$, 由于等价类 $u$ 中的状态是确定的, 从直观上讲, 一个智能体 $\iota$ 在 $[u]$ 时具有的基本能力, 应该由它在每个 $v\in[u]$ 上的所有能力组成。

因此可以定义

$$\iota^{\check{N}_{\eta}}([u]) = \bigcup\{([\psi \Rightarrow \vartheta])_{e_{\eta}}^{F_{\eta}}|\exists v \in [u]([\psi \Rightarrow \vartheta])_{e}^{F} \subseteq \iota^{\check{N}}(v)\}$$

(5) $e_{\eta}(p) = \{[u]| \exists u' \in [u], u' \in e(p)\}$。使用图 4.2 中的子句可递归扩展到所有语句中。

(6) $\check{N}_{\eta} = < W_{\eta}, e_{\eta}, (\overset{\sigma}{\mapsto}_{\eta})_{\sigma\in P}, (\iota^{\check{N}_{\eta}})_{\iota\in I} >$。

至此, 可以证明如下滤过引理。

**引理 4.18** (滤过引理)　令 $\check{N}$ 是一个模型且 $\check{N}_{\eta}$ 是 $\check{N}$ 的滤过, 其中 $\eta$ 是某个语句, 那么

(1) 对于被滤过的模型 $\check{N}_\eta$ 而言, 正规性条件 $([A])_{e_\eta}^{F_\eta} \neq \varnothing$, $\iota^{\check{N}_\eta}([u]) = \bigcup\{[\psi \Rightarrow \vartheta]_{e_\eta}^{F_\eta}|\ [u] \in [[C_\iota(\psi \Rightarrow \vartheta)]]_{e_\eta}^{F_\eta}\}$ 成立。

(2) 对于任意 $\psi \preccurlyeq_{FL} \eta$, $u \models_e^F \psi$ 当且仅当 $[u] \models_{e_\eta}^{F_\eta} \psi$。

(3) 对于任意 $\sigma \in P^+$: 任意 A 使得: $\forall A.\zeta \preccurlyeq_{FL} \eta$ 或 $\zeta.\exists A \preccurlyeq_{FL} \eta$ (对于某个 $\zeta$ 而言), 或者 $C_\iota A \preccurlyeq_{FL} \eta$, $\sigma \not\approx_e^{F_\eta} A$; 当且仅当, $\sigma \not\approx_e^F A$ 且 $[u] \overset{\sigma}{\mapsto}_\eta [v]$; 当且仅当, 对于一些 $u' \in [u]$ 和 $v' \in [v]$ 而言, $u' \overset{\sigma}{\mapsto} v'$。

**证明**　先证明 (1)。根据定义, 可以证明 $([\psi])_{e_\eta}^{F_\eta} \neq \varnothing$ 和 $([\varphi \Rightarrow \psi])_{e_\eta}^{F_\eta} \neq \varnothing$; 其余的行动类型的证明不足道。现在证明后面部分, 给定 $\iota^{\check{N}_\eta}([u])$ 的定义, $\check{N}_\eta$ 中形式为 $C_\iota(\psi \Rightarrow \vartheta)$ 的能力的定义可以等价地定义如下

$$[[C_\iota(\psi \Rightarrow \vartheta)]]_{e_\eta}^{F_\eta} = \{[u]|\exists v \in [[C_\iota(\psi \Rightarrow \vartheta)]]_e^F\} \tag{4.3.1}$$

换一种方式表达就是 $\exists v \in [u]v \in [[C_\iota(\psi \Rightarrow \vartheta)]]_e^F$ 当且仅当 $[u] \in [[C_\iota(\psi \Rightarrow \vartheta)]]_{e_\eta}^{F_\eta}$。再次根据语义定义可知, $v \in [[C_\iota(\psi \Rightarrow \vartheta)]]_e^F$ 当且仅当 $([\psi \Rightarrow \vartheta])_e^F \subseteq \iota^{\check{N}}(v)$, 因此有

$$\iota^{\check{N}_\eta}([u]) = \bigcup\{[\psi \Rightarrow \vartheta]_{e_\eta}^{F_\eta}|\exists v \in [u]([\psi \Rightarrow \vartheta])_e^F \subseteq \iota^{\check{N}}(v)\}$$

$$= \bigcup\{[\psi \Rightarrow \vartheta]_{e_\eta}^{F_\eta}|\exists v \in [u]v \in [[C_\iota(\psi \Rightarrow \vartheta)]]_e^F\}$$

$$= \bigcup\{[\psi \Rightarrow \vartheta]_{e_\eta}^{F_\eta}|[u] \in [[C_\iota(\psi \Rightarrow \vartheta)]]_{e_\eta}^{F_\eta}\}$$

这就完成了 (1) 的证明。

同时施归纳于 $\psi$ 或 A 以及良基 FL-子公式关系的结构, 就可以证明 (2) 和 (3)。这一良基归纳假设是: 如果 $\psi \preccurlyeq_{FL} \eta$, 那么 (3) 对于 $\psi$ 的任意子项 A 成立; 如果 $\vartheta \preccurlyeq_{FL} \psi$, 那么 (2) 对于 $\vartheta$ 成立。

现在证明 (2), 施归纳于 $\psi \preccurlyeq_{FL} \eta$。有如下 5 种情况:

(1) 当 $\psi = p$ 时。对于原子命题 p 的情况根据 $e_\eta$ 的定义即可得证。如果 $u \models_e^F p$, 即 $u \in e(p)$, 根据等价关系 $\equiv$ 的自返性可得 $[u] \in e_\eta(p)$, 即 $[u] \models_{e_\eta}^{F_\eta} p$。现在证明相反方向。如果 $[u] \models_{e_\eta}^{F_\eta} p$, 即 $[u] \in e_\eta(p)$, 令 $u' \equiv_\eta u$ 使得 $u' \in e(p)$。根据 $u \equiv_\eta u'$ 和 $p \in FL(\eta)$ 可得 $u \in e(p)$, 即 $u \models_e^F p$。

(2) 当 $\psi = \neg \vartheta$ 时。这时的证明不足道, 因为根据 (1) 的归纳假设, 可知 $u \models_e^F \vartheta$ 当且仅当 $[u] \models_{e_\eta}^{F_\eta} \vartheta$。

(3) 当 $\psi = \varphi.\exists A$ 时。先假设 $u \models_e^F \varphi.\exists A$。然后令 $s \overset{\alpha}{\mapsto} u$ 使得 $s \models_e^F \varphi$ 且 $\alpha \approx_e^F A$(对于某个 $\alpha \in P^+$ 而言)。根据 (3) 和 A 的归纳假设可得 $\alpha \approx_{e_\eta}^{F_\eta} A$ 且 $[s] \overset{\alpha}{\mapsto}_\eta [u]$。根据

引理 4.15 可知，$\varphi \prec_{FL} \eta$，根据 (2) 的良基归纳假设可知 $[s] \models_{e_\eta}^{F_\eta} \varphi$。根据语义定义可知：$[u] \models_{e_\eta}^{F_\eta} \varphi.\exists A$。现在证明相反方向。假设 $[u] \models_{e_\eta}^{F_\eta} \varphi.\exists A$ 且令 $[s] \overset{\alpha}{\hookrightarrow}_\eta [u]$ 使得 $[s] \models_{e_\eta}^{F_\eta} \varphi$ 且 $\alpha \approx_{e_\eta}^{F_\eta} A$。根据 (3) 和 A 的良基归纳假设可知，$\alpha \approx_e^F A$ 而且存在 $s' \equiv_\eta s$ 和 $u' \equiv_\eta u$ 使得 $s' \overset{\alpha}{\hookrightarrow} u'$。此外，根据对 (2) 和 $\varphi$ 的归纳假设可得 $s' \models_e^F \varphi$。因此 $u' \models_e^F \varphi.\exists A$。但是根据假设可知，$\varphi.\exists A_{FL} \eta$，而且 $u' \equiv_\eta u$ 可得 $u \models_e^F \varphi.\exists A$。

(4) 当 $\psi = \forall A.\vartheta$ 时。其证明与前面的情况相似。首先假设 $u \models_e^F \forall A.\vartheta$。为了证明 $[u] \models_{e_\eta}^{F_\eta} \forall A.\vartheta$，令 $[u] \overset{\sigma}{\hookrightarrow}_\eta [v]$，其中 $\sigma \approx_{e_\eta}^{F_\eta} A$。根据 (3) 和 A 的良基归纳假设可得 $\sigma \approx_e^F A$ 且 $u' \overset{\sigma}{\hookrightarrow} v'$（对于某个 $u' \in [u]$ 和 $v' \in [v]$ 而言）。根据假设 $u \models_e^F \forall A.\vartheta$，且 $\forall A.\vartheta \prec_{FL} \eta$ 且 $u' \equiv_\eta u$ 可得 $u' \models_e^F \forall A.\vartheta$，根据语义定义可得 $v' \models_e^F \vartheta$。根据 (2) 和 v 的良基归纳假设可得 $[v']=[v] \models_{e_\eta}^{F_\eta} \vartheta$。根据语义定义，$[u] \models_{e_\eta}^{F_\eta} \forall A.\vartheta$。

现在证明相反方向。假设 $[u] \models_{e_\eta}^{F_\eta} \forall A.\vartheta$，且令 $u \overset{\sigma}{\hookrightarrow} v$（对于某个 $\sigma$ 而言）使得 $\sigma \approx_e^F A$。根据 (3) 和 A 的良基归纳假设可得 $\sigma \approx_{e_\eta}^{F_\eta} A$ 且 $[u] \overset{\sigma}{\hookrightarrow}_\eta [v]$。根据假设 $[u] \models_{e_\eta}^{F_\eta} \forall A.\vartheta$ 可得 $[v] \models_{e_\eta}^{F_\eta} \vartheta$；而且根据 (2) 和 $\vartheta$ 的良基归纳假设可得 $v \models_e^F \vartheta$。因此根据语义定义可得 $u \models_e^F \forall A.\vartheta$。

(5) 当 $\psi = C_\iota A$ 时，对 A 的结构进行子归纳 (sub-induction)。这时有 5 种情况：

(i) 当 $A=\varphi$ 时。根据 $C_\iota \varphi$ 的解释总是真即可得证。

(ii) 当 $A= (\varphi \Rightarrow \vartheta)$ 时。根据 $C_\iota(\psi \Rightarrow \vartheta)$ 语义子句的定义，可以将其定义为等式 (4.3.1)，如果 $u \in [[C_\iota(\psi \Rightarrow \vartheta)]]_e^F$，那么 $[u] \in [[C_\iota(\psi \Rightarrow \vartheta)]]_{e_\eta}^{F_\eta}$。现在证明相反方向。如果 $[u] \in [[C_\iota(\psi \Rightarrow \vartheta)]]_{e_\eta}^{F_\eta}$，那么对于某个 $v \equiv_\eta u$ 有 $v \in [[C_\iota(\psi \Rightarrow \vartheta)]]_e^F$。但是鉴于 $v \equiv_\eta u$ 且 $C_\iota(\psi \Rightarrow \vartheta) \in FL(\eta)$，可得 $u \in [[C_\iota(\psi \Rightarrow \vartheta)]]_e^F$。

(iii) 当 $A= B+C$ 时。$u \models_e^F C_\iota(B+C)$ 当且仅当 $u \models_e^F C_\iota B$ 且 $u \models_e^F C_\iota C$，然后运用归纳即可得证。

(iv) 当 $A=BC$ 时。假设 $u \models_e^F C_\iota(BC)$，那么 $u \models_e^F C_\iota B$ 且 $u \models_e^F \forall B.C_\iota C$。通过归纳可知，$[u] \models_{e_\eta}^{F_\eta} C_\iota B$ 且 $[u] \models_{e_\eta}^{F_\eta} \forall B.C_\iota C$，后者是因为 $\forall B.C_\iota C \in FL(C_\iota(BC)) \subseteq FL(\eta)$，因此 $\forall B.C_\iota C \prec_{FL} \eta$。相反方向的证明与此类似。

(v) 当 $A = B^+$ 时。假设 $u \models_e^F C_\iota B^+$，那么 $u \models_e^F C_\iota B \wedge \forall B.C_\iota B^+$。根据之前的证明可知，$[u] \models_{e_\eta}^{F_\eta} C_\iota B$。此外，因为 $\forall B.C_\iota B^+ \in FL(C_\iota B^+) \subseteq FL(\eta)$，根据良基归纳假设得到 $[u] \models_{e_\eta}^{F_\eta} \forall B.C_\iota B^+$，因此 $[u] \models_{e_\eta}^{F_\eta} C_\iota B \wedge \forall B.C_\iota B^+$，故 $[u] \models_{e_\eta}^{F_\eta} C_\iota B^+$。相反方向的证明与此类似。

现在证明 (3)。施归纳于 A 的结构即可证明。这时有 5 种情况：

(i) 当 A=$\vartheta$ 时根据定义可知：$([\vartheta])_{e_\eta}^{F_\eta} = \{\overset{\sigma}{\mapsto}_\eta \mid \overset{\sigma}{\mapsto} \in ([\vartheta])_e^F\}$，因此 $\sigma \approx_{e_\eta}^{F_\eta} \vartheta$ 当且仅当 $\sigma \approx_e^F \vartheta$。现在证明 $[u] \overset{\sigma}{\mapsto}_\eta [v]$ 当且仅当 $[v]=[u] \models_{e_\eta}^{F_\eta} \vartheta$，假设 $\sigma \approx_{e_\eta}^{F_\eta} \vartheta$。根据该假设，令 $u \equiv_\eta u' \overset{\sigma}{\mapsto} v' \equiv_\eta v$ 且 $\sigma \approx_e^F \vartheta$，那么 $v'=u' \models_e^F \vartheta$。因此 $[v]=[v']=[u']=[u]$，根据 (2) 和 $\vartheta$ 的良基归纳假设可得 $[v]=[u] \models_{e_\eta}^{F_\eta} \vartheta$。相反方向的证明是不足道的。

(ii) 当 A=$(\vartheta \Rightarrow \chi)$ 时。根据引理 4.16 可知，$\vartheta, \chi \prec_{FL} \eta$。根据良基归纳假设，(2) 对于 $\vartheta$ 和 $\chi$ 而言成立。根据定义可知，$\sigma \approx_{e_\eta}^{F_\eta} \vartheta \Rightarrow \chi$ 当且仅当 $\sigma \approx_e^F \vartheta \Rightarrow \chi$。现在令 $\sigma \approx_{e_\eta}^{F_\eta} \vartheta \Rightarrow \chi$ 且假设 $[u] \overset{\sigma}{\mapsto}_\eta [v]$。根据定义，并令 $u \equiv_\eta u' \overset{\sigma}{\mapsto} v' \equiv_\eta v$，其中已知 $\sigma \approx_e^F \vartheta \Rightarrow \chi$（根据定义 4.17 可知 $[\vartheta \Rightarrow \chi]_{e_\eta}^{F_\eta}$）。假设 $[u] \models_{e_\eta}^{F_\eta} \vartheta$。再次根据 (2) 和 $\vartheta$ 的归纳可得 $u' \models_e^F \vartheta$。根据语义定义可知 $v' \models_e^F \chi$，再次根据 (2) 和 $\chi$ 的归纳，可得 $[v']=[v] \models_{e_\eta}^{F_\eta} \chi$。相反方向的证明是不足道的。

(iii) 当 A=B+C 时。根据对 B 和 C 的结构进行归纳假设即可得证。

(iv) 当 A=BC 时。同样，根据对 B 和 C 的结构进行归纳假设即可得证。

(v) 当 A = $B^+$ 时。假设 $\forall B^+.\zeta \preceq_{FL} \eta$ 或者 $\zeta.\exists B^+ \preceq_{FL} \eta$，然后根据 FL-闭包的定义，可得 $\forall B.\forall B^+.\zeta \preceq_{FL} \eta$，或者 $\zeta.\exists B^+.\exists B \preceq_{FL} \eta$。根据 B 的良基和结构归纳假设即可得证。首先假设 $\sigma \approx_{e_\eta}^{F_\eta} B^+$ 且 $[u] \overset{\sigma}{\mapsto}_\eta [v]$。根据定义 4.17，对于某个 $n \geqslant 1$ 且 $\sigma_i$ 而言，$\sigma = \sigma_1 \sigma_2 \cdots \sigma_n$，使得 $\sigma_i \approx_{e_\eta}^{F_\eta} B$（对于所有 i=1, $\cdots$, n 而言）。根据结构归纳假设可知 $\sigma_i \approx_e^F B$（对于所有 i=1, $\cdots$, n 而言），因此 $\sigma = \sigma_1 \cdots \sigma_n \approx_e^F B^+$。此外，因为假设了 $[u] \overset{\sigma}{\mapsto}_\eta [v]$，那么存在一个过渡链 (chain of transitions)$[u] \overset{\sigma}{\mapsto}_\eta [u_1] \overset{\sigma}{\mapsto}_\eta \cdots \overset{\sigma}{\mapsto}_\eta [u_n]=[v]$。根据前面 $\sigma_i \approx_e^F B$ 的证明，用归纳法可知：存在一条链 $u \equiv_\eta u' \overset{\sigma}{\mapsto} u_1' \overset{\sigma_3}{\mapsto} \cdots \overset{\sigma_3}{\mapsto} u_n' \equiv_\eta v$，即 $u' \overset{\sigma}{\mapsto} u_n'$。相反方向的证明与此类似。证毕。

**引理 4.19** (线性界失效) 对于每个正的常数 c 而言，存在一个语句 $\varphi$ 使得 $\#FL(\varphi) > c|\varphi|$，其中对于集合 S 而言，$\#S$ 表示集合 S 的大小。

**证明** 通过向如下新构造添加适当的子句，可以对语句 $|\varphi|$ 和程序类型项 $||A||$ 的大小的 PDL 标准定义进行扩展：

$$||\varphi|| = |\varphi| + 1, \quad ||\varphi \Rightarrow \psi|| = |\varphi| + |\psi| + 1$$

$$|C_t A| = ||A|| + 1, \quad |\varphi.\exists A| = ||A|| + |\varphi| + 1$$

对于 i=1, $\cdots$, n 而言，令 $A_i$ 是两两不同的原子行动类型 (原子语句测试)，

根据向左关联 (association to the left) 对集合 $A = A_1 A_2 \cdots A_n$ 进行分类，而且 $\varphi_n = C_\iota A = C_\iota (A_1 \cdots A_n)$，那么

$$|\varphi_n| = |C_\iota (A_1 \cdots A_n)| = 1 + ||A_1 \cdots A_n||$$

$$= 1 + (n-1) + \sum_{n=1}^{n} ||A_i|| = n + \sum_{n=1}^{n} 2 = 3n$$

另一方面 $FL(\varphi_n)$ 包含

(1) $C_\iota (A_1 \cdots A_k)$ 的所有项 $(k = 1, \cdots, n)$。

(2) $\forall (A_1 \cdots A_k).C_\iota A_{k+1}$ 的所有项 $(k = 1, \cdots, n-1)$。

(3) $\forall A_{k-j} \cdots \forall A_{k-1}.\forall A_k.C_\iota A_{k+1}$ 的所有项，对于每个 $k = 1, \cdots, n-1$ 有 $j = 0, \cdots, k-1$。

(4) $C_\iota A_k$ 的所有项 $(k = 1, \cdots, n)$。

因此，$\#FL(\varphi) = \#FL(C_\iota A_1 \cdots A_n) = n + (n-1) + \sum_{k=1}^{n-1} k + n = 3n - 1 + \dfrac{(n-1)n}{2} = \Theta(n^2)$。所以，给定任意常数 $c$，当 $n$ 足够大时，线性界将失效。线性界的失效是由算子 $C_\iota$ 引起的。证毕。

为了弥补线性界失效带来的损失，可以限制句法，或者将界线最少增加到平方界限 (根据引理 4.19)。Hartonas(2012) 采取的第二种方法就是：对大小度量 (size measures) 的定义方法进行了一点必要的修改，将其定义如下：

$$|p| = 1, \qquad\qquad ||\varphi|| = |\varphi| + 1$$
$$|\neg\varphi| = 1 + |\varphi|, \qquad\qquad ||\varphi \Rightarrow \psi|| = |\varphi| + |\psi| + 1$$
$$|\forall A.\varphi| = ||A|| + |\varphi| + 1, \qquad\qquad ||\pi|| = 1$$
$$|\varphi.\exists A| = ||A|| + |\varphi| + 1, \qquad\qquad ||A + B|| = ||A|| + ||B|| + 1$$
$$|C_\iota A| = ||A|| + 1, \qquad\qquad ||AB|| = 2||A|| + ||B|| + 1$$
$$||A^+|| = 2||A|| + 1$$

至此，可以证明引理 4.20。

**引理 4.20** (平方界限) 以下公式成立：

(1) 对于任意语句 $\varphi$ 而言，$\#FL(\varphi) \leqslant |\varphi|^2$；

(2) 对于任意语句 $\forall A.\varphi$，$\varphi.\exists A$ 而言，$\#FL^\square(\varphi.\exists A) \leqslant ||A||^2$。

**证明**　根据对 Fischer-Ladner 映射所推导出的良基从属 (subordinate) 表达式的关系，进行同时归纳即可证明 (1) 和 (2)。

首先证明 (1)。当 $\varphi=p$ 时，$\neg\varphi, \forall(A+B).\psi, C_\iota(A+B)$ 时，以及 $\psi.\exists A$ 时的证明与 $\forall A.\psi$ 时的证明类似。这里只给出一些较复杂的证明。

$$\#\mathrm{FL}(\forall A.\varphi) \leqslant \#\mathrm{FL}(\varphi) + \#\mathrm{FL}^\square(\forall\psi.\varphi)$$

$$\leqslant |\varphi|^2 + ||\psi||^2$$

$$\leqslant |\varphi|^2 + (1+|\psi|)^2$$

$$\leqslant (|\varphi|+|\psi|+1)^2$$

$$= |\forall\psi.\varphi|^2$$

$$\#\mathrm{FL}(\forall(\psi \Rightarrow \vartheta).\varphi) \leqslant \#\mathrm{FL}(\varphi) + \#\mathrm{FL}^\square(\forall(\psi \Rightarrow \vartheta).\varphi)$$

$$\leqslant |\varphi|^2 + ||\psi \Rightarrow \vartheta||^2$$

$$\leqslant |\varphi|^2 + (|1+|\psi|+|\vartheta|)^2$$

$$\leqslant (|\varphi|+|\psi|+|\vartheta|+2)^2$$

$$= |\forall(\psi \Rightarrow \vartheta).\varphi|^2$$

$$\#\mathrm{FL}(\forall AB.\varphi) \leqslant \#\mathrm{FL}(\varphi) + \#\mathrm{FL}^\square(\forall AB.\varphi)$$

$$\leqslant |\varphi|^2 + 1 + \#\mathrm{FL}^\square(\forall A.\forall B.\varphi) + \#\mathrm{FL}^\square(\forall B.\varphi)$$

$$\leqslant 1 + |\varphi|^2 + ||A||^2 + ||B||^2$$

$$\leqslant (2+2||A||+||\beta||+|\varphi|)^2$$

$$= |\forall AB.\varphi|^2$$

$$\#\mathrm{FL}(\forall A^+.\varphi) \leqslant \#\mathrm{FL}(\varphi) + \#\mathrm{FL}^\square(\forall A^+.\varphi)$$

$$\leqslant |\varphi|^2 + 1 + \#\mathrm{FL}^\square(\forall A.\varphi) + \#\mathrm{FL}^\square(\forall A.\forall A^+.\varphi)$$

$$\leqslant 1 + |\varphi|^2 + 2||A||^2$$

$$\leqslant (2+2||A||+|\varphi|)^2$$

$$= |\forall A^+.\varphi|^2$$

$$\#FL(C_\iota\varphi) \leqslant 1 + \#FL(\varphi)$$

$$\leqslant 1 + |\varphi|^2$$

$$\leqslant (1 + |\varphi|)^2$$

$$= |C_\iota\varphi|^2$$

$$\#FL(C_\iota(\varphi \Rightarrow \psi)) \leqslant 1 + \#FL(\varphi) + \#FL(\psi)$$

$$\leqslant 1 + |\varphi|^2 + |\psi|^2$$

$$\leqslant (1 + |\varphi| + |\psi|)^2$$

$$= |C_\iota(\varphi \Rightarrow \psi)|^2$$

$$\#FL(C_\iota AB) \leqslant 1 + \#FL(C_\iota A) + \#FL(\forall A.C_\iota B)$$

$$\leqslant 1 + |C_\iota A|^2 + \#FL|C_\iota B| + \#FL^\square(\forall A.C_\iota B)$$

$$\leqslant 1 + |C_\iota A|^2 + |C_\iota B|^2 + ||A||^2$$

$$\leqslant 1 + (1 + ||A||)^2 + (1 + ||B||)^2 + ||A||^2$$

$$\leqslant (2 + 2||A|| + ||B||)^2$$

$$= (1 + ||AB||)^2$$

$$\leqslant |C_\iota AB|^2$$

$$\#FL(C_\iota A^+) \leqslant 1 + \#FL(C_\iota A) + \#FL^\square(\forall A.C_\iota A^+)$$

$$\leqslant 1 + |C_\iota A|^2 + ||A||^2$$

$$= 1 + (1 + ||A||)^2 + ||A||^2$$

$$\leqslant (2 + 2||A||)^2$$

$$= (1 + ||A^+||)^2$$

$$\leqslant |C_\iota A^+|^2$$

现在证明 (2)，当 $\varphi = \forall\vartheta.\psi, \forall(A + B).\psi$ 时，以及 $\psi.\exists A$ 时的证明与 $\forall A.\psi$ 时的证明类似。这里只给出较为复杂的证明。

$$\#\mathrm{FL}^{\square}(\forall(\varphi \Rightarrow \psi).\vartheta) \leqslant 1 + \#\mathrm{FL}(\varphi) + \#\mathrm{FL}(\psi)$$

$$\leqslant 1 + |\varphi|^2 + |\psi|^2$$

$$\leqslant (1 + |\varphi| + |\psi|)^2$$

$$= \|\psi \Rightarrow \vartheta\|^2$$

$$\#\mathrm{FL}^{\square}(\forall AB.\varphi) \leqslant 1 + \#\mathrm{FL}^{\square}(\forall A.\forall B.\varphi) + \#\mathrm{FL}^{\square}(\forall B.\varphi)$$

$$\leqslant 1 + \|A\|^2 + \|B\|^2$$

$$\leqslant (1 + 2\|A\| + \|B\|)^2$$

$$= \|AB\|^2$$

$$\#\mathrm{FL}^{\square}(\forall A^+.\varphi) \leqslant 1 + \#\mathrm{FL}^{\leqslant}(\forall A.\varphi) + \#\mathrm{FL}^{\square}(\forall A.A^+.\varphi)$$

$$\leqslant 1 + \|A\|^2 + \|A\|^2$$

$$\leqslant (1 + 2\|A\|)^2$$

$$\leqslant \|A^+\|^2$$

证毕。

**注记 4.21**　就像命题 4.10 所讨论的那样，如果只使用能力范式中的语句，线性界就不会失效。

**推论 4.22** (FMP)　如果类型命题动态逻辑 τPDL 的一个语句是可满足的，那么它在最多具有 $2^{O(|\varphi|^2)}$ 个状态的模型中是可满足的。

根据以上这些结论，就可以确定 τPDL 的可满足性问题在 $\mathrm{NE_{XP}T_{IME}}$ 中。

## 第四节　类型命题动态逻辑的证明系统和完全性

现在探讨在类型语义中类型命题动态逻辑 τPDL 的可靠性和完全性，在此之前，需要给出矢列式和矢列式有效性的定义以及结构规则。

### 一、矢列式和规则

**定义 4.23** (矢列式和矢列式有效性)　语句语境 (sentential context) $\Phi, \psi, \Theta$ 是语句的有穷集。一般语境 $\gamma$ 由 $\gamma = \varepsilon | \gamma, A | \gamma, \Theta$ 这样的模式加以定义。如果 $\gamma =$

$A_1, \cdots, \varphi_i, \cdots, \varphi_k, A_{k+1}, \cdots, A_n$ 是一个语境, $A$ 是一个行动类型且 $\Theta$ 是一个语句的有穷集, 那么 $\gamma \vdash \Theta$ 且 $\gamma | \sim A$(后一种情况中 $\gamma \neq \varepsilon$) 都是矢列式。第一类型的矢列式 $A_1, \cdots, A_n \vdash \Theta$ 是有效的, 写作 $A_1, \cdots, A_n \models \Theta$, 当且仅当, 对于任意模型 $\check{N}$ 和该模型中的路径 $s_1 \overset{\sigma_1}{\mapsto} s_2 \overset{\sigma_2}{\mapsto} \cdots \overset{\sigma_{n-1}}{\mapsto} s_n \overset{\sigma_n}{\mapsto} t$ 而言, 如果每个 $\sigma_i$ 的类型是 $A_i$(对于 $i=1, \cdots, n$ 而言), 即 $\sigma_i \approx_e^F A_i$, 那么 $t \models_e^F \vartheta$ (对于某个 $\vartheta \in \Theta$), 其中 $F$ 是模型的基础框架 (underlying frame), $e$ 是解释函数。第二类型的矢列式 $A_1, \cdots, A_n | \sim A$ 是有效的, 当且仅当, 对于任意模型 $\check{N}$ 和任意行动序列 $\sigma_1 \cdots \sigma_n$ 而言, 如果每个 $\sigma_i$ 的类型是 $A_i$ (对于 $i = 1, \cdots, n$ 而言), 即 $\sigma_i \approx_e^F A_i$, 那么 $\sigma_1 \cdots \sigma_n \models_e^F A$。证毕。

例如, $A_1, \varphi, \psi, A_2, A_3, \vartheta \vdash \varphi_1, \varphi_2$ 是第一类型的矢列式, 在本章给定语义的条件下, 有效性条件可以简化为对于任意模型 $\check{N}$ 和该模型中的路径 $s \overset{\sigma_1}{\mapsto} t \overset{\sigma_2}{\mapsto} u \overset{\sigma_3}{\mapsto} v$ 而言, 如果 $\sigma_1 \approx_e^F A_1$, $\sigma_2 \approx_e^F A_2$, $\sigma_3 \approx_e^F A_3$, 此外还有 $t \models_e^F \varphi$, $t \models_e^F \psi$ 且 $v \models_e^F \vartheta$, 那么对于某个 $i \in \{1, 2\}$ 有 $v \models_e^F \varphi_i$。

Kozen 和 Tiuryn(2003) 与 Barwise 等 (1995), 就已经讨论过 Hartonas (2012) 中的第一类型的矢列式。只不过 Kozen 和 Tiuryn(2003) 更为直观 (单个结论在右边); Barwise 等 (1995) 中就已经介绍了这两种类型的矢列式。Hartonas (2012) 给出 Gentzen 系统 (参见图 4.4) 与这两个文献中的系统都有相似之处。从代数的视角来看, 在过程 Kleene 代数中, 第二类型的矢列式用于有穷推理, 而第一类型的矢列式用于布尔模 (Boolean module) 中的语句推理。

**注记 4.24** (结构规则) 不受限的交换规则、缩并规则 (contraction rule) 和弱化规则是不成立的 (它们是无效的)。但是, 缩并规则和交换规则在一定程度上可以内嵌到本章的一般语境定义中。实际上, 在第一类型的矢列式 $A_1, \cdots, \Theta, \cdots, A_n \vdash \Psi$ 中, 假设交换规则和缩并规则在 $\Theta$ 和 $\Psi$ 中成立; 但是在第二类型的矢列式 $A_1, \cdots, \Theta, \cdots, A_n | \sim A$ 中, 交换规则和缩并规则在 $\Theta$ 中不成立, 而且 $\Theta$ 现在被严格地视为行动类型的序列 (其中一些序列是测试类型)。

**引理 4.25** 以下语句成立:

(1) $\gamma | \sim A + B$ 当且仅当 $\gamma | \sim A$, 或者 $\gamma | \sim B$。

(2) $\gamma | \sim AB$ 当且仅当 $\gamma = \gamma_1, \gamma_2$ 且 $\gamma_1 | \sim A$ 且 $\gamma_1 | \sim B$。

**证明** 根据没有切割规则 (cut rule) 的 $| \sim$ 子系统的规则即可得证。证毕。

(如果 $\Theta=\vartheta_1,\cdots,\vartheta_k$, 那么 $\Theta.\exists A=\vartheta_1.\exists A,\cdots,\vartheta_k.\exists A$)

$(\sim W1)$ $\dfrac{\gamma\vdash\Theta}{A,\gamma\vdash\Theta}$ 　　　　$(\sim W2)$ $\dfrac{\gamma,\delta\vdash}{\gamma,A,\delta\vdash}$ 　　　　$(W\text{-}1)$ $\dfrac{\gamma,\delta\vdash\Theta}{\gamma,\varphi,\delta\vdash\Theta}$

$(I)$ $\gamma,\varphi\vdash\varphi,\Theta$ 　　　　$(A)$ $A|\sim A$ 　　　　$(W\text{-}r)$ $\dfrac{\gamma\vdash\Theta}{\gamma\vdash\varphi,\Theta}$

$(Cut1)$ $\dfrac{\delta|\sim A\quad\gamma,A,\eta\vdash\Theta}{\gamma,\delta,\eta\vdash\Theta}$ 　　$(Cut2)$ $\dfrac{\gamma\vdash\varphi\quad\gamma,\varphi,\delta\vdash\Theta}{\gamma,\delta\vdash\Theta}$ 　$(CutS)$ $\dfrac{\Phi\vdash\Theta,\psi\quad\psi,\Psi\vdash\Theta'}{\Phi,\Psi\vdash\Theta,\Theta'}$

$(N\text{-}1)$ $\dfrac{\gamma\vdash\varphi,\Theta}{\gamma,\neg\varphi\vdash\Theta}$ 　　　$(N\text{-}r)$ $\dfrac{\gamma,\varphi\vdash\Theta}{\gamma\vdash\neg\varphi,\Theta}$

$(\forall\text{-}1)$ $\dfrac{\delta|\sim A\quad\gamma,A,\varphi,\eta\vdash\Theta}{\gamma,\forall A.\varphi,\delta,\eta\vdash\Theta}$ 　$(\forall\text{-}r)$ $\dfrac{\gamma,A\vdash\varphi}{\gamma\vdash\forall A.\varphi}$

$(\forall\text{-}1S)$ $\dfrac{\Phi\vdash\Theta,\varphi\quad\psi,\Phi\vdash\Theta}{\Phi,\forall\varphi.\psi\vdash\Theta}$ 　$(\forall\text{-}rS)$ $\dfrac{\Phi,\varphi\vdash\psi,\Theta}{\Phi\vdash\forall\varphi.\psi,\Theta}$

$(\exists\text{-}1)$ $\dfrac{\varphi,A,\gamma\vdash\Theta}{\varphi.\exists A,\gamma\vdash\Theta}$ 　　$(\exists\text{-}r)$ $\dfrac{\gamma\vdash\Theta\quad\delta|\sim A}{\gamma,\delta\vdash\Theta.\exists A}$

$(\exists\text{-}IS)$ $\dfrac{\gamma,\psi,\varphi,\delta\vdash\Theta}{\gamma,\psi,\exists\varphi,\delta\vdash\Theta}$ 　$(\exists\text{-}rS)$ $\dfrac{\gamma\vdash\varphi,\Theta\quad\gamma\vdash\psi,\Theta}{\gamma\vdash\psi.\exists\varphi,\Theta}$

$(C\text{-}1)$ $\dfrac{\gamma,A,B,\delta\vdash\Theta}{\gamma,AB,\delta\vdash\Theta}$ 　　$(C\text{-}r)$ $\dfrac{\gamma|\sim A\quad\delta|\sim B}{\gamma,\delta|\sim AB}$

$(Ch\text{-}1)$ $\dfrac{\gamma,A,\delta\vdash\Theta\quad\gamma,B,\delta\vdash\Theta}{\gamma,A+B,\delta\vdash\Theta}$ 　$(Ch\text{-}r1)$ $\dfrac{\gamma|\sim A}{\gamma|\sim A+B}$ 　$(Ch\text{-}r2)$ $\dfrac{\gamma|\sim B}{\gamma|\sim A+B}$

$(A^+)$ $\dfrac{\gamma|\sim A}{\gamma|\sim A^+}$ 　　$(AA^+)$ $\dfrac{\gamma|\sim A^+\quad\delta|\sim A^+}{\gamma,\delta|\sim A^+}$ 　$(Prefix)$ $\dfrac{A|\sim B\ A.A^+|\sim B}{A^+|\sim B}$

$(LI)$ $\dfrac{A|\sim\varphi\Rightarrow\varphi}{A^+|\sim\varphi\Rightarrow\varphi}$ 　　　　　　　　　　　$(T)$ $\gamma\vdash C,\varphi,\Theta$

$(CA\text{-}II)$ $\dfrac{\gamma,C,A,\delta\vdash\Theta}{\gamma,C,(AB),\delta\vdash\Theta}$ 　$(CA\text{-}12)$ $\dfrac{\gamma,A,C,B,\delta\vdash\Theta}{\gamma,C,(AB),A,\delta\vdash\Theta}$ 　$(CA\text{-}r)$ $\dfrac{\gamma\vdash C,A\quad\gamma,A\vdash C,B}{\gamma\vdash C,(AB)}$

$(ChA\text{-}1)$ $\dfrac{\gamma,C,A,C,B,\delta\vdash\Theta}{\gamma,C,(A+B),\delta\vdash\Theta}$ 　$(ChA\text{-}r)$ $\dfrac{\gamma\vdash C,A,\Theta\quad\gamma\vdash C,B,\Theta}{\gamma\vdash C,(A+B),\Theta}$

$(P1)$ $\dfrac{\gamma\vdash C,A^+,\Theta}{\gamma\vdash C,A,\Theta}$ 　　$(P2)$ $\dfrac{\gamma\vdash C,A^+}{\gamma,A\vdash C,A^+}$ 　$(Ind)$ $\dfrac{\varphi\vdash C,A,\Theta\quad\varphi,A\vdash\varphi}{\varphi\vdash C,A^+,\Theta}$

$(\Rightarrow\text{-}1)$ $\dfrac{\gamma\vdash\varphi\quad\psi,\delta\vdash\Theta}{\gamma,\varphi\Rightarrow\psi,\delta\vdash\Theta}$ 　$(\Rightarrow\text{-}r)$ $\dfrac{\varphi,A\vdash\psi}{A|\sim\varphi\Rightarrow\psi}$

图 4.4　Gentzen 系统规则

**引理 4.26**　矢列式 (1) $B_1,\cdots,B_n|\sim\varphi\Rightarrow\psi$；(2) $\varphi,B_1,\cdots,B_n\vdash\psi$；(3) $\varphi\vdash\forall B_1.\cdots.\forall B_n.\psi$ 是可证明等价的。

**证明**　如果 (2) 是可证的，那么对 (1) 运用 $\Rightarrow$-r 规则，对 (2) 运用规则 $\forall$-r 即可证明。如果 (1) 可证，那么 (2) 的证明如下：

$$\frac{\varphi\,|\sim\varphi \qquad \overset{\vdots}{B_1,\cdots,B_n|\varphi\Rightarrow\psi}}{\varphi,B_1,\cdots,B_n|\sim\varphi(\varphi\Rightarrow\psi)}\text{(C-r)} \qquad \frac{\dfrac{\varphi\quad\varphi\qquad\psi\vdash\psi}{\varphi,\varphi\Rightarrow\psi\vdash\psi}(\Rightarrow\text{-1})}{\varphi(\varphi\Rightarrow\psi)\vdash\psi}\text{(C-r)}$$

$$\frac{}{\varphi,B_1,\cdots,B_n\vdash\psi}\text{(Cut1)}$$

如果 (3) 是可证的, 那么施归纳于 n 即可证明 (2)。如果 n=1, 存在项 $B_1=A$, 那么根据 $\varphi\vdash\forall A.\psi$ 得到 $\varphi,A\vdash\psi$ 的证明过程如下:

$$\frac{\dfrac{\overset{\vdots}{\varphi\vdash\forall A.\psi}\qquad\overline{A|\sim A}}{\varphi,A\vdash(\forall A.\psi).\exists A}(\exists\text{-r}) \qquad \dfrac{\dfrac{A|\sim A\qquad\psi\vdash\psi}{\forall A.\psi,A\vdash\psi}(\forall\text{-1})}{(\forall A.\psi).\exists A\vdash\psi}(\exists\text{-r})}{\varphi,A\vdash\psi}\text{(Cut1)}$$

假设引理 4.26 对于 n 而言是真的, 令矢列式 $\varphi\vdash\forall B_1.\cdots.\forall B_n.\forall B_{n+1}.\psi$ 是可证的。根据归纳可知, 矢列式 $\varphi,B_1,\cdots,B_n\vdash\forall B_{n+1}.\psi$ 也是可证的。因为同样的证明也适用于归纳基础, 所以可得 $\varphi,B_1,\cdots,B_n,B_{n+1}\vdash\psi$ 的证明。证毕。

**引理 4.27**（导出规则）　根据图 4.4 中 Gentzen 系统规则可以推导出如下规则:

$$(\text{Exp})\quad\frac{\gamma,A^+,\delta\vdash\Theta}{\gamma,A^+,A^+,\delta\vdash\Theta}$$

$$(\text{ExpL})\frac{\delta\,|\sim A\quad\gamma,A^+,\eta\vdash\Theta}{\gamma,\delta,A^+,\eta\vdash\Theta}$$

$$(\text{Pfx})\frac{\Psi,A,\gamma\vdash\Theta\quad\Psi,A,A^+,\gamma\vdash\Theta}{\Psi,A^+,\gamma\vdash\Theta}$$

$$(\text{ExpR})\quad\frac{\delta\,|\sim A\quad\gamma,A^+,\eta\vdash\Theta}{\gamma,A^+,\delta,\eta\vdash\Theta}$$

$$(\text{TC})\frac{\varphi,A\vdash\varphi\quad\varphi,A\vdash\psi}{\varphi,A^+\vdash\psi}$$

**证明**　根据图 4.4 中 Gentzen 系统规则 $(A^+)$、$(AA^+)$ 和 (Cut1) 可以推导出规则 (Exp), (ExpL) 和 (ExpR)。使用规则 (C-1) 和 (Ch-1) 可从矢列式 $\Psi,A+AA^+,\gamma\vdash\Theta$ 的前提中推导出 (Pfx) 规则。运用 $|\sim$-子系统规则, 在右侧引入组合和选择, 然后应用 (Pfx) 规则, 就可以证明矢列式 $A^+|\sim A+AA^+$。随后再运用 (Cut1) 规则可得 $\Psi,A^+,\gamma\vdash\Theta$。

现在证明传递闭包规则 (TC)，首先证明循环不变性规则 $\dfrac{\varphi, A \vdash \varphi}{\varphi, A^+ \vdash \varphi}$。为此，根据 ($\Rightarrow$-r) 规则和循环不变性规则的假设，可得 $A|\sim \varphi \Rightarrow \varphi$，然后运用 (LI) 规则，可得 $A^+|\sim \varphi \Rightarrow \varphi$。根据引理 4.26 可以得到 $\varphi, A^+ \vdash \varphi$ 的证明。现在根据 (TC) 规则的第二个前提 $\varphi, A \vdash \psi$，运用 (Cut) 规则可得 $\varphi, A^+, A \vdash \psi$。运用推导 (Pfx) 规则的类似证明，可以得到 $\dfrac{\Psi, A, \gamma \vdash \Theta \quad \Psi, A^+, A, \gamma \vdash \Theta}{\Psi, A^+, \gamma \vdash \Theta}$ 的证明。因此，根据两个矢列式 $\varphi, A \vdash \psi$ 和 $\varphi, A^+, A \vdash \psi$ 可得 $\varphi, A^+ \vdash \psi$。证毕。

**引理 4.28** (经典联结词和 Box 规则)　在 CPL 的蕴涵、合取和析取联结词的左边和右边引入的一般规则都是可推导的。类似地，在 Box 中引入 K-系统规则也是可推导的。

**证明**　典型的命题联结词在这里被看作可以向前，也可以向后的句法联结词。根据弱化规则 (W-l)、(W-r) 以及 ($\forall$-IS), ($\forall$-rS) 和 ($\exists$-IS), ($\exists$-rS) 这两组规则，可以得到它们的证明。类似地，(CutS) 规则可以用来证明 "分离规则是一个可推导的规则"，因此 CPL 是 $\tau$PDL 的一个子系统。重复使用 ($\sim$W1) 和 ($\forall$-l)，然后单独使用一次 ($\forall$-r) 规则，可以得到 Box 规则。类似地，如果对 K-系统使用 Hilbert 式公理化，那么也可推导出必然性规则。证毕。

**引理 4.29** (PDL<$\tau$PDL)　类型命题动态逻辑 $\tau$PDL 包含了命题动态逻辑 PDL，即，PDL 的每个定理都可以根据 $\tau$PDL 的 Gentzen 系统来证明。

**证明**　因为已经证明了引理 4.28，现在只需要证明所有的 PDL 公理都是可推导的即可。这里只给出几个较复杂的证明。在证明过程中会用到引理 4.27 中的推导规则。

(1) **K-公理的证明**。

K-公理的证明如下：

$$
\cfrac{
\cfrac{
A|\sim A \quad
\cfrac{
\cfrac{
\cfrac{\varphi|\sim\varphi \quad \varphi, \psi \vdash \psi}{\forall\varphi. \psi, \varphi \vdash \psi}(\forall 1)
}{A, \forall\varphi. \psi, \varphi \vdash \psi}(\sim\text{W1})
}{\forall A, \forall\varphi. \psi, A, \varphi \vdash \psi}(\forall 1)
}{
\cfrac{
\cfrac{\forall A. \forall\varphi. \psi, \forall A. \varphi, A \vdash \psi}{\forall A. \forall\varphi. \psi, \forall A. \varphi \vdash \forall A. \psi}(\forall r)
}{\forall A. \forall\varphi. \psi, \vdash \forall(\forall A. \varphi). \forall A. \psi}(\forall r)
}(\forall 1)
}{\vdash \forall(\forall A. \forall\varphi. \psi). \forall(\forall A. \varphi). \forall A. \psi}(\forall r)
$$

其结论就是 K-公理 $\forall A.(\varphi \to \psi) \to (\forall A.\varphi \to \forall A.\psi)$。由于通常的蕴涵 $\vartheta \to \chi$ 就是 $\tau$PDL 语言中的 $\forall \vartheta.\chi$。但是，接下来，为了避免迷惑读者，同时自由地使用语句联结词的标准记法，将适当使用 $\tau$PDL 系统中的引入规则，以及语句联结词的导出规则 (引理 4.28)。

(2) **公理 $[\alpha \cup \beta]\varphi \leftrightarrow ([\alpha]\varphi \wedge [\beta]\varphi)$ 的证明。**

从左到右的方向的证明如下：

$$\dfrac{\dfrac{\dfrac{\dfrac{\dfrac{A\,|\sim A}{A\,|\sim A+B}(\text{Ch-r1}) \quad \dfrac{}{A+B,\varphi\vdash\varphi}(\forall\text{-1})}{\forall(A+B).\,\varphi,A\vdash\varphi}}{\forall(A+B).\,\varphi\vdash\forall A.\,\varphi}(\forall\text{-r}) \quad \dfrac{(\text{similar})}{\forall(A+B).\,\varphi\vdash\forall B.\,\varphi}(\forall\text{-r})}{\forall(A+B).\,\varphi\vdash(\forall A.\,\varphi)\wedge(\forall B.\,\varphi)}(\wedge R)}{\vdash\forall(A+B).\,\varphi\to(\forall A.\,\varphi)\wedge(\forall B.\,\varphi)}(\to R)$$

从右到左的方向的证明如下：

$$\dfrac{\dfrac{\dfrac{\dfrac{\dfrac{A\,|\sim A \quad \dfrac{}{A,\varphi\vdash\varphi}(\forall\text{-1})}{\forall A.\,\varphi,A\vdash\varphi}}{\forall A.\,\varphi\wedge\forall B.\,\varphi,A\vdash\varphi}(\wedge L) \quad \dfrac{(\text{similar})}{\forall A.\,\varphi\wedge\forall B.\,\varphi,B\vdash\varphi}}{\forall A.\,\varphi\wedge\forall B.\,\varphi,A+B\vdash\varphi}(\text{Ch-1})}{\forall A.\,\varphi\wedge\forall B.\,\varphi\vdash\forall(A+B).\,\varphi}(\forall\text{-r})}{\vdash(\forall A.\,\varphi\wedge\forall B.\,\varphi)\to\forall(A+B).\,\varphi}(\to\text{-r})$$

(3) **不动点公理 $[\alpha^+]\varphi \leftrightarrow [\alpha]\varphi \wedge [\alpha^+]\varphi$ 的证明。**

首先证明

$$\forall A^+.\varphi, A \vdash \forall A^+.\varphi \tag{4.4.1}$$

$$\forall A^+.\varphi, A \vdash \varphi \tag{4.4.2}$$

两个证明分别如下：

$$\dfrac{\dfrac{\dfrac{\dfrac{A\,|\sim A}{A\,|\sim A^+}(A^+) \quad \dfrac{\dfrac{A^+\,|\sim A^+ \quad \varphi\vdash\varphi}{\forall A^+.\,\varphi,A^+\vdash\varphi}(\forall\text{-1})}{}}{\forall A^+.\,\varphi,A,A^+\vdash\varphi}(\text{ExpL})}{\forall A^+.\,\varphi,A\vdash\forall A^+.\,\varphi}(\forall\text{-r})}{\forall A^+.\,\varphi\vdash\forall A.\,(\forall A^+.\,\varphi)}(\forall\text{-r})$$

$$\dfrac{\dfrac{\dfrac{A\,|\sim A}{A\,|\sim A^+}(A^+) \quad \dfrac{}{A^+,\varphi\vdash\varphi}(\forall\text{-1})}{\forall A^+.\,\varphi A\vdash\varphi}}{\forall A^+.\,\varphi\vdash\forall A.\,\varphi}(\forall\text{-r})$$

通过对右边引入合取联结词，并根据 $(\forall\text{-r})$ 规则可得

$$\vdash \forall A^+.\varphi \to \forall A.\varphi \wedge \forall A.\forall A^+.\varphi \tag{4.4.3}$$

(4.4.3) 实则是从左到右方向的不动点公理：$[\alpha^+]\varphi \to [\alpha]\varphi \wedge [\alpha][\alpha^+]\varphi$。

从右到左方向的证明如下：

$$\frac{\dfrac{A|\sim A \quad A, \varphi \vdash \varphi}{\forall A.\ \varphi, A \vdash \varphi}(\forall\text{-}1)}{\forall A.\ \varphi \wedge \forall A.\ \forall A^+.\ \varphi, A \vdash \varphi}(\wedge L)$$

$$\frac{\overline{A|\sim A} \quad \dfrac{\dfrac{A^+|\sim A^+ \quad A^+, \varphi \vdash \varphi}{\forall A^+.\ \varphi, A^+ \vdash \varphi}(\forall\text{-}1)}{\forall A.\forall A^+.\ \varphi, A, A^+ \vdash \varphi}(\forall\text{-}1)}{\forall A.\varphi \wedge \forall A.\forall A^+.\ \varphi, A, A^+ \vdash \varphi}(\wedge L)$$

把上述证明的尾部矢列式 (end-sequents) 作为推导 (Pfx) 规则的前提，就可完成以下证明

$$\frac{\dfrac{\begin{array}{c}\vdots\\ \forall A.\ \varphi \wedge \forall A.\ \forall A^+.\ \varphi, A \vdash \varphi\end{array} \quad \begin{array}{c}\vdots\\ \forall A.\varphi \wedge \forall A.\forall A^+.\ \varphi, A, A^+ \vdash \varphi\end{array}}{\dfrac{\forall A.\ \varphi \wedge \forall A.\ \forall A^+.\ \varphi, A^+ \vdash \varphi}{\dfrac{\forall A.\ \varphi \wedge \forall A.\ \forall A^+.\ \varphi) \vdash \forall A^+.\ \varphi}{\vdash \forall A.\ \varphi \wedge \forall A.\ \forall A^+.\ \varphi \to \forall A^+.\ \varphi}(\to\text{-}r)}(\forall\text{-}r)}(\text{Pfx})$$

**(4) 归纳公理** $[\alpha]\varphi \wedge [\alpha^+](\varphi \to [\alpha]\varphi) \to [\alpha^+]\varphi$ **的证明。**

在上面证明不动点公理的过程中已经证明：对于任意 $\psi$ 而言，(4.4.1) 中的矢列式 $[\alpha^+]\psi, \alpha \vdash [\alpha^+]\psi$ 是可证明的。令 $\psi$ 是公式 $\varphi \to [\alpha]\varphi$，可得

① $[\alpha^+](\varphi \to [\alpha]\varphi), \alpha \vdash [\alpha^+](\varphi \to [\alpha]\varphi)$;

根据 $(\wedge L)$ 规则可得

② $[\alpha]\varphi \wedge [\alpha^+](\varphi \to [\alpha]\varphi), \alpha \vdash [\alpha^+](\varphi \to [\alpha]\varphi)$;

用 τPDL 的记法表示则是

③ $\forall A.\varphi \wedge \forall A^+.(\varphi \to \forall A.\varphi), A \vdash \forall A^+.(\varphi \to \forall A.\varphi)$;

通过以下推导 (省略了 $(\sim W1)$ 规则的一些不足道应用)

$$\frac{\overline{A|\sim A} \quad \dfrac{\dfrac{A|\sim A}{A|\sim A^+}(A^+) \quad \dfrac{\dfrac{\vdots}{\varphi \vdash \varphi} \quad \dfrac{\overline{A|\sim A} \quad \overline{A^+, \varphi \vdash \varphi}}{\forall A.\ \varphi, A \vdash \varphi}(\forall\text{-}1)}{\dfrac{\varphi \to \forall A.\ \varphi, \varphi, A \vdash \varphi}{\forall A^+.\ (\varphi \to \forall A.\ \varphi), A, \varphi, A \vdash \varphi}(\forall\text{-}1)}(\to L)}{\dfrac{\forall A^+.\ (\varphi \to \forall A.\ \varphi), \forall A.\ \varphi, A, A \vdash \varphi}{\forall A.\ \varphi, \forall A^+.\ (\varphi \to \forall A.\ \varphi), A \vdash A.\ \varphi}(\forall\text{-}r)}(\forall\text{-}1)}$$

应用可推导规则 $\dfrac{\varphi, \psi, \Delta \vdash \Theta}{\varphi \wedge \psi, \Delta \vdash \Theta}$ 可得

④ $\forall A.\varphi \wedge \forall A^+.(\varphi \to \forall A.\varphi), A \vdash \forall A.\varphi$;

根据③，④和 ($\wedge$R) 规则，可以得到 (4.4.4)，用标准的 PDL 记法表示就是 (4.4.5)：

$$\forall A.\varphi \wedge \forall A^+.(\varphi \to \forall A.\varphi), A \vdash \forall A.\varphi \wedge \forall A^+.(\varphi \to \forall A.\varphi) \tag{4.4.4}$$

$$[\alpha]\varphi \wedge [\alpha^+](\varphi \to [\alpha]\varphi), \alpha \vdash [\alpha]\varphi \wedge [\alpha^+](\varphi \to [\alpha]\varphi) \tag{4.4.5}$$

根据以下推导：

$$\cfrac{\cfrac{A|\sim A \qquad A, \varphi \vdash \varphi}{\forall A.\,\varphi, A \vdash \varphi}(\forall\text{-}1)}{\forall A.\,\varphi \wedge \forall A^+.\,(\varphi \to \forall A.\,\varphi), A \vdash \varphi}(\wedge L)$$

可得 (4.4.6)

$$\forall A.\varphi \wedge \forall A^+.(\varphi \to \forall A.\varphi), A \vdash \varphi \tag{4.4.6}$$

令 $\psi = \forall A.\varphi \wedge \forall A^+.(\varphi \to \forall A.\varphi)$，根据 (4.4.4) 和 (4.4.6) 的推导，并应用 (TC) 规则 $\cfrac{\psi, A \vdash \varphi \quad \psi, A \vdash \varphi}{\psi, A^+ \vdash \varphi}$，可以得到

$$\forall A.\varphi \wedge \forall A^+.(\varphi \to \forall A.\varphi), A^+ \vdash \varphi \tag{4.4.7}$$

根据 ($\forall$-r) 规则就可得想要的结论：$\forall A.\varphi \wedge \forall A^+.(\varphi \to \forall A.\varphi) \to \forall A^+.\varphi$。这就是 Segerberg 归纳公理。证毕。

## 二、τPDL 逻辑在类型语义中的可靠性和完全性

为了探讨类型命题动态逻辑 τPDL 在类型语义中的可靠性和完全性，首先需要做些技术准备。

### (一) 技术准备

现在给出滤子 (filter) 和理想 (ideal) 的句法概念。通过对极大一致集的通常 Lindenbaum 结构进行推广，从而扩展了某个一致集，给出了素理想定理 (prime ideal theorem) 的句法证明。本节的引理用于证明 τPDL 的完全性定理。

**定义 4.30**　令 S 是 τPDL-语句集。一个集合 F⊆S 是一个滤子，当且仅当：① 集合 F 是一致的；② 集合 F 在其成员的有穷合取下是封闭的，如 $\varphi, \psi \in F$ 蕴涵 $\varphi \wedge \psi \in F$(即 $\varphi.\exists \psi \in F$)；③ 集合 F 在 $\vdash$-前序 (preorder) 下是向上封闭的，即：如果 $\varphi \in F$ 且 $\varphi \vdash \psi$ 是可证的，那么 $\psi \in F$。

集合 F 的一致性意味着: 它是一个真子集 F⊂S。上述意义上的滤子有时也称为理论 (theory)。需要说明的是, 该定义意味着: 滤子 F 是非空集, 因为它包含所有定理 (根据向上闭包可知, 如果 ⊢ φ 是可证的, 那么该定义意味着 φ ∈F)。

一个理想 (有时也被称为反理论 (counter-theory)) 是滤子的对偶概念, 即, 一个子集 J⊆S 使得: ① J 是向下封闭的, 即: 如果 ψ ∈J 且 φ⊢ψ 是可证的, 那么 φ ∈J; ② J 在其成员的有穷析取下是封闭的, 即: φ,ψ ∈J 蕴涵 φ ∨ ψ ∈J (也即 ∀(¬φ).ψ ∈J)。

需要说明的是: ① 该定义意味着理想非空 (根据向下闭包, 因为 φ ∧ ¬φ⊢ 是可证的, 所以可得 φ ∧ ¬φ ∈J); ② 如果一个理想是 S 的一个真子集 (等价地说, 如果它不包含任意定理), 则理想是真理想 (proper ideal); ③ 如果 F, J 是不相交的滤子-理想对, 那么 J 必须是真理想, F 必须是真滤子 (proper filter)。

**引理 4.31**    假设集合 F, J 是一个不相交的滤子-理想对, 那么存在一个包含 F 而且与 J 不相交的极大一致集 V。

**证明**    递归地构造一对集合 V, Λ, 令 $V_0$=F, $Λ_0$=J, 而且给定所有语句的枚举 $φ_1, \cdots, φ_k, \cdots$, 对于每个 n+1 步都作如下操作: 如果 $φ_{n+1}$ ∈$V_n$ ∪ $Λ_n$, 那么令 $V_{n+1}$=$V_n$ 且 $Λ_{n+1}$ = $Λ_n$。如果 $φ_{n+1}$ ∉$V_n$ ∪ $Λ_n$, 则令 $Λ_{n+1}$ = $Λ_n$; 如果 $V_n$ ∪ {$φ_{n+1}$} 是一致的, 则令 $V_{n+1}$=$V_n$ ∪ {$φ_{n+1}$}; 如果 $V_n$ ∪ {$φ_{n+1}$} 是不一致的, 那么令 $V_{n+1}$=$V_n$ 且 $Λ_{n+1}$ = $Λ_n$ ∪ {$φ_{n+1}$}。

定义 $V = \bigcup_n V_n$ 且 $Λ = \bigcup_n Λ_n$, V 是一个极大一致集, 其补集是 Λ。实际上, 每个语句恰好要么包含在 V 中, 要么包含在 Λ 中, 所以 V∪Λ 是所有语句的集合, 其中 V∩Λ = ∅, 因为带有不相交的 $V_0, Λ_0$ 的结构不会是同时出现在 $V_n$ 和 $Λ_n$ 中的语句, 所以 Λ = −V。此外, 根据结构可知, V 是一致的。现在证明极大性, 假设 V∪{ψ} 是一致的。那么对于任意 m≥0 而言, $V_m$ ∪ {ψ} 是一致的, 因为 $V_m$ ⊆V, 否则 V∪{ψ} 不会一致, 因此 ψ ∈$V_{m+1}$ ⊆V。证毕。

**推论 4.32**    假设集合 F, J 是语句不相交的滤子-理想对, 并且令 ψ 是一个语句使得 ψ ∉F。那么存在一个极大一致集 V 使得 F⊆V 且 J∪{ψ} ⊆ −V。对于 ψ ∉J 且 F∪{ψ} 而言, 也有类似结论。

**证明**    令 Ĵ 是满足如下递归定义的语句集: ① J∪{ψ} ⊆ Ĵ; ② 如果 $ϑ_1, \cdots, ϑ_n$ ∈ Ĵ 且 ϑ⊢$ϑ_1$ ∨ ··· ∨ $ϑ_n$ 是可证的, 那么 ϑ ∈ Ĵ, 因此 Ĵ 是一个理想。而且根据

F∩(J∪{ψ}) = ∅ 和 Ĵ 的定义可得 F∩Ĵ = ∅。那么应用引理 4.31 可以得到极大一致集 V 使得 F⊆V 且 J∪{ψ} ⊆ Ĵ ⊆ −V。类似地，如果 ψ ∉J，那么可以通过以下两个子句定义 F̂：① F∪{ψ} ⊆ F̂；② 如果 ϑ₁,··· ,ϑₙ ∈ F̂ 且 ϑ₁∧···∧ϑₙ ⊢ ϑ 是可证的，那么 ϑ∈F̂；那么 F̂ 是一个滤子。根据 J 的不相交，并根据引理 4.31 可知：极大一致集 V 使得 F∪{ψ} ⊆ F̂ ⊆V 且 J⊆ −V。证毕。

**引理 4.33**　令 U, V 是极大一致集，用 V̄ 表示 V 的补集。那么：① 每个集合 F={ψ|∀A.ψ ∈ U} 且 F′ = {ψ|(¬ψ).∃A ∈ V̄} 在 ⊢-前序中是向上封闭的，而且在有穷合取下也是封闭的；② 每个集合 J={ϑ|∀A.¬ϑ ∈ U} 且 J′={ϑ|ϑ.∃A ∈ V̄} 在 ⊢-前序中是向下封闭的，而且在其成员的有穷析取下也是封闭的。

**证明**　现在证明 ① 和 F。规则 (∀-l) 和 (∀-r) 足以证明算子 ∀A.-是单调的，即，ψ ⊢ ψ′ 蕴涵 ∀A.ψ ⊢ ∀A.ψ′，并且这些条件也足以证明 F 的向上闭包性。因此，如果 ψ ∧ ψ′ ∈F，可得 ψ,ψ′ ∈F。现在进行反方向的证明。相反地，假设 ψ,ψ′ ∈F，根据 F 的定义和 U 的极大一致性，可得到 ∀A.ψ ∧ ∀A.ψ′ ∈U。运用规则 (∼W1)，规则 (∀-l) 和规则 (∀-r) 以及左合取引入的导出规则，即可得到矢列式 ∀A.ψ ∧ ∀A.ψ′ ⊢ ∀A.(ψ ∧ ψ′)，因此 ψ ∧ ψ′ ∈F。

现在证明 ① 和 F′，令 ψ ∈ F′ 且 ψ⊢ ψ′，那么 ¬ψ′ ⊢ ¬ψ 并且 (¬ψ′).∃A ⊢ (¬ψ).∃A。因此，(¬ψ′)∃A ∈ V̄ 而且 ψ′ ∈F′。现在假设 ψ,θ ∈F′，那么 (¬ψ).∃A ∈ V̄ 且 (¬θ).∃A ∈ V̄，可以类似证明 (¬ψ).∃A ∨ (¬θ).∃A ∈ V̄，因为后者是向下封闭的。但是：(¬ψ).∃A ∨ (¬θ).∃A ≡ (¬ψ ∨ ¬θ).∃A ≡ ¬(ψ ∧ θ).∃A ∈-V，其中 ≡ 表示可证等价性 (provable equivalence)。该证明运用了规则 (∃-l), (∃-r) 的证明以及析取引入的 CPL 可推导规则。因此，ψ ∧ θ ∈F′。

现在证明②和 J。如果 ϑ ∈J 且 ϑ′ ⊢ ϑ，根据否定规则 (N-l), (N-r) 可得 ¬ϑ ⊢ ¬ϑ′。根据该结论和 ∀A.-的单调性，可得 ∀A.¬ϑ ⊢ ∀A.¬ϑ′，因此 ϑ′ ∈J，并且 J 是向下封闭的。如果 ϑ′ ∨ ϑ ∈J，那么根据 J 的向下闭包可知：ϑ′,ϑ ∈J。现在证明相反方向。假设 ϑ′,ϑ ∈J。那么 ∀A.(¬ϑ′ ∧ ¬ϑ) ∈U，即 ∀A.¬(ϑ′ ∨ ϑ) ∈U 并且 ϑ′ ∨ ϑ ∈ J。

现在证明②和 J′。令 ψ ∈ J′ 且 ψ′ ⊢ ψ，那么 ψ′.∃A ⊢ ψ.∃A，而且因为 ψ.∃A ∈ V̄，ψ′.∃A ∈ V̄ 也成立，所以可得 ψ′ ∈ J′。

如果 ψ,θ ∈ J′，那么 ψ.∃A,θ.∃A ∈ V̄，因此同样可得 ψ.∃A ∨ θ.∃A ∈ V̄。已知 ψ.∃A ∨ θ.∃A ≡ (ψ ∨ θ).∃A，因此可得 (ψ ∨ θ).∃A ∈ V̄，故 ψ ∨ θ ∈ J′。证毕。

### (二) τPDL 逻辑的可靠性

**命题 4.34** (τPDL 在类型语义中的可靠性)　图 4.4 的 Gentzen 证明系统在本章第二节的类型语义中是可靠的。

**证明**　由于该证明采取的是标准的证明方式,这里只给出较为复杂的证明,其他可以类似证明。固定一个任意模型 Ň。

(1) (∀-1) 规则 $\dfrac{\delta| \sim A \quad \gamma, A, \varphi, \eta \vdash \Theta}{\gamma, \forall A.\varphi, \delta, \delta \vdash \Theta}$ 的证明如下:令 $\sigma_1 \in P^*$ 是一个带有 $\sigma_1 \approx_e^F \gamma$ 的序列;$\sigma_2 \approx_e^F \delta$ 而且 $\sigma_3 \approx_e^F \eta$ 与此类似。假设存在一条路径 $u \xrightarrow{\sigma_1} s \xrightarrow{\sigma_2} t \xrightarrow{\sigma_3} v$,其中 $s \models_e^F \forall A.\varphi$。因为 $\sigma_2 \approx_e^F \delta$ 而且根据归纳,$\delta \approx_e^F A$,可得 $\sigma_2 \approx_e^F A$,所以 $t \models_e^F \varphi$,而且根据该规则的右前提 (premiss) 的有效性可得:对于某个 $\vartheta \in \Theta$ 而言,$v \models_e^F \vartheta$。

(2) (∀-r) 规则 $\dfrac{\gamma, A \vdash \varphi}{\gamma \vdash \forall A.\varphi}$ 的证明如下:令 $\sigma$ 在 $P^*$ 中满足 $\sigma \approx_e^F \gamma$,且存在一个转换 $u \xrightarrow{\sigma} v$。为了证明 $v \models_e^F \forall A.\varphi$,令 $\tau \approx_e^F A$ 且 $v \xrightarrow{\tau} w$。然后通过前提的有效性可知:$w \models_e^F \varphi$,因此 $v \models_e^F \forall A.\varphi$。

(3)(∃-1) 规则 $\dfrac{\varphi, A, \gamma \vdash \Theta}{\varphi, \exists A, \gamma \vdash \Theta}$ 的证明如下:令 $\sigma \approx_e^F \gamma$ 且 $u \xrightarrow{\sigma} v$,其中 $u \models_e^F \varphi.\exists A$。令 $s$ 使得 $s \models_e^F \varphi$ 且 $s \xrightarrow{\tau} u$,其中 $\tau \approx_e^F A$。然后可得到一条路径 $s \xrightarrow{\tau} u \xrightarrow{\sigma} v$,再根据前提的有效性可得:对于某个 $\vartheta \in \Theta$ 而言,$v \models_e^F \vartheta$。

(4) (∃-r) 规则 $\dfrac{\gamma \vdash \Theta \quad \delta| \sim A}{\gamma, \delta \vdash \Theta.\exists A}$ 的证明如下:令 $u \xrightarrow{\sigma} s \xrightarrow{\tau} v$,其中 $\sigma \approx_e^F \gamma$ 且 $\tau \approx_e^F \delta$。根据前提的有效性,令 $\vartheta \in \Theta$ 使得 $s \models_e^F \vartheta$。因为 $\delta \approx_e^F A$,可得 $v \models_e^F \vartheta.\exists A$,所以 $v \models_e^F \Theta.\exists A$(如果 $\Theta = \vartheta_1, \cdots, \vartheta_k$,那么 $\Theta.\exists A = \vartheta_1.\exists A, \cdots, \vartheta_k.\exists A$)。

(5)(∃-rS) 规则 (在语句语境中向后可能性的右引入) $\dfrac{\gamma \vdash \Theta, \Psi \quad \psi| \sim \varphi}{\gamma, \psi \vdash \Theta.\exists\varphi, \Psi}$ 的证明如下:令 $u \xrightarrow{\sigma} v \xrightarrow{\tau} v$,其中 $\delta \approx_e^F \gamma$,$\tau \approx_e^F \psi$,因此 $v \models_e^F \psi$,且假设不存在 $\Psi$ 中的语句在 $v$ 时为真。根据左前提的有效性,对于某个 $\vartheta \in \Theta$ 而言,$v \models_e^F \vartheta$。根据右前提的有效性可知,$\tau \approx_e^F \varphi$,因此同样可得 $v \models_e^F \vartheta.\exists$。

(6)(⇒-1) 规则 $\dfrac{\gamma \vdash \varphi \quad \psi, \delta \vdash \Theta}{\gamma, \varphi \Rightarrow \psi, \delta \vdash \Theta}$ 的证明如下:令 $\sigma, \tau, \rho$ 属于各自的类型 $\gamma, \varphi \Rightarrow \psi, \delta$,且假设存在一条路径 $u \xrightarrow{\sigma} s \xrightarrow{\tau} t \xrightarrow{\rho} v$。根据左前提的有效性可知,$s \models_e^F \varphi$,又因为 $\tau \approx_e^F \varphi \Rightarrow \psi$,可得 $t \models_e^F \psi$。根据右前提的有效性,对于某个 $\vartheta \in \Theta$ 而言,可得 $v \models_e^F \vartheta$。

(7) 规则 $\dfrac{\gamma \vdash C_\iota A^+, \Theta}{\gamma \vdash C_\iota A, \Theta}$ 的证明如下：其有效性可以根据如下这个很容易证实

的事实得到：$C_\iota A^+$ 是在语义上等价于 $C_\iota A \wedge \forall A. C_\iota A^+$（参见命题 4.10）。

(8) 能力归纳规则 $\dfrac{\varphi \vdash C_1 A, \Theta \quad \varphi, A \vdash \varphi}{\varphi \vdash C_\iota A^+, \Theta}$ 的证明如下：根据命题 4.10 即可证

明其有效性。证毕。

**命题 4.35** ($\tau$PDL 在标准语义中的有效性)　Gentzen 系统在标准语义方面也是有效的。

**证明**　命题 4.35 与命题 4.34 唯一不同的是：在命题 4.34 的证明中，在解释过程类型项 A 时，需要使用关系 $\overset{\sigma}{\hookrightarrow}$；而命题 4.35 有单个关系 $\overset{A}{\hookrightarrow}$。可以验证：所有的规则在标准语义中都是有效的。例如，在规则 $\dfrac{\delta \hspace{1pt}\vdash\hspace{-6pt}\sim A \quad \gamma, A, \varphi, \eta \vdash \Theta}{\gamma, \forall A \cdot \varphi, \delta, \eta \vdash \Theta}$ 的左边引入

$\forall A$。假定 $u \overset{\gamma}{\hookrightarrow} s \overset{\delta}{\hookrightarrow} t \overset{\eta}{\hookrightarrow} v$ 是满足该规则结论左边的一条路径，因此有 $s \models^F_e \forall A. \varphi$。根据左前提的有效性，可得到一条路径 $u \overset{\gamma}{\hookrightarrow} s \overset{A}{\hookrightarrow} t \overset{\eta}{\hookrightarrow} v$，然后根据语义定义有 $t \models^F_e \varphi$。对于某个 $\vartheta \in \Theta$ 而言，右前提的有效性蕴涵 $v \models^F_e \vartheta$。证毕。

**(三) $\tau$PDL 逻辑的完全性**

首先着手构建类型命题动态逻辑 $\tau$PDL 的一个典范模型。

**定义 4.36** (典范模型)　如下 3 个条款可以解释 $\tau$PDL 语言的典范模型 Ň：

(1) 令状态集是语句的极大一致集：S={U|U 是语句极大一致集}；

(2) 令过程标记集 P 是 $\tau$PDL 语言的原子行动类型项组成的集合；

(3) 对于每个原子 $A \in P$ 和 $\tau$PDL 语言的所有有穷非空行动类型项序列 $A_1$, $\cdots$, $A_n$ 而言，可及性关系被定义为 $U \overset{A_1 \cdots A_n}{=\!=\!=\!=\!\Rightarrow} V$，当且仅当，对于所有 $\varphi$ 而言，如果 $\forall A_1. \cdots A_n. \varphi \in U$，那么 $\varphi \in V$。

至此就定义了典范框架 $Ň = \langle S, P, \mapsto \rangle$。现在定义解释函数 $[[]]^F_e$, $([])^F_e$ 如下：

$$[[\varphi]]^F_e = \{U \in Ň \mid \varphi \in U\}, \quad ([A])^F_e = \{\overset{\gamma}{\hookrightarrow} \mid \gamma \in P^+ \text{且} \gamma \sim A\} \tag{4.4.8}$$

需要说明的是，为了能够证明 $\tau$PDL 完全性，需要将过程标记集 P 限制为 $\tau$PDL 语言的原子行动类型项组成的集合 P，其中不能够包含组合算子、选择算子或迭代算子。例如 $\overset{A^+}{\hookrightarrow} \notin ([A^+])^F_e$，这样，正规性条件 $([A])^F_e \neq \varnothing$ 才可成立。

令 $e(p)=[[p]]_e^F$，根据以下等式 (4.4.9) 可以定义 $\iota^{\check{N}}$(对于 $\iota \in I$，$I$ 表示 $\tau$PDL 语言的 Agent 组成的集合)

$$\iota^{\check{N}}(U) = \bigcup\{([\varphi \Rightarrow \vartheta])_e^F | C_\iota(\varphi \Rightarrow \vartheta) \in U\} \tag{4.4.9}$$

**引理 4.37**　对于所有语句 $\varphi, \psi$ 而言，以下的条件是关系 $U \overset{A}{\mapsto} V$ 的等价定义：① $\forall A.\varphi \in U$ 蕴涵 $\varphi \in V$；② $\varphi \in U$ 且 $\varphi, A \vdash \psi$ 是可证的，蕴涵 $\psi \in V$；③ $\varphi \in U$ 蕴涵 $\varphi.\exists A \in V$。对于行动类型项的有穷序列 $A_1, \cdots, A_n$ 的等价定义可以类似给出。

**证明**　假设①成立，并令 $\varphi \in U$ 和 $\varphi, A \vdash \psi$ 是可证的。根据 ($\forall$-r) 规则，$\varphi \vdash \forall A.\psi$ 是可证的；根据极大一致集的向上闭包性可知，$\forall A.\psi \in U$。根据假设可知，$\psi \in V$。

假设②成立，且令 $\varphi \in U$。根据 ($\exists$-r) 规则，$\varphi, A \vdash \varphi.\exists A$ 是可证的，然后根据假设可知 $\varphi.\exists A \in V$。

假设③成立，且令 $\forall A.\varphi \in U$。根据假设可得 $(\forall A.\varphi).\exists A \in V$。根据 ($\forall$-l) 规则可得 $\forall A.\varphi, A \vdash \varphi$；根据 ($\exists$-l) 规则可得 $(\forall A.\varphi).\exists A \vdash \varphi$；再根据极大一致集的向上闭包性可得 $\varphi \in V$。

重复应用上面的规则，就可以证明关于序列 $A_1, \cdots, A_n$ 的情况。证毕。

**引理 4.38**　对于任意 $A, B \in L_a$ 和任意极大一致集 $U, V$ 而言，以下命题成立：

(1) $U \overset{AB}{-\mapsto} V$ 当且仅当 $U \overset{A}{\mapsto} \overset{B}{\mapsto} V$；

(2) $U \overset{A+B}{-\mapsto} V$ 当且仅当 $U \overset{A}{\mapsto} V$ 或 $U \overset{B}{\mapsto} V$；

(3) $U \overset{A^+}{\mapsto} V$ 当且仅当 $U \overset{A}{\mapsto} V$ 或 $U \overset{AA^+}{-\mapsto} V$。

**证明**　现在证明 (1)。从右到左方向的证明，利用单调性规则 (C-r) 和规则 ($\forall$-l) 与 ($\forall$-r) 即可。现在证明从左到右方向，假设 $U \overset{AB}{-\mapsto} V$。需要证明：存在一个极大一致集 $Q$ 使得 $U \overset{A}{\mapsto} Q \overset{B}{\mapsto} V$。

根据引理 4.33 可知，每个 $F=\{\psi | \forall A.\psi \in U\}$ 和 $G=\{\psi | (\neg\psi).\exists B \in \overline{V}\}$ 在 $\vdash$ 前序中是向上封闭的，并且在其成员的有穷合取下封闭。如果它们的并 $F \cup G$ 不一致，那么一定存在 $\varphi_1, \cdots, \varphi_n \in F$ 且 $\psi_1, \cdots, \psi_m \in G$ 使得 $\{\varphi_1, \cdots, \varphi_n, \psi_1, \cdots, \psi_m\}$ 不一致，即矢列式 $\varphi_1, \cdots, \varphi_n, \psi_1, \cdots, \psi_m \vdash$ 是可证的。由于 $F, G$ 在有穷合取下是

封闭的，令 $\varphi = \varphi_1 \wedge \cdots \wedge \varphi_n$ 且 $\psi = \psi_1 \wedge \cdots \wedge \psi_m$，并集 F∪G 的不一致性等价于如下断言：对于某个 $\varphi \in$ F 和 $\psi \in$ G 而言，$\varphi \vdash \neg\psi$ 是可证明的。运用规则 (∀-1)、规则 (∃-1) 和左组合规则 (C-1)，可得矢列式 $\forall A.\varphi, AB \vdash (\neg\psi).\exists B$。根据 F 的定义和 $\varphi \in$ F，可得 $\forall A.\varphi \in$ U。根据假设 $U \overset{AB}{-\!\!\mapsto} V$ 和引理 4.37 的第二个条件，可以推出 $(\neg\psi).\exists B \in$ V，这与事实 $\psi \in$ G 相矛盾。因此 F∪G 是一致的。

根据 Lindenbaum 的引理，令 Q 是包含 F∪G 的一个极大一致集。但另一方面，给定任意 $\forall A.\vartheta \in$ U，可得 $\vartheta \in$ F⊆Q，因此 $U \overset{A}{\mapsto} Q$。而且给定任意 $\chi.\exists B \notin$ V，可得 $\neg\chi \in$ G ⊆Q，即 $\chi \notin$ Q。但这一推论是引理 4.37 的第三个条件的逆否命题 (contrapositive proposition)，因此 $Q \overset{B}{\mapsto} V$，故 $-\overset{AB}{\mapsto} = \overset{A}{\mapsto}\overset{B}{\mapsto}$。

现在证明 (2)，如果 $U \overset{A}{\mapsto} B$ 且 $\forall(A + B).\varphi \in$ U，然后利用 ∀ 规则和 (Ch-r1) 规则，可得 $\forall(A + B).\varphi \vdash \forall A.\varphi$。因此可得 $\forall A.\varphi \in$ U，故 $\varphi \in$ V。$U \overset{B}{\mapsto} V$ 时的证明与此类似。

现在证明相反方向。假设 $U \overset{A+B}{-\!\!\mapsto} V$ 而且 $A \overset{A}{\mapsto} V$ 和 $U \overset{B}{\mapsto} V$ 都不成立。那么根据引理 4.37 可知，一定存在 $\varphi, \psi, \chi, \vartheta$ 使得 $\varphi \in$ U, $\varphi, A \vdash \chi$ 是可证的，但是 $\chi \notin$ V。类似地，$\psi \in$ U, $\psi, B \vdash \vartheta$ 是可证明的，但是 $\vartheta \notin$ V。根据规则 (Ch-l)，可得矢列式 $\varphi \wedge \psi, A+B \vdash \chi \vee \vartheta$，因此 $\chi \vee \vartheta \in$ V（其中 $\chi \notin$ V 和 $\vartheta \notin$ V），而 V 是一个极大一致集，由此就产生了矛盾。

现在证明 (3)。假设 $U \overset{A}{\mapsto} V$ 且 $\forall A^+.\varphi \in$ U，运用 $(A^+)$ 规则和 ∀ 的左引入，可得到 $\forall A^+.\varphi, A \vdash \varphi$ 的证明，因此 $\varphi \in$ V。根据引理 4.37 可知 $U \overset{A^+}{\mapsto} V$。接着假设 $U \overset{A,A^+}{-\!\!\mapsto} V$ 和 $\forall A^+.\varphi \in$ U。使用规则 $(A^+)$, $(AA^+)$ 和 ∀ 的左引入，可得矢列式 $\forall A^+, A, A^+ \vdash \varphi$ 的证明。所以 $U \overset{A,A^+}{-\!\!\mapsto} V$ 蕴涵 $\varphi \in$ V。再次根据引理 4.37 可得结论 $U \overset{A^+}{-\!\!\mapsto} V$。

现在证明相反方向。假设 $U \overset{A^+}{-\!\!\mapsto} V$，但假设 $U \overset{A}{\mapsto} V$ 与 $U \overset{A,A^+}{-\!\!\mapsto} V$ 都不成立。这意味着存在语句 $\varphi, \psi, \chi, \vartheta$ 使得 $\varphi, \psi \in$ U，因此每个 $\varphi, A \vdash \chi$ 和 $\psi, A, A^+ \vdash \vartheta$ 是可证明的，但是 $\chi \notin$ V 和 $\vartheta \notin$ V。运用导出规则 (Pfx) 可得 $\varphi \wedge \psi, A^+ \vdash \chi \vee \vartheta$ 是可证明的。给定假设 $U \overset{A^+}{-\!\!\mapsto} V$，有 $\chi \vee \vartheta \in$ V，因此 $\chi \in$ V，或者 $\vartheta \in$ V，这与前面 "$\chi \notin$ V 和 $\vartheta \notin$ V" 是矛盾的。因此 $U \overset{A}{\mapsto} V$ 或者 $U \overset{A,A^+}{-\!\!\mapsto} V$ 二者之一必定成立。证毕。

**引理 4.39**　以下命题成立：

(1) 如果 $\gamma \in ([A])_e^F$，那么 $\gamma|\sim A$；

(2) 如果 $\gamma|\sim A$，那么 $\overset{\gamma}{\mapsto} \subseteq \overset{A}{\to}$。

**证明**　现在证明 (1)。根据对于任意 A 而言的 $([A])_e^F$ 的定义，即可证明 (1)。现在证明 (2)。假设 $\gamma|\sim A$ 和 $U\overset{\gamma}{\mapsto}V$ 且令 $\forall A.\varphi \in U$。运用规则 (∀-1) 可得 $\forall A.\varphi, \gamma \vdash \varphi$。根据引理 4.37 和假设 $U\overset{\gamma}{\mapsto}V$ 可得 $\varphi \in V$。根据可及性关系的定义，可得 $U\overset{A}{\to}V$，换句话说就是 $\overset{\gamma}{\mapsto} \subseteq \overset{A}{\to}$。证毕。

**定理 4.40** (典范模型定理)　定义 4.36 给出的典范模型的解释是唯一定义的 (well defined)，即该定义满足图 4.2 中的递归子句。

**证明**　同时施归纳于 "对两种类型的矢列式而言的" 公式结构即可得证。前面已经说明：句法滤子是一致的、向上封闭的语句集合 F，使得：$\varphi, \psi \in F$ 当且仅当 $\varphi \wedge \psi \in F$。类似地，句法理想的情况也与此类似。此证明还需要利用句法意义下的素理想定理 (引理 4.31)。

(1) 当公式是原子 p 时，就像在典范模型中那样，令 $e(p)=[[p]]_e^F$ 即可证明。

(2) 当公式是 $\neg\psi$ 时，假设 $[[\psi]]_e^F = \{U| \ U$ 是一个极大一致集且 $\psi \in U\}$ 与图 4.2 中 $\psi$ 的解释是吻合的 (归纳假设)，那么 $U \in [[\neg\psi]]_e^F$ 当且仅当 $\neg\psi \in U$ 当且仅当 $\psi \notin U$。因此 $[[\neg\psi]]_e^F$ 是不包含 $\psi$ 的极大一致集组成的集合，即 $[[\neg\psi]]_e^F$ 是 $[[\psi]]_e^F$ 的补集。

(3) 当公式是 $\forall A.\varphi$ 时，首先证明包含 $\forall A.\varphi$ 的极大一致集包含在以下集合中：$\{U|(\forall \gamma \in ([A])_e^F)(\forall V)(U\overset{\gamma}{\mapsto}V \Rightarrow \varphi \in V)\}(*)$。令 U 是极大一致集而且使得 $\forall A.\varphi \in U$，$\gamma \in ([A])_e^F$ 且 V 是极大一致集而且使得 $U\overset{\gamma}{\mapsto}V$。因为 $\gamma \in ([A])_e^F$，根据引理 4.39 可得 $\gamma|\sim A$ 且 $\overset{\gamma}{\mapsto} \subseteq \overset{A}{\to}$。因此 $U\overset{A}{\to}V$ 成立。但是根据 ∀-规则可知，$\forall A.\varphi, A \vdash \varphi$ 是可证的，因此根据引理 4.37，可得 $\varphi \in V$。

现在证明相反方向。需要证明前面用 "(*)" 标记的集合 $\{U|(\forall \gamma \in ([A])_e^F)(\forall V)(U\overset{\gamma}{\mapsto}V \Rightarrow \varphi \in V)\}$ 中的每个极大一致集都包含 $\forall A.\varphi$。令 U 是集合 (*) 中的极大一致集，而且假设 $\forall A.\varphi \notin U$。现在需要证明：存在一个极大一致集 Q 使得 $U\overset{A}{\to}Q$，但是 $\varphi \notin Q$，这与 "U 是集合 (*) 中的极大一致集的" 假设矛盾。现在定义：$F = \{\psi|\forall A.\varphi \in U\}$ 且 $J = \{\vartheta|\forall A.\neg\vartheta \in U\}$。根据引理 4.33，F 在 ⊢-前序中是向下封闭的，并在其成员的有穷合取下封闭。根据假设 $\forall A.\varphi \notin U$，可得 $\varphi \notin F$。因此 F 是一致的，进而可知 F 是滤子。类似地，根据引理 4.33，J 在 ⊢-前序中是向上

封闭的，并在其成员的有穷析取下封闭。根据假设 $\forall A.\varphi \notin U$，即 $\forall A.\neg(\neg\varphi) \notin U$，可得 $\neg\varphi \notin J$，因此 $J$ 是一致的，进而可知 $J$ 是一个理想。

实际上，可以证明 $F \cap J = \varnothing$。否则，可令 $\psi \in F, \vartheta \in J$ 且 $\psi \vdash \vartheta$，那么 $\psi \vdash \varphi \vee \vartheta$。因此 $\forall A.\psi \vdash \forall A.(\varphi \vee \vartheta)$。根据 $\varphi \vee \vartheta, \neg\vartheta \vdash \varphi$ 且应用 $(\forall\text{-1})$ 规则可得 $\forall A.(\varphi \vee \vartheta), \forall A.\neg\vartheta, A \vdash \varphi$ 的证明。然后运用 $(\forall\text{-r})$ 规则、析取引入的否定规则和导出规则，可得 $\forall A.\psi \vdash \forall A.\varphi \vee (\neg\forall A.\neg\vartheta)$。

根据假设可知，$\forall A.\varphi \notin U$。此外，假设 $\vartheta \in J$，即 $\forall A.\neg\vartheta \in U$，因此 $\neg\forall A.\neg\vartheta \notin U$。类似地，有 $\forall A.\psi \notin U$（因为 $U$ 是一个极大一致集），这与 $\psi \in F$ 矛盾。至此可知：$F, J$ 是不相交的一个滤子-理想对 (filter-ideal pair)。根据引理 4.31，令 $Q$ 是极大一致集，而且使得 $F \subseteq Q$ 与 $J \subseteq \overline{Q}$ 一致。因为对于任意 $\chi$ 而言，如果 $\forall A.\chi \in U$，那么 $\chi \in F \subseteq Q$，因此 $U \overset{A}{\mapsto} Q$。但是 $\varphi \in J \subseteq \overline{Q}$，即 $\varphi \notin Q$；而前面已经假设 $U$ 是在集合 (*) 中的极大一致集，因此 $\varphi \in Q$，这与 $\varphi \notin Q$ 矛盾。至此可以得到期望的结论 $\forall A.\varphi \in U$。

(4) 当公式是 $\varphi.\exists A$ 时，需要证明：$\{V | \varphi.\exists A \in V\} = \{V | \exists U \exists \gamma \in ([A])_e^F (\varphi \in U$ 且 $U \overset{\gamma}{\mapsto} V)\}$。先证明从右到左方向。令 $\gamma \in ([A])_e^F$，即 $\gamma | \sim A$，$\varphi \in U$ 且 $U \overset{\gamma}{\mapsto} V$。根据引理 4.39，可得 $U \overset{A}{\mapsto} V$。因为 $\varphi, A \vdash \varphi.\exists A$ 是可证的；运用 $(\exists\text{-r})$ 规则，可得 $\varphi.\exists A \in V$。再证明从左到右方向。令 $V$ 是极大一致集而且使得 $\varphi.\exists A \in V$。$V$ 的补集记为 $\overline{V}$。令 $F = \{\psi | (\neg\psi).\exists A \in \overline{V}\}$ 且 $G = \{\vartheta | \vartheta.\exists A \in \overline{V}\}$。根据引理 4.33，$F$ 在 $\vdash$-前序中是向上封闭的，而且在其成员的有穷合取下封闭，而 $G$ 在 $\vdash$-前序中是向下封闭的，而且在成员的有穷析取下封闭。

可以证明 $F \cap G = \varnothing$。否则，可令 $\psi \in F, \theta \in G$ 且 $\psi \vdash \theta$。因此，$\varphi, \psi \vdash \theta$，从而可得 $\varphi \vdash \vartheta, \neg\psi$。运用 $\exists$-规则和右析取引入的导出规则可得 $\varphi.\exists A \vdash \theta.\exists A \vee (\neg\psi).\exists A$。因为假设 $\varphi.\exists A \in V$，$\theta.\exists A$ 和 $(\neg\psi).\exists A$ 二者之一在 $V$ 中。但是 $\theta \in G$，根据 $G$ 的定义可得 $\theta.\exists A \in \overline{V}$，故 $(\neg\psi).\exists A \in V$。但是因为 $\psi \in F$ 且根据 $F$ 的定义可得 $(\neg\psi).\exists A \in \overline{V}$，这就产生了矛盾，因此 $F \cap G = \varnothing$。

假设 $\varphi.\exists A \in V$，可得 $\varphi \notin G$，而且使得 $(F \cup \{\varphi\}) \cap G = \varnothing$。根据推论 4.32，可令 $U$ 是一个极大一致集且使得 $F \cup \{\varphi\} \subseteq U$ 且 $G \subseteq \overline{U}$。而对于任意 $\psi$ 而言，$\psi.\exists A \in \overline{V}$ 蕴涵 $\psi \in G \subseteq \overline{U}$，即 $\psi \notin U$。换句话说，对于所有 $\psi$ 而言，如果 $\psi \in U$，那么 $\psi.\exists A \in V$，再根据引理 4.37，可得 $U \overset{A}{\mapsto} V$。

(5) 当公式是 $C_t A$ 时，施归纳于 $A$ 即可得证。

(6) 当公式是 $C_\iota\varphi$ 时，根据公理 $\gamma \vdash C_\iota\varphi, \Theta$ 以及公式 $C_\iota\varphi$ 在每个极大一致集中即可得证。

(7) 当公式是 $C_\iota(\varphi \Rightarrow \psi)$ 时，这就要求证明 $\{U|([\varphi \Rightarrow \psi])_e^F \subseteq \iota^{\tilde{N}}(U)\} = \{U|C_\iota(\varphi \Rightarrow \psi) \in U\}$ 是真的，根据映射 $\iota^{\tilde{N}}$ 的定义可证。

(8) 当公式是 $C_\iota(AB)$ 时，需要验证：$\{U|C_\iota(AB) \in U\} = \{U|C_\iota A \in U$ 且 $\forall\gamma([A]_e^F \forall V(U \xrightarrow{\gamma} V$ 蕴涵 $C_\iota B \in V)\}$。先证明从左到右方向。令 $C_\iota(AB) \in U$。使用规则 (CA-11) 可得 $C_\iota(AB) \vdash C_\iota A$，并根据 $U$ 是极大一致集，可知 $C_\iota A \in U$。现在令 $\gamma \in ([A])_e^F$，即 $\gamma|\sim A$，$V$ 是一个极大一致集而且使得 $U \xrightarrow{\gamma} V$。根据引理 4.39 可得 $U \xrightarrow{A} V$。假设 $C_\iota(AB)$ 在极大一致集 $U$ 中，运用规则 (CA-12) 可知：$C_\iota(AB)$，$A \vdash C_\iota B$ 是可证明的。因此，根据引理 4.37，可知 $C_\iota B \in V$。

现在证明从右到左方向。令 $U$ 在表达式的右边的集合中，因此 $C_\iota A \in U$。可以证明：当公式是 $\forall A.\varphi$ 时，$(\forall\gamma \in ([A])_e^F)(\forall V)(U \xrightarrow{\gamma} V \Rightarrow \varphi \in V)$ 蕴涵 $\forall A.\varphi \in U$。因此，令 $\varphi = C_\iota B$，可得 $\forall A.(C_\iota B) \in U$。根据以下证明

$$\cfrac{C_\iota A, \forall A. C_\iota B \vdash C_\iota A \qquad \cfrac{\cfrac{A|\sim A \qquad A, C_\iota B \vdash C_\iota B}{\forall A. C_\iota B, A \vdash C_\iota B}(\forall\text{-}1)}{C_\iota A, \forall A. C_\iota B, A \vdash C_\iota B}(W)}{C_\iota A, \forall A. C_\iota B \vdash C_\iota(AB)}(CA\text{-}r)$$

并且因为 $U$ 是极大一致集，所以 $U$ 包含 $C_\iota(AB)$。

(9) 当公式是 $C_\iota(A+B)$ 时，需要验证

$$\{U|C_\iota(A + B) \in U\} = [[C_\iota A]]_e^F \cap [[C_\iota B]]_e^F = \{U|C_\iota A \in U \text{ 且} C_\iota B \in U\}$$

先证明从左到右方向。因为 $C_\iota A, C_\iota B \vdash C_\iota A$，规则 (ChA-1) 意味着 $C_\iota(A + B) \vdash C_\iota A$，类似地，$C_\iota(A + B) \vdash C_\iota B$。因此，如果 $C_\iota(A + B) \in U$，因为 $U$ 是极大一致集，所以 $C_\iota A, C_\iota B \in U$。再证明从右到左方向。令 $U$ 是极大一致集而且使得 $C_\iota A, C_\iota B \in U$。根据规则 (ChA-r) 和 $U$ 的极大一致性，可知 $C_\iota(A + B) \in U$。

(10) 当公式是 $C_\iota A^+$ 时，需要验证

$$\{U|C_\iota A^+ \in U\} = \bigcup\{[[\varphi]]_e^F|[[\varphi]]_e^F \subseteq [[C_\iota A]]_e^F \cap [[\forall A.\varphi]]_e^F\}$$

$$= \{U|\forall\varphi[([[\varphi]]_e^F \subseteq [[C_\iota A]]_e^F \cap [[\forall A.\varphi]]_e^F) 蕴涵 \varphi \in U]\}$$

先证明从左到右的方向。根据规则 (P1) 可知：$C_\iota A^+ \vdash C_\iota A$；根据规则 (P2) 可知：$C_\iota A^+ \vdash \forall A.C_\iota A^+$，因此，根据规则 $[[C_\iota A^+]]_e^F \subseteq [[C_\iota A]]_e^F \cap [[\forall A.C_\iota A^+]]_e^F$ 的可靠性，可知 $C_\iota A^+$ 是右边集合中提到的 $\varphi$ 公式之一。

再证明从右到左的方向。令 $\varphi$ 使得 $[[\varphi]]_e^F \subseteq [[C_\iota A]]_e^F \cap [[\forall A.\varphi]]_e^F$，且 U 是一个极大一致集使得 $\varphi \in U$。因为 $C_\iota A^+$ 是最大的后置-不动点 (post-fixpoint)，那么 $\varphi \vdash C_\iota A^+$ 是可推导的。而 $\varphi \vdash \forall A.\varphi$ 等价于 "矢列式 $\varphi, A \vdash \varphi$ 是可证的"，因此可得归纳规则 (Ind) 的两个前提 $\varphi \vdash C_\iota A$ 和 $\varphi, A \vdash \varphi$，因此 $\varphi \vdash C_\iota A^+$。又因为 $\varphi \in U$ 而且 U 是极大一致集，所以 $C_\iota A^+ \in U$。

(11) 当公式是 $\varphi$ 时，证明 $\{\overset{\gamma}{\mapsto}|\gamma|\sim\varphi\}=\{\overset{\gamma}{\mapsto}|\forall U, V, U\overset{\gamma}{\mapsto}V$ 蕴涵 $V=U\in[[\varphi]]_e^F\}$ 即可。根据证明系统的规则，$\gamma|\sim\varphi$ 当且仅当 $\gamma=\varphi$(没有规则把 $\varphi$ 引入 $|\sim$ 的右边，因此 $\gamma|\sim\varphi$ 是恒等式 $\varphi|\sim\varphi$ 的一个特例)。因此左边的集合是单子集 (singleton)$\{\overset{\varphi}{\mapsto}\}$。而且如果 $U\overset{\varphi}{\mapsto}V$ 且 $\psi\in U$，又因为 $\psi,\varphi\vdash\psi$，根据引理 4.37 可得 $\psi\in V$。因此 $U\subseteq V$，再由极大性可知 $U=V$。此外，如果 $U\overset{\varphi}{\mapsto}U$ 且 $\varphi\notin U$，那么由极大性得 $\neg\varphi\in U$。但是矢列式 $\neg\varphi,\varphi\vdash\varphi$ 是可证的；根据引理 4.37，可得 $\varphi\in U$，这就产生了矛盾。所以，$\overset{\varphi}{\mapsto}\in\{\overset{\gamma}{\mapsto}|\forall U, V, U\overset{\gamma}{\mapsto}V$ 蕴涵 $V=U\in[[\varphi]]_e^F\}$。

现在令 $\gamma$ 使得 $\forall U, V$ $U\overset{\gamma}{\mapsto}V$ 蕴涵 $V=U\in[[\varphi]]_e^F$ 且假设 $U\overset{\gamma}{\mapsto}V$，那么 $V=U$ 且 $\varphi\in U$。可以证明 $U\overset{\varphi}{\mapsto}U$。因为令 $\psi\in U$ 且假设 $\psi,\varphi\vdash\vartheta$，那么 $\psi,\varphi\in U$；因为 U 是极大一致集，所以 $\vartheta\in U$。根据引理 4.37，可得结论 $U\overset{\varphi}{\mapsto}U$。因此 $\overset{\gamma}{\mapsto}=\overset{\varphi}{\mapsto}$，使得 $\{\overset{\gamma}{\mapsto}|\forall U, V, U\overset{\gamma}{\mapsto}V$ 蕴涵 $V=U\in[[\varphi]]_e^F\}=\{\overset{\gamma}{\mapsto}|\overset{\gamma}{\mapsto}=\overset{\varphi}{\mapsto}\}=\{\overset{\varphi}{\mapsto}\}$。

(12) 当公式是 $\varphi\Rightarrow\psi$ 时，证明 $\{\overset{\gamma}{\mapsto}|\gamma|\sim\Rightarrow\psi\}=\{\overset{\gamma}{\mapsto}|\forall U, V|(\varphi\in U$ 且 $U\overset{\gamma}{\mapsto}V$ 蕴涵 $\psi\in V)\}$ 即可。因为 $\overset{\varphi\Rightarrow\psi}{\mapsto}$ 在上面表达式的右边的集合中。如果 U 是极大一致集而且使得 $\varphi\in U$ 和 $U\overset{\varphi\Rightarrow\psi}{\mapsto}V$，那么根据 $(\Rightarrow\text{-}1)$ 规则可知：$\varphi,\varphi\Rightarrow\psi\vdash\psi$ 是可证的矢列式，根据引理 4.37，可得 $\psi\in V$。

先证明从左到右方向。假设 $\gamma|\sim\varphi\Rightarrow\psi$，令 $\varphi\in U$ 且假设 $U\overset{\gamma}{\mapsto}V$，根据引理 4.39，可知 $U\overset{\varphi\Rightarrow\psi}{\mapsto}V$，即 $\psi\in V$。再证明从右到左方向。令 $\gamma=A_1,\cdots,A_n$ 且假设 $\overset{\gamma}{\mapsto}$ 是在表达式的右边集合中，根据引理 4.26 可知：$A_1,\cdots,A_n|\sim\varphi\Rightarrow\psi$，当且仅当，$\varphi,A_1,\cdots,A_n\vdash\psi$，当且仅当，$\varphi\vdash\forall A_1\cdots\forall A_n.\psi$。

假设 $\varphi\nvdash\forall A_1\cdots A_n.\psi$。令 U 是极大一致集而且使得 $\varphi\in U$ 且 $\forall A_1\cdots\forall A_n.\psi\in\overline{U}$。现在令 $F=\{\theta|\forall A_1\cdots\forall A_n.\theta\in U\}$，并且根据 $\forall A_1\cdots A_n.\psi\notin U$，可得 $\psi\notin F$。由于 F 是一个滤子，根据 $\psi\notin F$ 可知一致性成立，再根据引理 4.33 可以证明：对

于任意 $\chi$ 及 $\chi \vdash \psi$ 而言，$\chi \notin F$。因为如果 $\chi \vdash \psi$ 且 $\chi \in F$，那么 $\forall A_1 \cdots A_n.\psi \in U$。因此 $\forall A_1 \cdots \forall A_n.\chi \vdash \forall A_1 \cdots A_n.\psi \in U$ 而且可得 $\forall A_1 \cdots A_n.\psi \in U$，这就产生了矛盾。

令 V 是极大一致集而且使得 $F \subseteq V$ 且 $\psi \in \overline{V}$。对于任意 $\vartheta$ 而言，如果 $\forall A_1 \cdots \forall A_n.\vartheta \in U$，那么 $\vartheta \in F \subseteq V$。因此 $U \overset{A_1, \cdots, A_n}{- - \longmapsto} V$。又因为 $\varphi \in U$ 且根据 "$\overset{A_1, \cdots, A_n}{- - \longmapsto}$ 在右边的集合中" 的假设，可知 $\psi \in V$。但这与 $\psi \in \overline{V}$ 的事实矛盾。然后根据引理 4.26 可知：$\varphi \vdash \forall A_1 \cdots A_n.\psi$ 等价于 $A_1, \cdots, A_n | \sim \varphi \Rightarrow \psi$，即 $\gamma | \sim \varphi \Rightarrow \psi$。

(13) 当公式是 AB 时，根据引理 4.25 可以证明：$\{\overset{\gamma}{\longmapsto} | \gamma | \sim AB\} = \{\overset{\gamma_1}{\longmapsto} \overset{\gamma_2}{\longmapsto} | \gamma_1 \in ([A])_e^F, \gamma_2 \in ([B])_e^F\}$，因此结论得证。

(14) 当公式是 A+B 时，根据引理 4.25 可以证明：$\{\overset{\gamma}{\longmapsto} | \gamma | \sim A + B\} = \{\overset{\gamma}{\longmapsto} | \gamma | \sim A, \text{ 或 } \gamma | \sim B\}$，因此结论得证。

(15) 当公式是 $A^+$ 时，证明对于所有 i=1, $\cdots$, n 而言 $\{\overset{\gamma}{\longmapsto} | \gamma | \sim A^+\} = \bigcup_{n \geqslant 1}(([A])_e^F)^n = \bigcup_{n \geqslant 1}\{\overset{\gamma_1}{\longmapsto} \cdots \overset{\gamma_2}{\longmapsto} | \gamma_i | \sim A\}$ 即可。根据规则 $(A^+)$ 和 $(AA^+)$，可以直接证明从右到左方向。现在证明从左到右方向。假设 $\gamma | \sim A^+$，其中 $\gamma \in P^+$，根据模型的结构和解释的定义可知，$\gamma$ 是原子行动类型项的有穷序列。施归纳于 $\gamma$ 的长度。如果 $\gamma = B$ 是单个原子行动类型，那么仅仅利用规则 $(A^+)$ 即可，因此 $B | \sim A$ 且 $B \in ([A])_e^F \subseteq \bigcup_{n \geqslant 1}(([A])_e^F)^n$。否则，$\gamma = \gamma_1, \gamma_2$，根据规则 $(A^+)$ 或 $(AA^+)$ 即可证明 $\gamma_1, \gamma_2 | \sim A^+$。利用规则 $(A^+)$ 时，$\gamma_1, \gamma_2 = \gamma | \sim A$ 并且再次得到 $\gamma \in ([A])_e^F \subseteq \bigcup_{n \geqslant 1}(([A])_e^F)^n$。利用规则 $(AA^+)$ 时，$\gamma_1 | \sim A^+$ 且 $\gamma_2 | \sim A^+$。根据归纳可得

① $\gamma_1 = \gamma_{11}, \cdots, \gamma_{1k}$，对于所有 j=1, $\cdots$, k 有 $\gamma_{1j} | \sim A$；

② $\gamma_2 = \gamma_{21}, \cdots, \gamma_{2m}$，对于所有 i=1, $\cdots$, m 有 $\gamma_{2i} | \sim A$。因此 $\overset{\gamma}{\longmapsto} = \overset{\gamma_1, \gamma_2}{- \longmapsto}$ 在右边的集合中，证毕。

**推论 4.41** (τPDL 在类型语义中的完全性)　类型命题动态逻辑 τPDL 在类型语义上是完全的。

**证明**　该完全性证明与标准的完全性证明方法是一样的。由于在典范模型中的世界 (状态) 是语句极大一致集，因此它们所包含的语句是有效的，所以在该模

型中为真的语句就是该逻辑定理。证毕。

### 三、 标准语义中 τPDL 逻辑的完全性

假设 TM 是本章第二节定义的类型语义中的模型类，SM 是对标准 PDL 模型类进行扩展而得到的模型类。这里讨论的问题是能否证明：在类型语义和标准语义中，有效的语句完全相同？由于已经证明：① τPDL 证明系统在类型和标准语义上的可靠性；② 在类型语义中 τPDL 证明系统是完全的，Hartonas(2012) 试图建立这两种语义的等价性，从而得到 τPDL 证明系统在标准语义中的完全性证明。但是，如果 τPDL 证明系统包括形式为 $\varphi \Rightarrow \psi$ 的过程类型项，并根据等式 (4.2.4) 进行解释，那么这种尝试就会以失败告终。

需要证明 $\overset{\varphi \Rightarrow \psi}{\longmapsto} = \{(U, V) | \varphi \in U$ 蕴涵 $\psi \in V\}$，换句话说，$U \overset{\varphi \Rightarrow \psi}{\longmapsto} V$，当且仅当，$\varphi \in U$ 蕴涵 $\psi \in V$。先从左到右方向证明。假设 $\varphi \in U$ 且 $U \overset{\varphi \Rightarrow \psi}{\longmapsto} V$ 可得 $\psi \in V$，根据 "矢列式 $\varphi, \varphi \Rightarrow \psi \vdash \psi$ 是可证的" 事实，即可得证。

现在从右到左方向证明。假设 $\varphi \in U$ 蕴涵 $\psi \in V$，且令 $\vartheta, \chi$ 使得 $\vartheta \in U$ 且 $\vartheta, \varphi \Rightarrow \psi \vdash \chi$ 是可证的，似乎没有办法证明：$U \overset{\varphi \Rightarrow \psi}{\longmapsto} V$。根据以下论证就能够明白缘由：根据在左边引入 $\Rightarrow$ 的规则，可得矢列式 $\vartheta, \varphi \Rightarrow \psi \vdash \chi$，因此矢列式 $\vartheta \vdash \varphi$ 和 $\psi \vdash \chi$ 是可证的。但是这里不必如此。因此，能够得到只有 $\overset{\varphi \Rightarrow \psi}{\longmapsto} \subseteq \{(U, V) | \varphi \in U$ 蕴涵 $\psi \in V\}$，还是不能建立等价性。

完全性证明的失败是因为：$\varphi \Rightarrow \psi$ 是由标准语义中的等式 (4.2.4) 来加以解释的。在注记 4.7 中已经指出：如果把 $\varphi \Rightarrow \psi$ 解释为所有可定义的且具有如下性质的关系 R 的并；如果 R(u, v) 且 $\varphi$ 在 u 时成立，则 $\psi$ 在 v 时成立，这样就可以建立起 τPDL 证明系统的完全性，详情请参见 Hartonas (2014)。

# 第五节  结论和开问题

首先简要探讨类型命题动态逻辑 τPDL 与如下演算之间的关系：信息流逻辑、S 系统、行动逻辑、带测试的类型 Kleene 代数的关系，然后探讨了行动能力和 KARO 框架，进而概述了对能力和行动类型进行表示和推理的其他方法。之后探讨 τPDL 在 Web 服务组合 (Web service composition) 中的应用，最后考量了 τPDL 逻辑的扩展。

## 一、τPDL 逻辑与其他演算的关系

现在探讨 τPDL 逻辑与信息流逻辑、S 系统、行动逻辑、带测试的类型 Kleene 代数的关系。

### (一) τPDL 逻辑与信息流逻辑的关系

Barwise 等 (1995) 研究了 τPDL 逻辑的语言片段：$\varphi := p(p \in At) \,|\forall A.\varphi|\varphi.\exists A$；$A := P(P \in At) \,|\varphi \rightarrow \varphi| AA$。Hartonas(2012) 使用了不同的记法符号对这一片段进行了再研究。例如，为了保留 $\varphi \rightarrow \psi$ 作为描述状态性质的语言蕴涵联结词，把 Barwise 等 (1995) 的结构 $\varphi \rightarrow \psi$ 改写成 $\varphi \Rightarrow \psi$；把结构 $\varphi \downarrow A$ 改写成 $\varphi.\exists A$，把结构 $\varphi \leftarrow A$ 改写成 $\forall A.\varphi$。

Barwise 等 (1995) 的语义背景 (semantic setting) 与 Hartonas(2012) 提出的 τPDL 逻辑相同，只不过前者使用信息的 "站点 (sites)" 和 "信道 (information channels)" 这些术语，而不像后者那样使用 "系统的状态" 和 "状态-更新行动 (state-changing action)" 这样的术语。特别地，信道类型 (对应于后者的 "行动类型") 被解释为信道集 (对应于后者的作为二元关系的 "过程")。Barwise 等 (1995) 在刚才给出的语法片段的基础上发展了一阶系统。信道 (行动) 的句法简单，只是允许组合而已。类似地，其语句句法 (sentential syntax) 是亚经典 (sub-classical) 的句法，因为该句法缺乏语句逻辑 (sentential logic) 的所有典型的算子。

Hartonas(2012) 提出的 τPDL 逻辑是在 Barwise 等 (1995) 提出的系统上，通过如下扩展而得到的系统：首先，对经典命题逻辑的命题句法进行了扩展；其次，在语句测试 $\varphi$ 和状态转换类型 $\varphi \Rightarrow \psi$ 组成的字母表上，把过程类型项的句法扩展成正则程序项的句法；最后，像在 van der Hoek 等 (1994，1999，2003) 那样，通过添加一个能力算子进行了扩展。

### (二) τPDL 逻辑与 S 系统、行动逻辑和带测试的类型 Kleene 代数的关系

图 4.4 给出的 Gentzen 式证明系统引入的矢列式的概念，不是标准的矢列式的概念。Barwise 等 (1995) 以及 Kozen 和 Tiuryn(2003) 的 S 系统，都是使用的是非标准的矢列式概念。S 系统是直觉主义逻辑系统，比命题动态逻辑 PDL 弱，而且是类型命题动态逻辑 τPDL 的一个子系统。Kozen 和 Tiuryn(2003) 提出的 S 系统是一种子结构逻辑，缩并规则和交换规则在形式为 $A_1, \cdots, A_n \vdash \varphi$ 的矢

列式中实际上是无效的，弱化规则只有在最左边的位置有效。与动态代数相比，S系统与 Kleene 代数的关系更为密切，Kozen(2001) 已经证明 S 系统的复杂性是 $\mathrm{PS_{PACE}}$-完全的。

Hartonas(2012) 提出的 τPDL 系统也可以看作是更为标准的 Pratt(1991) 行动逻辑的两种类型 (two-sorted) 版本。该行动逻辑具有 "对于任意程序项 A，B 而言的形式为 A ⇒ B 的" 一般蕴涵结构，而 Hartonas(2012) 提出的 τPDL 系统，则将这种结构限制为形式为 φ ⇒ ψ 的结构。Pratt(1991) 利用系统的单种类型 (single-sortedness)，在纯归纳公理 $(\varphi \to \varphi)^* \to (\varphi \to \varphi)$ 的基础上，对迭代进行了公理化。Hartonas(2012) 提出的 τPDL 系统也有类似的事实：$(\varphi \Rightarrow \varphi)^+| \approx \varphi \Rightarrow \varphi$。

Kozen(1988, 2002) 在类型 Kleene 代数上，提出了可以对类型行动进行推理的思想；基本类型是形式为 s→t 的蕴涵；而且引入类型的动机源于发现：霍尔逻辑部分正确性断言 {b}p{c} 可以看作是一个类型判断 p: b→c。但是对类型 KA 的处理则对这一思想进行了抽象，并使用未解释的类型 s→t 建构了类型 KA 系统。

Hartonas(2012) 提出的 τPDL 系统，可以看作是一个带测试的 Kleene 代数的内部类型系统，其中测试元素 φ, ψ 决定类型 φ ⇒ ψ。并用一个新的运算来丰富 KAT，该运算作用于布尔子模 (submodule) 的元素对 φ, ψ，并返回一个 Kleene 代数的元素 φ ⇒ ψ。对于带测试和内部类型 (internal typing) 的 Kleene 代数，还有待进行更仔细的研究。

### (三) 行动能力和 KARO 框架

van der Hoek 等 (1994, 1999, 2003) 建立的 KARO 框架是仅有的一种试图刻画能力 (capabilities) 的逻辑框架，该逻辑是 Rao 和 Georeff(1991, 1995)BDI-逻辑 (即信念-愿望-意图逻辑) 的一种替代逻辑，BDI-逻辑可以对 Agent 及其行动进行推理。但是，这种对 Agent 能力进行推理的 KARO 逻辑是不可判定的，而 Hartonas(2012) 提出的 τPDL 逻辑是可判定的；这是因为这种逻辑给能力赋予了不同的语义解释。

在 KARO 框架中，表达式 $C_t\varphi$ 被理解为确认 φ 的能力 (ability to confirm φ)，更准确地说，这样做，在句法中可以区分每个语句 φ 的行动 "comfirm φ"，而不是通常的命题动态逻辑 PDL 的行动项 φ? (测试 φ)，因此相关能力陈述是 $C_t(\mathrm{confirm}\ \varphi)$。将 $C_t\varphi$ 解释为一种确认能力 (confirmation capability)，在 KARO

框架的上下文中: $\varphi$ 是可以被确认的, 当且仅当, $\varphi$ 成立, 因此 KARO 框架语义等值式是 $C_\iota\varphi \equiv \varphi$。而在 Hartonas (2012) 提出的 $\tau$PDL 逻辑中, 任意 Agent 都可以测试任意命题 (无论结果如何), 因此 $C_\iota\varphi$ 在本章给出的 $\tau$PDL 逻辑的语义中总是为真。

为了处理条件语句, KARO 框架放弃了选择算子, 并把 "能力" 解释成 "条件行动的执行": $C_\iota(\text{if } \varphi \text{ then } \alpha \text{ else } \beta) = C_\iota(\varphi; \alpha \cup \neg\varphi; \beta)$; 并暂时采用通常的 PDL 和 KARO 表示法, 将程序项表示为 $\alpha$ 和 $\beta$。这意味着, Agent 要么能够确认 $\varphi$, 然后能够执行 $\alpha$; 要么它能够确认 $\neg\varphi$, 然后能够执行 $\beta$。这似乎是 $C_\iota(\alpha \cup \beta)$ 这种情况的析取解释:

$$C_\iota(\alpha \cup \beta) \equiv C_\iota\alpha \vee C_\iota\beta \tag{4.5.1}$$

(而 $\tau$PDL 逻辑则使用 "$^+$" 作为选择符号)。但是, 如果使用 PDL 行动的全部语言 (full language) 来处理, 就不合适。已经证明: Agent 可以执行 $\alpha^*$(不论 $\alpha$ 是什么), 因为 $\alpha^* = 1 \cup \alpha\alpha^*$ (其中 1 是任意重言式的测试), 而且任意 Agent 都可以确认重言式:

$$C_\iota\alpha^* \equiv C_\iota(1 \cup \alpha\alpha^*) \equiv C_\iota 1 \vee C_\iota(\alpha\alpha^*) \equiv \text{tt} \tag{4.5.2}$$

因此, $C_\iota(\alpha \cup \beta)$ 的自然意思是: Agent 能执行 $\alpha$ 或 $\beta$ 中的任何一个, 所以 Agent 应该可以执行每个 $\alpha$ 和 $\beta$。因此这一解释就是合取式:

$$C_\iota(\alpha \cup \beta) \equiv C_\iota\alpha \wedge C_\iota\beta \tag{4.5.3}$$

把能力解释为 "以合取的方式做出选择后的某个行动的执行", 与 "把 $C_\iota\varphi$ 解释为确认 $\varphi$ 的能力" 是不一致的。

$$C_\iota\varphi \equiv \varphi \tag{4.5.4}$$

容易验证, 结合假设 (4.5.3) 和假设 (4.5.4) 可以得到这样的结论: 一个 Agent 永远不可能执行一个 while 行动。

$$C_\iota(\text{while } \varphi \text{ do } \alpha) \equiv C_\iota((\varphi\alpha)^*; (\neg\varphi))$$

$$\equiv C_\iota(\varphi\alpha)^* \wedge [(\varphi\alpha)^*]C_\iota(\neg\varphi)$$

$$\equiv C_\iota(\neg\varphi) \wedge [\varphi\alpha][(\varphi\alpha)^*]C_\iota(\neg\varphi) \wedge C_\iota(\text{tt} \cup (\varphi\alpha)^+)$$

$$\equiv C_\iota(\neg\varphi) \land [(\varphi\alpha)^+]C_\iota(\neg\varphi) \land C_\iota((\varphi\alpha)^+) \land C_\iota tt$$

$$\equiv C_\iota(\neg\varphi) \land C_\iota(\varphi\alpha)^+ \land \cdots$$

$$\equiv \neg\varphi \land C_\iota((\varphi\alpha) \cup (\varphi\alpha)(\varphi\alpha)^+) \land \cdots$$

$$\equiv \neg\varphi \land C_\iota(\varphi\alpha) \land C_\iota(\varphi\alpha)(\varphi\alpha)^+ \land \cdots$$

$$\equiv \neg\varphi \land C_\iota\varphi \land [\varphi]C_\iota\alpha \land \cdots$$

$$\equiv \neg\varphi \land \varphi \land \cdots$$

$$\equiv ff$$

如果已经作出如下选择，以上这些论述就是不必要的：

$$C_\iota\varphi \equiv tt \tag{4.5.5}$$

$$C_\iota(\alpha \cup \beta) \equiv C_\iota\alpha \land C_\iota\beta \tag{4.5.6}$$

van der Hoek 等 (1994，1999，2003) 较为详细地研究了 Agent 逻辑，并用信念和/或知识算子对其进行了扩展。Hartonas(2012) 认为：用认知算子或道义算子 (doxastic operators) 对 $\tau$PDL 系统进行扩展，也可实现 Agent 逻辑的研究；而且这种扩展可以包括模态偏好算子，这种扩展逻辑是 Rao 和 Georeff(1991，1995) BDI-逻辑 (即信念-愿望-意图逻辑) 的一种替代品，能够对 Agent 系统进行分析。由于 $\tau$PDL 系统具有可判定性，所以实现该系统就有了基础。

(四) 对能力和行动类型进行表示和推理的其他方法

Chen 和 De Giacomo (1999)、Pauly (2002)、Gerbrandy 和 Sauro (2007) 探讨了带有并发行动 (concurrent action) 的群体行动能力 (group action capabilities) 和达成能力 (achievement capabilities，即实现事件状态的能力)。Hartonas(2012) 没有明确研究这两种能力。

不带并发的群体能力 $C_I(\varphi \Rightarrow \psi)$ 逻辑 (其中 I 是一组 Agent)，仅仅是 Hartonas(2012) 提出的 $\tau$PDL 逻辑的一个小小变体，并可以轻易地整合进 $\tau$PDL 逻辑中。包含并发行动的逻辑或许需要按照 Chen 和 De Giacomo(1999)、Pauly(2002)、Gerbrandy 和 Sauro(2007) 的思路，对语义进行重新定义，并在此基础上给出其模型论，但是关于可判定性和可满足性问题的复杂性、证明系统和完备性等方面需要重新研究或证明。

Chen 和 De Giacomo(1999) 与 Gerbrandy 和 Sauro(2007) 也提出了行动类型能力 (action type capability) 的概念，不是执行具体行动能力的记号 (token)，尽管这一行动类型概念与 Hartonas(2012) 提出的 τPDL 逻辑的先决条件-效果行动类型无关。利用先决条件-效果行动类型，可以引入达成能力 $A_\iota\psi$(即智能体 $A_\iota$ 可以实现 $\psi$)。事实上，如果 $C_\iota(\varphi \Rightarrow \psi)$ 的意思是：对于智能体 $\iota$ 而言，$\varphi$ 在当前状态下成立，那么 $\iota$ 可以实现 $\psi$，即有 $A_\iota\psi$。

但是，与 Chen 和 De Giacomo(1999)、Pauly(2002)、Gerbrandy 和 Sauro(2007) 研究过的联盟逻辑 (coalition logic) 相比，这是一个较弱的达成能力概念。主要区别在于语义解释不同，因为 Pauly(2002) 中的 $A_I\psi$ 的意思是："Agent 可以强制执行 (enforce)$\psi$"，即智能体 I 可以实现 $\psi$，而且其他智能体群体无法阻止这种情况的发生。

Hartonas(2012) 提出的 τPDL 逻辑与 Gerbrandy 和 Sauro(2007) 在行动能力的语义上也存在差异，最大差异体现在执行行动序列的能力方面。在 Gerbrandy 和 Sauro(2007) 中，只要 Agent 能够执行每个 A 和每个 B，那么就可以执行行动序列 AB。而在 τPDL 逻辑和 KARO 框架中，执行序列 AB 的能力被解释为：Agent 可以在当前状态下执行 A，也可以在任意 A-后继状态下执行 B。因此，例如，在 Gerbrandy 和 Sauro(2007) 中，"在某个状态下执行条件行动 if φ then do A 的能力" 等价于 "在该状态下执行 A 的能力"，而在 τPDL 逻辑中，这一能力被解释为 "在 φ 成立的当前状态下执行 A 的能力"。因此，Gerbrandy 和 Sauro(2007) 把 "执行 while 行动的能力" 简单地解释为 "执行 while 结构的 Agent 的能力"。相比之下，Hartonas(2012) 提出的 τPDL 逻辑对 $C_\iota$(while φ do A) 和执行一个迭代的能力的语义解释，采用的是更为普遍的不动点方法，详情请参见本章第二节第三部分的相关讨论。

Chen 和 De Giacomo(1999)、Pauly(2002)、Gerbrandy 和 Sauro(2007) 和 KARO 框架都没有研究可行行动 (enabling action)，但是在合作逻辑 (cooperation logic) 中，对可行行动进行研究，具有重要意义。例如，把锤子递给你，就可以钉钉子。在 Hartonas(2012) 提出的 τPDL 逻辑中，先决条件-效果行动类型并不局限于先决条件和效果是命题变元的布尔组合。可行行动类型具有 $\varphi \Rightarrow C_\iota A$ 的形式，可行能力 (enabling ability) 由结构 $C_k(\varphi \Rightarrow C_\iota A)$ 表示 (即存在一个行动智能体 k) 可以在当前状态下执行行动 (递给你锤子)，而且使得：如果 $\varphi$ 在该状态成立 (你有钉子)，那么 k 的行动效果是使智能体 $\iota$ 能够执行 A(钉钉子)。

## 二、τPDL 逻辑的应用和扩展

首先探讨类型命题动态逻辑 τPDL 的一个应用实例，即在 Web 服务组合的应用；然后探讨该逻辑的扩展系统。

### (一) Web 服务组合

Web 服务组合是万维网中一类极其重要的资源。随着语义 Web 本体标记语言 OWL(Web Ontology Language) 的逐步发展和成熟，在语义 Web 中智能化和自动化地整合 Web 服务资源的需求日益突出。经典的人工智能规划方法无法有效地处理 Web 服务执行过程中动态产生的新个体；而基于服务匹配的方法则无法充分利用 I/O(Inputs, Outputs) 参数类型之间大量的语义关联等关键问题 (王杰生等，2008)。采用类型命题动态逻辑 τPDL 可以刻画 Web 服务的 IOPE (Inputs, Outputs, Preconditions and Effects)，克服了经典的人工智能规划方法和基于服务匹配的方法在描述 Web 服务组合方面的缺点。

现在探讨基于 τPDL 逻辑研究动机的一个应用实例——关于 Web 服务的推理。在面向服务的结构 (service oriented architecture，SOA) 中，服务根据交换消息进行交互，并确定发送和接收消息的精确类型。消息携带的内容以命题形式出现，或者仅仅是对变元进行赋值的列表。"在消息传递过程中指派给变元的值的"局部行动被完全隐藏了。明显涉及的局部过程就是消息处理过程。接收到一个消息，消息处理程序 (message handler) 对消息类型和内容进行处理，确定局部的运行过程，反馈收到的消息变元的值，确定发送的邮件类型和收件人，把局部过程计算得到的值，指派给信息变元，并发送信息。服务交互是消息和传递值序列。换句话说，消息是服务中唯一可见的行动。

在 Martin 等 (2004) 提出的 OWL-S 分析中，服务消息由输入、输出、先决条件和效果这四个部分组成。输入有类型，并把它们的值指派给适当类型的变元。例如，在预订机票的消息交换中，类型?depDate:DateTime 中包含了一个类型 DateTime 和一个变量?depDate(出发日期)。变元-类型序对决定了一种输入。可以把这种序对看作是一个单值登记簿 (registry)，它只能是 "填满 (full) 或空" 这两种状态中的一种。当适当类型的值指派给变元时，就是填满状态，否则就是空状态 (或者是一个未加定义的默认底部 (default bottom)⊥ 值)。这些输入登记簿是布尔登记簿，可以把它们看作是命题变元。输出登记簿与此类似。因此，从先决条件和效果的视角来看，输入和输出在概念上并无不同。当满足先决条件时，将触发消息的发送。对于单值登记簿中的输入而言，这意味着登记簿将被填满。消息是在局部计算输出值之后发送的。服务的组合问题是寻找消息交换序列，并从某个性质的状态转变到具有所需性质的状态。

　　现在设想以下简单的场景。一位顾客想预订一张机票、一家旅馆和一辆当地出租车，把他从机场送到旅馆。预订机票需要输入诸如出发日期、目的地等信息；预订旅馆和当地出租车也需要输入类似信息。考虑到有些旅程可能会在你出发的第二天到达目的地，而要确定当地的交通工具，必须先确定出发时间和目的地。要成功地对服务行动进行排序，最好的方法 (在这个简单的例子中也是唯一的方法) 是预订机票，然后预订适当日期的旅馆，最后预订当地出租车。这可以在不需要传递具体值的情况下同时完成。图 4.5 可以表示如下信息。

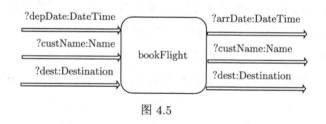

图 4.5

　　在图 4.5 中，左边 (变元名及其类型) 表示输入，右边表示输出。这种表示正确地描述了消息交换中的信息流动。严格地说，这里表示消息类型，而不是消息标记 (必须提供变元的具体值)。为了简单起见，本例禁止了附加消息，比如言语行动类型 (例如报价请求 (quote request)) 和发送者角色和名称；也不必提及接收方如何计算、给定的消息的言语行动类型、先前消息的发送方 (如果有的话) 和角色交流的预定关系 (predetermined relation)。

　　现在令 $\varphi_1$ 和 $\psi_1$ 分别是输入和输出的合取，一条消息就是 τPDL 语言的一个行动类型 $\varphi_1 \Rightarrow \psi_1$。与预订酒店相对应的消息是 $\varphi_2 \Rightarrow \psi_2$，与预订出租车相对应的消息是 $\varphi_3 \Rightarrow \psi_3$。当提供了客户姓名、出发日期、目的地和停留时间的信息时，是否可以适当地组合这些行动，从而输出相关航班、旅馆、出租车和时间的信息？假设 $\varphi$ 是输入信息，$\psi$ 是输出信息，那么这一问题就转化为以下 $\tau$PDL 语句是否可满足问题：$\Phi = \varphi \rightarrow \langle(((\varphi_1 \Rightarrow \psi_1)+(\varphi_2 \Rightarrow \psi_2)+(\varphi_3 \Rightarrow \psi_3))^*\rangle\psi$。

$\Phi$ 的可满足性不会传递"涉及哪些服务的任意信息"。但是，当服务被发布 (或部署) 时，服务操作记录被保存在适当的登记簿 (UDDI) 中。准确地说，这些操作是消息类型，因此类型命题动态逻辑 $\tau$PDL 操作类型是 $\nu \Rightarrow \chi$。这些操作就是服务的能力。因此，组合问题也涉及有关服务功能的信息，最好将其表述为受如下 (能力，或其他超逻辑和特定论域) 约束的满足性问题：

$$C_\iota A_1, \cdots, C_\iota A_k, C_J B_1, \cdots, C_k C_1 \vdash \varphi \rightarrow \langle(A_1 + \cdots + A_m)^*\rangle\psi$$

如果找到一个消息行动序列 (一个规划)，那么可以使用服务能力信息 (即哪些服务可以执行哪些类型的消息行动)，并且可以把这些行动指派给这些信息。

命题动态逻辑 PDL 可满足性问题的 $E_{XP}T_{IME}$ 复杂性，在系统实际使用过程中是一个缺点。但是，在实践中迭代次数是有界的，因为只有最多预先指定长度的规划在实践中才是有意义的。由于迭代次数是有界的，命题动态逻辑系统不必考虑迭代，因此它的可满足性问题在 $PS_{PACE}$ 中。

Hartonas(2012) 提出的 $\tau$PDL 系统处理动态 Web 服务组合问题的方法，基本上是现有的主流规划问题的方法。二者不同之处在于规划语言的选择不同。由于 $\tau$PDL 逻辑具有可判定性，是能够对规划问题进行表示和处理的一种合适语言。现有的典型方法通常将服务的 OWL-S 描述，转换为某个变种情景演算 (situation calculus)，然后使用现有的规划者来解决指定的规划问题。例如，目前最先进的人工智能规划者如 SHOP2 已经投入使用 (Wu et al., 2003)。规划问题的可判定性和复杂性一直是这些方法所关注的问题，它们取决于简化的假设。对于 (分层任务网络，Hierarchical Task Network) HTN 规划者 (如 SHOP2) 问题的概述，以及与命题动态逻辑 PDL 复杂性的比较，可参考 (Erol, 1996)。的确，HTN 规划者至少需要对规划中可用操作 (任务) 的某些排序做出一些适当的假设，以便规划问题甚至可以确定排序。低于单倍指数时间的复杂性通常是在严格的简化假设下实现的，如 Erol(1996) 所证明的那样。

### (二) 类型命题动态逻辑 $\tau$PDL 的相关结论与扩展

Hartonas(2012) 提出的类型命题动态逻辑 $\tau$PDL，给出了该逻辑的可靠且完全的证明系统，并证明了它的可判定性。该逻辑是能对 Agent 行动能力进行表示和推理的完全且可判定系统，可以看作是对 KARO 框架的 Agent 逻辑的改良。可以考虑从以下几个扩展方向对 τPDL 逻辑进行扩展：

可以先用认知算子或道义算子对 τPDL 系统进行适当的扩展。这种扩展，可以包括模态偏好算子，扩展后的逻辑是 Rao 和 Georgeff (1991，1995) 提出的 BDI-逻辑的可行替代逻辑，用于 Agent 系统的分析。由于 τPDL 系统具有可判定性，因而就有了实现该系统的基础。在这种扩展逻辑中，引入先决条件-效果行动类型不仅可以对状态更新行动进行编码，而且可以对 "能够改变 Agent 的心智状态 (mental states) 的" 行动进行编码。换言之，具有先决条件-效果行动类型的认知 (或道义) 逻辑就变成了动态认知 (或信念) 逻辑。例如，如果 $CK_I\varphi$ 表示 $\varphi$ 是群体 I 中 Agent 的公共知识 (common knowledge)，那么行动类型 $\varphi \Rightarrow CK_I\varphi$ 是 "向群体 I 的成员真实地公开宣告 $\varphi$ 的" 类型。类似地，偏好背景 (preference setting) 可以用 "表示行动类型的" $\neg\varphi \Rightarrow CP_I\varphi$ 这样的形式结构来表示，其意思是：如果 $\varphi$ 在当前状态下失败，则该行动的目的就是把集体偏好指派给群体 I 中的成员，以达成 $\varphi$。鉴于这种扩展的表达力，似乎有必要对各个扩展逻辑系统的性质加以研究。

类型命题动态逻辑 τPDL 似乎特别适合于对 Web 服务及其行动进行推理，因为这些行动被抽象地表示为先决条件-效果对，在公用视图中则隐藏了实现这些类型的实际程序。但是，只要实际使用 τPDL 对服务进行推理，就会被限制在严格的语句背景 (sentential context) 中。

现在讨论 τPDL 的第二种类型的扩展：一种允许原子语句是一阶谓词事实的系统，通过对句法扩展来重新获得语句逻辑特性，从而允许交流算子 (communication operators) 约束出现在谓词表达式和行动项的变元中。该扩展的研究动机源于 Carbone 等 (2006) 提出的 Web 服务编排的过程代数基础。为此，可以扩展行动类型的句法，从而包括 "把传值结构 (value-passing construct)(如 $\iota \rightharpoonup J: \langle \bar{v}, \bar{x} \rangle.A$) 作为前置代码的" 行动。在这种行动类型中，智能体 $\iota$ 将值 $\bar{v}$ 发送给 J，并将其约束到变元 $\bar{x}$(的局部副本) 的每个自由出现。通过允许由谓词表达式和 (包括变元在内的) 项构建原子命题，就可以对命题公式的句法进行扩展。这种语言的语句片段是每个命题或行动表达式都封闭的片段 (前置代码 $\iota \rightharpoonup J: \langle \bar{v}, \bar{x} \rangle$ 是一个变元约束算子)。该语言能够表达序列交流协议 (sequential communication protocols)(Carbone et al., 2006)。交流结构可以被视为替换结构，

允许 $([\iota \rightarrow J : \langle \bar{v}, \bar{x} \rangle.A])=([A[\bar{v}/\bar{x}]])$。需要说明的是，该语言中的先决条件-效果行动类型，可以对具体的消息交换进行编码。

Hartonas(2012) 并没有研究群体行动 (group action)。有必要研究 "不能分解成个体行动的交错 (interleaving) 的" 群体行动。例如，举起一张上面有玻璃花瓶的桌子需要行动同步 (要求玻璃花瓶保持完整)。在交互逻辑系统 (interaction logic) 中，交互可以发生在不同的地点。为简化问题，可以只考虑两个地点。如果要考虑群体行动，即两个地点的同时行动；并且如果将并发 (concurrency) 理解为交错，那么就可以使用乘积逻辑 (product logic) 系统 τPDL×τPDL。但也有一些行动类型，可以表示为任意协调类型的先决条件-效果对，它们可能是同步的局部活动的类型，这样产生的组合行动就不能被分解成局部行动的交错 (例如，如果要求同步的话)，否则根本不知道该怎么做。这种系统是一个基于局部逻辑的组合 τPDL 逻辑，而每个局部逻辑本身都是一个 τPDL 逻辑。这种扩展逻辑有待进一步研究。

# 第五章　基于规划修订动态逻辑的 Agent 规划修订推理

Riemsdijk 等 (2006a) 对命题动态逻辑进行了改编，使之能够对 Agent 编程语言 3APL 中的规划修订 (plan revision) 进行推理。3APL 智能体 (Agent) 具有信念和规划，而且执行规划会改变 Agent 的信念。在执行规划的过程中，可以通过规划修订规则对规划进行修订。鉴于 3APL 智能体具有规划修订能力，规划 "不能像标准命题动态逻辑那样" 通过结构归纳进行分析，需要对动态逻辑进行改编，使之能够对 3APL 智能体的规划修订进行推理。本章主要阐释这一研究成果。

本章主要工作如下：① 对一阶动态逻辑的命题版本进行改编，使之能够对受到特定限制的规划进行推理；② 利用改编后的一阶动态逻辑处理编程语言 3APL 中的规划修订推理；③ 对改编后的动态逻辑进行了公理化，并证明了其可靠性和完全性；④ 讨论了如何把 "处理受限规划的 3APL 逻辑" 扩展为 "处理不受限规划的 3APL 逻辑"，并使用扩展后的逻辑讨论了一些证明实例；⑤ 探讨了 3APL 智能体的证明性质与过程程序 (procedural program) 的证明性质之间的关系。

本章结构如下：第一节是引言。第二节是相关研究。第三节定义了 3APL 编程语言的简化版本及其语义。第四节给出一个动态逻辑，用于证明规划修订规则背景下的 3APL 语言中的规划性质。很明显，这不是普通的 3APL 规划逻辑，而是能够对 "以某种方式进行限制的规划" 进行处理的逻辑。第五节给出了该逻辑的公理系统，并证明了其可靠性和完全性。第六节探讨了如何把受限的 3APL 规划逻辑推广到不受限的 3APL 规划逻辑，并用扩展后的逻辑讨论了一些实例证明。第七节探究了过程程序的证明性质与 3APL 智能体的证明性质之间的关系，并把过程程序与规划修订规则进行了比较[①]。

---

① 本章部分内容来自郝一江, 张呈. 2023. 基于规划修订动态逻辑的 Agent 行为规划修订推理. 逻辑学动态与评论 (第 1 辑). 北京: 中国社会科学出版社.

# 第一节 引 言

Agent (智能体或主体) 通常被看作是一个封装的计算机系统，它位于某个环境中，并且能够在该环境中进行灵活、自主的操作，以满足其设计目标 (Wooldridge，1997)。为这些灵活的计算实体编程并不是一项简单的任务。这一领域的一个重要研究方向是认知 Agent 的研究，而且赋予这些 Agent 高层次的心智态度 (mental attitudes)，如信念、愿望、目标、规划、意图、规范 (norms) 和义务；这些 Agent 可以利用这些心智态度，表现出所期望的灵活的问题解决行为。

因此，Agent 的概念非常复杂。编程 Agent 必须能够接受精确的形式说明和验证，至少在某些关键应用中是如此。这一点得到了 (潜在) Agent 技术应用者 (比如 NASA) 的认可，NASA 组织了关于 Agent 的形式说明和验证的专门研讨会 (Rash et al., 2001；Hinchey et al., 2003)。

本章探讨了在认知 Agent 编程语言 3APL 简化版本 (Hindriks et al., 1999；Riemsdijk et al., 2003；Dastani et al., 2004) 中编程 Agent 的验证。这种语言是基于认知概念的理论 (Bratman, 1987; Cohen and Levesque, 1990; Rao and Georgeff, 1991; Hoek et al., 1998)。在 Dastani 等 (2004) 中，3APL 智能体有一组信念、规划和目标。其基本思想是，Agent 试图通过选择适当的规划来实现其目标，这取决于该智能体对世界的信念。因此，信念应该代表智能体的世界或环境；规划是实现这些目标的手段，目标代表智能体期望实现的世界状态。

如前所述，认知智能体编程语言旨在使用高级心智态度对灵活行为进行编码。在不同的语言中，这些心智态度是以不同的方式处理的。3APL 语言的一个重要方面是处理规划的方式：在该语言中，执行一个规划，就会改变智能体的信念[①]。为了增加智能体可能的灵活性，Hindriks 等 (1999) 给出的 3APL 语言，允许程序员对智能体进行编程时，可用对正在执行过程中的智能体的规划进行修改。与 Shoham(1993)、Rao(1996)、De Giacomo 等 (2000)、Evertsz 等 (2004) 和 Pakahr 等 (2005) 的其他智能体编程语言和体系结构相比，这是 3APL 语言的一个显著优点。3APL 语言的基本思想是：智能体不应盲目地执行已采纳的规划，而应能够在一定条件下对规划进行修改。本章重点讨论基于 3APL 语言的规划修订，而且考虑只有信念和规划 (但没有目标) 的语言版本。如何将目标整合到智能体编程语

---

① 环境的改变可能对规划的执行起到阻碍的作用。

言的背景知识中，可用参见 (Riemsdijk et al., 2002，2003，2005a，2005b，2005c；Braubach et al., 2005)。本章给出的 3APL 语言是 Hindriks 等 (1999) 定义的原始 3APL 语言的一个稍微简化的命题变种。

在 3APL 语言中，规划修订能力 (plan revision capabilities) 可以通过规划修订规则进行编码。这些规则由头部规则 (head rules) 和主干规则 (body rules) 组成，两者都能够表示规划。从本质上讲，规划就是能够执行的基本行动序列。非形式地讲，智能体可以应用一个规则是指：如果智能体有一个与该规则的头部规则相对应的规划，那么它就能够执行这一规则，执行的结果就是：用"该规则的主干规则中的规划"代替"与该规则的头部规则相对应的规划"。下文将会看到，由于规划修订能力的引入，就有必要关注规划执行的特征。本章将对规划执行结果的推理以及 3APL 智能体的形式化验证进行研究。

# 第二节　相关研究

Riemsdijk 等 (2006a) 是建立在理论计算机科学领域对编程语言的形式语义和逻辑所做的大量工作的基础上。编程语言的形式语义用于形式地说明用这种语言编写的程序的意义。使用形式语义说明编程语言的意义是很重要的，原因有很多。例如，① 形式语义的说明可以用来识别语言的问题；定义形式语义会迫使这一识别过程更加精确，而且还可能发现之前忽略的问题；② 形式语义可以作为比较各种语言的基础；③ 如果要对用某种语言编写的程序进行形式验证，定义形式语义是一个必要的先决条件；④ 如果要证明一个程序满足某个性质，就需要确切地知道该程序究竟干什么用。

编程语言的语义可以用不同的方式定义。本章第三节第二部分的操作语义学可以用于说明本章 3APL 语言的意义。本章重点研究的规划修订规则的操作语义与过程编程 (procedural programming) 中的过程 (procedures) 的语义相似。实际上，规划修订规则可以看作是过程的扩展。例如，Bakker (1980) 研究了过程语言的逻辑和语义。虽然过程和规划修订规则的操作语义是相似的，但是关于过程的推理技术不能用于规划修订规则。因为规划修订规则的引入会导致序列组合算子 (sequential composition operator) 的语义不再具有组合性。本章第四节和第七节将详细阐述该问题。Riemsdijk 等 (2004，2006b) 也从语义的角度对这一问题进行说明。

程序验证一般有两种方法:模型检测 (Clarke et al., 2000) 和定理证明 (Bakker, 1980)。在模型检测中,建立一个描述程序执行的模型,并检验该模型是否满足某种时间属性 (temporal property)。例如,Bordini 等 (2003) 给出了智能体编程语言 AgentSpeak 的模型检测。

在本章关注的定理证明中,用一个带演绎系统或公理化的逻辑,来证明程序满足一定的性质。为此,可以使用各种逻辑,例如,霍尔逻辑 (Apt, 1980) 和动态逻辑 (Harel 等 (2000) 或本专著第二章和第三章),本章的定理证明就用到了这两种逻辑。Riemsdijk 等 (2003) 利用动态逻辑,对 3APL 语言编写的程序进行推理。涉及这种逻辑的初衷是为了对 3APL 解释器 (interpreter) 或慎思语言 (deliberation language) 进行推理,但是 Riemsdijk 等 (2006a) 对规划采取了不同的观点和推理。Hindriks 等 (2000) 给出的没有公理化编程逻辑,其实是"没有规划修订规则的" 3APL 逻辑的一个片段。

现在梳理规划领域的相关研究。一般来说,规划就是处理"如何通过'形成规划的' 行动序列,从某个当前的状态达成期望的目标状态"的问题。Fikes 和 Nilsson(1971) 认为:通过使用关于"可获得的行动及其先决条件和结果的"说明,就可以搜索到适当的规划。然而,在现实问题中,搜索空间会变得相当大。因此,研究规划时,需要考虑如何找到更有效的规划搜索方法,以使得这一搜索可以执行;或许可以使用启发式搜索方法。

虽然规划的一般目标,即一个智能体为了实现其目标而产生的规划,与认知智能体编程的目标密切相关,但是在这两个领域中使用的技术是不同的。规划涉及对行动结果的推理,而在编程环境中,是程序员定义可用的规划,以及可能执行这些规划的情境。事实上,直接或间接以过程推理系统 (procedural reasoning system) 为基础的当今大多数智能体编程语言 (包括 3APL 语言),都是作为传统规划系统的替代方案而提出的。部分原因是这些系统需要通过 (潜在的) 较大的搜索空间,才能够进行搜索。与规划领域的研究相比,关于智能体编程语言的研究包括对"用于规划说明的"适当编程结构的设计和研究。本章也探讨了 3APL 语言的规划修订规则的编程结构。而且,这两个领域的规划结构通常不同:在规划领域中,规划通常由一组偏序行动组成;而在智能体编程中,规划的结构通常更简单。

尽管如此,规划领域也研究了 3APL 语言规划修订的基本思想,并把规划修

订 (plan revision) 称为规划修复 (plan repair)。其动机类似于向 3APL 智能体添加规划修订能力的动机。即，当智能体在某个环境中执行其规划的过程中，可能会出现问题，这时智能体必须重新规划，或者使旧规划适应变化的环境 (Hammond，1990；Krogt and Weerdt，2005a)。从理论上讲，修复现有规划 (最坏情况) 并不比完全重新规划更有效 (Nebel and Koehler，1995)，但实际上，规划修复往往更有效 (Krogt and Weerdt，2005a)。

虽然规划修复的方法主要涉及对行动的推理，但是还有一些方法使用预先制定的规划来进行规划修复，例如：Krogt 和 Weerdt (2005b)、Drabble 等 (1997)。后一种方法与 3APL 语言中的规划修订的关系更为密切，因为这两种方法都预先制定了规划的修复方式。但是，这些修复规划方法是嵌入在总体规划框架中的，与3APL 中使用的规划修订的确切关系尚不清楚。这一问题留待以后研究。

# 第三节　Agent 编程语言 3APL

下面分别从句法和语义两个方面，对智能体编程语言 3APL 进行阐述。

## 一、3APL 语言的句法

现在定义信念库 (belief base) 和规划。信念库是命题公式集。规划包括基本行动序列和抽象规划 (abstract plan)。基本行动可以执行，其结果就是改变智能体的信念。与基本行动相比，抽象规划可以不直接执行，因为抽象规划仅仅改变智能体的信念库。抽象规划就像过程编程中的过程一样，是一种抽象机制。如果一个规划仅仅由一个抽象规划组成，那么此抽象规划通过规划修订规则的应用，可以转化为基本行动；而且抽象规划可以看作是不可执行的基本行动。

下面定义的语言是包含指定元素的最小语言。

**定义 5.1** (信念库)　假设一个命题语言 $\mathcal{L}$ 具有典型的公式 p 和通常意义下的联结词 $\wedge$ 和 $\neg$，那么具有典型元素 $\sigma$ 的信念库集 $\Sigma$ 可以定义为 $\mathcal{L}$ 的幂集 $\wp(\mathcal{L})$。

**定义 5.2** (规划)　假设给定了一个具有典型元素 a 的基本行动集合 BasicAction，以及带有典型元素 p 的抽象规划集合 AbstractPlan。具有典型元素 $\pi$ 的规划集 Plan 定义如下：

(1) BasicAction$\cup$AbstractPlan$\subseteq$Plan；

(2) 如果 c $\in$(BasicAction$\cup$AbstractPlan) 且 $\pi$ $\in$Plan，那么 c; $\pi$ $\in$Plan。

基本行动和抽象规划称为原子规划，通常用 c 表示。为了技术上的方便，规划被定义为列表结构 (list structure)，严格来说，这意味着只能使用序列组合算子来毗连 (concatenating) 原子规划和规划，而不是对两个任意规划进行毗连。但是下文中还是会使用序列组合算子来毗连任意两个规划 $\pi_1$ 和 $\pi_2$，从而得到 $\pi_1; \pi_2$。因为在这时的序列组合算子应该被理解为一个函数，即：它接受具有列表结构的两个规划，并生成一个"也具有此结构的"新规划。因此，规划 $\pi_1$ 将作为结果规划的前缀。

本章用 $\epsilon$ 表示空规划，它是一个空列表。规划 $\pi$ 和空列表 $\epsilon$ 进行毗连，其结果还是 $\pi$，即 $\epsilon; \pi$ 和 $\pi; \epsilon$ 与 $\pi$ 相同。

一个规划和一个信念库共同组成一个所谓的格局 (configuration)。在计算或智能体执行规划的过程中，格局中的元素可能会更改。

**定义 5.3** (格局)　令 $\Sigma$ 为信念库集，Plan 为规划集，那么 Plan$\times\Sigma$ 是 3APL 智能体的一组格局。

规划修订规则由头部规则 $\pi_h$ 和主干规则 $\pi_b$ 组成。非形式地说，一个智能体有规划 $\pi_h$，当对具有形式为 $\pi_h$ 的规划修订规则进行应用时，可以用 $\pi_b$ 替换 $\pi_h$。

**定义 5.4** (规划修订规则 (PR))　PR 规则集 $\mathcal{R}$ 定义如下：

$$\mathcal{R} = \{\pi_h \rightsquigarrow \pi_b \mid \pi_h, \pi_b \in \text{Plan}, \pi_h \neq \epsilon\}$$

以规划 a; b 为例，其中 a 和 b 是基本行动，PR 规则为 a; b$\rightsquigarrow$c。那么智能体要么执行行动 a，然后执行行动 b，要么应用 PR 规则能够生成新的规划 c，并依次执行它们。由于不能执行组成规划 p 的抽象规划，但是仅仅通过使用像 PR 规则之类的过程转换 (如 p$\rightsquigarrow$a) 后，智能体就可以执行。

现在给出 3APL 智能体的定义。函数 $\Gamma$ 利用一个基本行动和一个信念库，产生一个新的信念库。利用函数 $\Gamma$ 就可以定义在执行基本行动时如何更新信念库。

**定义 5.5** (3APL 智能体)　一个 3APL 智能体 A 是一个序对 $\langle \text{Rule}, \Gamma \rangle$，其中 Rule$\subseteq \mathcal{R}$ 是一个 PR 规则的有穷集合，$\Gamma: (\text{BasicAction}\times\Sigma) \to \Sigma$ 是一个部分函数 (partial function)，表示信念库是如何通过基本行动的执行而更新的。

## 二、3APL 语言的语义

编程语言的语义可以定义为一个函数，它接受一个语句和一个状态，并得到在初始状态下执行初始语句所产生的一组状态。这样，语句就可以看作是状态上的转换函数。在 3APL 语言中，规划可以被看作是语句，信念库可以被看作是执行这些规划时的状态。虽然有多种定义语义函数的方法，但是本章则是利用操作语义 (operational semantics) 来定义它。操作语义详情可参见 Bakker(1980)。

语言的操作语义通常是使用转换系统来定义的。编程语言的转换系统由一组公理和推理规则组成，这些公理和规则用于产生该语言的转换。转换是将一种格局转换为另一种格局，并且这种转换对应于单个计算步骤。令 A=⟨Rule, Γ⟩ 是一个 3APL 智能体，BasicAction 是基本行动集。现在在 Hindriks 等 (1999) 给出的系统的基础上，给出智能体 A 的简化的 3APL 语言转换系统 Trans$_A$。

存在两种转换：描述基本行动执行情况的转换和描述规划修订规则应用情况的转换，需要用不同的标记来表示这两种转换。如果在一个格局中为一个规划初期的一个基本行动和信念库定义了函数 Γ，那么就在该格局中执行该行动。执行该行动的结果是，信念库按照函数 Γ 指定的方式更新，并且从该规划中删除这一基本行动。

**定义 5.6** (行动执行)　令 a ∈ BasicAction, σ 是初始状态，则

$$\frac{\Gamma(a, \sigma) = \sigma'}{\langle a; \pi, \sigma \rangle \rightarrow_{\text{exec}} \langle \pi, \sigma' \rangle}$$

如果头部规则等同于格局中规划的前缀，那么就可以在格局中应用该规划修订规则。应用规划修订规则将导致规划被修订，从而使得"等同于头部规则的"前缀，被主干规则中的规划替代。例如，规则 a; b⤳c 应用于规划 a; b; c 时，就得到规划 c; c。信念库不会因规划修订而改变。

**定义 5.7** (规则应用)　令 ρ: $\pi_h \leadsto \pi_b$ ∈Rule，那么 $\langle \pi_h; \pi, \sigma \rangle \rightarrow_{\text{app}} \langle \pi_b; \pi, \sigma \rangle$。

对函数应用 PR 规则和规划，就会得到由规则应用于给定规划而得到的结果规划。在此函数的基础上，可以定义这样的函数：应用一组 PR 规则和一个规划，就得到可以应用于该规划的一组规则。

**定义 5.8** (规则应用)　令 $\mathcal{R}$ 是 PR 规则集，Plan 是规划集。令 ρ: $\pi_h \leadsto \pi_b \in \mathcal{R}$ 并且 π, π′ ∈Plan，部分函数 apply: ($\mathcal{R} \times$Plan)→Plan 定义如下：

$$\text{apply}(\rho)(\pi) = \begin{cases} \pi_b; \pi', & \pi = \pi_h; \pi' \\ \text{不加定义}, & \pi \neq \pi_h; \pi' \end{cases}$$

利用函数 applicable: $(\wp(\mathcal{R})\times\text{Plan})\to\wp(\mathcal{R})$，可以得到适用于某个规划的规则，即 applicable(Rule, $\pi$)={$\rho\in$Rule | 被定义的 apply($\rho$)($\pi$)}。

使用转换系统，可以为 3APL 智能体推导出单个转换。这些转换可以按顺序排列，产生转换序列。通过删除转换序列中出现在所有格局中的规划组件，可以从一个转换序列得到一个计算序列。在以下定义中，给定初始格局，可以形式化地定义计算序列 (computation sequences)，进而可以定义产生这些序列的函数。

**定义 5.9** (计算顺序)　有穷计算序列集 $\Sigma^+$ 定义为 {$\sigma_1,\cdots,\sigma_i,\cdots,\sigma_n$ |$\sigma_i\in$ $\Sigma$, 其中 $1\leqslant i\leqslant n$, $n\in\mathbb{N}$}，$\mathbb{N}$ 是自然数集。

**定义 5.10** (产生计算序列的函数)　令 $x_i\in$\{exec, app\}，其中 $1\leqslant i\leqslant m$。产生计算序列的函数 $C^A$: (Plan$\times\Sigma$) $\to\wp(\Sigma^+)$ 定义如下: $C^A(\pi,\sigma)$ = {$\sigma_1,\cdots,\sigma_m\in$ $\Sigma^+$|$\theta=\langle\pi,\sigma\rangle\to_{x_1}\cdots\to_{x_m}\langle\epsilon,\sigma_m\rangle$ 是 Trans$_A$ 中的有穷转换序列}，其中 $\theta$ 是转换序列。

需要说明的是: 这里只考虑成功结束的转换序列 (successfully termination transition sequence)，即以空规划格局结束的序列。使用上面定义的函数，就可以定义 3APL 的操作语义。

**定义 5.11** (操作语义)　令 $\kappa:\Sigma^+\to\Sigma$ 是一个"产生有穷计算序列的最后一个元素的"函数，被扩展为处理如下一组计算序列的函数，其中 I 是一组指标 (indices): $\kappa(\{\delta_i|i\in I\})$={$\kappa(\delta_i)|i\in I$}。操作语义函数 $O^A$ : Plan$\to(\Sigma\to\wp(\Sigma))$ 定义如下: $O^A(\pi)(\sigma)=\kappa(C^A(\pi,\sigma))$。

如果函数是定义 5.11 中的操作语义函数 $O^A$，为了简洁起见，有时会省略上标 A。

**实例 5.12**　令 A 为带有 PR 规则 {p; a$\leadsto$b, p$\leadsto$c} 的一个智能体，其中 p 是一个抽象规划，a，b，c 是基本行动。令 $\sigma_a$ 是在初始状态 $\sigma$ 中执行基本行动 a 所产生的信念库，即 $\Gamma(a,\sigma)=\sigma_a$，令 $\sigma_{ab}$ 是在初始状态 $\sigma$ 中首先执行 a，然后执行 b 所产生的信念库，以此类推。那么产生计算序列的函数 $C^A(p; a)(\sigma)$ = {$(\sigma,\sigma,\sigma_b),(\sigma,\sigma,\sigma_c,\sigma_{ca})$}，它是基于转换序列 $\langle$ p; a, $\sigma\rangle\to_{app}\langle b,\sigma\rangle\to_{exec}\langle\epsilon,\sigma_b\rangle$ 以及 $\langle p; a,\sigma\rangle\to_{app}\langle c; a,\sigma\rangle\to_{exec}\langle a,\sigma_c\rangle\to_{exec}\langle\epsilon,\sigma_{ca}\rangle$。因此，$O^A(p; a)(\sigma)$= {$\sigma_b,\sigma_{ca}$}。

# 第四节　规划修订动态逻辑 PRDL

在编程语言研究中，一个重要的领域是程序的说明 (specification) 和验证 (verification)，因此程序逻辑应运而生。Harel(1979) 和 Harel 等 (2000) 的动态逻辑就是一种程序逻辑，本章将用到动态逻辑 (详情可参见本书第二章和第三章)。在动态逻辑中，程序是一种显式的句法结构。为了能够研究"执行程序 $\pi$ 对公式 $\phi$ 真值"的影响，需要使用模态结构 $[\pi]\phi$。其直观意思是，在 $\pi$ 终止 (halt) 的所有状态中，公式 $\phi$ 成立。

一般来说，程序是由原子程序和复合算子构成的。例如：序列合成算子 (;) 就是复合算子，程序 $\pi_1;\pi_2$ 直观意思是：先执行程序 $\pi_1$，然后执行程序 $\pi_2$。这种复合程序的语义通常可以由组成它的成分的语义来决定。这种组合性允许通过结构归纳法进行分析 (Boas，1978)，即通过分析复合语句的各个组成部分来分析复合语句。在动态逻辑中，用结构归纳法分析序列组合算子，可以用公式 $[\pi_1;\pi_2]\phi \leftrightarrow [\pi_1][\pi_2]\phi$ 表示，而且这一公式通常是有效的。但是，对于 3APL 规划，这个公式并不总是成立的，这是由 PR 规则而导致的。

现在用实例 5.12 中的 3APL 智能体，非形式地解释这一点。如前所述，给定初始规划 p; a 和初始状态 $\sigma$，该智能体的操作语义是：$O(p; a)(\sigma)=\{\sigma_b, \sigma_{ca}\}$。现在比较首先在 $\sigma$ 中"执行"[①]p，然后在结果的信念库中执行 a 的结果，即比较集合 $O(a)(O(p)(\sigma))$。在这种情况下，只有一个成功结束的转换序列，即在 $\sigma_{ca}$ 中结束，即 $O(a)(O(p)(\sigma)) = \{\sigma_{ca}\}$。现在如果假设 $\sigma_{ca} \models \phi$ 但 $\sigma_b \not\models \phi$，那么公式 $[p; a]\phi \leftrightarrow [p][a]\phi$ 就不成立。

因此，以这种方式通过结构归纳分析规划的方法不适用于 3APL 程序。但是为了证明 3APL 程序的正确性，进行某种形式的归纳还是很重要的。下面将集中说明，可以用于 3APL 程序推理的归纳方法，即对转换序列中 PR 规则应用程序的次数进行归纳。为此，需要引入适用于 3APL 程序的动态逻辑——规划修订动态逻辑 PRDL。

---

① 本章使用"执行"一词有两种方式。一种"执行"表示：在类型为 exec 或 app 的几个转换意义下，对任意规划的执行，从带有此规划的格局 (configuration) 开始，执行的结果是得到某个最终格局。另一种"执行"表示：在类型为 exec 的一个转换意义下，对基本行动的执行。

## 一、PRDL 逻辑的句法

为了能够对转换序列中 PR 规则应用的次数进行归纳，引入了受限规划 (restricted plan)，并用自然数标注这些规划。非形式地说，如果一个规划的限制参数 (restriction parameter) 为 n，那么在该规划执行期间的规则应用次数不能超过 n。

**定义 5.13** (受限规划)　令 Plan 是一个规划语言，$\mathbb{N}$ 是自然数集，令 $\mathbb{N}^- = \mathbb{N} \cup \{-1\}$。因此，受限规划的语言 $\text{Plan}_r$ 定义为 $\{\pi \upharpoonright_n | \pi \in \text{Plan}, n \in \mathbb{N}^-\}$。

现在定义 "可表达 3APL 智能体性质的" 动态逻辑语言。在此逻辑中，可表示受限规划的性质，即通过证明受限规划性质来证明 3APL 智能体的规划性质。

**定义 5.14** (规划修订动态逻辑 PRDL)　令 $\pi \upharpoonright_n \in \text{Plan}_r$ 为受限规划，令 A 是定义 5.5 定义的 3APL 智能体。因此，带有典型元素 $\phi$ 的动态逻辑语言 $\mathcal{L}_{\text{PRDL}}$ 定义如下：

(1) $\mathcal{L} \subseteq \mathcal{L}_{\text{PRDL}}$；

(2) 如果 $\phi \in \mathcal{L}_{\text{PRDL}}$，那么 $[\pi \upharpoonright_n]\phi \in \mathcal{L}_{\text{PRDL}}$；

(3) 如果 $\phi, \phi' \in \mathcal{L}_{\text{PRDL}}$，那么 $\neg\phi \in \mathcal{L}_{\text{PRDL}}$ 且 $\phi \wedge \phi' \in \mathcal{L}_{\text{PRDL}}$。

## 二、PRDL 逻辑的语义

为了定义 PRDL 的语义，需要首先定义受限规划的语义。正如普通规划一样，本章也定义了受限规划的操作语义，即给定一个初始受限规划和一个信念库，可以通过定义一个计算序列的函数来定义受限规划的操作语义。

**定义 5.15** (产生计算序列的函数)　令 $x_i \in \{\text{exec}, \text{app}\}$，其中 $1 \leqslant i \leqslant m$。令 $N_{\text{app}}(\theta)$ 是在转换序列 $\theta$ 中可以生成形如 $S_i \to_{\text{app}} S_{i+1}$ 的转换次数。用于计算序列的函数 $C_r^A: (\text{Plan}_r \times \Sigma) \to \wp(\Sigma^+)$ 的定义如下：$C_r^A(\pi \upharpoonright_n, \sigma) = \{\sigma, \cdots, \sigma_m \in \Sigma^+ | \theta = \langle \pi, \sigma \rangle \to_{x_1} \cdots \to_{x_m} \langle \epsilon, \sigma_m \rangle\}$ 是转换 $\text{Trans}_A$ 中的一个有穷转换序列，其中 $0 \leqslant N_{\text{app}}(\theta) \leqslant n$。

从定义 5.15 可以看出，产生计算序列的函数 $C_r^A(\pi \upharpoonright_n, \sigma)$ 是以 "始于格局 $\langle \pi, \sigma \rangle$ 的转换序列" 为基础。在这些转换序列中，规则应用的次数介于 0 次与 n 次之间，这与定义 5.10 中的函数 $C^A$ 的情况相反，函数 $C^A$ 规则应用的次数不受限制。

利用函数 $C_r^A$ 生成的计算序列的最后元素, 可以定义受限规划的操作语义。如果限制参数等于 $-1$, 那么信念库是空集。

**定义 5.16** (操作语义)　$\kappa$ 如定义 5.11 中的定义, 操作语义函数 $O_r^A$: $Plan_r \to (\Sigma \to \wp(\Sigma))$ 定义如下:

$$O_r^A(\pi{\upharpoonright}_n)(\sigma) = \begin{cases} \kappa(C_r^A(\pi{\upharpoonright}_n, \sigma)), & n \geqslant 0 \\ \varnothing, & n = -1 \end{cases}$$

根据受限规划的操作语义, 可定义规划修订动态逻辑 (简称 PRDL) 的语义。

**定义 5.17** (PRDL 逻辑的语义)　令 $\mathcal{L}$ 是命题逻辑语言, $p \in \mathcal{L}$ 是命题公式, $\phi, \phi' \in \mathcal{L}_{PRDL}$, 通常情况下, $\models_{\mathcal{L}}$ 是语言 $\mathcal{L}$ 所定义的蕴涵关系; $\sigma$ 和 $\sigma'$ 都是状态。$\mathcal{L}_{PRDL}$ 的语义 $\models_A$ 定义如下:

$$\sigma \models_A p \Leftrightarrow \sigma \models_{\mathcal{L}} p$$
$$\sigma \models_A [\pi{\upharpoonright}_n]\phi \Leftrightarrow \forall \sigma' \in O_r^A(\pi{\upharpoonright}_n)(\sigma): \sigma' \models_A \phi$$
$$\sigma \models_A \neg\phi \Leftrightarrow \sigma \nvDash_A \phi$$
$$\sigma \models_A \phi \wedge \phi' \Leftrightarrow \sigma \models_A \phi \text{且} \sigma \models_A \phi'$$

操作语义函数 $O_r^A$ 由智能体 A 定义, $\mathcal{L}_{PRDL}$ 的语义也由智能体 A 定义, 并用下标 A 加以标注。令 $Rule \subseteq \mathcal{R}$ 是有穷 PR 规则集。如果对于 $\forall \Gamma$ 和 $\sigma$, $\sigma \models \langle Rule, \Gamma\rangle\phi$, 那么写作 $\models_{Rule} \phi$。

## 第五节　规划修订动态逻辑 PRDL 的公理系统

为了证明受限规划的性质, 在本节中将构造一个规划修订动态逻辑 (PRDL) 的演绎系统, 该演绎系统的主要目的不是证明受限规划的性质, 而是证明不受限 3APL 规划的性质。这是由于受限规划的语义与不受限规划的语义紧密相关, 因此利用受限规划的公理系统也可以达到证明不受限 3APL 规划的性质。这一过程将在第六节详细阐述。

**定义 5.18** (公理系统 $AS_{Rule}$)　令 BasicAction 是基本行动集, AbstractPlan 是抽象规划集, 且 $Rule \subseteq \mathcal{R}$ 是有穷 PR 规则集。令 $a \in$ BasicAction, $p \in$ Abstract-Plan, $c \in$ (BasicAction$\cup$AbstractPlan), 且 $\rho$ 遍历 applicable(Rule, $c$; $\pi$)。系统 $AS_{Rule}$ 的公理包括

(PRDL1) $[\pi\upharpoonright_{-1}]\phi$;

(PRDL2) $[p\upharpoonright_0]\phi$;

(PRDL3) $[\epsilon\upharpoonright_n]\phi \leftrightarrow \phi$，其中 $0 \leqslant n$;

(PRDL4) $[c; \pi\upharpoonright_n]\phi \leftrightarrow [c\upharpoonright_0][\pi\upharpoonright_n]\phi \wedge \bigwedge_\rho [apply(\rho, c; \pi)_{n-1}]\phi$，其中 $0 \leqslant n$;

(PL) 命题逻辑公理；

(PDL) $[\pi\upharpoonright_n](\phi \rightarrow \phi') \rightarrow ([\pi\upharpoonright_n]\phi \rightarrow [\pi\upharpoonright_n]\phi')$。

系统 $AS_{Rule}$ 的规则包括

(GEN) $\dfrac{\phi}{[\pi\upharpoonright_n]\phi}$;

(MP) $\dfrac{\phi_1, \phi_1 \rightarrow \phi_2}{\phi_2}$。

由于公理系统与给定的 PR 规则集 Rule 有关，故用记号 $\vdash_{Rule} \phi$ 表示在上述系统 $AS_{Rule}$ 中可推导出 $\phi$。

现在解释 $AS_{Rule}$ 系统的 PRDL 公理，命题动态逻辑 (PDL) 的其他公理和规则对系统 $AS_{Rule}$ 而言也是成立的。首先从最有趣的公理 PRDL4 开始解释，该公理表示：定义 5.6 和定义 5.7 中的两种类型的转换 (即行动执行和规则应用)，对 3APL 智能体都是适用的。考察格局 $\langle a; \pi, \sigma \rangle$，其中 a 是一个基本行动。在计算过程中产生的下一个格局可能是 $\langle \pi, \sigma' \rangle$[①](行动执行) 和 $\langle apply(\rho, a; \pi), \sigma \rangle$(规则应用)，其中 $\rho$ 遍历 applicable(Rule, a; $\pi$) 规则 (参见定义 5.8)。因此在 a 执行后，通过分析 $\pi$，就可以分析规划 a; $\pi$，而且通过应用规则 apply($\rho$, a; $\pi$)，就可以得到结果规划[②]。当限制参数是 0 时，执行行动的结果是得到公理 PRDL4 右边的第一项 $[a\upharpoonright_0][\pi\upharpoonright_n]\phi$[③]。该公理右边第二项是在所有 applicable 规则 $\rho$ 上的 $[apply(\rho, c; \pi)\upharpoonright_{n-1}]\phi$ 的一个合取式；这里的限制参数是 n−1，是因为在允许的 n 次规则应用中已经使用过一次，即限制参数是 0 的那一次。PRDL1—PRDL3 这三个公理表征了限制规划的基本性质。如果左边是 $[c; \pi\upharpoonright_0]$，那么公理 PRDL1 可以用于消除公理 PRDL4 右边的第二项。如果 c 是一个抽象规划，那么 PRDL2 可以用于消除 PRDL4 右边的第一项。当抽象规划只能通过规则应用转换时，如果抽象规划的限制参数是 0，那么就不会产生结果状态，即不允许规则应用。PRDL3

---

① 假设 $\Gamma(a, \sigma) = \sigma'$。

② 需要说明的是：通过结构归纳可以部分地分析规划 a; $\pi$，这是由于根据 a 和 $\pi$ 只能够部分地分析该规划。

③ 在这一解释中，虽然公理 PRDL4 中的 c 是基本行动，但是该公理也适用于抽象规划。

表示在执行空规划后，如果 $\phi$ 成立，那么 $\phi$ "现在" 就成立。通过使用带有规划 $c; \epsilon$ 的公理 PRDL4，可以推导原子规划 c 的性质。

## 一、公理系统 $AS_{Rule}$ 的可靠性

定义 5.18 给出的公理系统 $AS_{Rule}$ 是可靠的。

**定理 5.19** (可靠性) 令 $\phi \in \mathcal{L}_{PRDL}$，Rule$\in \mathcal{R}$ 是 PR 规则的任意有穷集，那么公理系统 $AS_{Rule}$ 是可靠的，即 $\vdash_{Rule} \phi \Rightarrow \models_{Rule} \phi$。

**证明** 先证明系统 $AS_{Rule}$ 的 PRDL 公理的可靠性。令 $\pi \in$ Plan 是任意规划，$\phi \in \mathcal{L}_{PRDL}$ 是任意 PRDL 公式，A=$\langle$Rule, $\Gamma\rangle$，且 $\models_{\langle Rule, \Gamma \rangle}$ 简写为 $\models_{Rule}$。

对于公理 (PRDL1)，证明 $\forall \Gamma, \sigma : \sigma \models_{Rule} [\pi \upharpoonright_{-1}]\phi$ 即可。令 $\sigma \in \Sigma$ 是任意信念库，且 $\Gamma$ 是任意信念更新函数。根据定义 5.17 有 $\sigma \models_{Rule} [\pi \upharpoonright_{-1}]\phi \Leftrightarrow \forall \sigma' \in O_r^A(\pi \upharpoonright_{-1})(\sigma): \sigma' \models_{Rule} \phi$。根据定义 5.16，易得 $O_r^A(\pi \upharpoonright_{-1})(\sigma) = \varnothing$。

对于公理 (PRDL2)，证明 $\forall \Gamma, \sigma: \sigma \models_{Rule} [p \upharpoonright_0]\phi$ 即可。令 $p \in$ AbstractPlan 是任意抽象规划，$\sigma \in \Sigma$ 是任意信念库，且 $\Gamma$ 是任意信念更新函数。根据定义 5.17 有 $\sigma \models_{Rule} [p \upharpoonright_0]\phi \Leftrightarrow \forall \sigma' \in O_r^A(p \upharpoonright_0)(\sigma): \sigma' \models_{Rule} \phi$。根据定义 5.6，易得 $O_r^A(p \upharpoonright_0)(\sigma) = \varnothing$。

对于公理 (PRDL3)，证明 $\forall \Gamma, \sigma: \sigma \models_{Rule} [\epsilon \upharpoonright_n]\phi \leftrightarrow \phi$ 即可，其中 $n \geqslant 0$；即证明 $\forall \Gamma, \sigma: (\sigma \models_{Rule} [\epsilon \upharpoonright_n]\phi) \Leftrightarrow \sigma \models_{Rule} \phi$ 即可。令 $\sigma \in \Sigma$ 是任意信念库，且 $\Gamma$ 是任意信念更新函数。根据定义 5.15 有 $C_r^A(\epsilon \upharpoonright_n, \sigma) = \{\sigma\}$，其中 $n \geqslant 0$，即

$$\kappa(C_r^A(\epsilon \upharpoonright_n, \sigma)) = \{\sigma\} \tag{5.5.1}$$

根据定义 5.17、定义 5.16 和 (5.5.1)，可以得到如下期望的结果：

$$\sigma \models_{Rule} [\epsilon \upharpoonright_n]\phi \Leftrightarrow \forall \sigma' \in O_r^A(\epsilon \upharpoonright_n)(\sigma) : \sigma' \models_{Rule} \phi$$

$$\Leftrightarrow \forall \sigma' \in \kappa(C_r^A(\epsilon \upharpoonright_n, \sigma)) : \sigma' \models_{Rule} \phi$$

$$\Leftrightarrow \sigma \models_{Rule} \phi$$

对于公理 (PRDL4)，证明 $\forall \Gamma, \sigma: \sigma \models_{\langle Rule, \Gamma \rangle} [c; \pi \upharpoonright_n]\phi \leftrightarrow [c \upharpoonright_0][\pi \upharpoonright_n]\phi \wedge \bigwedge_{\rho} [apply(\rho, c; \pi) \upharpoonright_{n-1}]\phi$ 即可，即 $\forall \Gamma, \sigma: \sigma \models_{\langle Rule, \Gamma \rangle} [c; \pi \upharpoonright_n]\phi \Leftrightarrow \forall \Gamma, \sigma: \sigma \models_{\langle Rule, \Gamma \rangle} [c \upharpoonright_0][\pi \upharpoonright_n]\phi$ 且 $\forall \Gamma, \sigma: \sigma \models_{\langle Rule, \Gamma \rangle} \bigwedge_{\rho} [apply(\rho, c; \pi) \upharpoonright_{n-1}]\phi$。令 $\sigma \in \Sigma$ 是任意信念

库，且 $\Gamma$ 是任意信念更新函数。假设 $c \in \text{BasicAction}$，且 $\langle c; \pi, \sigma \rangle \rightarrow_{\text{execute}} \langle \pi; \sigma_1 \rangle$ 是 $\text{Tran}_A$ 中的一个转换，根据定义 5.15 有 $\kappa(C_r^A(c\restriction_0, \sigma)) = \{\sigma_1\}$。令 $\rho$ 遍历 applicable(Rule, c; $\pi$)，根据定义 5.15 有

$$\kappa(C_r^A(c; \pi\restriction_n, \sigma)) = \kappa(C_r^A(\pi\restriction_n, \sigma_1)) \cup \kappa(C_r^A(\text{apply}(\rho, c; \pi)\restriction_{n-1}, \sigma)) \tag{5.5.2}$$

如果 $c \in \text{AbstractPlan}$ 或者如果形如 $\langle c; \pi, \sigma \rangle \rightarrow_{\text{execute}} \langle \pi; \sigma_1 \rangle$ 的转换是不可推导的，那么 (5.5.2) 右边的第一项为空。

现在进行从左向右方向 $(\Rightarrow)$ 的证明。假设 $\sigma \models_{\text{Rule}} [c; \pi\restriction_n]\phi$，根据定义 5.17 有 $\forall \sigma' \in O_r^A(c; \pi\restriction_n, \sigma): \sigma' \models_{\text{Rule}} \phi$，再根据定义 5.16 有

$$\forall \sigma' \in \kappa(C_r^A(c; \pi\restriction_n, \sigma)): \sigma' \models_{\text{Rule}} \phi \tag{5.5.3}$$

现在证明 $(A)\sigma \models_{\text{Rule}} [c\restriction_0][\pi\restriction_n]\phi$ 和 $(B)\sigma \models_{\text{Rule}} \bigwedge_\rho [\text{apply}(\rho, c; \pi)\restriction_{n-1}]\phi$ 即可。

首先证明 (A)。如果 $c \in \text{AbstractPlan}$ 或者如果一个形如 $\langle c; \pi, \sigma \rangle \rightarrow_{\text{execute}} \langle \pi; \sigma_1 \rangle$ 的转换是不可推导出来的，根据公理 (PRDL2) 或者证明不可执行的基本行动的一个相似命题即可得证。如果 $c \in \text{BasicAction}$，根据定义 5.16 和定义 5.17 有

$$\sigma \models_{\text{Rule}} [c\restriction_0][\pi\restriction_n]\phi \Leftrightarrow \forall \sigma' \in O_r^A(c\restriction_0, \sigma): \sigma' \models_{\text{Rule}} [\pi\restriction_n]\phi$$

$$\Leftrightarrow \forall \sigma' \in O_r^A(c\restriction_0, \sigma): \forall \sigma'' \in O_r^A(\pi\restriction_n, \sigma'): \sigma'' \models_{\text{Rule}} \phi$$

$$\Leftrightarrow \forall \sigma' \in \kappa(C_r^A(c\restriction_0, \sigma)): \forall \sigma'' \in \kappa(C_r^A(\pi\restriction_n, \sigma')): \sigma'' \models_{\text{Rule}} \phi$$

$$\Leftrightarrow \forall \sigma'' \in \kappa(C_r^A(\pi\restriction_n, \sigma_1)): \sigma'' \models_{\text{Rule}} \phi \tag{5.5.4}$$

根据 (5.5.2) 有 $\kappa(C_r^A(\pi\restriction_n, \sigma_1)) \subseteq \kappa(C_r^A(c; \pi\restriction_n, \sigma))$。据此和假设 (5.5.3)，可推导出 (5.5.4)。

然后证明 (B)。令 $c \in (\text{BasicAction} \cup \text{AbstractPlan})$，$\rho \in \text{applicable}(\text{Rule}, c; \pi)$。证明 $\sigma \models_{\text{Rule}} [\text{apply}(\rho, c; \pi)\restriction_{n-1}]\phi$ 即可。根据定义 5.16 和定义 5.17 有

$$\sigma \models_{\text{Rule}} [\text{apply}(\rho, c; \pi)\restriction_{n-1}]\phi \Leftrightarrow \forall \sigma' \in O_r^A(\text{apply}(\rho, c; \pi)\restriction_{n-1}, \sigma): \sigma' \models_{\text{Rule}} \phi$$

$$\Leftrightarrow \forall \sigma' \in \kappa(C_r^A(\text{apply}(\rho, c; \pi)\restriction_{n-1}, \sigma)): \sigma' \models_{\text{Rule}} \phi \tag{5.5.5}$$

根据 (5.5.2) 有 $\kappa(C_r^A(\mathrm{apply}(\rho, c; \pi) \upharpoonright_{n-1}, \sigma)) \subseteq \kappa(C_r^A(c; \pi \upharpoonright_n, \sigma))$。据此和假设 (5.5.3)，可推导出 (5.5.5)。

现在进行从右向左方向 ($\Leftarrow$) 的证明。假设 $\sigma \models_{\mathrm{Rule}} [c \upharpoonright_0][\pi \upharpoonright_n]\phi$，且 $\sigma \models_{\mathrm{Rule}}$ $\bigwedge_\rho [\mathrm{apply}(\rho, c; \pi) \upharpoonright_{n-1}]\phi$，即 $\forall \sigma' \in \kappa(C_r^A(\pi \upharpoonright_n, \sigma_1)) : \sigma' \models_{\mathrm{Rule}} \phi$（根据 (5.5.4)）和 $\forall \sigma' \in \kappa(C_r^A(\mathrm{apply}(\rho, c; \pi) \upharpoonright_{n-1}, \sigma)) : \sigma' \models_{\mathrm{Rule}} \phi$（根据 (5.5.5)），证明 $\sigma \models_{\mathrm{Rule}} [c; \pi \upharpoonright_n]\phi$ 即可，即需要证明 $\forall \sigma' \in \kappa(C_r^A(c; \pi \upharpoonright_n, \sigma)) : \sigma' \models_{\mathrm{Rule}} \phi$（根据 (5.5.3)）即可得到期望的结论。

如果 $c \in \mathrm{AbstractPlan}$ 或者如果一个形如 $\langle c; \pi, \sigma \rangle \rightarrow_{\mathrm{execute}} \langle \pi; \sigma_1 \rangle$ 的转换是不可推导的，那么有 $\kappa(C_r^A(c; \pi \upharpoonright_n, \sigma)) = \bigcup_\rho \kappa(C_r^A(\mathrm{apply}(\rho, c; \pi) \upharpoonright_{n-1}, \sigma))$（根据 (5.5.2)）。据此和假设即可得证。

如果 $c \in \mathrm{BasicAction}$ 且形如 $\langle c; \pi, \sigma \rangle \rightarrow_{\mathrm{execute}} \langle \pi; \sigma_1 \rangle$ 的一个转换是可推导的，那么有 (5.5.2)。据此和假设即可得证。证毕。

## 二、 公理系统 $\mathbf{AS_{Rule}}$ 的完全性

为证明公理系统 $\mathrm{AS_{Rule}}$ 的完全性，先证明命题 5.22。命题 5.22 表明：$\mathcal{L}_{\mathrm{PRDL}}$ 中的任意公式都能改写 (rewritten 或重写) 为一个 "全部限制参数为 0 的" 等价公式。施归纳于公式的大小 (size) 即可证明命题 5.22。公式的大小则是通过函数 $\mathrm{size}: \mathcal{L}_{\mathrm{PRDL}} \rightarrow \mathbb{N}^3$ 来定义。该函数输入一个 $\mathcal{L}_{\mathrm{PRDL}}$ 中的公式，就产生一个三元组 $\langle x, y, z \rangle$，其中 x 大致对应于出现在公式中的限制参数之和 (sum)，y 大致对应于公式中规划长度之和，z 是公式的长度。如果所有限制参数是 0，那么一个公式的大小就是 0。为了能够进行归纳证明，需要把规划和公式的长度整合进 size 函数中。随后将对此做进一步的解释。

**定义 5.20** (公式的大小) 令 $\langle x_1, y_1, z_1 \rangle$，$\langle x_2, y_2, z_2 \rangle$ 是按照字母顺序排列的三元组 $\langle x, y, z \rangle \in \mathbb{N} \times \mathbb{N} \times \mathbb{N}$。$\langle x_1, y_1, z_1 \rangle < \langle x_2, y_2, z_2 \rangle$，当且仅当：$x_1 < x_2$ 或者 $(x_1 = x_2, y_1 < y_2)$ 或者 $(x_1 = x_2, y_1 = y_2$，且 $z_1 < z_2)$。

令 max 是一个 "从两个 $\mathbb{N} \times \mathbb{N} \times \mathbb{N}$ 的元素组中取最大值的" 函数，令 f 是 "从一个 $\mathbb{N} \times \mathbb{N} \times \mathbb{N}$ 的元素组中得到第一个元素的" 函数，s 是 "从一个 $\mathbb{N} \times \mathbb{N} \times \mathbb{N}$ 的元素组中得到第二个元素的" 函数。令 $\ell$ 是 "表示句法实体 (即表达式) 中的符号个数的" 函数，且令 $\ell(\epsilon) = 0$。函数 $\mathrm{size}: \mathcal{L}_{\mathrm{PRDL}} \rightarrow \mathbb{N}^3$ 的定义如下：

$$\text{size}(p) = \langle 0, 0, \ell(p) \rangle$$

$$\text{size}([\pi\restriction_n]\phi) = \begin{cases} \langle n + f(\text{size}(\phi)), \ell(\pi) + s(\text{size}(\phi)), \ell([\pi\restriction_n]\phi) \rangle, & \text{当 } n > 0 \text{ 时} \\ \\ \langle f(\text{size}(\phi)), s(\text{size}(\phi)), \ell([\pi\restriction_n]\phi) \rangle, & \text{否则} \end{cases}$$

$$\text{size}(\neg\phi) = \langle f(\text{size}(\phi)), s(\text{size}(\phi)), \ell(\neg\phi) \rangle$$

$$\text{size}(\phi \wedge \phi') = \langle f(\max(\text{size}(\phi), \text{size}(\phi'))), s(\max(\text{size}(\phi), \text{size}(\phi'))), \ell(\phi \wedge \phi') \rangle$$

值得注意的是，当计算公式 $[\pi\restriction_n]\phi$ 的规划长度时，即元素组 $\text{size}([\pi\restriction_n]\phi)$ 的第二个元素时，若 $n>0$，将规划 $\pi$ 的长度加入 $\phi$ 的规划长度。无论 $n=0$ 还是 $n=-1$，规划 $\pi$ 的长度都不必加入 $\phi$ 的规划长度中，元素组 $\text{size}([\pi\restriction_n]\phi)$ 的第二个元素就是 $s(\text{size}(\phi))$。实际上，根据函数 size 的定义，当公式 $\phi$ 中所有的限制参数是 $0$(或 $-1$)，$\text{size}(\phi) = \langle 0, 0, \ell(\phi) \rangle$。而且该定义表明 $\text{size}([c\restriction_0][\pi\restriction_n]\phi)$ 比 $\text{size}([c; \pi_n]\phi)$ 更小，在证明引理 5.21 时，会用到这点，引理 5.21 是为命题 5.22 的证明做准备的。

引理 5.21 的子句 (5.5.7) 表明：公理 (PRDL4) 的右边部分比左边部分更小。从左到右应用该公理可以证明形如 $[\pi\restriction_n]\phi$ 的公式。直观地讲，当使用函数 size 进行解释时，公式将变得更小，这说明演绎过程是收敛的 (convergence)。

**引理 5.21**　令 $\phi \in \mathcal{L}_{\text{PRDL}}, c \in(\text{BasicAction}\cup\text{AbstractPlan})$，并令 $\rho$ 遍历 applicable (Rule, c; $\pi$) 且 $n>0$，那么下列公式成立：

$$\text{size}(\phi) < \text{size}([\epsilon\restriction_n]\phi) \tag{5.5.6}$$

$$\text{size}([c\restriction_0][\pi\restriction_n]\phi \wedge \bigwedge_\rho [\text{apply}(\rho, c; \pi) \restriction_{n-1}]\phi) < \text{size}([c; \pi\restriction_n]\phi) \tag{5.5.7}$$

$$\text{size}(\phi) < \text{size}(\phi \wedge \phi') \tag{5.5.8}$$

$$\text{size}(\phi') < \text{size}(\phi \wedge \phi') \tag{5.5.9}$$

**证明**　首先证明 (5.5.6)。根据定义 5.20 有 $\text{size}([\epsilon\restriction_n]\phi) = \langle n + f(\text{size}(\phi)), s(\text{size}(\phi)), \ell([\epsilon\restriction_n]\phi) \rangle$，它比 size $(\phi)$ 大。

现在证明 (5.5.7)，根据定义 5.20 有 (其中 $n>0$)

$$\text{size}([c; \pi\restriction_n]\phi) = \langle n + f(\text{size}(\phi)), \ell(c; \pi) + s(\text{size}(\phi)), \ell([c; \pi\restriction_n]\phi) \rangle$$

$$\text{size}([c\restriction_0][\pi\restriction_n]\phi) = \langle n + f(\text{size}(\phi)), \ell(\pi) + s(\text{size}(\phi)), \ell([c\restriction_0][\pi\restriction_n]\phi) \rangle$$

$$\text{size}([\text{apply}(\rho, c; \pi) \restriction_{n-1}]\phi) = \langle (n-1) + \text{f}(\text{size}(\phi)), \ell(\text{apply}(\rho, c; \pi))$$

$$+ \text{s}(\text{size}(\phi)), \ell([\text{apply}(\rho, c; \pi) \restriction_{n-1}]\phi) \rangle$$

令 F=$[c \restriction_0][\pi \restriction_n]\phi$ 且 S=$[\text{apply}(\rho, c; \pi) \restriction_{n-1}]\phi$。那么,对任意 PR 规则 $\rho$,max(size(F), size(S))=size(F)。因此 size(F$\wedge \bigwedge_{\rho}$S)=$\langle n + \text{f}(\text{size}(\phi)), \ell(\pi) + \text{s}(\text{size}(\phi)), \ell(\text{F} \wedge \bigwedge_{\rho} \text{S}) \rangle$,它比 size($[c; \pi \restriction_n]\phi$) 更小,(5.5.7) 得证。

最后证明 (5.5.8) 和 (5.5.9)。首先证明 size ($\phi$) < size ($\phi \wedge \phi'$),即需要证明 $\langle \text{f}(\text{size}(\phi)), \text{s}(\text{size}(\phi)), \ell(\phi) \rangle$ < $\langle \text{f}(\max(\text{size}(\phi), \text{size}(\phi'))), \text{s}(\max(\text{size}(\phi), \text{size}(\phi'))), \ell(\phi \wedge \phi') \rangle$ 即可。如果 f(size($\phi$)) < f(max(size($\phi$), size($\phi'$))),那么 size($\phi$) < size($\phi \wedge \phi'$)。如果 f(size($\phi$)) = f(max(size($\phi$), size($\phi'$))) 且 s(size($\phi$))< s(max(size ($\phi$), size ($\phi'$))),那么也有 size ($\phi$) < size ($\phi \wedge \phi'$)。如果 s(size($\phi$))= s(max(size ($\phi$), size ($\phi'$))),那么也有 size ($\phi$) < size ($\phi \wedge \phi'$),因为 $\ell$ ($\phi$)<$\ell$ ($\phi \wedge \phi'$)。因此在所有情况下,都能够证明 (5.5.8)。同样的推理方式可用于证明 size ($\phi'$)<size ($\phi \wedge \phi'$)。证毕。

现在可以证明如下命题 5.22。

**命题 5.22**　任意 $\forall \phi \in \mathcal{L}_{\text{PRDL}}$ 都能写成 "所有的限制参数都是 0 的" 一个等价公式 $\phi_{\text{PDL}}$,即 $\forall \phi \in \mathcal{L}_{\text{PRDL}} : \exists_{\phi_{\text{PDL}}} \in \mathcal{L}_{\text{PRDL}}: \text{size}(\phi_{\text{PDL}}) = \langle 0, 0, \ell(\phi_{\text{PDL}}) \rangle$,且 $\vdash_{\text{Rule}} \phi \leftrightarrow \phi_{\text{PDL}}$。

**证明**　如果公式 $\phi$ 能够被改写成命题中的指定公式,则记为 PDL($\phi$)。施归纳于 size($\phi$) 即可得证。

(1) 当 $\phi \equiv p$ 时,size(p)=$\langle 0, 0, \ell(p) \rangle$,且令 $p_{\text{PDL}}$= p,那么 PDL(p)。

(2) 当 $\phi \equiv [\pi \restriction_n]\phi'$ 时,如果 n=−1,有 $[\pi \restriction_n]\phi'$ 等价于 $\top$(PRDL1)。此时,由于 PDL($\top$),故有 PDL($[\pi \restriction_n]\phi'$)。令 n=0,那么有 size($[\pi \restriction_n]\phi'$) = $\langle \text{f}(\text{size}(\phi')), \text{s}(\text{size}(\phi')), \ell([\pi \restriction_n]\phi') \rangle$ 大于 size($\phi'$) = $\langle \text{f}(\text{size}(\phi')), \text{s}(\text{size}(\phi')), \ell(\phi') \rangle$。根据归纳,有 PDL($\phi'$),即 $\phi'$ 能改写为等价公式 $\phi'_{\text{PDL}}$,使得 size($\phi'_{\text{PDL}}$) = $\langle 0, 0, \ell(\phi'_{\text{PDL}}) \rangle$。当 size($[\pi \restriction_n]\phi'_{\text{PDL}}$) = $\langle 0, 0, \ell([\pi \restriction_n] \phi'_{\text{PDL}}) \rangle$,有 PDL($[\pi \restriction_n] \phi'_{\text{PDL}}$),因此 PDL($[\pi \restriction_n]\phi'$)。

令 n>0,且 $\pi = \epsilon$。根据引理 5.21,有 size($\phi'$)<size($[\epsilon \restriction_n]\phi'$)。因此根据归纳有:PDL($\phi'$)。根据公理 (PRDL3) 可知:$[\epsilon \restriction_n]\phi'$ 等价于 $\phi'$,因此 PDL($[\epsilon \restriction_n]\phi'$)。现令 $\pi = c; \pi'$,且令 L=$[c; \pi \restriction_n]\phi'$,令 R=$[c \restriction_0][\pi' \restriction_n]\phi' \wedge \bigwedge_{\rho}[\text{apply}(\rho, c; \pi')_{n-1}]\phi'$。根据引

理 5.21 有 size(R)<size(L)。因此，根据归纳可知：PDL(R)。根据公理 (PRDL4) 可知 R 和 L 等价，因此 PDL(L)。

(3) 当 $\phi \equiv \neg\phi'$ 时，有 $size(\neg\phi') = \langle f(size(\phi')), s(size(\phi')), \ell(\neg\phi')\rangle$，它大于 $size(\phi')$。根据归纳可知：$PDL(\phi')$ 且 $size(\phi'_{PDL}) = \langle 0, 0, \ell(\phi'_{PDL})\rangle$。因此 $size(\neg\phi'_{PDL}) = \langle 0, 0, \ell(\neg\phi'_{PDL})\rangle$，故 $PDL(\neg\phi'_{PDL})$ 且 $PDL(\neg\phi')$。

(4) 当 $\phi \equiv \phi' \wedge \phi''$ 时，根据引理 5.21，有 $size(\phi')<size(\phi' \wedge \phi'')$ 且 $size(\phi'')<size(\phi' \wedge \phi'')$。根据归纳可知 $PDL(\phi')$ 且 $PDL(\phi'')$，因此有 $size(\phi'_{PDL}) = \langle 0, 0, \ell(\phi'_{PDL})\rangle$ 和 $size(\phi''_{PDL}) = \langle 0, 0, \ell(\phi''_{PDL})\rangle$。因此 $size(\phi'_{PDL} \wedge \phi''_{PDL}) = \langle 0, 0, \ell(\phi'_{PDL} \wedge \phi''_{PDL})\rangle$，故 $size(\phi' \wedge \phi'')_{PDL} = \langle 0, 0, \ell((\phi' \wedge \phi'')_{PDL})\rangle$，所以 $PDL(\phi' \wedge \phi'')_{PDL}$，故 $PDL(\phi' \wedge \phi'')$。证毕。

虽然一般情况下，无法对规划进行结构归纳，但是如果仅考虑行动执行，进行结构归纳就是有可能的，即限制参数是 0。这可以由命题 5.23 来说明，并据此可知：带有 $size(\phi) = \langle 0, 0, \ell(\phi)\rangle$ 的公式 $\phi$ 满足所有正则命题动态逻辑 PDL 的性质。

**命题 5.23** (序列合成)　令 Rule $\subseteq \mathcal{R}$ 是 PR 规则的一个有穷集。在公理系统 $AS_{Rule}$ 中，可以推导出 $\vdash_{Rule} [\pi_1; \pi_2 \upharpoonright_0]\phi \leftrightarrow [\pi_1 \upharpoonright_0][\pi_2 \upharpoonright_0]\phi$。

**证明**　如果 $\pi_1 = \epsilon$，那么根据公理 (PRDL3) 有 $[\pi_2 \upharpoonright_0]\phi \leftrightarrow [\epsilon \upharpoonright_0][\pi_2 \upharpoonright_0]\phi$。此外，令 $c_i \in$(BasicAction∪AbstractPlan)，其中 $i \geq 1$。令 $\pi_1 = c_1; \cdots; c_n$，其中 $n \geq 1$。通过先从左到右，再从右到左重复应用公理 (PRDL4)，并使用公理 (PRDL1) 消除公理 (PRDL4) 的规则应用部分，可得[①]

$$[\pi_1; \pi_2 \upharpoonright_0]\phi \leftrightarrow [c_1; \cdots; c_n; \pi_2 \upharpoonright_0]\phi$$

$$\leftrightarrow [c_1 \upharpoonright_0][c_2; \cdots; c_n; \pi_2 \upharpoonright_0]\phi$$

$$\leftrightarrow \cdots$$

$$\leftrightarrow [c_1 \upharpoonright_0][c_2 \upharpoonright_0] \cdots [c_n \upharpoonright_0][\pi_2 \upharpoonright_0]\phi$$

$$\leftrightarrow [c_1; c_2 \upharpoonright_0][c_3 \upharpoonright_0] \cdots [c_n \upharpoonright_0][\pi_2 \upharpoonright_0]\phi$$

$$\leftrightarrow \cdots$$

---

① 说明：$\phi_1 \leftrightarrow \phi_2 \leftrightarrow \phi_3 \leftrightarrow \cdots$ 是 $\phi_1 \leftrightarrow \phi_2$ 和 $\phi_2 \leftrightarrow \phi_3, \cdots$ 的缩写。下文还将用到这类缩写。

$$\leftrightarrow [c_1; \cdots; c_n \lceil_0][\pi_2 \lceil_0]\phi$$

$$\leftrightarrow [\pi_1 \lceil_0][\pi_2 \lceil_0]\phi$$

证毕。

**定理 5.24** (完全性)　令 $\phi \in \mathcal{L}_{PRDL}$，并令 Rule $\subseteq \mathcal{R}$ 是 PR 规则的一个有穷集，那么公理系统 $AS_{Rule}$ 是完全的，即 $\models_{Rule} \phi \Rightarrow \vdash_{Rule} \phi$。

**证明**　令 $\phi \in \mathcal{L}_{PRDL}$。根据命题 5.22 可知，存在公式 $\phi_{PDL}$ 使得 $\vdash_{Rule} \phi \leftrightarrow \phi_{PDL}$ 且 $size(\phi_{PDL}) = \langle 0, 0, \ell(\phi_{PDL})\rangle$。因此根据 $AS_{Rule}$ 系统的可靠性，有 $\models_{Rule} \phi \leftrightarrow \phi_{PDL}$。令 $\phi_{PDL}$ 是一个带有这些性质的公式，那么

$$\models_{Rule} \phi \quad \Leftrightarrow \models_{Rule} \phi_{PDL} \quad (根据 \models_{Rule} \phi \leftrightarrow \phi_{PDL})$$

$$\Rightarrow \vdash_{Rule} \phi_{PDL} \quad (根据 \ PDL \ 的完全性)$$

$$\Leftrightarrow \vdash_{Rule} \phi \quad (根据 \vdash_{Rule} \phi \leftrightarrow \phi_{PDL})$$

现在对该证明的第二步加以说明。通常情况下，所有的命题动态逻辑 PDL 公理和规则都适用于公式 $\phi_{PDL}$。同时，$AS_{Rule}$ 系统也含有这些公理和规则。由于 PDL 具有完全性，因此 $\models_{Rule} \phi_{PDL} \Rightarrow \vdash_{Rule} \phi_{PDL}$。但是有一些细节需要考虑：这是因为 $AS_{Rule}$ 系统的行动语言与 PDL 的行动语言不完全一样，且乍一看前者似乎也不是后者的子集。

命题动态逻辑 PDL 的行动语言是由基本行动、序列合成算子、测试算子、非确定性选择算子和迭代算子建构而成的。规划修订动态逻辑 PRDL 的行动语言是由基本行动、抽象规划、空规划和序列合成算子建构而成的。如果暂时忽略抽象规划和空规划，PRDL 语言就是 PDL 语言的子集。如果用命题动态逻辑 PDL 子集中的公理和规则处理该子集中的公式，那么这个公理系统相对于这些公式而言，是完全的。

但是，整个规划修订动态逻辑 PRDL 的行动语言包含抽象规划和空规划。但问题是：如何对这两种规划进行公理化，从而得到一个具有完全性的公理系统。为了解决这个问题，不妨进行如下考察。在公式 $\phi_{PDL}$ 中，根据定义，抽象规划和空规划只有在限制参数为 0 时，才会出现。更进一步地讲，公式 $[p\lceil_0]\phi_{PDL}$ 的语义 (其中 p 是一个抽象规划)，类似于 (扩展版) PDL 中的 fail 语句的语义。因为抽

象规划和空规划"执行 (即 0 次执行)"产生的状态集是空集①。公式 $[\epsilon\!\upharpoonright_0]\phi_{PDL}$ 的语义 (其中 $\epsilon$ 表示空规划),类似于命题动态逻辑 PDL 中的 skip 语句的语义。因为在状态 $\sigma$ 时执行两个语句而产生的状态集都是 $\{\sigma\}$②,即二者的语义相等。因此规划修订动态逻辑 PRDL 的行动语言,可以看成是命题动态逻辑 PDL 行动语言的一个子集,其中 $p\!\upharpoonright_0$ 和 $\epsilon\!\upharpoonright_0$ 分别对应 fail 语句和 skip 语句。

在命题动态逻辑 PDL 的基本公理系统中,fail 语句和 skip 语句都没有被公理化,把它们分别记为 0? 和 1?。在 PDL 中,测试语句被公理化为 $[\psi?]\phi \leftrightarrow (\psi \to \phi)$。在该公理中,**0** 和 **1** 代替 $\psi$ 可得如下 fail 公理和 skip 公理:

$$[0?]\phi \leftrightarrow (0 \to \phi) \Leftrightarrow [0?]\phi \Leftrightarrow [\text{fail}]\phi$$

$$[1?]\phi \leftrightarrow (1 \to \phi) \Leftrightarrow [1?]\phi \to \phi \Leftrightarrow [\text{skip}]\phi \leftrightarrow \phi$$

由此可见,利用测试公理,fail 语句和 skip 语句就可以被隐形地公理化。这一公理系统对公式 $\phi_{PDL}$ 而言,是完全的,它包含的 PDL 公理和规则都能够适用于这些公式。即 PDL 的序列合成公理、上述 fail 语句和 skip 语句的公理、box 算子 $[\ ]$ 对蕴涵分配公理、MP 规则和 GEN 规则都适用于公式 $\phi_{PDL}$,而后面三个公理也是 $AS_{Rule}$ 系统中的公理。

根据命题 5.23 可知,PDL 中的序列合成公理可以由系统 $AS_{Rule}$ 中公式 $\phi_{PDL}$ 推导出来。把 $p\!\upharpoonright_0$ 代入公理 (PRDL2) 中,得到的结果对应于 fail 公理。把 $\epsilon\!\upharpoonright_0$ 代入公理 (PRDL3) 中,得到的结果对应于 skip 公理。证明定理 5.24 的完全性,还要用到公理 (PRDL3) 更一般版本,即 $[\epsilon\!\upharpoonright_0]\phi \leftrightarrow \phi$,这可以利用命题 5.22 加以证明。证毕。

现在对公理 (PRDL3) 进行说明。在上述证明中,把 $\epsilon\!\upharpoonright_0$ 语句的语义解释为"等价于 skip 语句的语义"。根据下面的命题 5.25 可以证明,$[\epsilon\!\upharpoonright_0]\phi$ 与 $[\epsilon\!\upharpoonright_n]\phi$ 是等价的,这可以根据公理 (PRDL3) 加以证明,因此 $\epsilon\!\upharpoonright_n$ 语句与 skip 语句等价。

**命题 5.25** (空规划)　令 Rule$\subseteq \mathcal{R}$ 是 PR 规则的一个有穷集。在公理系统 $AS_{Rule}$ 中可推导出这样的结论:$\vdash_{Rule} [\epsilon\!\upharpoonright_0]\phi \leftrightarrow [\epsilon\!\upharpoonright_n]\phi$,其中 $0 \leqslant n$。

**证明**　(1) $[\epsilon\!\upharpoonright_n][\epsilon\!\upharpoonright_0]\phi \leftrightarrow [\epsilon\!\upharpoonright_0]\phi$　(根据公理 (PRDL3));

---

① 前面已经说明:不能够直接执行抽象规划 p,它只能够通过 PR 规则进行转换。由于其限制参数是 0,因此不会对其运用 PR 规则,因此对于所有 A 和 $\sigma$,集合 $O_r^A([p\!\upharpoonright 0]\phi)(\sigma) = \varnothing$。

② $C_r^A([\epsilon\!\upharpoonright 0]\phi_{PDL})(\sigma) = \{\sigma\} = \kappa(C_r^A([\epsilon\!\upharpoonright 0]\phi_{PDL})(\sigma)) = O_r^A([\epsilon\!\upharpoonright 0]\phi_{PDL})(\sigma)$。

(2) $[\epsilon\restriction_0]\varphi \leftrightarrow \varphi$（根据公理 (PRDL3)）;

(3) $[\epsilon\restriction_n][\epsilon\restriction_0]\varphi \leftrightarrow [\epsilon\restriction_n]\varphi$（根据 (2)、GEN 规则和 PDL 公理）;

(4) $[\epsilon\restriction_0]\varphi \leftrightarrow [\epsilon\restriction_n]\varphi$（根据 (1)、(3) 和 PL 公理）。

证毕。

# 第六节　不受限规划性质的证明

第四节和第五节为受限规划给出了一个可靠且完全的公理化逻辑。这意味着：能够为公式 $[a; b\restriction_3]\varphi$ 构造一个证明，当且仅当，该公式对给定的智能体而言是真的。这是一个有趣的结果，但本章的最终目标是证明不受限的 3APL 规划的性质。受限规划的语义与不受限规划的语义密切相关。利用这种关系，本节将展示如何将受限规划的证明系统扩展到不受限规划的证明系统，然后将举例说明该系统的可用性。

## 一、　从受限规划到不受限规划

首先在定义 5.14 定义的语言 $\mathcal{L}_{PRDL}$ 中添加以下子句，生成一种称为 $\mathcal{L}_{PRDL+}$ 的语言：如果 $\varphi \in \mathcal{L}_{PRDL++}$ 且 $\pi \in Plan$，那么 $[\pi]\varphi \in \mathcal{L}_{PRDL+}$。通过此构造，可以说明不受限规划的性质。根据不受限规划的操作语义，定义此构造的语义如下：

**定义 5.26**（PRDL$^+$ 的语义）　令 A 是一个如定义 5.5 定义的 3APL 智能体。$\varphi \in \mathcal{L}_{PRDL+}$（而非形式 $[\pi]\varphi$）是定义 5.17 中定义的公式。形式为 $[\pi]\varphi$ 公式的语义定义为：$\sigma \models_A [\pi]\varphi \Leftrightarrow \forall\sigma' \in O^A(\pi)(\sigma) : \sigma' \models_A \varphi$。

因此，此定义采用不受限规划的操作语义来定义形式为 $[\pi]\varphi$ 的结构的语义。下面的命题把规划的操作语义和受限规划的操作语义关联起来。

**命题 5.27**　$\bigcup_{n\in N} O_r(\pi\restriction_n)(\sigma) = O(\pi)(\sigma)$。

**证明**　根据定义 5.16、定义 5.15、定义 5.11 和定义 5.10 即可得证。证毕。

根据此命题可以得到以下推论，此推论揭示了结构 $[\pi\restriction_n]\varphi$ 与结构 $[\pi]\varphi$ 之间的关系。

**推论 5.28**　$\forall n\in \mathbb{N}: \sigma \models_A [\pi\restriction_n]\varphi \Leftrightarrow \forall\sigma' \in O^A(\pi)(\sigma): \sigma' \models_A \varphi \Leftrightarrow \sigma =_A [\pi]\varphi$。

**证明**　根据命题 5.27、定义 5.17 和定义 5.26 即可得证。证毕。

根据推论 5.28，可以发现：利用受限规划系统 $AS_{Rule}$，只要证明了 $\forall n\in \mathbb{N}:$

⊢$_{rule}$ $[\pi\upharpoonright_n]\phi$，就可以证明形如 $[\pi]\phi$ 的结构的性质。这一思想可以表征在如下证明规则中：

**定义 5.29** (不受限规划的证明规则)

$$\frac{[\pi\upharpoonright_n]\phi, n \in \mathbb{N}}{[\pi]\phi}$$

此规则应理解为有无穷多个前提，即 $[\pi\upharpoonright_0]\phi, [\pi\upharpoonright_1]\phi, [\pi\upharpoonright_2]\phi, \cdots$ (Harel et al., 2000)。因此，用此无穷规则推导出公式 $[\pi]\phi$，需要事先推导出无穷个前提。

根据推论 5.28 可知，此规则是可靠的。定义 5.18 给出的受限规划系统 AS$_{Rule}$ 和定义 5.29 的不受限规划的证明规则一起，就构成了 PRDL$^+$ 的一个完全的公理系统。即如果 $[\pi]\phi$ 为真，而且不受限规划的证明规则的每个前提都是真的 (根据推论 5.28)，那么根据系统 AS$_{Rule}$ 的完全性可知，这里的每个前提都是可证的。但是，此时的证明概念是非标准的，因为这里的证明过程可以是无穷的。因此，这里的完全性结果仅仅是理论上的，以这种方式使用该系统显然会出问题的。

这里给出解决这一问题的一种方法。通过施归纳于 n，就可以证明形如 $\forall n \in \mathbb{N}:$ ⊢$_{Rule}$ $[\pi\upharpoonright_n]\phi$ 的性质，而不是对于每个 n 都去证明 $[\pi\upharpoonright_n]\phi$。如果能够证明 $[\pi\upharpoonright_0]\phi$ 和 $\forall n \in \mathbb{N} : ([\pi\upharpoonright_n]\phi \vdash_{Rule} [\pi\upharpoonright_{n+1}]\phi)$，就可以得到所期望的性质。下面将举例说明如何做到这一点。

## 二、 相关实例分析与证明

下面用 3 个实例说明，如何通过施归纳于 n，就可以证明形如 $\forall n \in \mathbb{N}:$ ⊢$_{Rule}$ $[\pi\upharpoonright_n]\phi$ 的性质。这些实例表明：并非所有情况下，归纳证明过程都很显然。

**实例 5.30** 令 A 是带有一个 PR 规则的智能体，即 Rule=$\{a; b \leadsto c\}$，a 是初始规划，并令函数 $\Gamma$ 使得 $[a\upharpoonright_0]\phi, [b\upharpoonright_0]\phi$ 且 $[c\upharpoonright_0]\phi$。现在证明 $\forall n: [a; b\upharpoonright_n]\phi$ 即可。根据命题 5.23 可知，$[a; b\upharpoonright_0]\phi$ 等价于 $[a\upharpoonright_0][b\upharpoonright_0]\phi$。而后者可以根据规则 (GEN) 由 $[b\upharpoonright_0]\phi$ 推导出来。为了证明 $\forall n \in \mathbb{N}: [a; b\upharpoonright_n]\phi \vdash_{Rule} [a; b\upharpoonright_{n+1}]\phi$，只需要证明对于任意 n，$[a; b\upharpoonright_n]\phi \vdash_{Rule} [a; b\upharpoonright_{n+1}]\phi$。根据公理 (PRDL4) 和 (PRDL3) 可知如下等值关系成立：

$$[a; b\upharpoonright_n]\phi \leftrightarrow [a\upharpoonright_0][b\upharpoonright_n]\phi \wedge [c\upharpoonright_{n-1}]\phi$$

$$\leftrightarrow [a\upharpoonright_0][b\upharpoonright_0][\epsilon\upharpoonright_n]\phi \wedge [c\upharpoonright_0][\epsilon\upharpoonright_{n-1}]\phi$$

$$\leftrightarrow [a\upharpoonright_0][b\upharpoonright_0]\phi \wedge [c\upharpoonright_0]\phi$$

类似地, 对于 $[a; b\upharpoonright_{n+1}]\phi$, 如下期望的等值关系也成立:

$$[a; b\upharpoonright_{n+1}]\phi \leftrightarrow [a\upharpoonright_0][b\upharpoonright_{n+1}]\phi \wedge [c\upharpoonright_n]\phi$$

$$\leftrightarrow [a\upharpoonright_0][b\upharpoonright_0][\epsilon\upharpoonright_{n+1}]\phi \wedge [c\upharpoonright_0][\epsilon\upharpoonright_n]\phi$$

$$\leftrightarrow [a\upharpoonright_0][b\upharpoonright_0]\phi \wedge [c\upharpoonright_0]\phi$$

**实例 5.31**　现在利用公理 (PRDL4) 来证明 3APL 智能体的一个简单性质, 施归纳于 PR 规则应用的次数。假设这里的智能体有一个 PR 规则: Rule={a⤳a; a}。此外, 假设转换函数 $\Gamma$ 的定义满足 $[a\upharpoonright_0]\phi$。现在证明 $\forall n \in \mathbb{N}: [a\upharpoonright_n]\phi$ 即可。为了通过施归纳于 PR 规则应用的次数来证明所期望的结果, 必须证明 $[a\upharpoonright_0]\phi$ 且 $\forall n \in \mathbb{N}: [a\upharpoonright_0]\phi \vdash_{\text{Rule}} [a\upharpoonright_{n+1}]\phi$。假定 $[a\upharpoonright_0]\phi$。令 $a^i$ 表示长度为 i 的 a 的序列, 且 $a^0 = \epsilon$。根据公理 (PRDL4), 可以把第二个合取支 (conjunct) 的前提改写如下

$$[a\upharpoonright_n]\phi \leftrightarrow [a\upharpoonright_0]\phi \wedge [(aa)\upharpoonright_{n-1}]\phi$$

$$\leftrightarrow [a\upharpoonright_0]\phi \wedge [a\upharpoonright_0][a\upharpoonright_{n-1}]\phi \wedge [(a;a;a)\upharpoonright_{n-2}]\phi$$

$$\leftrightarrow [a\upharpoonright_0]\phi \wedge [a\upharpoonright_0][a\upharpoonright_{n-1}]\phi \wedge [a\upharpoonright_0][(a;a)\upharpoonright_{n-2}]\phi \wedge [(a;a;a;a)\upharpoonright_{n-3}]\phi$$

$$\vdots$$

$$\leftrightarrow [a\upharpoonright_0]\phi \wedge [a\upharpoonright_0][a\upharpoonright_{n-1}]\phi \wedge \cdots \wedge [a\upharpoonright_0][(a^n)\upharpoonright_0]\phi \wedge [(a;(a^n))\upharpoonright_0]\phi$$

因此, 为了证明 $[a\upharpoonright_{n+1}]\phi$, 可以假设 $[a\upharpoonright_n]\phi, [(a;a)\upharpoonright_{n-1}]\phi, [(a;a;a)\upharpoonright_{n-2}]\phi,$ $\cdots, [(a;(a^n))\upharpoonright_0]\phi$(即改写等值式的每行最后一个合取支)。这等价于假设[①]

$$\bigwedge_i [(a;(a^i))\upharpoonright_{n-i}]\phi, \quad \text{其中} \quad 0 \leqslant i \leqslant n \tag{5.6.1}$$

根据公理 (PRDL4), 其结果 (即 $[a\upharpoonright_{n+1}]\phi$) 可以改写如下

$$[a\upharpoonright_{n+1}]\phi$$

$$\leftrightarrow [a\upharpoonright_0]\phi \wedge [(a;a)\upharpoonright_n]\phi$$

$$\leftrightarrow [a\upharpoonright_0]\phi \wedge [a\upharpoonright_0][a\upharpoonright_n]\phi \wedge [(a;a;a)\upharpoonright_{n-1}]\phi$$

---

① 说明: 根据公理 (PRDL3) 可知, $[a\upharpoonright_0][a_0\upharpoonright n]\phi \leftrightarrow [a\upharpoonright_0][\epsilon\upharpoonright n]\phi$, 且 $[a\upharpoonright_0][\epsilon\upharpoonright n]\phi \leftrightarrow [a\upharpoonright_0]\phi$。

$$\leftrightarrow [a\upharpoonright_0]\phi \land [a\upharpoonright_0][a\upharpoonright_n]\phi \land [a\upharpoonright_0][(a;a)\upharpoonright_{n-1}]\phi \land [(a;a;a;a)\upharpoonright_{n-2}]\phi \tag{5.6.2}$$

$$\cdots$$

$$\leftrightarrow [a\upharpoonright_0]\phi \land [a\upharpoonright_0][a\upharpoonright_n]\phi \land \cdots \land [a\upharpoonright_0][(a;a^n)\upharpoonright_0]\phi \land [(a;a;(a^n))\upharpoonright_0]\phi$$

因为 $[a\upharpoonright_{n+1}]\phi$ 等值于以上每行的右边部分，所以只需要证明其中任何一行即可。事实证明，证明最后一行的等值关系最为简单。因为此时最后一个合取支的限制参数是 0，所以，可以利用命题 5.23 的顺序合成证明如下：

(1) $[a\upharpoonright_0]\phi$　（假设）；

(2) $[(a;a;(a^{n-1}))\upharpoonright_0][a\upharpoonright_0]\phi$　（根据 (1) 和规则 (GEN)）；

(3) $[(a;a;(a^{n-1}));a\upharpoonright_0]\phi$　（根据 (2) 和命题 5.23）；

(4) $[(a;a;(a^n))\upharpoonright_0]\phi$　（根据 (3) 和定义 $a^i$）。

证明 (5.6.2) 最后一行的另一部分，即 $\bigwedge\limits_i [a\upharpoonright_0][(a;(a^i))\upharpoonright_{n-i}]\phi$，其中 $0\leqslant i \leqslant n$，可通过将规则 (GEN) 应用于 (5.6.1) 的每一个合取支来得到所期望的结果。

此实例的关键是：利用公理 (PRDL4) 对形如 $[a\upharpoonright_n]\phi$ 这样的公式进行改写，从而结束表面上是无穷的证明。这是因为改写步骤的数量受到 n 的限制。如果没有此限制参数，可以用到公理 (PRDL4) 的以下变体[①]

$$[c;\pi]\phi \leftrightarrow [c\upharpoonright_0][\pi]\phi \land \bigwedge\limits_\rho [\mathrm{apply}(\rho,c;\pi)]\phi$$

但是试图利用这一"公理"，来证明实例 5.31 中带有 PR 规则的智能体满足 $[a]\phi$，将会导致无穷回归 (infinite regression)：

$$[a]\phi \leftrightarrow [a\upharpoonright_0]\phi \land [a;a]\phi$$

$$\leftrightarrow [a\upharpoonright_0]\phi \land [a\upharpoonright_0][a]\phi \land [a;a;a]\phi$$

$$\leftrightarrow [a\upharpoonright_0]\phi \land [a\upharpoonright_0][a]\phi \land [a\upharpoonright_0][a;a]\phi \land [a;a;a;a]\phi$$

$$\cdots$$

---

① 这里使用 0-限制参数是为了区分规则应用和动作执行，即 $[c;\pi]\phi$ 为真，当且仅当：执行 c 后，$[\pi]\phi$ 为真；并且智能体应用 PR 规则后，$\phi$ 为真。

在实例 5.31 中，为了证明公理系统 $AS_{Rule}$ 具有所期望的性质，关键是利用了公理 (PRDL4)。另一种解决 $PRDL^+$ 的理论完全性的方法就是：把状态看成是只有唯一的 PR 规则 $(a \rightsquigarrow a; a)$，这样，规划语言则由此规则 "生成"，进而可以得到一个更简单的证明。下面利用实例 5.32 对此加以详细说明。

**实例 5.32**　再看实例 5.31 中的智能体，即具有一个 PR 规则 $(a \rightsquigarrow a; a)$ 和 $[a \upharpoonright_0]\phi$ 的智能体。现在再次证明 $\forall n \in \mathbb{N} : [a \upharpoonright_n]\varphi$ 即可。根据 PR 规则和初始规划 a 可知，此智能体可以执行的动作序列是任意长度的规划 a 的序列。因此，只要证明 $\forall n \in \mathbb{N}^+ : [a^n \upharpoonright_0]\phi$ 即可，其中 $\mathbb{N}^+$ 是正自然数集。只要证明对于任意的自然数 n，$[a^n \upharpoonright_0]\phi$ 成立即可。

(1) $[a \upharpoonright_0]\phi$　（假设）；

(2) $[a \upharpoonright_0][a \upharpoonright_0]\phi$　（根据 (1) 和规则 (GEN)）；

(3) $[a; a \upharpoonright_0]\phi$　（根据 (2) 和命题 5.23）；

$$\cdots$$

$$[a^n \upharpoonright_0]\phi$$

显然，此证明比实例 5.31 的证明要简短得多。但事实上，通过对智能体的 PR 规则进行元推理 (meta-reasoning) 也可以得到这一结果。在期望的结果 $\forall n \in \mathbb{N}^+ :$ $[a^n \upharpoonright_0]\phi$ 中，限制参数为 0。因此，应用 PR 规则的结果就是从目标语言消除此表达式。

在这个简单的实例中可以进行元推理：PR 规则实际上生成了可以用简单正则表达式 $a^*$ 表示的规划语言。一般而言，PR 规则不仅仅生成可以用正则表达式表示的语言。特别地，形如 $(p \rightsquigarrow \pi)$ 的规则 (其中 p 是一个抽象规划)，可以与无参数递归过程 (parameterless rescursive procedures，见第七节) 进行比较，后者与上下文无关程序 (context-free programs)(参见 Harel 等 (2000) 第 9 章) 有关。此外，PR 规则可以具有 $\pi_h \rightsquigarrow \pi_b$ 的形式，其中头部规则是任意规划。因此，在一般情况下，是否可以构造智能体生成的规划的元论证 (meta-argument)，目前还不清楚。此问题留待以后研究。

在下一个例子中，将会用到下面的命题 5.34，证明命题 5.34 需要使用下面的引理。

**引理 5.33**　令 $Rule \subseteq \mathcal{R}$ 为 PR 规则的一个有穷集。在公理系统 $AS_{Rule}$ 中，

可以推导出 $\vdash_{Rule} [\pi \upharpoonright_n] \phi \to [\pi \upharpoonright_0] \phi$。

**证明** 令 $c_i \in (\text{BasicAction} \cup \text{AbstractPlan})$，其中 $i \geqslant 1$；并令 $\pi = c_1; \cdots; c_m$，其中 $m \geqslant 1$，从左到右反复应用公理 (PRDL4)，然后使用公理 (PRDL3) 去掉 $[\epsilon \upharpoonright_n]$，随后对具有限制参数 0 的序列合成使用命题 5.23 即可得证。

$$[\pi \upharpoonright_n] \leftrightarrow [c_1; \cdots; c_m \upharpoonright_n] \phi$$

$$\to [c_1 \upharpoonright_0][c_2; \cdots; c_m \upharpoonright_n] \phi$$

$$\to \cdots$$

$$\to [c_1 \upharpoonright_0][c_2 \upharpoonright_0] \cdots [c_m \upharpoonright_0][\epsilon \upharpoonright_n] \phi$$

$$\to [c_1 \upharpoonright_0][c_2 \upharpoonright_0] \cdots [c_m \upharpoonright_0] \phi$$

$$\to [c_1; c_2 \upharpoonright_0][c_3 \upharpoonright_0] \cdots [c_m \upharpoonright_0] \phi$$

$$\to \cdots$$

$$\to [c_1; \cdots; c_m \upharpoonright_0] \phi$$

$$\to [\pi \upharpoonright_0] \phi$$

证毕。

在下面的命题中，符号 $(\text{PRDL4})_i([\pi \upharpoonright_n]\phi)$，其中 $0 \leqslant i \leqslant n$，表示从左到右用公理 (PRDL4) 改写 $[\pi \upharpoonright_n]\phi$ 得到的公式，从而使得所有限制参数都是 0 或 $i$。使用公理 (PRDL3) 时，用 $\phi$ 替换形如 $[\epsilon \upharpoonright_m]\phi$ 的公式。在替换的过程中，当 $m > i$ 时，公理 (PRDL4) 只能应用于公式 $[\pi \upharpoonright_m]\phi$。

例如，实例 5.31 中的主体只把 $a \rightsquigarrow a; a$ 这一规则作为唯一的 PR 规则。公式 $(\text{PRDL4})_3([a \upharpoonright_5]\phi)$ 表示公式 $[a \upharpoonright_0]\phi \wedge [a \upharpoonright_0][a \upharpoonright_0]\phi \wedge [a \upharpoonright_0][a; a \upharpoonright_3]\phi \wedge [a; a; a \upharpoonright_3]\phi$，这可以把公式 $[a \upharpoonright_5]\phi$ 通过如下改写而得到

$$[a \upharpoonright_5]\phi \leftrightarrow [a \upharpoonright_0][\epsilon \upharpoonright_5]\phi \wedge [a; a \upharpoonright_4]\phi$$

$$\leftrightarrow [a \upharpoonright_0]\phi \wedge [a \upharpoonright_0][a \upharpoonright_4]\phi \wedge [a; a; a \upharpoonright_3]\phi$$

$$\leftrightarrow [a \upharpoonright_0]\phi \wedge [a \upharpoonright_0][a \upharpoonright_0]\phi \wedge [a \upharpoonright_0][a; a \upharpoonright_3]\phi \wedge [a; a; a \upharpoonright_3]\phi$$

其思路是: 对形式为 $[\pi\!\upharpoonright_m]\phi$ 的公式进行改写, 直到得到以 i 为限制参数的公式。公式 $[\pi\!\upharpoonright_i]\phi$ 不能改写。

任何公式 $[\pi\!\upharpoonright]\phi$ 都可以改写为 $(\mathrm{PRDL4})_i([\pi\!\upharpoonright_n]\phi)$, 其中 $0 \leqslant i \leqslant n$。把公理 (PRDL4) 应用于公式 $[\pi\!\upharpoonright_m]\phi$, 可得到两个合取支 (第二个合取支本身也是合取支)。第一个合取支的大小 (表示为 size(F), F 表示第一个合取支) 小于 $[\pi\!\upharpoonright_m]\phi$, 而 size(F) 的第二个元素, 小于 size($[\pi\!\upharpoonright_m]\phi$) 的第二个元素。相对于限制参数, 第二个合取支的每个合取支都小于 $[\pi\!\upharpoonright_m]\phi$。因此, 在每个改写步骤中, 都会减小规划大小或每个结果合取支的限制参数的大小。每个合取支的改写步骤可以继续进行, 直到 (减去 $\phi$ 的规划大小后的) 规划大小为 0 或非零限制参数等于 i。下面的符号 to0($\phi$), 表示用 0 替换 $\phi$ 中的所有限制参数后得到的结果公式。

**命题 5.34** (限制参数)　令 Rule$\subseteq \mathcal{R}$ 是 PR 规则的一个有穷集合。在公理系统 $\mathrm{AS}_{\mathrm{Rule}}$ 中, 可以推导出 $\vdash_{\mathrm{Rule}} [\pi\!\upharpoonright_n]\phi \to [\pi\!\upharpoonright_0]\phi$, 其中 $-1 \leqslant i \leqslant n$。

**证明**　如果 i$= -1$ 时, 直接根据公理 (PRDL1) 可以得到如下期望的结果。现在证明当 i$\geqslant 0$ 时的情况。

(1) $[\pi\!\upharpoonright_n]\phi \leftrightarrow (\mathrm{PRDL4})_{n-i}([\pi\!\upharpoonright_n]\phi)$　(根据公理 (PRDL4));

(2) $[\pi\!\upharpoonright_i]\phi \leftrightarrow (\mathrm{PRDL4})_0([\pi\!\upharpoonright_i]\phi)$　(根据公理 (PRDL4));

(3) $(\mathrm{PRDL4})_{n-i}([\pi\!\upharpoonright_n]\phi) \to \mathrm{to0}((\mathrm{PRDL4})_{n-i}([\pi\!\upharpoonright_n]\phi))$　(根据引理 5.33);

(4) $\mathrm{to0}((\mathrm{PRDL4})_{n-i}([\pi\!\upharpoonright_n]\phi)) \leftrightarrow (\mathrm{PRDL4})_0([\pi\!\upharpoonright_i]\phi)$　(根据句法等价性);

(5) $(\mathrm{PRDL4})_{n-i}([\pi\!\upharpoonright_n]\phi) \leftrightarrow (\mathrm{PRDL4})_0([\pi\!\upharpoonright_i]\phi)$　(根据 (3) 和 (4));

(6) $[\pi\!\upharpoonright_n]\phi \to [\pi\!\upharpoonright_i]\phi$　(根据 (1)、(2) 和 (5))。

第四步是成立的, 因为 $(\mathrm{PRDL4})_{n-i}([\pi\!\upharpoonright_n]\phi)$ 和 $(\mathrm{PRDL4})_0([\pi\!\upharpoonright_i]\phi)$, 分别来自公理 (PRDL4) 对 $[\pi\!\upharpoonright_n]\phi$ 和 $[\pi\!\upharpoonright_i]\phi$ 的相同次数的应用。除限制参数外, 后两个公式在句法上是相等的。因此, 除了限制参数外, 公式 $(\mathrm{PRDL4})_{n-i}([\pi\!\upharpoonright_n]\phi)$ 和 $(\mathrm{PRDL4})_0([\pi\!\upharpoonright_i]\phi)$ 在句法上也是相等的, 前者限制参数为 n$-i$ 或 0, 后者限制参数为 0。把第一个公式 $(\mathrm{PRDL4})_{n-i}([\pi\!\upharpoonright_n]\phi)$ 的限制参数设置为 0, 就可以得到等价公式。证毕。

**实例 5.35**　现在考虑一个具有两个 PR 规则 Rule $= \{a\rightsquigarrow a;\ a,\ a;\ a;\ a\rightsquigarrow b\}$ 的主体, 并假设 $[a\!\upharpoonright_0]\phi$ 和 $[b\!\upharpoonright_0]\phi$, 试图证明 $\forall n \in \mathbb{N}: [a\!\upharpoonright_n]\phi$。与实例 5.31 中的推理相似, 即利用公理 (PRDL4) 改写 $[a\!\upharpoonright_n]\phi$, 即可得证。再次使用实例 5.31 中的

假设 (5.6.1)，可以证明如下：

$$\bigwedge_i [a \upharpoonright_0][(a; (a^i))][a \upharpoonright_{n-i}]\phi, \quad \text{其中} 0 \leqslant i \leqslant n \tag{5.6.3}$$

$$\bigwedge_i [(b; (a^{i-2})) \upharpoonright_{n-i}]\phi, \quad \text{其中} 2 \leqslant i \leqslant n \tag{5.6.4}$$

$$[(a; a; (a^n)) \upharpoonright_0]\phi \tag{5.6.5}$$

这里 "最后一行" 是用公理 (PRDL4) 改写 $[a \upharpoonright_{n+1}]\phi$ 而得到的。此实例使用假设 (5.6.1) 证明了公式 (5.6.3) 和 (5.6.5)。并先通过证明 $\bigwedge_i [(a^{i-2}) \upharpoonright_{n-i}]\phi$ 来证明 (5.6.4)，这里需要根据 (GEN) 推导出所需公式。

在下面的证明中，在第一行令 $3 \leqslant i \leqslant n$ 并且 $0 \leqslant r \leqslant n$，在第二行令 $0 \leqslant r \leqslant n-3$。

(1) $\bigwedge_r [(a; a^r) \upharpoonright_{n-r}]\phi$　（根据假设 (5.6.1)）；

(2) $\bigwedge_r [(a; a^r) \upharpoonright_{n-r-3}]\phi$　（根据假设 (5.6.1) 和命题 (5.6.9)）；

(3) $\bigwedge_i [(a; (a^{i-3})) \upharpoonright_{n-i}]\phi$　（在 (2) 中令 $r=n-3$）；

(4) $\bigwedge_i [(a^{i-2}) \upharpoonright_{n-i}]\phi$　（根据 $a^i$ 的定义）；

(5) $\bigwedge_i [b \upharpoonright_0][(a^{i-2}) \upharpoonright_{n-i}]\phi$　（根据 (4) 和规则 (GEN)）；

(6) $\bigwedge_i [b \upharpoonright_0][(a^{i-2}) \upharpoonright_{n-i}]\phi \leftrightarrow \bigwedge_i [b; (a^{i-2}) \upharpoonright_{n-i}]\phi$　（公理 (PRDL4)）；

(7) $\bigwedge_i [b; (a^{i-2}) \upharpoonright_{n-i}]\phi$　（根据 (5)、(6) 和规则 (MP)）。

这就证明了：对于 $3 \leqslant i \leqslant n$，$[(b; (a^{i-2})) \upharpoonright_{n-i}]\phi$ 成立。如果 $i=2$，需要证明 $[b \upharpoonright_{n-2}]\phi$。根据公理 (PRDL4)，这等价于证明 $[b \upharpoonright_0]\phi$[①]。这就是给定的假设。证毕。

在本节第一部分中提出的无穷公理系统，可以证明非限制性 3APL 规划的性质。因为无穷公理系统很难使用，需要施归纳于 PR 规则应用的次数，即对表达式中的限制参数进行归纳。本节给出的 3 个实例具体说明了这种方法。这些实例表明，对 PR 规则应用的次数进行归纳是可行的 (至少在这三个实例中是如此)。

---

① 根据公理 (PRDL4) 有 $[b \upharpoonright n-2]\phi \leftrightarrow [b \upharpoonright 0][\epsilon \upharpoonright n-2]\phi$；根据公理 (PRDL3) 有 $[b \upharpoonright 0][\epsilon \upharpoonright n-2]\phi \leftrightarrow [b \upharpoonright 0]\phi$。

但是，这是一项相当复杂的工作。这种推理能否自动化以及其局限性等问题，还有待进一步研究。

## 第七节　规划修订规则与过程

正如引言所述，(无参数) 过程 (procedures) 的操作语义类似于 PR 规则的操作语义。过程 p⇐S 的操作语义 (其中 p 是过程名，语句 S 是过程的主干部分)，可用一个转换 ⟨p; S′, σ⟩ → ⟨S; S′, σ′⟩ 来定义，其中 S 是一个语句。如果将此语义与定义 5.7 的 PR 规则的语义进行比较，可发现这两者都是所谓的主干替换 (body-replacement) 语义：如果 PR 规则的开头或过程的名称出现在要执行的语句的开头，则开头或过程的名称分别替换为主干规则或过程的主干部分。

因为这种相似性，有人可能会认为，过程推理方法可以用来对 PR 规则进行推理。但是由于 3APL 中的序列合成算子的语义不具有组合性 (参见第四节)，因此过程推理方法不能用来对 PR 规则进行推理。本节通过研究用于过程推理的霍尔逻辑的推理规则 (Apt, 1981; Bakker, 1980)，对此加以说明；进而说明："施归纳于 PR 规则应用次数的推理" 与 "霍尔逻辑推理规则对过程进行推理"，虽然表面看起来很不一样，但实际上确实有相似之处。

### 一、对规划修订规则而言的 Scott 归纳规则

霍尔逻辑是对程序 (programs) 进行推理的逻辑。推理规则被定义为可以推导出形式为 $\{\phi_1\}S\{\phi_2\}$ 的所谓霍尔三元组，其直观意思是：如果 $\phi_1$ 成立，那么 $\phi_2$ 在语句 S 执行后始终成立[①]。为了对非递归过程进行推理，可以为过程 p⇐S 定义如下推理规则 (为简单起见，假设只有一个过程)，其中 p 是过程名，S 是过程的主干部分 (body of the procedure)：

$$\frac{\{\phi_1\}S\{\phi_2\}}{\{\phi_1\}p\{\phi_2\}}$$

该规则的意思是：如果能证明 "在执行过程的主干部分 S 之后 $\phi_2$ 成立"(假设 $\phi_1$ 在执行之前就成立)，那么就可以断定 "在过程调用 (procedure call)p 之后，$\phi_2$ 成立"。

---

① 霍尔三元组 $\{\phi_1\}S\{\phi_2\}$ 在动态逻辑中可以表示为 $\phi_1 \rightarrow [S]\phi_2$。

如果过程 p⇐S 是递归的 (recursive)，即：如果 p 在 S 中被调用，那么上面的规则仍然是可靠的，但是用于过程调用推理且只有这个规则的系统是不完全的 (Apt,1981)，因此试图证明 $\{\phi_1\}p\{\phi_2\}$，其结果将会导致无穷回归。如下规则 (Apt,1981) 是所谓的 Scott 归纳规则 (Bakker,1980) 的变体，旨在解决这一问题。

**定义 5.36** (Scott 归纳规则)

$$\frac{\{\phi_1\}p\{\phi_2\} \vdash \{\phi_1\}S\{\phi_2\}}{\{\phi_1\}p\{\phi_2\}}$$

该规则的意思是：如果从假设 $\{\phi_1\}p\{\phi_2\}$ 能够证明 $\{\phi_1\}S\{\phi_2\}$，那么就能推导出 $\{\phi_1\}$ $p\{\phi_2\}$。利用该规则可以对过程调用进行推理，从而得到一个完全的证明系统[①]。

在证明过程程序 (procedural program) 的性质时，以上规则通常与以下序列合成规则结合使用。

**定义 5.37** (序列合成规则)

$$\frac{\{\phi_1\}S\{\phi_2\} \qquad \{\phi_2\}S'\{\phi_3\}}{\{\phi_1\}S; \; S'\{\phi_3\}}$$

例如，考虑一个过程 p⇐p，假设需要证明 $\{\phi_1\}p; S\{\phi_2\}$(p 不具有结束性，所以可以证明任意语句 $\phi_1$ 和 $\phi_3$)。为此，需要证明：对于某个 $\phi_2$，$\{\phi_1\}p\{\phi_2\}$ 和 $\{\phi_2\}S\{\phi_3\}$ 成立。如果取 $\phi_2 = \mathbf{0}$，即 falsum，则可以直接推导出第二个合取支。在证明 $\{\phi_1\}p\{\mathbf{0}\}$ 时，需要使用 Scott 的归纳规则，因此必须从假设 $\{\phi_1\}p\{\mathbf{0}\}$ 可以证明 $\{\phi_1\}p\{\mathbf{0}\}$ 本身。这很显然，由此可以结束证明。

这个例子的要点如下。利用 Scott 归纳规则，可以证明过程调用 p 的性质。如果想证明涉及该过程调用的序列合成语句和其他语句 S 的性质时，就可以使用该过程调用的已证明的性质 (根据 Scott 归纳规则)，并通过序列合成规则将 S 的已证明性质与该过程调用进行组合。特别地，这一证明方法可以应用于诸如 p⇐p; S 这样的过程，这里假设 p 可以用来证明 p; S 的性质；因此，把用于证明过程调用性质的 Scott 归纳规则与序列合成规则结合使用，可以达到很好的效果。

---

① 需要注意的是，这是一个可能对部分正确性说明进行推理的证明规则。霍尔三元组 $\{\phi_1\}S\{\phi_2\}$ 的意思是，(假定 p 是在 $\phi_1$ 成立的状态下执行) 如果 p 结束 (terminates)，那么在执行 p 之后，$\phi_2$ 成立，如果 p 不结束，那么可以为 p 推导出任何语句。这一规则不能用于证明 p 的结束。

Scott 归纳规则的变体是否可以用于 PR 规则推理？假定一个 PR 规则 $\pi_h \rightsquigarrow \pi_b$，它可以表示成如下规则：

$$\frac{\{\phi_1\}\pi_h\{\phi_2\} \vdash \{\phi_1\}\pi_b\{\phi_2\}}{\{\phi_1\}\pi_h\{\phi_2\}}$$

对于某些 PR 规则 $\pi_h \rightsquigarrow \pi_b$ 以及性质 $\phi_1$ 和 $\phi_2$，假设此时可以用这个规则证明 $\{\phi_1\}\pi_h\{\phi_2\}$。如果想证明像 $\pi_h; \pi$ 这样更复杂的规划的性质，需要先探讨能否证明 $\{\phi_1\}\pi_h\{\phi_2\}$。

$\pi_h; \pi$ 性质的证明基于 $\pi_h$ 的性质证明，需要使用序列合成规则。但是，这一规则对于 PR 规则并不可靠。一般来说，$O(\pi_1; \pi_2)(\sigma) \subseteq O(\pi_2)(O(\pi_1)(\sigma))$ 不一定成立 (参见第四节)。令 $\Sigma_1 = O(\pi_1)(\sigma)$ 且 $\Sigma_2 = O(\pi_2)(\Sigma_1)$。如果 $\phi_1$ 在 $\sigma$ 中成立且 $\phi_2$ 在 $\Sigma_1$ 中的所有状态下都成立，那么根据假设，$\phi_3$ 将在 $\Sigma_2$ 的所有状态下都成立。令 $\Sigma_3 = O(\pi_1; \pi_2)(\sigma)$ 并且 $\sigma' \in \Sigma_3$，但是 $\sigma \notin \Sigma_2$。那么就无法得出 $\phi_3$ 在 $\sigma'$ 中成立的结论，因此这个规则是不可靠的。

如果想证明像 $\pi_h; \pi$ 这样的规划的性质，证明 $\{\phi_1\}\pi_h\{\phi_2\}$ 是没有用的，因为没有序列合成规则。特别地，假设 $\{\phi_1\}\pi_h\{\phi_2\}$ 成立，也无助于证明 $\{\phi_1\}\pi_b\{\phi_2\}$，即使 $\pi_b = \pi_h; \pi$。因此，假设 $\{\phi_1\}\pi_h\{\phi_2\}$ 成立，一般情况下能否证明 $\{\phi_1\}\pi_b\{\phi_2\}$，目前尚不清楚。此外，Scott 归纳规则对于带有一个以上 PR 规则的主体来说，也是不可靠的。因此，一般来说，$O(\pi_b)(\sigma) = O(\pi_h)(\sigma)$ 不成立，而是 $O(\pi_b)(\sigma) \subseteq O(\pi_h)(\sigma)$ 成立。因此，根据 $\{\phi_1\}\pi_b\{\phi_2\}$ 的证明，无法推导出 $\{\phi_1\}\pi_h\{\phi_2\}$。

## 二、 施归纳于规划修订规则的应用次数

前面已经说明，尽管 PR 规则和过程调用的操作语义非常相似，却不能把用于过程调用推理的 Scott 归纳规则，用于 PR 规则进行推理。为了能够对 PR 规则进行推理，Riemsdijk 等 (2006a) 施归纳于 PR 规则的应用次数。本节将详细说明为什么 Scott 归纳规则被称为归纳规则；通过应用归纳规则可以发现："对 PR 规则应用的次数进行归纳" 与 "Scott 归纳规则中使用的归纳"，具有很大的相似性。

乍一看，Scott 归纳规则似乎不涉及归纳，因为看不到用自然数 n 和 n+1 这些参数化的公式。要知道为什么此规则实际上是归纳规则，首先需要采用 Bakker (1980) 中的符号，对定义 5.36 的规则进行重新表述。$\Omega$ 表示非结束性语句 (类似

于定理 5.24 的证明中提到的 fail 语句)。元素组 $\langle \cdots | \cdots \rangle$ 中的第一个元素用于表示过程,第二个元素中的公式成立。

$$\frac{\{\phi_1\}\Omega\{\phi_2\} \quad \langle|\{\phi_1\}p\{\phi_2\} \vdash \{\phi_1\}S\{\phi_2\}\rangle}{\langle p \Leftarrow S|\{\phi_1\}p\{\phi_2\}\rangle} \tag{5.7.1}$$

上面的规则是 Scott 规则关于多个过程的更通用版本的实例。其中的 $\{\phi_1\}\Omega\{\phi_2\}$ 可以由一般规则得到,但可以在以下形式中省略:$\Omega$ 是非结束性语句,因此三元组 $\{\phi_1\}\Omega\{\phi_2\}$ 对任意语句 $\phi_1$ 与 $\phi_2$ 有效。但是,为了对这条规则和 PR 规则推理进行比较,这里不进行省略。

现在考虑一个过程 $p \Leftarrow S$,并且令 $S^n$ 定义如下:$S^0 = \Omega$,$S^{n+1} = S[S^n/p]$,其中 $S[S^n/p]$ 表示 S 中 p 的每次出现都被 $S^n$ 替换。例如,如果 S=p; S',那么 $S^1 = S^0$; $S' = \Omega$; $S'$;而 $S^2 = S^1$; $S' = (\Omega; S')$; $S'$;等等。

使用这种替换结构,可以用以下方式定义过程 $p \Leftarrow S$ 的意义 $\mathcal{M}$(参见 (Apt, 1981)):$\mathcal{M}(p) = \bigcup_{n=0}^{\infty} \mathcal{M}(S^n)$。因此,$\langle p \Leftarrow S \mid \{\phi_1\}p\{\phi_2\}\rangle$ 为真,当且仅当,$\forall n$: $\langle p \Leftarrow S^n \mid \{\phi_1\}p\{\phi_2\}\rangle$ 为真。因此,上面的归纳规则 (5.7.1) 等价于如下规则:

$$\frac{\{\phi_1\}\Omega\{\phi_2\} \quad \langle|\{\phi_1\}p\{\phi_2\} \vdash \{\phi_1\}S\{\phi_2\}\rangle}{\forall n : \langle p \Leftarrow S^n \mid \{\phi_1\}p\{\phi_2\}\rangle} \tag{5.7.2}$$

过程 $p \Leftarrow S$ 的过程调用 p 的意义等同于 S 的意义。更一般地说,一个 "存在对过程 $p \Leftarrow S$ 的调用的" 语句 S' 的意义,相当于语句 S'[S/p] 的意义,即语句 S' 中 p 的所有出现都被替换为 S (Bakker, 1980)。因此,可以将规则 (5.7.2) 中的 p 替换为 $S^n$,并将 S 中出现的 p 替换为 $S^n$。根据定义有 $S[S^n/p] = S^{n+1}$,由此可以得到如下等价规则:

$$\frac{\{\phi_1\}\Omega\{\phi_2\} \quad \forall n : (\{\phi_1\}S^n\{\phi_2\} \vdash \{\phi_1\}S^{n+1}\{\phi_2\})}{\forall n : \{\phi_1\}S^n\{\phi_2\}} \tag{5.7.3}$$

这个规则相当于 Scott 归纳规则。至此,清楚地说明了为什么 Scott 归纳规则被称为归纳规则。

形如 $\forall n: \vdash_{Rule} [\pi \upharpoonright_n]\phi$ 的 3APL 智能体的性质的证明的基本思路是:通过施归纳于 n,证明 $[\pi \upharpoonright_0]\phi$ 和 $\forall n: ([\pi \upharpoonright_n]\phi \vdash_{Rule} [\pi \upharpoonright_{n+1}]\phi)$ 即可。因此,这两种方法的相似之处在于:分别对过程调用的次数和 PR 规则 (隐性或显性) 应用的次数进行归纳。

这两种方法的重要的区别在于：① 规则 (5.7.3) 中的语句 S，对应于其等价规则 (5.7.1) 中的过程 p 的主干部分；② 规划 π 与 PR 规则的主干部分并不对应，而是表示智能体的初始规划。正如本节第一部分所述，归纳规则 (5.7.3) 及其等价规则 (5.7.1) 可以与序列合成规则结合使用，但是在使用归纳法对 3APL 规划进行推理时，这两类规则不可以结合使用。

总之，施归纳于 PR 规则应用的次数的总体思路是可行的，因为 PR 规则与标准的 Scott 归纳规则相似。施归纳于 PR 规则应用的次数可以证明规划或程序的性质。这两种归纳之所以不同，是由于规划中序列合成算子的语义不具有组合性，这是由 PR 规则而导致的。

# 第八节　结论与未来的工作

本章在 Riemsdijk 等 (2006a) 工作的基础上，为 3APL 智能体的推理提供了一个动态逻辑，专门用于处理该语言的规划修订。由于 3APL 规划不能用结构归纳法来分析，这意味着标准命题动态逻辑不能用来对 3APL 规划进行推理。为此，本章提出了一个关于受限规划的可靠且完全的公理化系统；并证明了可以把该逻辑扩展成非受限规划逻辑，该扩展逻辑是一个无穷公理系统。并用三个实例说明了：对限制参数进行归纳，可以处理这种公理系统的无穷性；最后还讨论了 PR 规则与过程的关系。本章的研究表明："使用 Scott 归纳规则进行过程推理"与"施归纳于 PR 规则应用次数从而对 PR 规则进行推理"，这两者之间存在相似性。

总之，能够进行结构归纳通常被认为是程序的一个基本性质，以便对其进行推理。由于 3APL 规划缺乏这种特性，因此对它们进行推理并为其建立一个可靠且完全的公理化逻辑，似乎不太可能。但是，本章却成功地做到了这一点，至少说明做到这一点还是有可能的。由此产生的无穷公理系统的理论意义大于其实践意义。

未来的研究可以考虑：① 通过施归纳于 PR 规则应用的次数，能否实现自动化，并将这些结果扩展到更实际的环境中？② 项 (term) 改写系统与 PR 规则之间关系，以及 PR 规则与形式语言理论之间关系如何？③ 能否对 PR 规则子类进行定义，从而使得这些子类可以通过结构归纳的方法进行分析？

# 第六章 基于 RASA 语言的命题动态逻辑的 Agent 交互协议推理

为了发挥 Agent(智能体) 的智能性并增强其适应性,对交互协议 (interaction protocols) 进行建模,使交互协议作为"运行智能体之间引用、检查、组合、共享和调用的"可执行实体,是非常有用的。这类协议称为"第一类协议 (first-class protocol)"。智能体可以不使用硬编码的决策机制来选择下一步,而是在运行时检查协议说明 (protocol specification) 来选择下一步,从而增加其灵活性。Miller 和 Mcburney (2011) 利用命题动态逻辑 PDL 对第一类协议结果进行了表示和推理;并定义了"可以对递归定义的协议进行推理的"一个 PDL 证明系统。此证明系统分为两个部分:一部分是关于终止协议 (terminating protocols) 的推理;另一部分是关于非终止协议的推理。关于终止协议的证明可以自动化地加以证明,而关于非终止协议的证明在某些情况下是无法自动化地加以证明的。关于受限的非终止协议的证明可以转化为关于终止协议的证明,从而使其证明自动化。本章主要在这一成果的基础上展开研究[1]。

## 第一节 引 言

对多 Agent 系统交互协议的研究主要集中在交互协议的文档 (document-ation) 的研究上,这些研究描述了智能体参与协议的可能交互集合。智能体开发人员使用协议来说明硬编码 (hard code) 智能体之间的交互,但是这一方法有三个明显的缺点:①它强行将智能体及其使用的协议结合在一起;协议一旦改变,要求智能体代码必须随之改变,在软件工程领域一致反对这么做;②智能体只能使用设计时已知的协议进行交互,由于要求智能体具有智能性和适应性,对其进行限制是不合适的;③智能体不能在运行时对协议进行组合,从而实现更复杂的交

---

[1] 本章部分内容发表在张晓君、邱君:基于改编命题动态逻辑的 Agent 交互协议推理,《湖南科技大学学报 (社会科学版)》,2022, (5): 35-44.

互,而是仅能够在设计者表示的协议下进行交互,这似乎同样有悖于"对智能体的智能性和适应性的"要求。

Miller 和 Mcburney (2011) 利用了 Miller 和 Mcburney (2007) 提出的 RASA 框架,该框架把协议视为第一类实体 (first-class entities)。这些第一类协议是存在于多智能体系统中的文档,而硬编码协议仅作为参与者发送的消息中的抽象存在。协议说明不只是任意的标记 (token) 序列,每条消息都显式地包含一个意义,该意义被定义为对共享社会状态的一种处理,比如说是智能体之间的一组义务 (obligation)。设计者可以执行面向目标的智能体,这些智能体能够对其发送和接收的消息的效果进行推理,并可以选择最能实现其目标的行动路线。能够对协议进行推理的智能体可以在运行时学习新协议,从而使这些智能体具有更强的适应性。使用社会状态,而不是智能体的心智状态,就可以验证智能体是否按照协议规则行事 (Singh, 2000)。

Miller 和 Mcburney(2011) 提出了作为一阶动态逻辑基础系统的命题动态逻辑 (PDL) 的实例化 (instantiation) 逻辑——$L_\alpha$ 逻辑,该逻辑可以可靠且完全地对 RASA 协议结果进行表示和推理。$L_\alpha$ 逻辑是 PDL 的一个实例化,因为 $L_\alpha$ 逻辑只适用于特定类型的模型和程序:模型是智能体的共享社会状态,其程序是 RASA 协议。通过将模型和程序限制在这些结构中,具有极小系统的智能体可以验证 RASA 协议的性质。

Miller 和 Mcburney (2011) 提出的证明系统分为两部分:一部分是关于终止协议的推理,称为有穷 $L_\alpha$ 逻辑;另一部分是关于非终止协议的推理,称为无穷 $L_\alpha$ 逻辑。前者的自动化 (automation) 是容易做到的;后者的自动化就复杂些。对于第一类受限的非终止协议而言,关于非终止协议的证明可以转化为关于终止协议的证明。根据该结果,就可以用有穷 $L_\alpha$ 逻辑自动证明非终止协议的性质。由于这类受限的类足够大,可以包含多智能体系统中使用的大多数协议,从而使智能体能够证明文档中大多数协议的性质。这些结构可以推广到其他第一类协议说明语言,而且也可以推广到一般的行动语言 (action language)。

本章第二节概述了 RASA 框架,包括 RASA 协议说明语言的句法和外延语义 (denotational semantics)。第三部分介绍了"用于第一类协议推理的 $L_\alpha$ 逻辑的"句法和语义。第四部分给出了"用于证明 RASA 协议性质的"$L_\alpha$ 逻辑的演绎证明系统。随后讨论了其自动化证明的可能性。第五部分给出了一种"将受限非终止协议类的证明转化为终止协议证明的"方法。第六部分讨论了该证明系统在 Prolog 中的实现，并给出了该实现的实验评估结果。

在定义第一类协议之前，需要先定义在智能体交互的背景 (context) 中的协议。智能体交互协议是基于消息交流的智能体之间的协作说明，用于提供交互的背景。协议通过如下陈述定义了冲突规则 (rules of encounter)：① 谁能发送信息；② 智能体能说些什么；③ 智能体什么时候能说出来，或者更具体地说，是按照什么顺序说出来。虽然大多数协议说明语言支持上述说明，但是其表达方式使得智能体无法共享协议定义，并学习这些协议规则。

Miller 和 Mcburney(2011) 提出的第一类协议的概念可以与编程语言中的第一类对象/实体的概念 (Strachey, 2000) 进行对比。也就是说，第一类协议是一个可引用的、可共享的、可操作的实体，它作为运行时的值存在于多 Agent 系统中。根据第一类协议的说明，参与智能体只知道该语言的句法和语义，就可以检查学习规则的说明和协议效果。因此，一个"可引用的、共享的、可操作实体的"第一类协议是指：① 谁能发送信息；② 智能体能说些什么；③ 智能体能在什么时候发送信息；④ 智能体发送消息必须具备哪些先决条件 (precondition)；⑤ 发送消息的后置条件 (postcondition) 或意义是什么；也就是说，智能体发送消息的后果是什么。

通常，消息的意义是指对共享社会状态的某种操作 (manipulation)；例如，协议的规则可以说明：接受购买某一特定商品，通过表示"发送此消息会将该承诺 (commitment) 添加到承诺基础上"，从而使您承诺为此支付费用。类似地，该共享状态表示了先决条件；例如，智能体只能"在尚未承诺销售某个商品的情况下"承诺销售该商品。每个消息都有一个显式的先决条件和后置条件，这样智能体就可以确定发送消息的结果。多个消息的结果可以组合地进行计算。为了使智能体能够对此进行推理，必须以一种智能体能够理解它的方式来说明。

为此，需要定义构成第一类协议语言的四个性质：

(1) 形式性质：该语言必须是形式化的，以消除协议意义的可能歧义，允许智能体使用这些系统进行推理，允许智能体以值的形式传递和存储协议定义。

(2) 意义明显性：消息的意义必须由协议说明，而不是简单地说明其语义"在文档范围之外定义的"任意交流行为。否则，可能会遇到一个不知道其语义定义的交流行为，从而导致协议失效。

(3) 可检查性/机器可读性：智能体必须能够在运行时对协议进行推理，以推导出协议的规则和意义，以便确定发送哪些消息，可以最好地实现其目标，并对不同协议的规则和效果进行比较。

(4) 动态可组合性：如果智能体无法访问有助于实现其目标的协议，那么它在运行时组合新的协议来实现目标，而且这些新的协议本身也必须形成第一类协议。

在此强调的是：第一类协议语言不等于全局 (global) 语言。所谓全局语言，指的是从交互的全局角度而不是从个体参与者的角度来表示协议的语言。因此，诸如智能体 UML 语言和有穷状态机 (FSM) 构造的语言是全局语言，但不是第一类协议语言。智能体 UML 语言不是意义明显性语言 (虽然可以很容易改编智能体 UML 语言，而使它变成意义明显性语言)；即使它在运行时可能组合新的协议，其难度还是相当大的。虽然有穷状态机 FSM 方法可以增加意义，但是该方法不支持可执行的动态组合性协议。

# 第二节　RASA 框架

Miller 和 Mcburney(2007) 提出的 RASA 说明语言是作为一个最小算子来设计的，第一类协议说明语言这类算子。RASA 说明语言是一种行动语言 (action language)，可以对表示的信息进行约束。这里将给出 RASA 协议说明语言的句法和外延语义。

## 一、建模信息

为了使 RASA 尽可能广泛地应用，对信息进行建模和对共享社会状态的操作不受特定语言的限制。假定可以使用约束对语篇的范围 (universe of discourse) 进行建模。这允许智能体设计者使用不同的基础语言 (underlying languages)，例如描述逻辑 (Baader et al., 2003) 或约束语言 (de Boer et al., 1997)。

**定义 6.1**(圆柱约束系统)　假设基础交流语言符合 de Boer 等 (1997) 提出的圆柱约束系统的定义。一个圆柱约束系统 (cylindric constraint system) 是一个完备的代数格 $\langle C, \supseteq, \sqcup, \text{true}, \text{false}, \text{Var}, \exists \rangle$。在此结构中，$C$ 是该语言中的原子命题集合，$\supseteq$ 是蕴涵算子，true 是 $C$ 中的最小元素，false 是 $C$ 中的最大元素，$\sqcup$ 是最小上界算子，Var 是变元的可数集合，$\exists$ 是隐藏变元的算子。蕴涵算子对格 (lattice) 中的元素定义了一个偏序，使得 $c \supseteq d$ 表示 $d$ 中的信息来源于 $c$。$c = d$ 是 "$c \supseteq d$ 且 $d \supseteq c$" 的缩写。使用 $L$ 来表示该语言以及该语言中的所有约束组成的集合；例如 c∈L。

一个约束 (constraint) 是如下三种形式之一：①原子命题，例如，X=1，其中 X 是变元；②(最小上界)φ⊔ψ 的合取，其中 φ 和 ψ 都是约束；③ $\exists_x\phi$，其中 φ 是一个约束，x∈Var。为了简单起见，假设 x 表示变元组成的集合。本章继续使用 (可能带有下标) 符号 φ 和 ψ 表示约束。

允许对蕴涵算子的右边进行否定：c⊇¬d 等值于 ¬(c⊇d)，即否定表示失败。其他命题算子的定义如常。使用 vars(φ) 来表示出现在 φ 中的自由变元；也就是说，在 φ 中不能使用算子 ∃ 来隐藏被引用的变元。$\exists_{\hat{x}}\phi$ 表示 "(x 中的变元之外的)φ 中所有变元都被 $\exists_{\hat{x}}\phi = \exists_{vars(\phi)\backslash x}\phi$ 隐藏" 的约束。现在引入一个重命名算子 (renaming operator)，φ[x/y] 的意思是 "用 x 替换 φ 中 y 的所有引用 (reference)"，这可以定义为 $\exists_y((y = x)\sqcup\phi)$。

## 二、 建模协议

RASA 协议说明语言是一种行动语言。跨信道 (channel) 发送的消息是 "可以操纵共享社会状态的" 行动。当智能体通过信道发送消息时，协议中消息的定义通知其他参与者如何更新其状态副本。

**定义 6.2** (句法)　使用以下语法 (grammar) 可以定义 RASA 语言的句法 (syntax)：

$$\alpha ::= \phi \to \in |\phi \xrightarrow{c(i,j)\cdot\psi} \psi|\alpha; \alpha|\alpha \cup \alpha|var_x^\psi \cdot \alpha|N(x)$$

$$\psi ::= c|\psi \cup \psi|\exists_x\psi$$

$$\phi ::= \neg\phi|\psi$$

其中 c∈L 表示任意原子约束。非终止性的 ψ 表示约束系统中的约束，而 φ 表示约束和负约束。因此，否定只有在先决条件下才被允许，而且不能对社会状态进行断定。这是由于约束系统将否定视为失败。

使用形式为 $\psi \xrightarrow{c(i,j)\cdot\psi_m} \psi'$ 的原子协议可以说明信息，其中 $\psi, \psi_m, \psi'$ 都是约束。约束 ψ 表示要发送的消息在当前社会状态下必须保持的先决条件，c(i, j) 表示从参与者 i 到参与者 j 的信道 (channel)，约束 $\psi_m$ 表示消息样板 (message template)，约束 ψ′ 表示 "说明该状态下消息效果" 的后置条件。当不关心消息的发送者和接收者是谁时，可以省略了 (i, j)。在本章中，下标 "m" 用于表示 "一个约束就是一个消息"。

从后置条件计算新状态需要使用惯性 (inertia) 的概念；也就是说，后置条件中的任意变元都由后置条件定义，而状态中的任意其他变元都不变。允许智能体发送消息 $\phi_m$，使得 $\phi_m \supseteq \psi_m$，这样智能体就可以进一步约束消息的值；因此，$\psi_m$ 只是消息的样板。例如，以下原子协议：

$$\text{true} \xrightarrow{\text{c(S,C).present\_quote(Item,Cost)}} \text{cost(Item, Cost)}$$

其中卖方 S 向客户 C 提供一个商品的报价。卖方希望具体价钱 (cost)，就是其想要出售该商品的价格；例如，10。它会发送消息 present\_quote(Item, Cost)⊔Cost=10，通过添加进一步的信息就可以约束消息模板；也就是说，报价是 10。这会牵涉到发送这条信息的结果状态。本章第三节将给出 RASA 语言的语义。

空协议 (empty protocol) 是原子协议的特殊类型：$\psi \to \epsilon$，其中 $\epsilon$ 是一个常元，表示如果 $\psi$ 在当前社会状态下成立，则不需要发送消息。这类似于命题动态逻辑 PDL 中的测试算子，记为 "$\psi?$"，但是将 $\psi$ 限制为约束，而在 PDL 中，$\psi$ 可以是动态逻辑公式。使用简写 $\epsilon$ 来表示 "true→$\epsilon$"。

复合协议 (compound protocol) 可以使用算子由原子协议和空协议建构。如果 $\alpha$ 和 $\beta$ 是协议，那么 $\alpha; \beta$ 表示 $\alpha$ 和 $\beta$ 的序列合成，$\alpha \cup \beta$ 表示 $\alpha$ 和 $\beta$ 之间的选择，$\text{var}_x^\psi \cdot \alpha$ 表示 (除了局部变元 x 之外)$\alpha$ 和在 x 上的约束 $\psi$，在 $\alpha$ 的整个执行过程都得以保持。例如，考虑这样的情况：希望增加变元 x 的整数值。唯一方法就是 x 的值比消息发送之前大 1，且消息不可能使用原子协议；后置条件仅仅表示状态变元之间的约束，且没有引用前置状态值 (prestate value)。这可以使用变元声明算子 (variable declaration operator) 来模拟这种行为。

$$N \hat{=} \text{var}_{x_0}^{x_0=x} \cdot x<10 \xrightarrow{\text{c.inc(x)}} x = x_0+1$$

对局部声明变元的约束在其整个辖域 (scope) 内保持不变。因此，后置条件中对 $x_0$ 的约束等值于前置状态中对 x 的约束。如果在状态 x=1 中执行发送此消息，则后置条件可以表述为 $\exists_x(x=1 \sqcup x_0=x) \sqcup x=x_0+1$。唯一的解决方案是 $x_0=1 \sqcup x=2$。变元 $x_0$ 的辖域将到尽头，而且后置状态是 x=2。

**定义 6.3** (协议说明)　协议说明是格式 $N(x,\cdots,y) \hat{=} \alpha$ 的协议定义的聚合 (collection)，其中 N 是名称，$\alpha$ 是协议，x, $\cdots$, y $\in$ Var 是协议 $\alpha$ 中的自由变元。协议可以通过其他协议的名称进行引用而得到，因此允许递归定义。

**例 6.4**　给出一个客户请求对商品进行报价的运行实例 (改编自 Yolum 与 Singh(2004))。供应商可以同意或不同意提供该商品，并给出价格。如果供应商给出一个价格，客户可以接受或拒绝这个价格。最后，客户要么先支付，然后接收商品；要么一收到商品就支付。可以在此实例的基础上进行组合性扩展。

参与者操纵的状态是一个承诺基础 (commitment base)。条件承诺形式为 CC(x, y, p, q)，并规定：如果命题 p 为真，那么债务方 x 将承诺实现债权方 y 命题 q。如果 p 为真，则写为 C(x, y, q)。

使用以下的命题：(其中一些例子来源于 Yolum 和 Singh(2004))

request(Item)：客户已要求该商品的报价。

deliver(Item)：供应商已交付该商品。

pay(Cost)：客户已经支付了价钱。

此外，对以下承诺的缩写加以定义：

cc_accept(Item, Cost) 是 CC(C, S, deliver(Item), pay(Cost)) 的缩写，即，如果客户已经接收该商品，则承诺支付该商品的费用。

cc_promise(Item, Cost) 是 CC(S, C，cc_accept(Item, Cost), deliver(Item)) 的缩写；也就是说，一旦客户承诺支付费用，供应商就承诺提供该商品。

在整个实例中，假设每个协议定义的变元 Item 表示商品、变元 Cost 表示报价金额、变元 C 表示客户、变元 S 表示供应商。并假设这些变元把每次引用传递给协议名称。为便于阅读，可以对它们进行省略。

为启动交互，客户请求对该商品进行报价。先决条件表示：客户不能要求对已经报价的商品进行重新报价，而且商家也不能对已经报价的商品进行重新报价。"_"表示不关心"出版商为其他客户提供的报价情况"，而且任何一方都不会为此做出任何承诺。

$$\text{RequestQuote} \hat{=} \neg \text{request(Item)} \sqcup \neg \text{cc\_promise(Item, -)}$$
$$\xrightarrow{\text{c(C,S).request\_quote(Item)}} \text{request(Item)}$$

为此，供应商发送报价，并承诺以报价向客户出售该商品。或者，在没有客户要求提供报价的情况下，供应商可以向潜在客户发送报价。

$$\text{PresentQuote} \hat{=} \neg \text{cc\_promise(Item,-)}$$
$$\xrightarrow{\text{c(S,C).present\_quote(Item,Cost)}} \text{cc\_promise(Item, Cost)}$$

客户可以拒绝报价，也可以同意购买该商品，并承诺一旦商品交付就付款。

$$AcceptQuote \hat{=} cc\_promise(Item,\ Cost)$$
$$\xrightarrow{c(C,S).accept\_quote(Item,Cost)} cc\_accept(Item,\ Cost)$$

客户可以发送电子支付订单 (EPO)，从而履行其支付商品的承诺。

$$Pay \hat{=} cc\_promise(Item,\ Cost) \xrightarrow{c(C,S).send\_EPO(S,Item,Cost)} pay(Cost)$$

最后，供应商可以发送商品。

$$SendItem \hat{=} cc\_accept(Item,\ Cost) \xrightarrow{C(S,C).deliver(Item)} deliver(Item)$$

每个协议的制定都要求：智能体发送消息之前必须满足特定的先决条件。例如，协议表示：一旦供应商同意提供商品，客户只能支付该商品的费用。这种约束实际上可能与客户自身的策略或战略有关，但是为了公平起见，协议说明 (或供应商) 需要确保这样的策略是合理的。

尽管如此，也可以显式地对"参与者使用 RASA 组合算子发送消息的顺序"进行约束。上述说明没有提到如何将消息聚集在一起，这些消息只是原子协议的聚合。可以规定：上述说明可以按任意顺序执行。但是，显式排序消息在许多协议中都很重要，同时也可以降低由原子协议构建复合协议的复杂性。

在交易实例中，使用这些算子可以引入几个约束，这些算子可以替换多个先决条件，也可以仅仅使用先决条件作为补充约束。使用算子的优点是：更容易计算"智能体决定偏好行为"的搜索空间。

顶层协议 (top-level protocol) 的定义很直接。交易大致分为两部分：报价和最终定案 (付款和交货)。Transaction $\hat{=}$ Quotation; Finalise。可以灵活定义报价阶段。首先，客户可以要求对方报价，供应商必须给出报价。或者，供应商可以没有客户要求报价时就给出报价 (例如，广告)。无论哪种方式，一旦给出报价，供应商就承诺以该报价出售，这可以用 PresentQuote 子协议来说明。客户可以选择接受或拒绝报价；如果接受报价，则承诺支付报价。

$$Quotation \hat{=} \{RequestQuote\}; PresentQuote; (AcceptQuote \cup RejectQuote)$$

在上述定义中，花括号表示 RequestQuote 是可选的；也就是说，它不必执行。定义 $\{\alpha\}$ 等价于 $\epsilon \cup \alpha$，因此要么出现 $\alpha$，要么什么都不出现。

定案 (finalise) 是商品的交付和付款，这可以按任一顺序执行。选择中的最后一个分支表示没有达成协议的情况；也就是说，如果不接受报价的承诺表示为 (¬cc_accept)，那么协议终止时没有任何额外的信息交换。

$$\text{Finalise} \hat{=} \text{Pay}; \text{SendItem} \cup \text{SendItem}; \text{Pay} \cup \neg cc_{\text{accept(Item,Cost)}} \rightarrow \epsilon$$

此实例说明了：由原子协议和 RASA 组合算子自底向上构造协议的组合结构。显然，协议的组合可以是多种不同的方式。例如，对 Finalise 的引用可以在 AcceptQuote 之后，直接添加到报价协议中，这样就可以去掉 Finalise 中的终止条件。这是因为制定者认为：这种特殊的组合协议比讨论的替换方案更方便。

对此进行推理就要求智能体了解承诺的基础概念，以及在整个交易过程中会使用的概念和条款，如使用共享本体定义的付款和交货。理解这些概念的智能体可以接受上述协议定义，并对偏好的交互进行推理。例如，客户收到报价，并明白最终结果：如果他们接受报价，就将承诺支付报价金额。

如果客户偏好事件的状态 (例如使用效用函数进行评估)，在这种情况下，客户保留报价金额且不收货物，并拒绝报价。否则，如果客户更偏好收到和支付货物的事件状态，那么他们就接受报价。

## 三、外延语义

本节将给出 RASA 协议说明语言的一个外延语义，在此基础上建立需要的逻辑。将此语言的语义定义为一组跟踪 (trace)，其中每个跟踪定义了由智能体系统发送的消息序列，以及由此产生的结果状态。

**定义 6.5** (组合外延语义) 把跟踪定义为三元组，其中三元组的第一个元素表示跟踪的前置状态 (prestate)，第二个元素表示跨信道交流的序列，第三个元素表示在该交流序列之后的结果状态。RASA 协议的语义定义为：包含协议允许的所有跟踪组成的集合。

语言 L 的所有交流序列的集合表示为 $I_L$。语言 L 的所有可能跟踪组成的集合 (简称跟踪集) 定义为 $\wp(L_+ \times I_{L_+} \times L_+)$，其中 $\wp$ 表示幂集函数 (power set function)，$L_+$ 表示 $L \setminus \{\text{false}\}$。

将 RASA 协议的语义定义为函数 $[\![D, \alpha]\!]$: $\text{Env} \rightarrow \wp(L_+ \times I_{L_+} \times L_+)$，其中 D 是"对协议 $\alpha$ 进行评估"的声明集，Env 是一个从名称到跟踪集的函数，Env:

Name→ $\wp(L_+ \times I_{L_+} \times L_+)$，用于将协议引用名称映射到它们定义的跟踪集。因此，语义就是一个带有协议定义和环境 (environment) 的函数，并返回由协议定义的跟踪集。当不使用 D 和环境 e 时，就将其省略。

空协议 $\psi \to \epsilon$ 可以定义为一个包含单个跟踪的集合，其中没有消息，而且前置状态和后置状态都是相同的：$[\![\psi \to \epsilon]\!] \hat{=} \{(\phi, \langle \rangle, \phi) | \phi \supseteq \psi\}$。

原子协议可以定义为这样的跟踪集：其中第一个元素满足先决条件，第二个元素是消息，第三个元素是结果状态。在本章第二节中，消息可以是约束 $\psi_m$，也可以是约束 $\phi_m$，而且 $\phi_m$ 比 $\psi_m$ 包含更多的信息。结果状态是 $\phi \oplus (\phi_m \sqcup \phi')$，其中 $\oplus$: $(L \times L) \to L$ 是一个覆盖函数 (overriding function)，定义为 $\phi \oplus \psi' = \psi' \sqcup \exists_{vars(\psi')} \phi$。结果状态是一个新的约束，使得 $\phi$ 中任意自由变元的值都被后置条件中的新值覆盖，而其他的变元保持不变。形式地讲，原子协议语义可以定义如下：

$$[\![\psi \xrightarrow{c.\psi_m} \psi']\!] \hat{=} \{(\phi, \langle c.\phi_m \rangle, \phi \oplus (\phi_m \sqcup \phi')) \mid (\phi \supseteq \psi) \wedge (\phi_m \sqcup \phi' \supseteq \psi_m \sqcup \psi')\}$$

允许智能体限制消息显然会对结果状态产生影响。可以强行要求放置在该消息中的任意附加信息 $\phi_m$ 也必须适用于结果状态。例如，回顾以下协议

$$\text{true} \xrightarrow{c(S,C).present\_quote(Item,Cost)} \text{cost (Item, Cost)}$$

其中卖方提供一个商品的报价。如果发送方在具有 Cost=10 的消息中约束价钱，那么就需要与后置条件共享此信息，以便确定变元 Cost 的值。在语义学中，通过将消息作为后置状态的一部分来执行该条件：$\phi \oplus (\phi_m \sqcup \phi')$。在这个例子中，Cost 的唯一解决方案是 Cost=10，因此，后置状态是 cost(Item, Cost)⊔Cost=10，这可以化归为 cost(Item, 10)。显然，原子协议的执行是非确定性的：发送智能体可以在不同的信息约束之间进行选择。但是，结果状态的计算是确定性的：结果是由消息、后置条件以及来自适合前置状态的约束决定的，这些前置状态包含了后置条件中未引用的变元。

序列合成 $\alpha; \beta$ 可以通过"把 $\alpha$ 的后置状态作为 $\beta$ 的前置状态"来定义的

$$[\![\alpha; \beta]\!] \hat{=} \{(\phi, h_1 \cap h_2, \phi'') | \exists \phi' \cdot (\phi, h_1, \phi') \in [\![\alpha]\!] \wedge (\phi', h_2, \phi'') \in [\![\beta]\!]\}$$

记法 $h_1 \cap h_2$ 表示序列 $h_1$ 和 $h_2$ 的串联 (concatenation)。

在 $\alpha$ 和 $\beta$ 两种协议之间的选择 $\alpha \cup \beta$ 可以定义为：从 $\alpha$ 和 $\beta$ 得到的所有跟踪的并：

$$[\![\alpha \cup \beta]\!] \hat{=} [\![\alpha]\!] \cup [\![\beta]\!]$$

变元声明不能够直接定义，需要做些准备工作。为了解释这一定义，需要先讨论想要的 $\mathrm{var}_x^\psi \cdot \alpha$ 的语义。首先，期望 $\alpha$ 正常执行，但在语境中有一个受 $\psi$ 约束的新变元 x。如果 x 是协议状态下的自由变元，则必须隐藏 x 的这类出现。在执行 $\alpha$ 期间和执行 $\alpha$ 之后，不希望局部变元 x 上的约束发生变化。最后，一旦执行 $\alpha$，希望 x 的局部出现被隐藏，且之前的自由变元 x 及其约束将恢复到此状态，其形式定义如下：

$$[\![\mathrm{var}_x^\psi \cdot \alpha]\!] \hat{=} \{(\phi, h, \exists_x \phi' \sqcup \exists_{\hat{x}} \phi) | (\exists_x \phi \sqcup \psi, h, \phi') \in [\![\alpha]\!] \wedge \exists_{\hat{x}} \phi' = \exists_{\hat{x}} (\exists_x \phi \sqcup \psi)\}$$

为了讨论这个定义是如何达到预期语义的，最好从该定义的中部 $(\exists_x \phi \sqcup \psi, h, \phi') \in [\![\alpha]\!]$ 开始讨论。执行来自状态 $\exists_x \phi \sqcup \psi$ 的子协议 $\alpha$。在 x 已经是该约束中的一个变元的情况下，$\phi$ 中变元 x 的任意自由出现都是隐藏的。一旦执行了 $\alpha$，就剩下了后置状态 $\phi'$。条件 $\exists_{\hat{x}} \phi' = \exists_{\hat{x}} (\exists_x \phi \sqcup \psi)$ 表示后置状态中 x 上的约束等于前置状态中 x 上的约束。最后，计算整个协议的新后置状态。想隐藏局部变元 (local variable)x 和它的约束，就有 $\exists_x \phi'$，但也希望重新引入之前的变元 x，因此可以与 $\exists_{\hat{x}} \phi$ 进行结合，$\exists_{\hat{x}} \phi$ 表示：除 x 外，在前置状态 $\phi$ 中的所有自由变元的出现都需要隐藏。这样就可以将变元 x 恢复到其在前置状态中的值。

协议引用 (protocol reference) 的语义也不能直接定义，因为允许递归定义；也就是说，协议可以引用自己的协议。离开了递归定义的语义可以说明"一个引用可以被 D 中的协议定义所取代"。这里使用 Scott-Strachey 的不动点语义，(Stoy, 1977) 给出协议引用的递归定义。这样的语义也不能直接给出；好在可以对 de Boer 等 (1997) 定义的类似结构的语义进行如下修改：

$$[\![D, N(x)]\!](e) \hat{=} [\![N(y)]\!](e)[x/y], \quad \text{当 } N(y) \hat{=} \alpha \in D \text{ 且 } x \neq y \text{ 时}$$
$$e(N), \quad\quad\quad\quad\quad\quad\quad\quad\quad \text{当 } N \in \mathrm{dom}(e) \text{ 时}$$
$$\mu F, \quad\quad\quad\quad\quad\quad\quad\quad\quad\quad \text{当 } N(x) \hat{=} \alpha \in D \text{ 且 } N \notin \mathrm{dom}(e) \text{ 时}$$

其中 $F(H) = [\![D, \alpha]\!](e\{N \mapsto H\})$ 且 $\mu F$ 是相对于偏序 $\subseteq$ 的函数 F 的最小不动点，即，最小不动点 $\mu F$ 使得 $\mu F = F(\mu F)$。

该定义可以分为三种情况。并在该定义中假定某种形式的正确性：名称引用是 D 中的有效协议名称。如果没有这一假定，就需要添加如下这样的第四种情况：

该协议等价于某个错误状态。这里采取假定的方式来回避第四种情况。在第一种情况下，引用协议的名称 N 在声明集合中，但是变元是不匹配的。N(x) 的行为 (behavior) 等价于 N(y)，但 x 的所有引用都重命名为 y。在第二种情况下，N 在环境中，因此从该环境返回到 N 的语义 (记为 e(N))。在第三种情况下，N(x) 是在具有匹配变元的定义中，而不是在环境中。构造函数 F(H)，F(H) 给出了与 e 相同的环境的协议 α，而且 e(N) 被 H 覆盖。F 相对于偏顺序 $\subseteq$ 的最小不动点 (记为 μF) 是 N 的表示值。对于任意 N 的后续引用而言，其语义由第二种情况 e(N) 定义。

本章引入的附加算子是上面定义的初始算子的简写。这些简写算子中最著名的是来自动态逻辑 (Harel et al., 2000) 和 Kleene 代数 (Kozen, 1990) 的迭代算子 $\alpha^*$，该算子可以定义"零次或多次对子协议 α 进行迭代"的协议，其形式定义如下：

$$[\![D, \alpha^*]\!] \triangleq [\![D', N]\!], \quad 其中 \quad D'=D\cup\{N\triangleq\epsilon\cup(\alpha; N)\}$$

这就是说，$\alpha^*$ 等值于协议 N，其中 N 被定义为在空协议或"被 N 的递归调用所尾随的"α 的序列合成之间的选择。把它定义为一个简写，而不是原形写，是因为 (通过名称) 使用递归定义可以描述的协议类，是那些不具有名称的迭代协议 (只允许正则协议) 的超集 (superset)。

在动态逻辑和 Kleene 代数中发现的附加冗余算子也可以类似地定义，例如 $\alpha^+$，可以定义为 α; $\alpha^*$。

# 第三节　协议蕴涵

命题动态逻辑 PDL 是能够对程序进行推理的模态逻辑。程序是 PDL 中的显式结构。PDL 中的程序由原子程序和复合算子组成，原子程序通常是编程语言中的语句，复合算子 (如序列合成算子和选择算子) 用于由原子程序构造更复杂的程序。程序的组合性 (compositionality) 反映在该逻辑中。在将复合程序分解成原子程序以及证明它们的性质时，会用到程序的性质。

本节给出了关于 RASA 语言的命题动态逻辑 PDL，该逻辑是 Harel 等 (2000) 提出的 PDL 的实例化逻辑，称之为 $L_\alpha$ 逻辑。通过实例化，用 RASA 协议代替 PDL 中的抽象程序，用约束代替 PDL 中对命题进行解释所依赖的模型。在 PDL 中用于构造复杂程序的算子对应于关于 RASA 语言的 $L_\alpha$ 逻辑中的协议组合算子。

## 一、 关于 RASA 语言的命题动态逻辑 (即 $L_\alpha$ 逻辑) 的句法

本节引入的 $L_\alpha$ 逻辑,用于对协议的结果进行推理。$L_\alpha$ 逻辑语言是建立在本章定义 1 的圆柱约束系统语言 L 之上,因为任意约束 $\phi \in L$ 也在逻辑语言 $L_\alpha$ 中。为了避免歧义,使用表示协议性质的"命题"这一术语来区分这两种语言,并继续使用"约束"这一术语来表示语言 L 中的公式。虽然 $\phi$ 和 $\psi$ 都可以表示命题和约束;但带有数字下标的 $\phi$ 和 $\psi$ 严格表示语言 L 中约束,例如 $\phi_0$ 表示 $\phi_0$ 是严格地在语言 L 中的约束;也就是说,$\phi_0$ 不在 $L_\alpha \backslash L$ 中。

**定义 6.6**(句法)  $L_\alpha$ 逻辑的合式公式集由以下语法定义为

$$\phi ::= \phi_0 | \phi \wedge \phi | \neg \phi | [\alpha]\phi$$

每个公式在一个协议状态内进行赋值,即是一个约束。该语法中,$\phi_0$ 是语言 L 中的约束;如果 $\phi_0$ 包含在协议状态中,则 $\phi_0$ 为真。$\wedge$ 和 $\neg$ 的定义如常。语法的最后一个分支 $[\alpha]\phi$ 包含一个有趣的算子。命题 $[\alpha]\phi$ 的意义如下:如果执行协议 $\alpha$,则在协议 $\alpha$ 的每个结束状态 (即终止状态) 中,$\phi$ 成立。这称之为协议蕴涵 (protocol entailment)(执行该协议就意味着一个特定命题成立)。该算子类似于动态逻辑中的相同算子 (same operator)。需要说明的是,此性质不涉及没有结束状态的非终止路径。

协议蕴涵允许表示性质,并对协议的可能未来结果进行推理。与仅仅对协议的单一状态进行推理相比,协议蕴涵具有更多的灵活性和能力。这些性质可以看作是协议的副产品。也就是说,它们不是用于"通过约束结果来给出协议的定义",而是用于说明"相对于给定初始状态的一组可能的未来交互而成立的"性质。任意公式 $[\alpha]\phi$ 的真值都可以直接由 $\alpha$ 自身的定义来建立。

## 二、 $L_\alpha$ 逻辑的语义

$L_\alpha$ 逻辑建基于命题动态逻辑 PDL,因此可以使用动态逻辑中的标准术语,对 $L_\alpha$ 逻辑的结构进行命名。命题只有在模型中进行赋值时才有意义。一个模型是一个序对 $(\Re, \psi_0)$,其中 $\Re$ 是框架,$\psi_0$ 是表示一个协议的共享状态。一个框架是一个序对 $(L, D)$,其中 L 是所有可能状态 (即 $L_\alpha$ 逻辑的所有约束) 组成的集合,D 是被命名协议的定义集。在命题动态逻辑 PDL 中,D 表示意义函数,它将意义指派给原子程序。因为原子协议的意义可以直接由它的定义得到,所以意义函数

仅仅是从被命名协议到其定义的函数。根据这一定义可知，$\mathfrak{R}, \psi_0 \models \phi$ 的意思是：$\psi_0$ 在框架 $\mathfrak{R}$ 中满足 $\phi$。在 $\mathfrak{R}$，L 和 D 明了的情况下，可以省略它们。如果对于每个状态 $\psi_0 \in L$ 而言，$\phi$ 在每个框架 $\mathfrak{R}$ 中都为真，那么就记为 $\models \phi$，也就是说 $\phi$ 是有效的。$\psi_0 \not\models \phi$ 的意思是：$\phi$ 在状态 $\psi_0$ 中不成立。

**定义 6.7**($L_\alpha$ 逻辑的语义定义)　利用上述符号 $L_\alpha$ 的语义可以定义如下：

$$\psi_0 \models \phi_0(\text{其中 } \phi_0 \in L) \quad \text{当且仅当 } \psi_0 \supseteq \phi_0$$

$$\psi_0 \models \phi \wedge \psi \text{ 当且仅当 } \psi_0 \models \phi \text{ 且 } \psi_0 \models \psi$$

$$\psi_0 \models \neg\phi \quad \text{当且仅当 } \psi_0 \not\models \phi$$

$$D, \psi_0 \models [\alpha]\phi \text{ 当且仅当 } \forall(\psi_0, h, \psi_0') \in [\![D, \alpha]\!](\varnothing) \cdot D, \psi_0' \models \phi$$

现在对这些定义作简要说明。为了使 $\phi_0$ 在状态 $\psi_0$ 中为真，利用 "$\supseteq$" 关系可知，$\psi_0$ 蕴涵 $\phi_0$。$\phi \wedge \psi$ 在一个状态中为真，当且仅当，$\phi$ 和 $\psi$ 在该状态下都为真；$\neg\phi$ 为真，当且仅当，$\phi$ 不为真。$[\alpha]\phi$ 为真的，当且仅当，从状态 $\psi_0$ 开始，对于协议 $\alpha$ 的每个结束状态 $\psi_0'$ 而言，在框架 $\mathfrak{R}$ 中协议说明 D 下，命题 $\phi$ 成立。也就是说，对于协议 $\alpha$ 的任意跟踪，命题 $\phi$ 在该跟踪的每个结束状态中都成立。可以看出，给定一个状态 $\psi_0$，以及约束 $\phi_0$ 和 $\phi_0'$，$\psi_0 \models \phi_0 \wedge \phi_0'$ 等值于 $\psi_0 \supseteq \phi_0 \sqcup \phi_0'$，且 $\psi_0 \models \neg\phi_0$ 等值于 $\psi_0 \not\supseteq \phi_0$。

对于协议蕴涵命题而言，可以使用算子 $\neg$ 和 $\wedge$ 对标准逻辑算子 (如析取算子 $\vee$、蕴涵算子 $\rightarrow$ 和等值算子 $\leftrightarrow$) 加以定义。借鉴模态逻辑和动态逻辑的惯用做法，在 $L_\alpha$ 逻辑中也引入了 [ ] 算子的对偶算子 $\langle\rangle$。$\langle\alpha\rangle\phi$ 的意思是：如果进入协议 $\alpha$，那么 $\phi$ 至少在协议 $\alpha$ 的一个结束状态中成立。这一语义可以定义为 $\langle\alpha\rangle\phi \leftrightarrow \neg[\alpha]\neg\phi$。也就是说，$\phi$ 至少在协议 $\alpha$ 的一个结束状态中成立，当且仅当，不存在这样的情况：$\neg\phi$ 在协议 $\alpha$ 的所有结束状态下为真。

**例 6.8**　回顾例 6.4 中电子交易的说明。假定常元 self 是对该例子进行推理的智能体的 ID。以下具体说明：如果智能体接受报价，那么在该商品交付时，它将承诺支付：

$$C = \text{self} \rightarrow [\text{AcceptQuote}] \text{ CC(self, S, deliver(Item), pay(Cost))}$$

在报价协议的情况下，并不是每个结果都是如此。但至少有一种 "智能体接受报价的" 情况。这可以使用以下公式来表示：

$$C = self \rightarrow \langle Quotation \rangle\ CC(self, S, deliver(Item), pay(Cost))$$

如果智能体有一个目标是交付该商品,它可以将上述特性与其目标相匹配,并使用此协议要求供应商报价。收到报价后,智能体可以在 AcceptQuote 子协议上进行计算;如果接受报价,它将承诺为商品支付报价。

### 三、 $L_\alpha$ 逻辑的表达力

现在简要且非形式地讨论 $L_\alpha$ 逻辑的表达力。为此,将协议视为一棵树,例如游戏树,其中节点表示状态,弧线 (arcs) 表示消息,节点上多于一个弧线的分支表示该节点上的选择。

由于使用协议定义的模态算子索引 (indexing),可以表示树中任意节点的性质。例如,考虑协议 $\alpha; (\beta \cup \gamma)$。命题 $\psi \rightarrow [\alpha]\phi$ 表示:在 $\psi$ 指定的条件下,性质 $\phi$ 在协议 $\alpha$ 的每个结果中都成立。命题 $[\alpha \cup \alpha; \beta]\phi \wedge \neg\langle\alpha; \gamma\rangle\phi$ 的意思是:$\alpha$ 和 (在 $\alpha$ 之后执行的)$\beta$ 的每个结果状态下,$\phi$ 成立;(在 $\alpha$ 之后执行的)$\gamma$ 的每个结果状态下,$\phi$ 不成立。

对于树中节点的任意有穷聚合 (collection) 而言,$L_\alpha$ 逻辑允许说明“对所有这些节点都成立的”一个性质。这是因为:如果 $\phi$ 是所希望表达的性质,且 $\{n_1,$ $\cdots, n_m\}$ 是“试图说明 $\phi$ 成立的”节点聚合,那么就可以说明:在每个这类节点上,可以通过“到每个节点的路径作为一个序列合成,而且在这些合成的末尾 $\phi$ 成立”的方式,来说明 $\phi$ 成立。例如,为了表示 $\phi$ 在 $\alpha;(\beta \cup \gamma)$ 的每个节点中都成立 (即 $\phi$ 是协议的一个不变量),记为 $\phi \wedge [\alpha]\phi \wedge [\alpha; \beta]\phi \wedge [\alpha; \gamma]\phi$。

由此,还可以定义协议的类似性质;例如,$\phi$ 在协议 $\alpha;(\beta \cup \gamma)$ 中,至少在一条路径的每个节点上都成立,定义为 $\phi \wedge \langle\alpha\rangle(\phi \wedge (\langle\beta\rangle\phi \vee \langle\gamma\rangle\phi))$。还可以类似定义:$\phi$ 至少在所有路径中的一个节点上成立;利用简写算子可以直接对其加以定义。

可以在 $L_\alpha$ 逻辑中表示的性质受到基础约束语言的限制。如果基础约束语言不能表达一个性质,那么就不能表达“协议结果中的两个术语之间关系”的性质。需要注意的是,不能表达被发送消息的性质。因为 $L_\alpha$ 逻辑的旨趣在于表示协议结果,消息的效果由它们各自的后置条件表示。

$L_\alpha$ 逻辑的语义假定了一个带有协议的封闭世界观。也就是说,在执行协议期间,只有作为协议的一部分的发送消息可以对共享状态产生影响。这一假定意味着智能体可以承诺作为协议的一部分的某个事情,同时也可以承诺该事情的对立

面。这种封闭世界观没有什么是不合理的，事实上的协议语言通常会做出这样的假定。例如，FIPA[①]协议考虑了智能体相信或不相信的特定命题的先决条件和后置条件。如果不限制智能体同时参与两个不同的对话，那么这两个对话要求智能体相信相互矛盾的陈述 (statement)。如果使用基于社会的语义，采用开放的世界观，那么参与交互的智能体在任何时候都不可能知道交互的共享状态，因为它可能被该智能体不参与的交互所改变。

## 第四节　关于 RASA 语言的命题动态逻辑的证明系统

为了证明 RASA 协议的性质，现在给出 $L_\alpha$ 逻辑的一个演绎证明系统。首先给出了 $L_\alpha$ 逻辑的公理和推理规则，然后证明了该系统相对于在本章第三节中定义的语义是可靠且完全的。

首先定义了一个在有穷论域中的全部-终止协议 (all-terminating protocols) 的证明系统。"所有终止协议"是指：该协议终止所有执行；"有穷论域"是指：基础约束语言位于有穷论域之上，例如所有 32 位 (bit) 整数。该证明系统被称为有穷 $L_\alpha$ 逻辑。Miller 和 Mcburney(2011) 表明：在有穷性的假设下，使用证明系统中的公理和基础约束求解器 (solver)，智能体可以证明任意命题。

然后，对该证明系统进行扩展，使之能够处理非终止协议和无穷论域。"非终止协议"是指协议并不是全部终止协议；因此，至少有一个协议的非终止执行，或者基础约束语言是无穷语言。这种扩展添加了一个推理规则；但它会影响自动证明的能力。该证明系统被称为无穷 $L_\alpha$ 逻辑，该逻辑也适用于全部-终止协议。

使用证明系统本身来证明：关于非终结协议受限子集的证明可以化归为有穷证明系统中的证明。因为该系统允许自动证明，不使用自动证明将很难自动化。这将在本章第五节中进一步讨论。

### 一、有穷 $L_\alpha$ 逻辑的演绎证明系统

现在给出有穷 $L_\alpha$ 逻辑的一个演绎证明系统，并讨论了其局限性。$\langle D\ |\psi \vdash \phi\rangle$ 表示：$\phi$ 在 $\psi$ 成立的所有模型中都是可证的，其中 D 是相关协议说明。只要语境清楚时就省略 D。$\vdash \phi$ 表示：在所有模型中，$\phi$ 是可证的 (即 $\phi$ 是一个定理)。

---

① 参见 http://www.fipa.org.

(一) 有穷 $L_\alpha$ 逻辑的公理化

因为还没有说明一个特定的基础约束语言，所以还不能给出全体公理。而且语言 L 中的任意公理都是有穷 $L_\alpha$ 的演绎证明系统中的公理。因为基础约束语言满足 de Boer 等 (1997) 描述的格 (lattice) 的性质。假定 L 上有几个公理 (例如 De Morgan 律和双重否定律)，并假定语言 L 是可靠和完全的。

**定义 6.9** ($L_\alpha$ 逻辑的公理)　除了语言 L 的公理外，有穷 $L_\alpha$ 逻辑的演绎证明系统还包括如下 6 个附加公理模式：

(i) $[\alpha](\phi \wedge \psi) \leftrightarrow [\alpha]\phi \wedge [\alpha]\psi$　(合取公理)；

(ii) $[\psi_0 \to \epsilon]\phi \leftrightarrow \psi_0 \to \phi$　(空协议公理)；

(iii) $[\psi_0 \xrightarrow{c.\psi_m} \psi_0']\phi \leftrightarrow \psi_0 \to (\psi_m \wedge \psi_0' \to \phi) [x'/x]$　(原子协议公理)，其中 x = vars($\psi_m \sqcup \psi_0'$) 且 x′ 是新变元；

(iv) $[\alpha; \beta]\phi \leftrightarrow [\alpha][\beta]\phi$　(序列合成公理)；

(v) $[\alpha \cup \beta]\phi \leftrightarrow [\alpha]\phi \wedge [\beta]\phi$　(选择公理)；

(vi) $[var_x^{\psi_0} \cdot \alpha]\phi \leftrightarrow x_0 = x \wedge \psi_0 \to [\alpha](x_0 = x \to \phi)$ (局部变元公理)，[①] 其中 $x_0$ 是新变元；

(vii) $\langle D \mid [N(x)]\phi \leftrightarrow [\alpha[x/y]]\phi \rangle$　(协议名称公理)，其中 N(y) $\triangleq \alpha \in$ D。

除了公理 (iii) 和 (vi) 之外，其他公理都直接来自它们的定义。公理 (iii) 的意思是：原子协议达成 (achieve) 结果 $\phi$，当且仅当，其先决条件成立时，该协议的所有后置状态蕴涵 $\phi$。将 x 重命名为新变元 x′，考虑证明关于 x 的新值的性质 $\phi$(来自本章第二节的外延语义)，因此不希望前置状态值受到干扰。

公理 (vi) 的意思是：变元声明达成 $\phi$，当且仅当，子协议 $\alpha$，在"局部变元 x 上的约束"的所有结束状态下达成 $\phi$。在 box 算子的左边的命题 $x_0 = x$ 的意思是：$x_0$ 等值于 x 的前置状态值。因为 $x_0$ 是新变元，所以它不会被 $\alpha$ 改变。现在仅仅考虑：x 通过 $\alpha$ 保持不变的结束状态，因此在结束状态下，只需要证明：$\phi$ 只适用于 $x_0 = x$ 的那些状态。

公理 (vii) 成立，其意思是：N(y) $\triangleq \alpha \in$ D。也就是说，在 D 中宣告了名称 N；否则，证明失败。

---

① 为了简单起见，假设 x 在 $\phi$ 中不是自由的。否则，必须将 x 重命名为等式右侧的一个新变元。

除了公理以外，该系统还包括作为推理规则的如下分离规则：

$$(\text{分离规则})\frac{\phi, \phi \to \psi}{\psi}$$

**(二) 有穷 $L_\alpha$ 逻辑证明的自动化**

现在阐释：$L_\alpha$ 逻辑中的证明可以通过使用本章第四节第一小部分中给出的公理和基础约束系统的蕴涵算子 (entailment operator) 来自动完成证明。

**定理 6.10**　给定有穷 $L_\alpha$ 逻辑中的任意命题 $\phi$，使用相关公理可以将 $\phi$ 化归为语言 L 中的约束 $\phi_0$，使得 $\models \phi$ 当且仅当 $\models \phi_0$。

**证明**　施归纳于 $\phi$ 的结构即可得证。假设公理是有穷 $L_\alpha$ 逻辑中的有效定理，相关内容将在后续内容中进一步讨论。

归纳基础有两种情况：$[\psi_0 \to \epsilon]\phi$ 和 $[\psi_0 \xrightarrow{c.\psi_m} \psi_0']\phi$。定义 6.9 的公理 (ii) 和 (iii)，分别可以从左到右应用，删除 [ ] 算子。在这两种情况下，把归纳假设应用于 $\phi$，就可以得到语言 L 中的对应结果。

对于序列合成、选择、变元声明和名称引用的情况，可以分别从左到右应用定义 6.9 的公理 (iv)—(vii)。协议定义形成树结构，这些公理将每个证明分解成它们的子树，直到只剩下空协议和原子协议 (即基本情况)。唯一的例外是递归定义的协议，将展开 (unfold) 无穷多次。

现在讨论关于名称的无穷展开。对于有穷 $L_\alpha$ 命题，只有当 N 的先决条件成立时，才能通过应用公理 (vii) 来终止这种展开。例如，考查证明 $\psi_0 \to [N]\phi$。如果 $\psi_0$ 不满足 N 的先决条件，则不必考虑 $\phi$，该命题也成立。如果 N 是全部终止的，那么必然有：在每次递归调用 (recursive call)N 之前，状态发生变化，最终使得状态将不满足 N 的先决条件。形式 $[N]\phi$ 的证明可以构建 $(\psi_0 \vee \cdots \vee \psi_n) \to [N]\phi$ 这样的结构，其中 $(\psi_0 \vee \cdots \vee \psi_n)$ 是 N 的先决条件，$\psi_i$ 是整个协议的唯一路径的先决条件 (Miller 和 Mcburney(2008b) 讨论了如何计算先决条件)。因为假定基础约束系统是有穷的，必须有有穷数量的先决条件。在展开前通过检查 N 的先决条件是否是可满足的，该证明即可终止。证毕。

定理 6.10 表明：给定任意有穷 $L_\alpha$ 逻辑命题，命题动态逻辑 PDL 的一个命题的证明可以化归为一个约束的证明，使用约束求解器可以证明约束。这类似于情境演算 (situation calculus) 中的回归 (regression)(参见 Levesque 等 (1998))，它把关于未来状态的查询转换为关于当前状态的查询。定理 1 可以用于自动证明，即：智能体只使用公理和约束求解器 (constraint solver) 就可以证明协议蕴涵的性质，并且可以推导出关于它学到的任意新协议的性质。

但是，这种公理化存在两个问题。首先，智能体不可能证明递归定义的协议是完全终止的 (all terminating)。其次，尽管名称引用的展开在有穷论域下终止，但是这种展开可能会占用相当大的内存和 CPU 时间——超过可获得的时间。

如果协议是非递归的 (non-recursive)，那么该证明系统就是合理的。其结束证明是不足道的 (刚才的证明没有递归调用)；而且可以结束对名称引用的展开。使用约束求解器可以证明语言 L 中的约束。

(三) 有穷 $L_\alpha$ 逻辑的可靠性和完全性

如果一个逻辑中的任意可证命题都是真的，那么该逻辑就是可靠的。如果一个逻辑中的任意真命题都是可证明的，那么该逻辑就是完全的。

**定理 6.11**　有穷 $L_\alpha$ 逻辑是可靠且完全的。

**证明**　根据上述可靠性的定义可知，如果不能证明任意不真的命题，那么此逻辑就是可靠的，因此，"通过可以证明每个公理是有效的"来证明可靠性。

现在证明 $L_\alpha$ 逻辑的证明系统是可靠的。也就是说，需要证明：对于 $L_\alpha$ 逻辑中的任意命题 φ 而言，如果 φ 是可证的，则 φ 就是真的：$\vdash \phi \Rightarrow \models \phi$。如果证明了本章第四节中的每个公理都是有效的，那么可靠性就得以证明。这些需要证明的公理不包括：来自语言 L 且被假定为有效的公理。

为了证明完全性，必须证明：任意真命题都可证。根据定理 6.10 可知，有穷 $L_\alpha$ 逻辑中的每个命题都可以化归为语言 L 中的一个约束，考虑到这一结果，就可以假设语言 L 是完全的，可以"通过将 φ 化归为一个约束"来构造 φ 的证明，并使用语言 L 中的蕴涵算子来证明约束。逻辑的可靠性保证了这种化归的正确性，因此该证明也是正确的，有穷 $L_\alpha$ 逻辑是完全的。证毕。

## 二、　无穷 $L_\alpha$ 逻辑的演绎证明系统

用来证明名称引用 (name reference) 性质的定义 6.9 的公理 (vii) 是可靠的。但是，将这一公理应用于无穷协议会产生无穷长的证明，从而使得有穷 $L_\alpha$ 逻辑系统对于无穷协议而言，是不完全的。

(一) 无穷 $L_\alpha$ 逻辑的公理化

**定义 6.12** (归纳推理规则)　为了克服无穷证明的问题，可以给出一个附加的推理规则。现在给出该规则的句法。首先，表达式 $\psi\{N \mapsto \alpha\}$ 表示展开 (或重写)，即用 $\alpha$ 替换一个协议命题 $\psi$ 中 N 的所有出现，当 $N \doteq \alpha$ 时，$\alpha$ 表示对 N 的引用的一次展开。一个修订后的协议 $\beta\{N \mapsto \alpha\}$ 的语义定义为 $[\![\beta]\!](e\{N \mapsto [\![\alpha]\!](e)\})$。其次，简写 $\Omega$ 表示不可执行的 (底部) 协议，定义为 false c.false。此协议无法执行，因为先决条件为假。

使用这种句法，就可以在 Scott 归纳 (Scott and de Bakker，1969) 的基础上，定义一个新的归纳规则：

(归纳规则 1)　$\langle D\backslash\{N(y)\doteq\alpha\},\psi\{N \mapsto \Omega\}[x/y]\rangle$，其中 $N(y)\doteq\alpha \in D$

$$\frac{\langle D\backslash\{N(y)\doteq\alpha\} \mid \psi \vdash \psi\{N \mapsto \alpha[x/y]\}\rangle}{\langle D \mid \psi\rangle}$$

这条规则乍一看有点复杂。下面的省略了 D 且没有参数的规则与之等价：

(归纳规则 2)　$[\Omega]\phi,\ \dfrac{[N]\phi \vdash [\alpha]\phi}{[N]\phi}$，其中 $N(y)\doteq\alpha \in D$

归纳规则的意思是：为了证明 $[N]\phi$，首先证明归纳基础 $[\Omega]\phi$，即证明 $\phi$ 在 N 的 "第 0 次" 展开之后成立 (事实上，命题 $[\Omega]\phi$ 总是成立，因此可以从归纳规则 2 中省略)。然后证明归纳步骤：如果 N 对于任意次展开 (如第 $i$ 次展开) 都成立，证明 N 对于再一次展开成立 (如第 $i+1$ 次展开)。如果归纳基础和归纳步骤都能被证明，那么归纳适用于所有展开，因此 $[N]\phi$ 成立。

现在讨论归纳规则的基本思想。考虑以下协议：

$$N \doteq \psi \xrightarrow{c.\psi_m} \psi' \cup (\phi \xrightarrow{c.\phi_m} \phi'; N)$$

该协议可以使用以下无穷树结构进行概括 (图 6.1)：

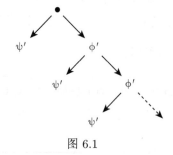

图 6.1

其中虚线箭头表示 N 的展开可以无穷次地继续下去。在这棵树中，唯一的终止状态就是用 $\psi'$ 标记的节点上的状态。为了证明 $[N]\psi''$，需要证明 $\psi''$ 在所有终止状态下都是可满足的。为了防止无穷展开，假设在顶层 (即 • 节点)：$\psi''$ 在 $\phi'$ 以下的每一结束状态中成立，并在其余的结束状态 (只有一个，即 $\psi'$) 证明这一点。因为如果展开 N，而且唯一的终止状态就是 $\psi'$ 状态，所以是可靠的。这些状态可以直接从 N 的有穷定义中推导出来，因此证明是有穷的。

对 "关于包含引用 N 的命题 (而不是 N 本身) 的" 证明进行推广，就可以建立归纳规则 2。规则 2 的证明是规则 1 的证明的简化版：为了证明 $\psi$，首先证明用 $\Omega$ 替换 N 的归纳基础 (即 N 的第 0 次展开)，然后试图证明 $\psi$ 对 N 的一次展开是成立的，记为 $\psi\{N \mapsto \alpha\}$，在归纳假设的基础上，$\psi$：

$$(\text{归纳规则 3}) \quad \frac{\psi\{N \mapsto \Omega\} \quad \psi \vdash \psi\{N \mapsto \alpha\}}{\psi} \quad \text{其中 } N \doteq \alpha \in D$$

现在回到最初的归纳规则，证明关于协议说明 D 的命题 $\psi$。需要完成规则 3 的归纳基础和归纳步骤的证明。主要是不同之处在于协议说明 D 的证明。在这种情况下包括 D，为了证明规则的前提，由于不需要 N 的定义，因此可以从 D 中去掉这一定义。另一个小的区别就是表达式 $\alpha[x/y]$，它是用 x 代替变元 y 后的 N。

虽然 RASA 语言中存在参数，但是归纳推理规则足以证明递归协议的性质。存在于 RASA 中的参数可以使变元替换有更强的可读性。根据语言句法可知：不允许按值调用 (call-by-value) 和嵌套递归调用 (nested recursive calls)，例如 $N(N(x))$ 是不允许的。事实上，嵌套递归调用在语义上是没有意义的，因为 $N(x)$ 不是基础约束语言中的表达式。通过把参数定义为一个直接的变元替换，可以在不借助参数的情况下写出归纳规则，且可以添加如下形式 (省略 D) 的替换规则：

$$(\text{替换规则}) \quad \frac{\phi[y/x] \rightarrow \psi[y/x]}{\phi \rightarrow \psi}$$

归纳推理规则的应用类似于无参数的命名协议。Hoare(1971) 采用这种方法处理程序和参数。只有当 N 无穷时，此种归纳证明才是必要的。否则，有穷 $L_\alpha$ 证明系统就足够了。

### (二) 无穷 $L_\alpha$ 逻辑的自动证明

归纳推理规则的加入对无穷 $L_\alpha$ 逻辑中的自动证明是有影响的。究竟有多少种可能的自动证明? 这留待以后研究。目前明确的是: 不能使用命题到约束的直接句法转换来进行自动证明, 就如有穷 $L_\alpha$ 逻辑那样。Harel 等 (2000) 的研究表明: 即使是正则命题动态逻辑 PDL 的简单扩展也是不可判定的, 因此不可能自动地证明任意非正则协议的性质。对于符合特定句法形式的协议, 本章第五节讨论了如何把无穷 $L_\alpha$ 逻辑中的证明化归为有穷 $L_\alpha$ 逻辑中的证明。这时允许使用有穷证明系统。

### (三) 无穷 $L_\alpha$ 逻辑的可靠性和完全性

$L_\alpha$ 逻辑的可靠性和完全性取决于归纳推理规则的可靠性和完全性, 而这反过来又与以下的定义 6.13 有关。

**定义 6.13**(连续性和反连续性)　对于两个部分偏序集 X 和 Y 之间的函数 $f \in X \to Y$ 和 $x_1 \leqslant x_2 \leqslant \cdots$ 形式的序列 (其中 $x_i \in X$) 而言, (i) 如果 $f(\sqcup_i x_i) = \sqcup_i f(x_i)$, 那么就说函数 f 是连续的; (ii) 如果 $f(\sqcup_i x_i) = \sqcap_i f(x_i)$, 那么就说函数 f 是反连续的; 其中 $\sqcup_i$ 是元素序列的最小上界, $\sqcap_i$ 是元素序列的最大下界。

根据这一定义, 就可以定义 $L_\alpha$ 命题的连续性和反连续性。

一个命题 $\psi$, 如果对于一个协议序列 $[\![\alpha_1]\!] \subseteq [\![\alpha_2]\!] \subseteq \cdots$ 而言, (i) 如果 $\psi\{N \mapsto \bigcup_i \alpha_i\} \leftrightarrow \bigvee_i \psi\{N \mapsto \alpha_i\}$, 那么就说命题 $\psi$ 相对于名称 N 是连续的; (ii) 如果 $\psi\{N \mapsto \bigcup_i \alpha_i\} \leftrightarrow \bigwedge_i \psi\{N \mapsto \alpha_i\}$, 那么就说命题 $\psi$ 相对于 N 是反连续的; 其中, $\bigcup_i \alpha_i$ 是所有 $\alpha_i$ 之间的选择, 即 $\alpha_1 \cup \alpha_2 \cup \cdots$, 在本例中, "函数" f 是决定命题真值的函数。

例如, 在 N 中的命题 $[N]\phi$ 是反连续的, 因为根据定义 6.9 的公理 (v) 可知下式成立:

$$[\alpha_1 \cup \alpha_2 \cup \cdots]\phi \leftrightarrow [\alpha_1]\phi \wedge [\alpha_2]\phi \wedge \cdots$$

正如 Bakker(1980) 所采取的方法一样, 本章是从句法上定义了连续性和反连续性。

(1) 如果在 $\psi$ 中不出现 N, 那么 $\psi$ 在 N 中既是连续的又是反连续的。

(2) $[N]\phi$ 在 N 中是反连续的。

(3) 如果 φ 在 N 中是反连续的，那么 [α]φ 在 N 中是反连续的。

(4) 如果 ψ 在 N 中是连续的，那么 ¬ψ 在 N 中是反连续的。

(5) 如果 ψ 在 N 中是反连续的，那么 ¬ψ 在 N 中是连续的。

(6) 如果 φ 和 ψ 在 N 中都是连续的或反连续的，那么 φ∧ψ 在 N 中也是连续的或反连续的。

简单地说，如果在 ψ 中对 N 的引用不在否定联结词的辖域内，那么包含递归引用 N 的命题 ψ 在 N 中就是反连续的。

下面的定义和引理可以用来证明归纳规则的可靠性和完全性。

**定义 6.14**　定义简写来表示名称 N 的无穷展开。假设 $N \stackrel{.}{=} \alpha$，则 $\alpha_i$ 的定义如下：

(1) $\alpha_0 \stackrel{.}{=} \Omega$；(2) $\alpha_{i+1} \stackrel{.}{=} \alpha\{N \mapsto \alpha_i\}$。

**引理 6.15**　$\psi\{N \mapsto \bigcup_i \alpha_i\} \leftrightarrow \psi$。

**证明**　此引理的意思是：对于任意包含对名称 N 的引用的命题，无穷多次展开 N 不会改变该命题的真值。

$\{N \mapsto N\} \leftrightarrow \psi$ 的证明不足道，因此只需证明 N 等价于 $\bigcup_i \alpha_i$。本章第二节把 $[\![N]\!](e)$ 定义为最小不动点 μF。因此，μF 等价于 $\bigcup_i f_i$，其中 $f_0 = [\![\Omega]\!](e)$ 且 $f_{i+1} = [\![D, \alpha]\!](e\{N \mapsto f_i\})$。根据这一定义，可以"通过证明如下等式来"证明 $N = \bigcup_i \alpha_i$：

$$\bigcup_i [\![\alpha_i]\!](e\{N \mapsto f_{i-1}\}) = [\![\bigcup_i \alpha\{N \mapsto \alpha_{i-1}\}]\!](e)$$

根据 $[\![\ ]\!]$ 函数的连续性可知，上式成立。函数 $[\![\ ]\!]$ 可以"通过序列 $[\![\alpha_1]\!] \subseteq [\![\alpha_2]\!] \subseteq ...$ 来"证明是连续的。而且，根据选择算子 ∪ 的定义可知，$\bigcup_i [\![\alpha_i]\!](e) = [\![\bigcup_i \alpha_i]\!](e)$ 成立。证毕。

**定理 6.16**　对于反连续 ψ 而言，归纳推理规则是可靠且完全的。

**证明**　为了证明这一点，需证明：根据 $\psi\{N \mapsto \Omega\}$ 和 $\psi \vdash \psi\{N \mapsto \alpha\}$，可以推导出 ψ。根据归纳基础和归纳规则可知，其结果是 $\forall i \in N \cdot \psi\{N \mapsto \alpha_i\}$，该结果等值于 $\bigwedge_i \psi\{N \mapsto \alpha_i\}$。根据 ψ 的反连续性可知，此结果还等值于 $\psi\{N \mapsto \cup_i \alpha_i\}$，而且根据引理 1，$\psi\{N \mapsto \cup_i \alpha_i\}$ 等值于 ψ。

已经证明：只有对于 N 中反连续的命题而言，归纳规则才是可靠且完全的。

但是，这并不意味着：只有反连续的命题才能使用证明系统来证明。例如，命题 ¬[N]φ 在 N 中是连续的。可以通过构造一个反连续的 [N]φ 来构造一个证明，并否证该结果。事实上，对于在 N 中连续的任意命题 ψ 而言，都可以用反证法来证明。

既不连续也不反连续的命题更难处理。不足道的情况是：对于命题 ψ∧φ，其中 ψ 是反连续的，φ 是连续的。可以将命题 ψ∧φ 分割为两个证明：一个关于 ψ 的证明，另一个关于 ¬φ 的证明，否证 ¬φ 的结果，然后结合这些结果来加以证明即可。构造 [β]¬[N]φ 这类证明就更加困难。

### 三、$L_\alpha$ 逻辑与命题动态逻辑的关系

本章的 $L_\alpha$ 逻辑是命题动态逻辑 PDL 的实例化。本书第二章已经较为详细地论述了命题动态逻辑 PDL。在 $L_\alpha$ 逻辑的证明系统中省略了 PDL 的几个公理，这是因为：由于 RASA 语言中存在名称引用，这些省略的公理可以从 $L_\alpha$ 逻辑的最小公理集和推理规则中推导出。下面的定理 6.17 说明：如下在 $L_\alpha$ 逻辑的公理化中没有列出的 PDL 公理是 $L_\alpha$ 逻辑的定理。

**定理 6.17**　以下 PDL 公理是 $L_\alpha$ 逻辑的有效定理：

(i) $[\alpha](\phi \to \psi) \to [\alpha]\phi \to [\alpha]\psi$;

(ii) $\phi \wedge [\alpha][\alpha^*]\phi \leftrightarrow [\alpha^*]\phi$;

(iii) $\phi \wedge [\alpha^*](\phi \to [\alpha]\phi) \to [\alpha^*]\phi$.

**证明**　此证明使用了本章第四节中的证明系统。

现在证明定理 (i)：$\models [\alpha](\phi \to \psi) \to [\alpha]\phi \to [\alpha]\psi$。

该定理等值于正规模态逻辑 (normal modal logics) 中定义的 K 公理，它是本章 $L_\alpha$ 逻辑的一个重要定理。K 公理可以直接证明。根据命题逻辑公理 $p \to (q \to r) \leftrightarrow (p \wedge q) \to r$ 可知：

$$[\alpha](\phi \to \psi) \wedge [\alpha]\phi \to [\alpha]\psi$$

$$\Leftrightarrow [\alpha]((\phi \to \psi) \wedge \phi) \to [\alpha]\psi \text{ (根据定义 6.9 的公理 (i))}$$

再根据分离规则可知，$[\alpha]\psi$ 成立。

此定理的逆命题不成立。这可以使用反例加以证明。考虑只有两个结束状态的协议 α：$\phi \wedge \neg\psi$ 和 $\neg\phi \wedge \neg\psi$。命题 $[\alpha]\phi \to [\alpha]\psi$ 为真，是因为其前提是假的 ($\phi$

在所有的结束状态下都不成立），但是命题 $[\alpha](\phi \to \psi)$ 显然为假，因为存在一个"使得 $\phi \wedge \neg\psi$ 为真"的结束状态，这意味着 $\phi \to \psi$ 为假。

现在证明定理 (ii)：$\models \phi \wedge [\alpha][\alpha^*]\phi \leftrightarrow [\alpha^*]\phi$。

为了证明这一点，需要对等式的左边进行改写，以证明它等价于右边的命题。

$\quad \phi \wedge [\alpha][\alpha^*]\phi$

$\Leftrightarrow [\epsilon]\phi \wedge [\alpha; \alpha^*]\phi \quad$ (根据定义 6.9 的公理 (ii) 和定义 6.9 的公理 (iv))

$\Leftrightarrow [\epsilon \cup \alpha; \alpha^*]\phi \quad\quad$ (根据定义 6.9 的公理 (v))

$\Leftrightarrow [\alpha^*]\phi \quad\quad\quad\quad$ (根据 $\alpha^*$ 的定义)

现在证明定理 (iii)：$\models \phi \wedge [\alpha^*](\phi \to [\alpha]\phi) \to [\alpha^*]\phi$。

为了证明这一定理，需要证明一个更强的性质——上述蕴涵式左右两侧是等值式。

$$\models \phi \wedge [\alpha^*](\phi \to [\alpha]\phi) \leftrightarrow [\alpha^*]\phi$$

表达式 $\alpha^*$ 定义为 $N \stackrel{\mathrm{def}}{=} \epsilon \cup \alpha; N$。为了证明这一定理，必须证明

$$\vdash \phi \wedge [N](\phi \to [\alpha]\phi) \leftrightarrow [N]\phi$$

利用归纳推理规则，对 N 进行一次展开，并证明上述假设。通过改写带有标记 Q 的命题，并证明这一命题在假设 A 等值于 P 时，就可以证明这一假设

$$\underbrace{\phi \wedge [N](\phi \to [\alpha]\phi) \leftrightarrow [N]\phi}_{A} \vdash \underbrace{\phi \wedge [\epsilon \cup \alpha; N](\phi \to [\alpha]\phi)}_{P} \leftrightarrow \underbrace{[\epsilon \cup \alpha; N]\phi}_{Q}$$

$[\epsilon \cup \alpha; N]\phi$

$\Leftrightarrow \phi \wedge [\alpha][N]\phi$ (根据定义 6.9 的公理 (v)、(iv) 和 (ii))

$\Leftrightarrow \phi \wedge [\alpha](\phi \wedge [N](\phi \to [\alpha]\phi))$ (根据假设 (归纳步骤))

$\Leftrightarrow \phi \wedge [\alpha]\phi \wedge [\alpha; N](\phi \to [\alpha]\phi)$ (根据定义 6.9 的公理 (v) 和 (iv))

$\Leftrightarrow \phi \wedge [\epsilon](\phi \to [\alpha]\phi) \wedge [\alpha; N](\phi \to [\alpha]\phi)$ (根据分离规则和定义 6.9 的公理 (ii))

$\Leftrightarrow \phi \wedge [\epsilon \cup \alpha; N](\phi \to [\alpha]\phi)$ (根据定义 6.9 的公理 (v))

这是等值于 P，即等式的左边。因此定理 6.17 成立。证毕。

定理 6.17 说明：命题动态逻辑 PDL 的所有公理都是 $L_\alpha$ 逻辑中的有效定理，PDL 的任意可证定理也是 $L_\alpha$ 逻辑的可证定理。这就意味着：可以使用大量现有的命题动态逻辑 PDL 的成果来研究 RASA 协议。例如，使用 PDL 的公理系统证明的任意定理，都可以在 $L_\alpha$ 逻辑中使用相同的定理来证明。

# 第五节　从无穷 $L_\alpha$ 逻辑到有穷 $L_\alpha$ 逻辑

在本章第四节第二部分中探讨了无穷 $L_\alpha$ 逻辑自动证明。该证明系统的问题就是：归纳推理规则不是一个命题的句法操作。现在证明：包含某些类型的无穷协议的无穷 $L_\alpha$ 逻辑的证明，可以转换为有穷 $L_\alpha$ 逻辑的证明。

需要说明的是：本节讨论的一些定理不是该证明系统的内定理，而是关于证明系统的定理。换句话说，它们是推理规则。用 $\phi \dashv\vdash \psi$ 表示：$\phi$ 的证明等值于 $\psi$ 的证明，它们是证明系统中的等值定理，但不一定是等值命题。

现在讨论：如何把某些类型的无穷协议的证明转换为有穷协议的证明。使用这种方法，一个带有有穷 $L_\alpha$ 逻辑公理和约束求解器的智能体，可以证明这些类型的无穷 $L_\alpha$ 逻辑命题的性质。

之所以探讨等值定理，是为了表征协议的先决条件和后置条件。也就是说，给定一个协议 $\alpha$，得到该协议最弱的先决条件和最强的后置条件，这就可以得到关于"协议结果和达成这些结果的先决条件"的概要，并把这些称为"结果特征" (Miller and Mcburney, 2008a) 的概要是 $L_\alpha$ 逻辑的定理 (它们是关于具体协议的定理)，因为这些特征可以通过协议定义来表征。可以用公式 $\psi_0 \to [\alpha]\phi_0$ 表达这些特征，其中 $\psi_0$ 是在 $\alpha$ 终止的情况下的最弱先决条件，$\phi_0$ 是在先决条件 $\psi_0$ 下达成的最强后置条件。Agent 可以使用这些特征，快速和正确地评估协议是否达成了既定目标。

## 一、迭代算子 $^*$ 和 $^+$ 算子的性质

在本章第二节第四部分中，$\alpha^*$ 定义为 N，其中 N $\cong \epsilon \cup (\alpha; N)$，$\alpha^+$ 被定义为 $\alpha; \alpha^*$。很难为这种格式的协议的后置条件找到一个不动点，因为它们是无穷的：$\alpha$ 可以迭代任意多次。定理 6.17 展示了如何证明这种格式的协议的性质，但是，这些定理不能用于将命题化归为约束，因为这些定理包含迭代算子 $^*$。

为了达到表征相关性质的目的，需要在最弱的先决条件下执行时确定最强的后置条件，为此，需要定义几条推理规则。

**定理 6.18**　以下公式是 $L_\alpha$ 逻辑的有效推理规则：

$$[\alpha]\phi \dashv\vdash [\alpha^+]\phi$$

**证明**　上述推理规则的证明是显而易见的。如果对每个模型中的每个结果而言，$\alpha$ 都达成了 $\phi$，那么无论 $\alpha$ 被迭代多少次，它都会达成 $\phi$。同样，如果 $\alpha$ 的任意多次迭代都能够达成 $\phi$，那么一次迭代也能够达成 $\phi$。

定理 6.18 的意思是明确的：对于任意定理 $\vdash [\alpha^+]\phi$ 而言，只需要证明 $\vdash [\alpha]\phi$；为了表征后置条件 $\alpha^+$，只需要表征 $\alpha$。因此 $\phi \wedge [\alpha]\phi \dashv\vdash [\alpha^*]\phi$。证毕。

在最弱的先决条件 $\psi_0$ 下，不能直接描述 $\alpha^+$ 格式的协议。为此，需要如下定理 6.19。

**定理 6.19**　如果 $\psi_0$ 是 $\alpha$ 的最弱先决条件，则以下公式是 $L_\alpha$ 逻辑的有效推理规则：

$$\psi_0 \to [\alpha]\phi \dashv\vdash \psi_0 \to [\alpha^+]\phi$$

**证明**　从右向左的证明不足道。现在证明从左到右的情况。如果 $\psi_0$ 成立，则 $\alpha$ 的 1 次迭代的结果就是 $\phi$。此时，$\neg(\phi \to \psi_0)$ 或 $\phi \to \psi_0$ 成立。如果是 $\neg(\phi \to \psi_0)$ 成立，则 $\alpha$ 不能再迭代，因为 $\psi_0$ 是其最弱的先决条件，先决条件是不可满足的。这意味着最终的后置条件是 $\phi$。如果 $\phi \to \psi_0$ 成立，则 $\alpha$ 要么终止，后置条件为 $\phi$；要么 $\alpha$ 能够进行再次迭代。其结果就是 $\phi$，因为 $\psi_0$ 成立，且无论 $\psi_0$ 是否成立，$\alpha$ 保证 $\phi$ 成立。因此，得到的后置条件为 $\phi$。对这些论证进行归纳可得：$\alpha^+$ 最强的后置条件是 $\phi$。证毕。

## 二、递归协议的性质

正如在本章第四节第一和第二部分所讨论的那样，归纳推理规则可能难以用于自动证明。本章证明：关于无穷协议的一组受限命题可以被化归为有穷 $L_\alpha$ 逻辑的命题，从而提供一种自动证明方法。

**定义 6.20**(选择范式)　一个协议在选择范式 (choice normal form) 中，当且仅当，它是一个或多个协议之间的选择，而且不涉及其他选择协议。即，对一个协议 $\alpha_1 \cup \cdots \cup \alpha_n$ 而言，$\alpha_1$ 到 $\alpha_n$ 中的每个 $\alpha_i$ (其中 $1 \leqslant i \leqslant n$) 都不包含一个选择。这类似于 Boolean 逻辑中的析取范式。

**定理 6.21**　任意 RASA 协议都可以化归为选择范式。

**证明**　利用序列组合在选择上的分布 (distributing) 性质，可以把任意符合定义的协议都化归为选择范式。$\alpha; (\beta \cup \gamma) \equiv (\alpha; \beta) \cup (\alpha; \gamma)$ 和交换规则以及关

联规则 (associate rule) 可以在 $L_\alpha$ 逻辑中加以证明。当化归为选择范式时，名称不会展开。使用下式，根据 Kleene 代数中的公理 $(\alpha \cup \beta)^* \equiv \alpha^*; (\beta; \alpha^*)^*$(Kozen, 1990)，可以把迭代算子分配到选择协议内部。证毕。

**定义 6.22**(线性选择范式)　一个协议定义 $N(x) \hat{=} \alpha_1 \cup \cdots \cup \alpha_n$ 在线性选择范式中，当且仅当，$\alpha_1 \cup \cdots \cup \alpha_n$ 是范式，且以下两个条件都成立：

(1) 对于所有 $\alpha_1 \cup \cdots \cup \alpha_n$ 中的选择而言，最多存在一个对 N 的递归调用；

(2) $\alpha_1 \cup \cdots \cup \alpha_n$ 中至少存在一个选择，没有对 N 的递归调用。

这意味着，对于一个可能无穷的协议而言：①在该协议定义的每个分支中，最多存在一个递归调用；②至少有一个分支是非递归的，而且必须终止。

通过把无穷协议转换为与之等值的有穷协议，就可以证明无穷协议的受限子集的性质。例如，考虑协议 $N \hat{=} \epsilon \cup (\alpha; N)$，根据迭代算子 * 的定义可知：此协议等值于 $\alpha^*$。利用定理 6.18 可以证明：命题 $[N]\phi$ 等值于 $[\alpha^*]\phi$。这一思路可以推广到线性选择范式中的任意协议。

**定理 6.23**　对于线性选择范式协议 $N(x) \hat{=} \alpha \cup (\beta; N(x); \gamma)$ 而言，以下命题成立：

$$[N(x)]\phi \dashv\vdash [\alpha \cup (\beta; \alpha; \gamma)]\phi$$

**证明**　为证明上述定理，首先需要证明以下引理。

**引理 6.24**　$[N]\phi \leftrightarrow [\alpha \cup (\beta^+; \alpha; \gamma^+)]\phi$。

为此，需要用到本章的证明系统中的以下两个公理以及 Scott 归纳推理规则：

(iv) $[\alpha; \beta]\phi \leftrightarrow [\alpha][\beta]\phi$；

(v) $[\alpha \cup \beta]\phi \leftrightarrow [\alpha]\phi \wedge [\beta]\phi$。

为了证明上述引理，假设 $[N]\phi \leftrightarrow [\alpha \cup (\beta^+; \alpha; \gamma^+)]\phi$(即推理规则中 $[N]\psi$ 的假设)，然后证明这一假设对于如下展开定义而言也是成立的：

$$[\alpha \cup (\beta; N; \gamma)]\phi \leftrightarrow [\alpha \cup (\beta^+; \alpha; \gamma^+)]\phi$$

为了证明上式，利用公理 (iv) 和公理 (v) 对上式的左侧重写如下：

$$[\alpha \cup (\beta; N; \gamma)]\phi \Leftrightarrow [\alpha]\phi \wedge [\beta][N][\gamma]\phi$$

根据假设 $[N]\phi \leftrightarrow [\alpha \cup (\beta^+; \alpha; \gamma^+)]\phi$ 可知，此证明的归纳步骤是

$$[\alpha]\phi \wedge [\beta][\alpha \cup (\beta^+; \alpha; \gamma^+)][\gamma]\phi$$

利用这些公理，上式可化归为

$$[\alpha]\phi \wedge [(\beta;\ \alpha;\ \gamma) \cup (\beta;\ \beta^+;\ \alpha;\ \gamma^+;\ \gamma)]\phi$$
$$\Leftrightarrow [\alpha \cup (\beta;\ \alpha;\ \gamma) \cup (\beta;\ \beta^+;\ \alpha;\ \gamma^+;\ \gamma)]\phi$$

可以把该选择的第二分支和第三分支合并为 $\beta^+;\ \alpha;\ \gamma^+$，得到的命题等值于引理 6.24 右侧的命题，因此引理成立。

现在回到定理 6.23 的证明，根据定理 6.18 可知，证明关于协议 $\alpha^+$ 的性质等价于证明关于 $\alpha$ 的性质。根据公理 (iv)，可知任意命题 $[\beta^+;\ \alpha;\ \gamma^+]\phi$ 都可以化归为一个关于 $\beta,\ \alpha$ 和 $\gamma$ 的命题，而且该命题可以用有穷 $L_\alpha$ 逻辑来证明。证毕。

**定义 6.25** (约束的向上闭包)　在 $L_\alpha$ 逻辑整个可靠性证明过程中，使用了以下简写。对于一个约束 $\phi_0$ 而言，约束的向上闭包 (记为 $\uparrow \phi_0$) 被定义为：来自 "$\phi_0$ 可以使用语言 L 的蕴涵关系加以证明" 的每个约束。这可定义如下：$\uparrow \phi_0 = \{\psi_0 \in L \mid \psi_0 \supseteq \phi_0\}$。

因此，$\psi_0 \in \uparrow \phi_0$ 当且仅当 $\psi_0 \supseteq \phi_0$。例如，如果假设变元 X 在自然数上取值，则约束 X≤10 的向上闭包将是 "X 的可能值在 0 到 10 之间" 的一个任意约束。因此，X≤9，X∈$[0, \cdots, 5]$，X=0 均为 X≤10 的向上闭包的成员。

**定理 6.26** $L_\alpha$ 逻辑是可靠的。

**证明**　为了证明 $L_\alpha$ 逻辑的可靠性，需证明系统中的每个公理都是有效的。

现在证明公理 (i)：

$$\models [\alpha](\phi \wedge \psi) \leftrightarrow [\alpha]\phi \wedge [\alpha]\psi$$

首先，证明从右到左的方向。也就是说，证明 $[\alpha]\phi \wedge [\alpha]\psi \rightarrow [\alpha](\phi \wedge \psi)$。考虑协议 $\alpha$ 的任意开始状态 $\psi_0$ 和结束状态 $\psi_0'$。根据假设可知 $\psi_0' \models \phi$ 且 $\psi_0' \models \psi$。由 $\wedge$ 的定义可知 $\psi_0' \models \phi \wedge \psi$。因为 $\psi_0'$ 是一个任意的结束状态，对于所有的结束状态都必须为真，所以，$\psi_0 \models [\alpha](\phi \wedge \psi)$。$\psi_0$ 是任意的，对于每个状态而言，$\psi_0 \models [\alpha](\phi \wedge \psi)$ 成立。从左到右的方向的证明与之相反。

现在证明公理 (ii)：$\models [\psi_0 \rightarrow \epsilon]\phi \leftrightarrow \psi_0 \rightarrow \phi$。

假设前提 $\psi_0$ 成立，那么根据 $\psi_0 \rightarrow \epsilon$ 的定义可知：协议的后置状态与前置状态相同。因此，如果一个命题 $\phi$ 在当前值状态下成立，$\phi$ 将在 $\epsilon$ 之后也成立，反之亦然。如果 $\psi_0$ 不成立，那么 $[\psi_0 \rightarrow \epsilon]\phi$ 显然成立，因为结束状态的集合为空；而且 $\psi_0 \rightarrow \phi$ 也显然成立，因为其前提为假。

现在证明公理 (iii)：$\models [\psi_0 \xrightarrow{c.\psi_m} \psi_0']\phi \leftrightarrow \psi_0 \rightarrow (\psi_m \sqcup \psi_0' \rightarrow \phi)[x'|x]$。

为了证明这一点，将上述等值式分为两种情况：$\psi_0$ 成立的所有模型；$\psi_0$ 不成立的所有模型。$\psi_0$ 不成立的情况证明如下：如果 $\psi_0$ 在当前模型中不成立，那么 $[\psi_0 \xrightarrow{c.\psi_m} \psi_0']\phi$ 显然为真，因为协议的先决条件没有启用，所以跟踪集为空。类似地，如果 $\psi_0$ 不成立，那么 $\psi_0 \to (\cdots)$ 显然为真。

$\psi_0$ 成立的情况的证明如下：首先，使用本章第二节第三部分中的外延语义对左侧的定义进行扩展：

$$\forall(\phi_1, h, \phi_1') \in \{(\phi_1, c.\phi_m, \phi_0 \oplus (\phi_m \sqcup \phi_0')) \mid (\phi_0 \supseteq \psi_0)$$
$$\wedge (\phi_m \sqcup \phi_0' \supseteq \psi_m \sqcup \psi_0')\} \cdot \phi_1' \models \phi$$

因此，为了证明 $[\psi_0 \xrightarrow{c.\psi_m} \psi_0']\phi$，必须证：对于每个结束状态而言，$\phi_1'$ 和精炼消息 (refined message)$\phi_m$、$\phi_1'$ 满足 $\phi$。需要说明的是：$\phi_1$ 对应 $\phi_0$、h 对应 $c.\phi_m$、$\phi_1'$ 对应 $\phi_0 \oplus (\phi_m \sqcup \phi_0')$，有了这样的认识，对上述定义进行重写可得

$$\forall \phi_0, \phi_m, \phi_0' \in L \cdot (\phi_0 \supseteq \psi_0 \wedge (\phi_m \sqcup \phi_0' \supseteq \psi_m \sqcup \psi_0')) \to (\phi_0 \oplus (\phi_m \sqcup \phi_0') \to \phi)$$

在继续证明之前，首先需要证明下面的引理。此引理表明，如果约束 $\phi_0$ 的每个精炼消息 $\phi_0'$ 满足某一性质，那么 $\phi_0$ 也满足该性质，反之亦然。

**引理 6.27**　　　　　　$\forall \phi_0' \in \uparrow \phi_0 \cdot \phi_0' \to \psi \Leftrightarrow \phi_0 \to \psi$

**证明**　对于向上闭包中的每个约束而言，全称量化的范围扩大成

$$\phi_0' \to \psi \quad 且 \quad \phi_0'' \to \psi \quad 且 \quad \phi_0''' \to \psi \quad 且 \quad \cdots \cdots$$

根据 de Boer 等 (1997) 的这一定义可知：$\phi_0' \vee \phi_0'' \vee \phi_0''' \vee \cdots \to \psi$。根据向上闭包的定义可知：$\phi_0' \vee \phi_0'' \vee \phi_0''' \vee \cdots$ 等于 $\phi_0$，因此，$\phi_0 \to \psi$。

需要说明的是：$\phi_0$ 蕴涵 $\psi_0$、$\phi_m$ 蕴涵 $\psi_m$、$\phi_0'$ 蕴涵 $\psi_0'$，因此 $\phi_0, \phi_m, \phi_0'$ 在向上闭包中。再根据引理 6.27，可以删除上面谓词的量化：$\psi_0 \oplus (\psi_m \sqcup \psi_0') \to \phi$。

但是，不能把关于原子谓词的语句重写成这一公式，因为 $\psi_0 \oplus (\phi_m \sqcup \phi_0') \to \phi$ 可能包含"作为其他命题部分的"自由变元。例如，如果正在证明命题 $\phi \wedge [\psi_0 \xrightarrow{c.\psi_m} \psi_0']\psi$ 中，$\psi_0' \sqcup \psi_m$ 中的变元可能出现在 $\phi$ 中。因此，用新变元 x' 对括号内的所有变元 x 进行重命名

$$(\psi_0 \oplus (\psi_m \sqcup \psi_0') \to \phi)[x'/x], \quad 其中 \quad x' = \text{vars}(\psi_m \sqcup \psi_0')$$

这时再结合 $\psi_0$ 成立和不成立的两种情况，可得以下等式：

$$[\psi_0 \xrightarrow{c.\psi_m} \psi_0]\phi \leftrightarrow \psi_0 \vee (\psi_0 \wedge (\psi_0 \oplus (\psi_m \sqcup \psi_0') \to \phi))[x'/x]$$

根据 $\to$ 的定义，以上这个等式等价于

$$[\psi_0 \to c.\psi_m\psi_0]\phi \leftrightarrow \psi_0 \to (\psi_0 \oplus (\psi_m \sqcup \psi_0') \to \phi)[x'/x]$$

现在除了右边是 $\psi_0 \oplus (\psi_m \sqcup \psi_0')$，而不仅仅是 $\psi_m \sqcup \psi_0'$，剩下的内容类似于公理。回想一下：$\psi_0 \oplus (\psi_m \sqcup \psi_0')$ 是"表示 $\psi_m \sqcup \psi_0'$ 中的所有信息的"一个约束，而且 $\psi_0$ 中变元的信息不在 $\psi_m \sqcup \psi_0'$ 中。在蕴涵式 $\psi_0 \to (\psi_0 \oplus (\psi_m \sqcup \psi_0') \to \phi)$ 中，$\phi$ 中变元 $x$ 的任意约束必须要么来自 $\psi_m \sqcup \psi_0'$，或者来自先决条件 $\psi_0$。如果它来自先决条件，那么在 $\psi_m \sqcup \psi_0'$ 中不会引用该变元 (否则它将被覆盖)；而且根据前提 $\psi_0 \to (\cdots)$ 可知，在 $\psi_0$ 中表示的 $x$ 的信息成立。因此，$\psi_0$ 作为 $\oplus$ 算子的左论元是不必要的。

但是，已经对蕴涵式 $\psi_0 \to (\psi_0 \oplus (\psi_m \sqcup \psi_0') \to \phi)$ 右边括号内的所有变元进行了重命名，所以所有变元都是新变元，因此，对于重新命名的变元而言，则不存在这种的情况。因此，不需要对所有的变元进行重命名，而是只需要对 $\psi_m \sqcup \psi_0'$ 中的变元进行重命名，正如定义 6.9 的公理 (iii) 附带条件所表示那样，因此有

$$[\psi_0 \xrightarrow{c.\psi_m} \psi_0]\phi \leftrightarrow \psi_0 \to (\psi_m \sqcup \psi_0' \to \phi)[x'/x]$$

在这种情况下，对于 $\phi$ 而言成立的变元 $x$ 的任意信息，或者来自 $\psi_m \sqcup \psi_0'$，因此需要进行重命名；或者来自 $\psi_0$ 且在先决条件中成立，则不需要进行重命名。

再结合 $\psi_0$ 成立和不成立的两种情况，就可以发现：公理 (iii) 对于任意模型都是成立的，因此是有效的。

现在证明公理 (iv)：

$$\models [\alpha; \beta]\phi \leftrightarrow [\alpha][\beta]\phi$$

首先证明从右到左方向，即证明 $[\alpha][\beta]\phi \to [\alpha; \beta]\phi$。考虑协议 $\alpha$ 的任意开始状态 $\psi_0$ 和结束状态 $\psi_0'$。根据 $\alpha; \beta$ 的语义可知，$\beta$ 在 $\psi_0'$ 下进行赋值。根据前提可知，对于所有 $\psi_0'$ 而言，$\psi_0' \models [\beta]\phi$，因此 $\psi_0 \models [\alpha; \beta]\phi$。因为 $\psi_0$ 是任意的，所以对所有状态而言都成立。

现在证明从左到右方向，即证明 $[\alpha; \beta]\phi \to [\alpha][\beta]\phi$。考虑协议 $\alpha; \beta$ 的任意开始状态 $\psi_0$ 和结束状态 $\psi_0''$。在协议 $\alpha; \beta$ 的任意跟踪中，取任意中间状态。$\psi_0'$ 令 $\alpha'$ 是在该状态下仍要执行的子协议，因为 $\phi$ 在 $\alpha; \beta$ 的每个结束点都成立，而且 $\alpha'$ 是其子协议，所以 $\psi_0' \models [\alpha']\phi$ 在中间状态 $\psi_0'$ 上成立。如果这对于所有任意的中间状态都成立，那么在 $\alpha$ 的结束状态（即 $\alpha;\beta$ 的中间状态）时也成立。在 $\alpha$ 的每一结束状态下，剩余需要执行的子协议是 $\beta$，因此 $\psi_0' \models [\beta]\phi$ 在 $\alpha$ 的所有结束状态下都成立。

因此 $\psi_0 \models [\alpha][\beta]\phi$。因为 $\psi_0$ 是任意的，所以这对于所有状态都成立。

现在证明公理 (v)：

$$\models [\alpha \cup \beta]\phi \leftrightarrow [\alpha]\phi \wedge [\beta]\phi$$

根据本章第二节第三部分定义的组合语义可知，由协议选择产生的跟踪集是两个协议的跟踪的并。因此，此公理的左边表示为 $\forall \psi_0 \in [\![\alpha]\!] \cup [\![\beta]\!] \cdots$，右边表示为 $\forall \psi_0 \in [\![\alpha]\!]$ 且 $\forall \psi_0 \in [\![\beta]\!] \cdots$。根据集合并算子的定义，可知 $a \in A \cup B$，当且仅当，$a \in A$ 且 $a \in B$，因此，这表明这两个命题的跟踪是等价的，且对于所有结束状态而言都成立的任意命题，对另一个命题而言也都成立。

现在证明公理 (vi)：

$$\models [var_x^{\psi_0} \cdot \alpha]\phi \leftrightarrow x_0 = x \wedge \psi_0 \rightarrow [\alpha](x_0 = x \rightarrow \phi)$$

根据 $L_\alpha$ 逻辑的语义可知，变元声明引入了一个带有约束的新变元，但是该变元可以已经在该状态中。为了简单起见，本证明假设变元 $x$ 是新变元 (即不在该状态中)。否则，必须将 $x$ 重命名为一个新变元。

公理 (vi) 解释如下：在协议 $var_x^{\psi_0} \cdot \alpha$ 中，在执行 $\alpha$ 的过程中，对 $x$ 的约束保持不变，否则 $var_x^{\psi_0} \cdot \alpha$ 采取与 $\alpha$ 相同的方式执行。因此，对于 $var_x^{\psi_0} \cdot \alpha$ 中的每个结束状态而言，$\phi$ 成立，当且仅当，在 "$x$ 上的约束保持不变" 的 $\alpha$ 的每个结束状态下，$\phi$ 成立。为了不改变模型 $x$，引入了一个新变元 $x_0$，并在执行 $\alpha$ 之前，指定 $x_0 = x$。由于执行 $\alpha$ 不会改变 $x_0$ 的值 (因为 $x_0$ 是一个新变元)，因此在执行 $\alpha$ 之后，$x_0$ 上的约束保持不变。因此，$x_0 = x$ 的情况等价于 $x$ 保持不变的情况。

首先证明从左到右的方向。考虑 $var_x^{\psi_0} \cdot \alpha$ 的任意结束状态 $\psi_0'$。由于 $\psi_0' \models \phi$，且对于 $\alpha$ 而言，一定存在相同的跟踪和结束状态，因为除了 $\alpha$ 在整个过程中不会保持 $x$ 上的约束外，$\alpha$ 与 $var_x^{\psi_0} \cdot \alpha$ 是相同的，所以，$var_x^{\psi_0} \cdot \alpha$ 中的跟踪和结束状态是 $\alpha$ 的跟踪和结束状态的一个子集。显然 $\psi_0' \models x_0 = x$，因为 $x_0$ 是新变元，所以不会被 $\alpha$ 改变，因此 $\psi_0' \models x_0 = x \rightarrow \phi$。

现在证明从右到左方向。如果 $\phi$ 在 $\alpha$ 的所有结束状态中都为真，而且 $x$ 在 $\alpha$ 中保持不变，那么 $\phi$ 在 $var_x^{\psi_0} \cdot \alpha$ 的任意结束状态中成立，因为根据变元声明的语义可知，$x$ 保持不变。

现在证明公理 (vii)：

$$\models \langle D, [N(x)]\phi \leftrightarrow [\alpha[x/y]]\phi\rangle, \quad 其中 \quad N(y) \hat{=} \alpha \in D$$

根据 $[\![N(x)]\!]$ 和 $N(y)\hat{=}\alpha\in D$ 的定义，可以轻易证明公理 (vii)。

至此已经证明了 $L_\alpha$ 逻辑每个公理都是有效的，因此 $L_\alpha$ 逻辑是可靠的。

作为推理规则的分离规则的可靠性证明是不足道的。

如果能够证明任意真命题，那么该逻辑就是完全的。$L_\alpha$ 的完全性证明是简单的，因为已经建立了一个约束系统的逻辑，假设它是可靠且完全的。

## 三、 相关讨论

利用定理 6.23 可以证明无穷递归协议的受限子集的性质，即那些在线性选择范式中的性质。现在探讨定理 6.19 在证明和表征相关性质方面的作用。

首先判断定理 6.19 不适合用于哪些协议。定理 6.21 表明，所有 RASA 协议都可以化归为选择范式。有两类协议是无法化归的 (因为不符合定义 6.22 的协议)：① 包含非线性递归调用的一个选择分支的协议，例如 $N(x); N(x); \alpha$；② 所有分支都包含递归调用的协议，这意味着没有分支可以终止。这里第②类协议没有结束状态，因此对此不作讨论。

事实上，对于任意从未终止的协议 $\alpha$ 而言，命题 $[\alpha]\phi$ 对于任意 $\phi$(包括假命题) 都是成立的。这并不意味着此类协议毫无价值，因为非终止的智能体和协议是经常出现。这只是意味着可能需要其他类型表征方式。上述无法化归的第①类协议是非线性递归分支。虽然定理 6.19 不适用于这些协议，但是在多智能体系统相关文献中，目前还没发现带有此种性质的协议，因此定理 6.19 具有广泛的应用性。

定理 6.23 假定形式为 $N\hat{=}\alpha\cup(\beta; N; \gamma)$ 的协议定义，任意线性范式的协议都可以用这种方式来表示。也就是说，$\alpha$ 可能是一个选择协议本身，此选择协议包含对 $N$ 的引用，但是，只要其中一个选择协议终止，仍然是线性范式的协议。协议 $\alpha,\beta$ 和 $\gamma$ 不限于原子协议，它们也可以是复合协议。

递归分支 $\beta; N; \gamma$ 的表达力足以处理头部递归或尾部递归 (head or tail recursion)。例如，为了处理尾部递归，只需用 $\beta$ 替换 $\epsilon$，而且 $\epsilon; \alpha \equiv \alpha$。由此看来，可以分别直接证明以下关于头部和尾部递归协议的定理：

$\vdash[N]\phi \leftrightarrow [\beta^*; \alpha]\phi$，当 $N\hat{=}\alpha\cup(\beta; N)$ 时；

$\vdash[N]\phi \leftrightarrow [\alpha; \beta^*]\phi$，当 $N\hat{=}\alpha\cup(N; \beta)$ 时。

这两个公式都是 $L_\alpha$ 逻辑的定理，而不是推理规则。

# 第六节　实验性评估

现在简要讨论与本章第四节中提出的证明系统相关的一些实验性评估。

## 一、证明系统的实现

$L_\alpha$ 逻辑的有穷演绎证明系统已在 Prolog 中实现，而且该证明系统建基于 CLP 边界求解器 (bounds solver)，即一个带有变元的整数约束求解器。这一证明实现 (implementation) 利用了定理 6.10 的结果，把形式 $[\alpha]\phi$ 的命题化归为约束。例如，使用以下 Prolog 子句可以证明：序列组合可以满足"相对于所有结束状态的"命题 Phi：

Premise => allp(Ptree1 then Ptree2, Phi) :-

Premise => allp(Ptree1, allp(Ptree2, Phi)).

在本例中，allp(所有路径) 表示 [ ] 算子，then 表示序列组合。在该证明中，证明形式为 Premise =>Phi 的语句，即用 true=>allp(Ptree，Phi) 证明 allp(Ptree，Phi)。这样就可以直接把这些证明映射到基础约束系统中的蕴涵 (entailment)。

实现和测试套件的源代码可以从 RASA 网页下载，网址为：http://www.csse.unimelb.edu.au/~tmill/rasa/。

## 二、表征和匹配协议

Miller 和 Mcburney(2008a) 使用了本章的 $L_\alpha$ 逻辑来表征协议库 (protocol library) 中的协议，并提出了一种自动表征协议结果的方法，使用特征来匹配库中的哪些协议实现了既定的目标。$L_\alpha$ 逻辑可以用于这类表征，以证明这类概要 (summary) 和匹配方法是可靠且完全的。

已经利用 Prolog 实现了这类表征；这类表征方法与证明系统一样，是建基于 CLP 边界求解器。这类实现和测试套件的源代码可以从 RASA 网页下载。

## 三、表征方法与证明系统的测试

在没有自动测试 oracle[①]的情况下，软件测试通常使用恒等关系 (identity relation) 来定义 oracles。例如，如果正在测试一个计算余弦三角函数 (cosine trigono-

---

[①] oracle 是"判断测试实例的输出相对于其说明而言是不是正确的"程序。

metric function) 的程序，并且有一个计算正弦 (sine) 三角函数的程序，这时就可以利用恒等关系 $\cos(\theta) = \sin\left(\dfrac{\pi}{2} - \theta\right)$。

根据这一理论，就可以利用本章证明系统的实现来测试表征方法的实现。如果一个表征是 $L_\alpha$ 逻辑的一个定理，那么该表征就是有效的。利用证明系统，可以测试"根据本章的方法推导出的特征是否是可靠的"。尽管使用证明系统可以证明表征方法 (characterization method)，由于推导出类似的信息的方法是多种多样的，因此，本章的证明系统可以作为特征算法的 oracle。

这些测试是通过编写一组 Prolog 子句来完成的，该子句随机推导出协议库，并将表征方法应用于协议库中的每个协议。特征是以定理的形式出现的，因此每个特征都需要使用证明系统进行检查。如果不能证明一个特性，就会发现证明系统和特征方法之间的不一致性，这意味着这二者之一或两者都有缺陷。

根据这些结果能够确定三个问题：第一个是变元声明的特征；第二个是原子协议的特征；第三个是变元声明的证明。随机导出协议、表征协议和测试特征的来源可从 RASA 网页下载。

# 第七节　相 关 研 究

现在讨论与"关于 RASA 语言的命题动态逻辑 (即 $L_\alpha$ 逻辑)"密切相关的研究工作。

## 一、 协议说明

过程代数 (process algebras)，如 CSP(Hoare, 1985)，CCS(Milner, 1980) 和 $\pi$-演算 (Milner, 1999) 已经被用来模拟过程及其交互。而过程的结合可以形成协议说明的基础，这些语言没有状态的概念，因此不能表示协议的意义，而意义对于面向目标的智能体而言是很重要的。Object-Z/CSP(Smith and Derrick, 2002) 等语言将过程代数与基于状态的语言混合在一起，这对设计者和智能体而言，是不够精致的。

有几种语言已经成功用于第一类 (first-class) 协议说明，这些语言的基础各不相同，例如：Silva 等 (2003) 的基础是 Petri 网，Yolum 和 Singh(2004)；Desai 等 (2005)、Desai 和 Singh(2007) 的基础是声明性说明语言，Robertson(2004) 的基础是类似于 RASA 的代数语言——轻量协调演算 (lightweight coordination calculus)。Miller 和 McGinnis(2007) 详细比较了这些包括 RASA 在内的语言，但所有提及的文献都没有提供对这些语言进行推理的形式化方法。Miller 和 Mcburney(2011) 的工作可以直接适用于这些语言，只需经过一些小的修改。

Eijk 等 (2003) 使用约束系统和过程代数对多智能体系统进行了建模。Eijk 等 (2003) 提出的验证框架 (verification frame) 侧重于智能体之间的交互；其逻辑与 PDL 相似，即便句法不一样，内核还是相似的；它支持对结果的推理；但是，与本章 $L_\alpha$ 逻辑不同是，它还允许对单个消息进行推理。利用似乎是 Scott 归纳的推理规则，可以证明递归定义；但是，Eijk 等并没有讨论自动证明，因此其模型不是本章的第一类协议，因为该模型显式地使用个体参与者的信念来对语义进行建模。

## 二、$L_\alpha$ 逻辑与命题动态逻辑的关系

Harel 等 (2000) 提出命题动态逻辑 PDL 与 Miller 和 Mcburney(2011) 的工作有关。$L_\alpha$ 逻辑可视为命题动态逻辑 PDL 的实例化，如本章第三节所述。

多个学者都研究了带有非正则程序 (即具有递归定义的程序) 的 PDL 的可判断性 (Harel et al., 1983; Loding and Serre, 2006)。这些工作往往集中在命题动态逻辑 PDL 可判断的程序类型，而不是一般的证明系统，而且不使用诸如 "Scott 归纳" 的归纳规则。Leivant(2008a) 研究了带有递归程序的命题动态逻辑 μPDL，并使用了一个类似于 Scott 归纳的规则来证明递归程序的性质。

在利用 PDL 对智能体推理研究方面，Riemsdijk 等 (2006a) 提出了一个关于 3APL 的命题动态逻辑 PDL，这是一种目标导向的智能体编程语言。与 RASA 一样，3APL 语言允许递归定义。Riemsdijk 等使用基于 Scott 归纳的推理规则，对递归 3APL 程序进行推理，并在展望研究中讨论了自动化问题。这种逻辑并不是由智能体自己使用的，而是用于为 3APL 语言提供更具声明性的语义，从而验证 3APL 程序。

已经有一些学者利用命题动态逻辑 PDL 表示交互协议。例如：Paurobally 等 (2005) 使用信念和意图模态算子对 PDL 进行扩展，从而定义了一种 "能够对智能体交互进行建模的" 语言 PDL-BI。Brak 等 (2004) 把 PDL 直接用于协议说明语言，其工作与本章阐释的 Miller 和 Mcburney(2011) 的工作的主要区别在于：后者利用命题动态逻辑 PDL 对 RASA 语言构造的协议进行表征、表示和推理，其中协议定义本身提供所允许的行为；而 Paurobally 等 (2005) 和 Brak 等

(2004) 将协议定义为命题动态逻辑 PDL 公式的聚合，这类协议不能作为第一类协议语言来使用，特别是基于非基础的 (ungrounded) 的 BDI-逻辑的 PDL-BI。

## 三、行动语言

RASA 语言是一种"把行为限制由信道发送的消息的"行动语言。Miller 和 Mcburney(2011) 在命题动态逻辑的基础上，提出的 $L_\alpha$ 逻辑具有广泛的适用性，可以用来对消息之外的行动进行推理。

在人工智能领域，对行动的形式化推理较为成熟。已经有几种语言可以用于行动推理，例如：Reiter(2001) 的情景演算 (situation calculus)、Kowalski 和 Sergot(1986) 的事件演算 (event calculus)。Miller 和 Mcburney(2011) 进行行动推理时使用命题动态逻辑 PDL，而不是其他行动语言，主要有两个原因：首先，情景演算和事件演算等行动语言使用命题逻辑而不是约束语言，来表示世界的情景或状态。RASA 语言的一个特殊标准是：约束语言 (而不是模态逻辑) 用于表示消息和状态。其次，命题动态逻辑 PDL 提供了一种紧致的方式来表示协议结果，这对于在协议表征非常有用 (Miller and Mcburney, 2008a)。

事件演算或情景演算中，不存在递归行动定义的语义。基于情景演算的 GOLOG 编程语言 (Levesque et al., 1997)，支持把复合行动 (称为复杂行动) 作为基础情景演算表达式的缩写。这些缩写与本章第四节中的公理相似。递归行动可以使用参数化程序定义。递归程序的语义可以利用 Scott-Strachey 最小不动点定义 (Stoy, 1977) 加以定义，Scott 归纳的基础是这一最小不动点定义。因此，类似于本章第四节第二部分中的归纳推理规则可以直接用于 GOLOG 递归程序的推导。

虽然其他行动语言可能支持递归行动定义，但是目前似乎还没有"把递归定义的行动/规划转换为迭代定义的行动/规划"方面的文献。非线性规划比非线性协议更为常见，因此本章所采取的方法可能更适用于协议，而不是规划。

## 四、面向目标的规划

Miller 和 Mcburney (2011) 的工作与目标导向 (BDI) 规划之间有着明显的关系，如程序推理系统 (简称 PRS)(Georgeff and Lansky, 1987)。表面看，这二者有多个相似之处，如规划库、带有结果的注释规划、由子规划组成的规划，这些已经全部整合进 RASA 框架。事实上，Miller 和 Mcburney (2011) 工作动机是基于目标导向的智能体 (goal-directed agent)，而设计决策则受到目标导向 Agent 当前方法的影响。PRS 类框架与 RASA 之间有着根本不同。其最大的区别就是目的不同。交互协议是说明"所有参与智能体都应该遵守"的交互规则的公共文件；而规划 (如 PRS 中的规划) 通常是说明"单个智能体应该如何遵守协议规则的"私有文件。可以把协议视为规则，并将智能体的规划视为在这些规则内最好地实现其目标的策略。

另一个不同之处在于：BDI 规划的说明方式不同。规划的先决条件和后置条件由开发人员提供，并表示整个规划的先决条件和后置条件，而不是规划中的个体原子行为。因此，只有当一个人想从现有的规划中编写新的规划时，使用命题动态逻辑 PDL 这样的逻辑进行推理才有意义。Clement 和 Durfee (1999) 提出了一种表征"对规划组合而言的"分层任务网络 (Hiearchical Task Network，HTN) 规划的先决条件和后条件的方法。这一方法与 Miller 和 Mcburney(2008a) 的表征方法类似；但是前者不考虑迭代规划或递归规划。

## 五、 递归消除

过程编程 (procedural programming) 问世以来，就开始了递归消除的研究，许多现代编译器 (compiler) 实现了尾部递归的自动消除，从而在程序执行中删除对栈框架 (stack frame) 的使用。Miller 和 Mcburney (2011) 利用命题动态逻辑 PDL 证明了递归消除方法。

大多数关于递归消除的工作类似于本章阐释的 Miller 和 Mcburney (2011) 的方法，因为递归程序被转换为迭代程序。Bird(1977)、Auslander 和 Strong(1978) 提出了"使用堆栈记录中间计算"的逐步递归消除方法。由于 RASA 中没有栈，因此他们的方法不适用于 Miller 和 Mcburney (2011) 的工作。Bird(1977) 以及 Auslander 和 Strong(1978) 的贡献是：都考虑了支持按值调用 (call-by-value) 和嵌套函数调用的编程语言。但是 Miller 和 Mcburney (2011) 的方法不适用于这些语言，因为 RASA 语言的简单特性能够提供更精巧的解决方案 (即简单的推理规则)，而不是逐步转化方法。

Arsac 和 Kodratoff(1982) 提出了一个有趣的解决方案：把递归程序推广为尾部递归，而尾部递归可以直接转换为迭代程序。但是，他们的工作集中在重写表达式上，例如，算术表达式 $x \times f(y)+z$，其中 $f(y)$ 是对函数的递归调用。Miller 和

Mcburney (2011) 给出的 RASA 语言不支持带有返回值 (return value) 的函数，因此，Arsac 和 Kodratoff(1982) 的方法对 RASA 语言而言，是不必要的；而且 Miller 和 Mcburney (2011) 提出的方法不适用于重写表达式，因为该方法不支持具有返回值的函数。

Liu 和 Stoller(2000) 提供了一种"在增量化 (incrementalization) 的基础上把递归转化为迭代的"方法。确认一个增量 (increment)，即：由一个递归调用到下一个递归调用引起的变元值的变化，得到程序的增量版本，并将其转换为迭代版本。此方法仅适用于包含增量的程序，因此此方法仅适用于全部终止程序，而 Miller 和 Mcburney (2011) 提出的方法则没有这种限制；而且难以自动识别增量。

Miller 和 Mcburney (2011) 提出的方法也可能适用于具有递归、无参数过程的编程语言。但是，一些定理 (如定理 6.18 和定理 6.19) 可能不适用，因为编程语言中没有显式的先决条件，这还有待进一步研究，以确定是否如此；而且像这样的定理更适合人工智能领域而不是编程语言领域。

## 第八节　结论与未来的工作

本章的主要观点或工作包括：①在命题动态逻辑 PDL 的基础上，提出了"能够对协议结果进行推理和表示的" RASA 语言，该语言是一种可执行协议说明的语言；②提出了 $L_\alpha$ 逻辑的证明系统，并证明了其可靠性和完全性。此证明系统由两个子部分组成：一个是终止协议的证明性质，能自动证明；另一个是非终止协议的证明性质，实现这些非终止协议的自动化证明较为困难；③某些类型递归定义协议证明可以化归为没有递归的协议证明，从而使其自动化；④这一研究方法可以推广到其他第一类协议语言，例如在相关文献中讨论的语言。事实上，为了证明，把非终止定义处理成终止定义，可能适用于一般行动语言，这还有待更深入的研究。

Miller 和 Mcburney (2008a) 提出了几种方法，使用本章给出的 $L_\alpha$ 逻辑来描述和匹配目标导向的智能体的协议。协议库用其结果特征进行注释，并且，使用证明系统，可以通过协议的特征从协议库中匹配合适的协议。在 Miller 和 Mcburney (2008b) 中，给出了合成两个协议的必备条件；例如，α; β 就是一个有效合成，意思是：α 的后置条件使得 β 的先决条件成立。

通过将交互协议处理为第一类实体，RASA 语言允许通过在交互中不断变化的参与智能体，进行动态检查、引用、组合、共享和调用协议。因此，协议选择和调用 (invocation) 的任务可以由智能体而不是智能体设计者执行，在运行时而不是在设计时执行。这样的框架对实现多智能体系统的全视角研究，是必要的 (Luck et al., 2005)，而且有待进一步深入研究。

# 第七章　相关问题的哲学反思与展望性研究

作为一阶动态逻辑的两个核心系统的命题动态逻辑和量化动态逻辑是人工智能逻辑极其重要的分支。在柔性信息处理时代，对人工智能逻辑进行柔性化、泛逻辑化及其哲学反思是非常必要、非常紧迫的。泛逻辑视域下的人工智能逻辑的哲学反思主要包括 (a) 人工智能时代的真理论重构；(b) 人工智能逻辑的结构主义特征；(c) 人工智能逻辑的泛逻辑化进路审视；(d) 人工智能逻辑的柔性化进路审视; 等等。例如，弗雷格学派认为："语句的意义就是表述其真值的方式，"真值条件论认为："语句的意义就是语句为真的条件，"而动态语义学认为："意义就是算法""意义就是潜在的语境更新""意义就是计算潜在语境的算法的更新""意义就是计算真值条件内容的算法的更新"。在人工智能时代，怎样的意义理论和真理论才更合时宜？这些问题都需要进一步研究。

## 第一节　人工智能视域下的意义理论

从人工智能的角度来看，语言 (包括自然语言和人工语言) 是信息的载体，同时也是智能体 (Agent，比如人或仿人机器人或具有智能的高级动物) 相互交流的工具。自然语言不再是描述现实的静态语言，而是对智能体的认知状态进行更新的动态程序语言 (van Benthem, 2011)。因而，对语言表达式 (指专名、通名、摹状词、语句等) 的意义的研究显得尤为重要。究竟什么是语言表达式的意义？这是西方哲学、语言哲学、逻辑哲学、计算语言学、理论计算机科学、人工智能等共同关注的基本问题。为此，学界出现了各种各样的从不同的视角来考察这些问题的意义理论，如意义指称论、意义观念论、意义使用论和行为主义意义理论 (孙江可, 2016)。这些理论都各有所见且各有所蔽[①]。

由于自然语言的模糊性和歧义性，经过逻辑学家和语言学家多年的探讨，绝大多数学者主张：应该利用自然语言的逻辑句法，首先形式化地确定自然语言语

---

① 本节主要内容发表在张晓君、邹崇理：从信息与智能交互的角度看周礼全先生的四层次意义理论——兼论语言表达式的意义理论，《哲学研究》, 2012(9): 104-109。

句的真值条件，进而解释语句的意义。正是这一主张，催生了自然语言逻辑语义学 (简称逻辑语义学) 的诞生。

逻辑语义学主要利用现代逻辑工具 (如模型论、集合论)，形式化地研究自然语言的句法生成和语义组合规律，即：从初始元出发，通过规则的递归应用，组合性地生成自然语言的复合表达式，进而探寻自然语言句法-语义结构的生成机理 (邹崇理等，2018，第 1 页)。比较有代表性的逻辑语义学有：(动态) 蒙太格语法、广义量词理论、话语表现理论、情境语义学、组合范畴语法等等。

由于国内研究意义理论的成果较为丰硕，加之笔者推崇周礼全先生的意义理论，故本节较为详细地阐释该理论。本节主要是从人工智能的角度来研究周礼全先生的四层次意义理论，并较为详细地诠释了蒙太格的真值条件模型论语义学的意义理论、动态语义学的意义理论以及算法的意义理论这三种影响较大的意义理论。

## 一、周礼全先生之前的意义理论

对语言表达式的意义的研究在古希腊时期就早已有之。常见的意义理论有：观念论、指称论、精致的指称论、使用论、言语行为论、真值条件论、会话含义理论等。对意义的不同解读，导致了不同的逻辑类型的创立。例如：弗雷格、罗素在指称论的基础上成功地建立起了命题演算和谓词演算，即外延的一阶逻辑。

以洛克为代表的观念论认为：语言表达式的意义就是它们所代表的观念，该理论具有强烈的主观主义色彩。以罗素和早期的维特根斯坦为代表的指称论认为，语言表达式的意义是某种客观的、可公共理解和交流的东西；语词的意义就是它们所指称的客观对象，语句的所指就是它们所具有的真值。以戴维森为代表的真值条件论认为，语句的意义就是语句为真的条件。在指称论的基础上，弗雷格提出了精致的指称论，把语言表达式的意义分为两个维度，即语词的所指 (bedeutung) 和含义 (sinn)；语词的所指就是语词所指称的事物，语词的含义就是语词所表达的东西。以上这几种意义理论只考虑了语言表达式的抽象意义，即内涵和外延，而没有考虑语境、语言使用者的意图对语言表达式的意义的重要影响 (陈波，2000，第 22-31 页)。

为了弥补这一缺陷，出现了同时考虑语言表达式的具体意义和社会意义的理论。例如：后期的维特根斯坦提出的使用论认为，语词的意义是它在语言中的使用。奥斯汀和塞尔等发展的言语行为理论认为，人们使用语言的重要意图是改变或影响对方的信念、态度和行为，说话就是做事；该理论为语用学的研究奠定了坚实的基础 (陈波, 2000，第 31-34 页)。戴维森的真值条件语义学认为：建立适当的自然语言意义理论；自然语言复合表达式的意义是由其构成成分的意义，按照句法-语义组合规律组合而成。格赖斯提出的会话含义理论强调，把握话语的言外之意和弦外之音，即强调语句的意义与语境和说话者的意图的关联性 (蔡曙山和邹崇理, 2010，第 440-443 页)。后三种意义理论不仅考虑了语言表达式的抽象意义，还考虑了语言使用者和人的意向以及语境对语言表达式的意义的影响。

应该如何对语言表达式的意义进行形式化处理呢？学界也出现了各种各样的理论，在这些理论中，影响最为深远的是在真值条件论的基础上发展起来的蒙太格真值条件模型论语义学。其发展脉络如下：

早在古希腊时期，斯多阿学派就把语言分为记号、意义和事物这三要素，把真或假同语言的意义联系起来。19 世纪，弗雷格提出的精致的指称论认为，陈述句的所指是真值，其含义是命题。20 世纪 30 年代，塔斯基在语言分层理论的基础上给出了演绎理论中的真句子的定义，建立了外延语义学，这为真值条件模型论语义学的产生奠定了很好的基础。后来，卡尔纳普提出了外延内涵方法，并考察了语言表达式的外延和内涵，使得外延语义学向内涵语义学过渡。之后，Kripke 在莱布尼茨工作的基础上建立了可能世界语义学，把各种可能世界作为语句是否为真的参照物。可能世界语义学为模态逻辑提供了语义学基础，并促进了塔斯基的学生蒙太格提出真值条件模型论语义学。该语义学认为应从真值条件的角度描述语句的意义，以模型 (即外部世界的数学抽象) 为参照物来考察语句的真值条件。建立在模型论语义学的基础之上的蒙太格语法非常重视意义组合原则，即复合语言表达式的意义是由其直接成分的意义同有关结构运算的意义组合而成的 (邹崇理, 1995，第 3-8 页)。

笔者认为：① 观念论、指称论、精致的指称论，由于没有考虑语境、语言使用者的意图等对语言表达式的意义的重要影响，应该属于静态的意义理论。② 使用论、言语行为理论和会话含义理论把语言表达式的意义与语境、说话者的意图和外界信息等联系起来考察意义的思想，与周先生的四层次的意义理论有着异曲同工之妙：这些意义理论已经开始"动态转向"(dynamic turn)，并为动态语义学的意义理论提供了丰富的可资汲取的养料。

## 二、 周礼全先生的四层次意义理论

周先生对意义的基本看法是："一个语言形式 (即通常所说的语言表达式) 的意义就是根据语形、语义和语用的规则和交际语境，语言的使用者应用这个语言形式所表达或传达的思想感情。"(周礼全, 1994，第 16 页) 据此，周先生"把语言的形式分析为：抽象语句、语句、话语和在交际语境中的话语"，并分别给出了它们的意义：抽象语句的意义——命题、语句的意义——命题态度、话语的意义——意谓、交际语境中话语的意义——意思。其中，"命题"表示抽象语句的意义；"命题态度"表示说话者在说这句话时所具有的态度，如断定、询问、怀疑、承诺、要求、愿望、赞扬、贬斥等；"意谓"表示说话者表现出来的副语言成分，如说话者突然改变音调，拖长音程，提高音量，挥动手臂等所附加在话语上的意义；"意思"表示处于全部交际语境中的话语意义，即自然语言的具体意义 (周礼全，1994，第 16-21 页)。

在对语言表达式的意义进行分层后，周先生还分别给出这四层意义的详尽说明，他认为："一个语词的意义，就是这个语词所表达的概念"；"一个抽象语句表达一个命题，抽象语句所表达的命题，是由抽象语句中的语词所表达的概念构成的有机整体"；概念描述事物，命题描述事态，抽象语句则指谓命题所描述的事态。周先生还说明："我们这里所说的语词的意义 (概念) 和抽象语句的意义 (命题)，大致相当于传统逻辑所说的内涵，也大致相当于弗雷格所说的涵义 (sinn)。我们这里所说语词所指谓的事物和抽象语句所指谓的事态，大致相当于传统逻辑所说的外延，也大致相当于弗雷格所说的所指 (Bedeutung)"；"我们所说的命题态度，大致相当于奥斯汀和塞尔所说的语旨 (illocutionary force)"；周先生还把命题态度分为三大类："即对命题的断定态度、命令态度和疑问态度。"(周礼全, 1994，第 17-18 页)

周先生把语言形式的意义分为命题、命题态度、意谓和意思这四个层次，并给出了这四个层次的意义精致的逻辑刻画，学界一般称其为"四层次的意义理论"。周先生指出："在命题、命题态度、意谓和意思这四种或四层意义中，后者比前者具体，是由前者和一个新因素所构成的有机整体；前者比后者抽象，是后者这个有机整体中的一个构成因素。只有意思才是语言交际中具体的、完全的和真实的意义。其他的意义，都只是语言交际中抽象的和部分的意义，都只是意思的构成因素 (周礼全, 1994，第 22 页)。"周先生认为，"正确地了解话语的语境及其变化，是正确地表达、传达和理解的必要条件和重要条件，也是成功交际的必要条件和重要条件 (周礼全, 1994，第 392 页)"。这些思想都体现了周先生考虑问题时的整体全局观念，避免了思考问题时出现"摸象之讥"类的片面性，值得我们借鉴。

　　笔者观点：①周先生的意义理论抛弃了传统弗雷格体系的不合理成分，即把表达式的意义与现实世界割裂开来的静态模式化关系的观点；但接受了该理论的意义真性，即把意义与真值条件联系起来，认为"如果一个命题所描述的 (或一个抽象语句所指谓的) 事态存在，则这个命题 (抽象语句) 就是真的，否则就是假的 (周礼全, 1994，第 392 页)"。②周先生的意义理论吸取了使用论、言语行为理论，会话含义理论的有益成分，即把语言表达式的意义与语境等现实世界结合起来考察，认为"多义问题可以通过语境来解决"，语句的具体意义"要靠说话者以及说话的时间、地点等语境因素才能确定 (《周礼全集》，第 188 页)"。③周先生的意义理论借鉴了莫里斯、奥斯汀和格莱斯等从多个维度来考察语言表达式的意义的思路，对其进行分层处理。④周先生在四层次意义理论中提出和分析的逻辑学问题都来源活生生的自然语言现实，并在学术研究过程中时刻不忘对自然语言的现实关怀，遵循了学术性与现实性的双重自觉这一学术研究的基本原则。总之，周先生的意义理论是对他之前或同时代的多种意义理论的综合与突破、继承与创新、理论与实践相结合的有机统一体。

### 三、意义理论的动态转向

　　建立在模型论语义学的基础之上的蒙太格语法汲取了指称论、精致的指称论、真值条件论和可能世界语义学的有益成分，认为陈述句的外延是其真值，陈述句的内涵就是命题 (即从可能世界到真值的函数)，语句的意义等同于其真值条件。蒙太格语法仅仅关注语言表达式与其指称的静态关系，割断了语言表达式的意义与外在世界和相关信息的联系。随着计算机科学和人工智能等学科日新月异的发展，"世界村"的快速形成，越来越多的新的语言信息强烈要求对知识和信息进行及时更新，这导致了 20 世纪 70 年代著名的"动态转向"的出现，并涌现了大量的动态语义学理论，比如：话语表现理论、动态谓词逻辑、动态蒙太格语法。它们几乎都受到蒙太格语法的强烈影响：几乎都采用可能世界语义学，满足组合性原则。

　　van Eijck 与 Visser(2010) 认为：动态语义学强调信息及时递增；篇章或话语片段被看作是用新的信息对现存的语境进行更新的指令，已经被更新的语境作为意义表示的结果，即"意义就是潜在的语境更新"；一个信息状态就是一个赋值函数，而语句的意义与输入赋值函数和输出赋值函数有关，即意义被看作是模型中的状态变元之间的关系；意义与被看作是过程的解释有关，而这一过程是与更大的单位而不仅仅是与一个孤立的语句相关；解释不但依赖语境而且创造语境，动态性是表达式的内在特征。比如：从计算机科学的角度来考察意义理论的动态谓词逻辑认为：意义不是真值条件，而是更新解释程序信息状态的方式；一个公式所表示的语义对象就是赋值的有序对的集合，这种序对就是可能的"输入-输出"序对。

笔者的看法是：① 周先生的意义理论与这些动态语义学理论几乎是同时产生的；周先生的意义理论实质上也是一种动态理论，只不过他的意义理论既涉及语义的内容，又涉及语用的内容，更多地与后文将谈到的情境语义学的思想接近。因为周先生所说的考察语言表达式的意义时所涉及的"语境是语用语境。语用语境中包含了语义语境作为它的一个部分"，这些语境是关于当前语境、上下文、说话者 S 的情况和听话者 H 的情况等因素的命题，"并且是 S 和 H 所共同地知道、相信或接受的命题"（周礼全，1994，第 389-391 页）。② 动态语义学的"意义就是潜在的语境更新"的思想贴合了计算机和人工智能等科学对信息及时更新的动态需求，是对"意义就是真值条件内容"这一静态理论的突破和发展；"意义就是潜在的语境更新"实际上等同于"意义就是真值条件内容的更新"。

## 四、 意义的算法理论

在"动态转向"的同时，研究者逐渐把兴趣集中在有穷解释和量化语句的计算复杂性方面，根据真值条件来处理意义的思想逐渐地发展成为意义的算法理论。其发展的脉络如下：

在模型论中，弗雷格 (1892 年) 的"语句的意义就是表述其真值的方式"这一观念逐渐演化为：表达式的意义就是在模型中找到其外延的过程，即语句的意义就是寻找其真值的过程，这种过程叫作模型检验算法。后来，这一方法被大量采用。Tichý (1969) 就明确指出：表达式的意义就是图灵机计算其指称 (denotation)；语句的目的就是记录各种过程的结果；概念就是过程 (procedure)；意义就是算法，表达式的意义就是搜寻其指称的动态过程，而不是搜寻其静态的模型论对象的过程。van Benthem (1986) 的研究也表明：语言表达式可被看作能够在语言模型中进行处理的特定过程。Moschovakis (1990) 把弗雷格的含义和所指概念分别处理

成算法和值 (value)，这为意义的算法理论奠定了很好的语言表述基础。这些著作都试图在严格的数学框架中区分弗雷格的含义和所指，并为语言哲学中的经典问题提供思路。Lambalgen 和 Hamm (2005) 等在逻辑编程的范式中研究的意义就是算法的观点。

一个给定表达式的意义究竟是什么？我们如何识别语言表达式的指称？为什么理解一些语句比理解别的语句更为困难？对于这些问题，Szymanik (2009) 等采用计算的方法来处理，把内涵处理成动态过程；把语言表达式的意义的指称意义 (referential meaning) 处理成在一个给定的有穷模型中识别表达式外延的算法。即，意义的指称意义等同于能够检查表达式真值的算法。此理论的方法论假设是："表达式 $\chi$ 的指称意义就是在给定的有穷模型中计算 $\chi$ 的外延的算法的集合。"(Szymanik, 2009，第 17 页)

笔者的观点：① "意义就是算法" 吸取了蒙太格模型论语义学的意义真性和动态语义学的动态性，是从语言表达式的计算复杂性的角度对 "意义就是潜在的语境更新" 的诠释和操作化，是一种动态的意义理论。② "意义就是算法" 实质上等同于 "意义就是计算潜在语境的算法的更新"，也等同于 "意义就是计算真值条件内容的算法的更新"。

例如：(a) 大多数家庭都能够丰衣足食。

蒙太格模型论语义学的意义理论认为，语句 (a) 的意义就是它为真的条件，即 "一半以上的家庭都能够丰衣足食时，该语句就为真"，考察该语句的意义时割裂了该语句的语境 (比如国家、地域、时代等) 及其相关信息的联系，只是孤立静止地考察该语句的意义。

动态语义学的意义理论认为，语句 (a) 的真假与考察该语句时的语境有关。比如，在 1900 年的中国，语句 (a) 为假；但在 2010 年的中国，语句 (a) 为真。随着语境的更新 (比如时代、国家地域等的变化)，语句 (a) 的意义跟着变化，即语句 (a) 的意义就是其潜在的语境更新。

而意义的算法理论则认为，语句 (a) 的意义就是在所给定的有穷论域中判断哪些家庭能够丰衣足食的算法；当语境变化时，识别语句 (a) 的真假的过程也会发生相应的变化，语句 (a) 的意义也会跟着变化。即当语境更新时，计算语句 (a) 的真值的算法也会更新。比如，在 2010 年的埃塞俄比亚，根据各项评比指标对随机抽样的 100000 户家庭进行搜索对比后，发现有 70000 户家庭都不能够丰衣足食, 即在此时的搜索算法中, 语句 (a) 为假; 而在 2010 年的中国, 根据同样的评比指标对随机抽样的 100000 户家庭进行搜索对比后, 发现有 95000 户家庭都能够丰衣足食, 即此时的搜索算法中语句 (a) 为真。可见, 识别语句 (a) 在 2010 年的埃塞俄比亚的外延的算法与识别语句 (a) 在 2010 年的中国的外延的算法是不同的, 从埃塞俄比亚到中国, 语境得到了更新 (即语境发生了变化), 计算语句 (a) 的真值条件内容的算法也相应得到了更新。

　　这个例子生动地说明了语言表达式的意义与其所考察的语境具有密切的关系, 周先生也深刻地认识到了这一点。早在 1961 年, 周先生在其发表的《形式逻辑应该尝试研究自然语言的具体意义》一文中, 就明确指出:"一个 (或一组) 语句脱离了它的具体环境的意义, 只是它的抽象意义。语言的抽象意义与语言具体意义的关系, 正像解剖了的死人的肢体与活人的肢体的关系一样。研究语言的抽象意义是必要的有益的。但还是不够的 (《周礼全集》, 第 174 页)。"只不过限于时代和当时国内资料匮乏等原因, 周先生没有从算法的角度来审视语言表达式的意义, 但他已经清晰地认识到"现有的形式逻辑的软弱性 (《周礼全集》, 第 178 页)", 并说"我们要求形式逻辑, 对自然语言和人们实际思维的逻辑性质, 作更丰富更充分的科学抽象", "形式逻辑应该向自然语言的逻辑发展, 这是很有前途的 (《周礼全集》, 第 180 页)"。近年来, 自然语言逻辑的基本思想及其蓬勃发展的事实都印证了周先生的思想。这些说明: 即使在艰难的岁月里, 周先生仍能够保持清醒的头脑, 站在学术前沿, 提出思想深邃且富有远见卓识的见解。

## 五、 信息与智能交互视域下的意义理论

　　自然语言可用来提出问题、发布命令、表达感情, 传播关于外部世界的信息。具有复杂认知能力的智能体能够从外部世界那里抽取或获得信息。"信息"究竟是什么? 目前还没有统一的精确定义, 从不同的视角, 可以有不同的解读。本体论认为, 信息就是宇宙的全部或部分在结构和顺序方面的固有测度单位; 计算机和人工智能科学认为, 信息就是智能体可以进行收集、存储、加工和传输的数据; 情境语义学则认为, 外部环境的个体及其关系就是最基本的可处理的数据 (邹崇理, 2002, 第 192 页)。笔者的理解是: 信息就是判断智能体在诸环境个体 (比如认知对象个体、时间个体和空间个体) 中某个关系是否成立的数据。

　　蒙太格的真值条件模型论语义学认为"语句的外延所指是真值", 这对建立逻

辑推理形式系统的语义解释而言发挥了重要作用。但是自然语言大部分语句既非永真，也非永假，它们的真假取决于使用语言的情境，而确定语句的真值，就需要涉及使语句为真的情境。为了解决这一理论缺憾，巴怀斯 (Barwise) 等在 20 世纪 80 年代提出的情境语义学，从本体论的角度入手来考察意义，并"特别关注语言传达信息的各种特点及其相关因素"，认为自然语言所反映的外部事实表现为情境，语句的外延所指是它所描述的情境而不是真值；语句的内涵 (即意义) 就是说出该语句的陈述情境和该语句所描述的外部情境之间的关系；意义就是情境类型之间的制约关联 (constraint)，制约关联则是信息的转移或传输 (邹崇理，2002，第 207 页)，即语句的意义是通过几种不同特征的情境类型之间的关系体现出来。情境语义学还引入心理情境的概念来处理命题态度句的语义特征，从而弥补了蒙太格语法无法处理"心理现实性"的缺陷 (邹崇理，2002，第 289 页)。

情境语义学认为表达式的意义至少可分为两种：一是"语境自由意义 (context-free meaning)(大致相当于周先生 60 年代所说的语句的抽象意义；也大致相当于周先生 90 年代所说的抽象语句的意义——命题)"，二是"语用意义 (meaning in use)(大致相当于周先生 60 年代所说的语句的具体意义；也大致相当于周先生 90 年代所说的交际语境中的话语的意义——意思)"。早在 1961 年，周先生就明确指出："不但同一个 (或一组) 语句在不同的具体环境中，可以有不同方面的意义，而且，即使同一个 (或一组) 语句，在不同的具体环境中，都具有同一方面的意义，然而，它所具有的同一方面的意义，也可以不同 (《周礼全集》，第 173 页)"；"一个 (或一组) 语句在它的具体环境中的意义，就是这个 (或这组) 语句的具体意义。一个 (或一组) 语句的具体意义，才是它的完全的真正的意义。一个 (或一组) 语句脱离了它的具体环境的意义，只是它的抽象意义 (《周礼全集》，第 174 页)"。周先生的这些思想与 20 世纪 80 年代才提出的情境语义学的思想是何等地相似！

笔者的看法是：①从人工智能的角度看，语言表达式的意义就是智能体通过语词成分、语音特点 (包括音质、音高、音强和音长特点)、副语言成分等在交流互动的过程中所携带的信息 (这里的"信息"大致相当于周先生所说的思想感情)。②周先生的意义理论把考察语言表达式的意义的"语境"改为"交际语境"，主要是为了"强调交际或谈话的合作准则对话语意义的影响" (周礼全，1994，第 392 页)，即充分考虑到智能体在交流互动的过程中的相互激发和影响。③周先生的四层次意义理论是其成功交际的语用理论的理论基石。因为他认为：成功的交际包括"准确地传达、成功地传达、准确地理解和成功地理解"，这四个方面都需要说话者 S 或听话者 H "掌握语形、语义和语用的知识和了解交际语境的情况。就传达说，S 将特别需要了解 H 本身的特点；就理解说，H 特别需要了解 S 本身的特点"（周礼全，1994，第 509 页）。用信息与智能交互的术语来表述周先生的意思就是：成功的交际是指智能体在交流互动的过程中，"准确的传达、成功的传达、准确的理解和成功的理解"语言表达式所携带的信息以及外部世界的相关信息。即，结合交际语境以及在交流互动中的智能体本身的特点，准确理解语言表达式所携带的信息是成功交际的基础。

总之，在意义理论的发展历程中，周先生的意义理论起到了承前启后的作用。这一理论总的意思就是：语言表达式的意义不仅与其抽象语句的意义有关，而且与说出该表达式的交际语境、命题态度、节律成分和副语言成分等有关。从人工智能的角度来解读周先生的四层次意义理论就是：语言表达式的意义的最终概念不仅仅需要直接面向外部世界，而且语言表达式的意义与它对外部世界的信息进行编码的方式有关。那么，我们如何才能更为有效地处理语言表达式的意义及其对外部世界的信息编码呢？这还需要做我们进一步探索。

## 第二节　一阶动态逻辑的结构主义特征

集合论对于现代数学的无所不在的广泛影响，及其对于数学研究方式和数学思想观念的深刻变革，结构主义从 20 世纪以来逐渐占据了基础数学和数学哲学的主导地位，并且产生了溢出效应，从而使得"从结构的角度观察逻辑的特征"成为可能：从语法上看，形式化的逻辑系统是不同符号按照各种关系组成的结构，这种结构可以通过元数学加以研究；从语义上看，所有逻辑命题都是通过定义在集合之上的数学结构加以解释；从语法和语义的关系来看，逻辑系统的元逻辑性质由这两种结构的关系决定，一个逻辑系统是可靠的，当其语法结构不表达其语义结构以外的信息；另一个逻辑系统是完全的，当其语义结构的信息都由其语法结构表达出来。

### 一、引言

关于数学与逻辑的关系问题，罗素曾经有一个潇洒至极的论述，这些文字如泉水一样清澈、音乐一样动听，明白流畅、浅显易懂，讲述的却是数学与逻辑的本质及其交互规定①，数学的本质是逻辑，逻辑的本质是数学，这种共同而有区别的本质不但为数学史所验证，也为逻辑史乃至于哲学史所验证：

"在历史上，数学和逻辑是两门完全不同的学科：数学与科学有关，逻辑与希腊文有关。但是二者在近代都有很大的发展：逻辑更数学化，数学更逻辑化，结果在二者之间完全不能划出一条界线；事实上二者也确实是一门学科。它们的不同就像儿童与成人的不同：逻辑是数学的少年时代，数学是逻辑的成人时代。这种见解会触犯一些逻辑学家，这些人曾经消耗他们的时间于古典著作的研究，而不能从事一点点符号的推理；而且这种见解也会触犯一些数学家，他们已经学会了一种技术，但从不费心去研究它的意义和合理性。这两种人现在幸而都愈来愈少了。许多现代的数学研究显然是在逻辑的边缘上，许多现代的逻辑研究是符号的、形式的，以致对于每一个受过训练的研究者来说，逻辑和数学之间的非常密切关系是极其明显。二者等同的证明自然是一件很细致的工作：从普遍承认属于逻辑的前提出发，借助演绎达到显然也属于数学的结果，在这些结果中我们发现没有地方可以在数学和逻辑之间划出一条明确的界线，并且使得逻辑与数学分居左右两边。如果还有人不承认逻辑与数学等同，我们要向他们挑战，请他们在《数学原理》的一串定义和推演中指出哪一点他们认为是逻辑的终点、数学的起点。很显然：任何回答都将是随意的、毫无根据的。"（罗素，1982，第 182 页）

哲学作为一门严格的科学，这个从柏拉图以来的理想的实现就是广义逻辑。根据胡塞尔的逻辑研究，广义逻辑除了命题层次的形式逻辑，还有对象层次的形式本体论。在这个宏大的历史视野中，集合论的创立及其对于现代数学的重构就有了超越数学史的哲学意义。几何研究的图形和代数研究的数目都是名词命名的对象，但是集合论研究的集合却是命题表征的概念，它们属于完全不同类型的语法和意义范畴，名词不是表达意义的完整的语言单位，命题却是这样的语言单位，因此集合论在历史上第一次把存在纳入了意义的范畴，使存在与本质从属于概念而成为概念的衍生样式。意义获得了自身的存在和本质，既是对语言的提升又是对存在的充实，语言不但拥有了自己的意义与概念，而且拥有了自己的存在与本质，存在与本质也不再在物理与心理层次上与物理事物和心理事物产生重叠，从而导致亚里士多德所说的第三人论证，而是进入意义与概念的内部提升到语言的境界。集合论第一次让人们看清了这样的事实，无论数学还是逻辑都是一种语言

---

① 交互规定是指：数学不能自己定义自己，逻辑也不能，但是它们可以相互定义。

现象，一种由语法的构成所体现出来的意义的建构，现代数学的宏伟大厦，乃至于科学的整个大厦，都是建立在对符号及其语法构成的推理链条深刻而清澈的直觉的基础上。

由于数学是科学的先行筹划与先行规定，因此科学也是镶嵌在语言及其语法之中的，从而成为历史、文化和意识形态的一个片段。在这种意义上我们可以回应罗素，数学乃至于所有科学，其本质和逻辑一样与希腊文有关，都是建立在对希腊文的语法及其产生的推理链条的理性直觉之上，正是通过对语言和语法及其逻辑的直觉，数学和科学通过意义的道路切入了存在问题，进入了时间和历史之中，因而打开了文化和意识形态的视野。

## 二、 结构主义的四大学派及其基本观点

现代数学的结构特征的呈现依赖于分析哲学与数理逻辑的兴起，其数学史上的起源是为微积分与数学分析建立严格的逻辑基础，在微积分的算术化和集合论的建立的推动下，逐步形成了数学基础的三大学派——逻辑主义、形式主义和直觉主义，以及数理逻辑的集合论、模型论、证明论、递归论。逻辑实证主义据此主张：哲学唯一合法的研究领域是逻辑学，数学哲学是研究数学语言的逻辑句法学和逻辑语义学[①]。

但是就是在逻辑实证主义奉为圭臬的《逻辑哲学论》中，维特根斯坦提出了可以显示不可言说的思想，为逻辑的形式化划出了一条界线。接下来哥德尔以其著名的不完全性定理验证了维特根斯坦的直觉思想，分析哲学及其数理逻辑在命题层次对数学所做的形式化表征与刻画是不完全的，并且命中注定是不可完全的，形式化不但不能消除直觉，而且必须依靠直觉以获得其意义与解释。这就是《存在与时间》第 33 节的主题和标题："命题——解释的衍生样式"，谓词的解释与构成功能先于谓词的表述与判断功能，谓词对于约束变元的建构使得命题成为可能，谓词对于变元的建构形成了结构，在本体论上结构不是事物而是事实，因此维特根斯坦认为，世界是事实的总和，不是事物的总和。维特根斯坦的事实本体论为海德格尔的"此在"分析所拓展，《存在与时间》第 70 节"此在是空间性的时间性"进一步明确了：所谓事实的本体论是植根于"此在"的时间性的空间结

---

① 本节部分内容发表在郝一江：数学存在的语言建构——结构主义的研究范式，《重庆理工大学学报 (社会科学版)》，2013(3)：9-14，此文被"人大复印报刊资料"《科学技术哲学》2013 年第 7 期全文转载。

构，支撑这种空间建构的语法过程是谓词的解释行为，这与支撑命题构成的图像行为属于迥然不同的语法类型。正是在这种意义上，根据在其背后作为支撑的不同语法类型，维特根斯坦划分了命题与事实：命题是事实的图像。

20 世纪 60 年代，奎因发现，在符号逻辑的形式化语言中，存在通向本体论及其语言和语法建构的逻辑通道，这就是其著名的论题，存在就是作为约束变元的值，这样整个数理逻辑的理论成就，经过数学哲学的范式转换，都可以进行数学语言的存在建构，就在这种从表述到解释语法转换中，数学的结构特征自然地呈现出来。利用分析哲学所锻造的数理逻辑这种强大的形式语言，结构主义在本体论的层次上对数学结构进行了语言和语法的重构。关系与其所依附的所有个体共同组成结构，根据结构所依附的个体的不同类型来看，数学结构主义主要包括四大学派：集合论结构主义、先物 (ante rem) 结构主义、范畴论结构主义、模态结构主义。

集合论结构主义使用模型论中熟知的方式，来描述数学结构及其相互关系。模态结构主义，不是通过对结构或位置进行字面上的量化，而是通过借助于适当的关系和定义域的 (二阶) 逻辑可能性，来满足经典公理系统的隐含定义条件。先物结构主义则主张：利用结构中的位置可以定义数学对象，数学对象的指称则要求结构与能够例示它们的任何系统是相互独立的；数学公式能够由相干公式来描述，而且这些相干公式能够由实际存在的先物结构来满足。范畴论结构主义本质上是通过一系列结构保持映射，为数学结构提供系统概念，从而为数学作出哲学解释。夏皮诺 (Shapiro) 认为，虽然这些学派有着明显的区别，但是，不论是从主流数学的目的来看，还是从某种更深层次的哲学意义来看，这几大学派其实是等价的。例如：处理哲学问题的一种方法与处理这种问题的其他方法，具有关联性，这种关联性可以通过系统间的自然转换来表达。这些学派通过语言的途径，把数学哲学引向了对意义和真理的探讨，以及对数学对象的存在建构。

结构主义对数学存在的语言建构建立在逻辑主义、形式主义和直觉主义这三大学派的研究基础之上，这三大学派认为：结构主义可以利用语言框架来建构数学对象，这一点在模态结构主义和集合论结构主义中表现得尤为明显，这使得结构主义的本体论建构与作为数学基础的逻辑研究之间能够建立起密切的关系，从而使得逻辑学与本体论之间有了沟通的桥梁。范畴论结构主义挣脱了逻辑语言的束缚，创立了崭新的本体论语言，在把语言纳入存在的内涵的同时，还把存在上升到了语言的境界，并通过集合论与逻辑语言保持紧密的联系，从而使得存在建构能够像逻辑建构那样成为严密的科学。

## 三、 现代逻辑学具有结构主义特征

形式主义是 20 世纪上半叶出现的一种数学哲学思潮，它是极端唯名论在数学中的具体体现。而形式化则是现代逻辑学最重要的研究方法。形式化过程一般包括：进行预备性研究、构造形式系统并对其进行解释、关于形式系统的元逻辑研究这几大步骤 (陈波，2000，第 124-130 页)。具体地说，对现实世界进行模拟的现代逻辑学形式系统，一般都遵循这样的研究思路：首先，根据研究对象给出一个没有歧义的形式语言，目的是规定哪些符号串是所研究的形式系统的合式公式；其次，给出这一形式语言的语义解释，这需要利用赋值给出合式公式有效性定义；然后，给出这一形式系统的公理和推理规则；再次，根据这一形式系统的语言、语义、公理和推理规则，寻找相关定理；最后，研究系统的可靠性、完全性、可判定性和复杂性等等 (郝一江和陶侃，2018)。

哲学本体论是研究隐藏在真实世界背后存在的最高本质，即：对本体、属性和关系进行哲学思考，因此，现代逻辑学本体论的现实原型就是现实世界的本体、属性和关系。从科学哲学的视角看，不论是计算机科学、应用数学，还是逻辑学，一般都遵循着相同的研究思想——结构主义的研究思想：重要的不是个体对象、集合，而是所研究对象之间的关系。正如高斯所说："数学是关于关系的科学，从关系中可以抽象出任何概念。"彭加勒也认为，"数学家不是研究对象，而是研究对象之间的关系"。计算科学的基本特征就是研究对象的构造性的数学特征，并利用定义和解释，在对现实中的对象进行抽象和模型化的基础上，给出相关定理的证明 (姜小慧，2009)。

从 19 世纪末以来发展起来的数理逻辑、模态逻辑、动态逻辑 (包括命题动态逻辑、量化动态逻辑)、认知逻辑、广义量词理论、类型逻辑语法、范畴类型逻辑等逻辑分支，都或明或暗地采用了结构主义的方法，即：对象的结构化的总体特征，常常靠利用公理化方法、对象间的映射与同构来加以研究。从 20 世纪以来，作为数学哲学的结构主义，就已经成为研究逻辑学的主导方法，在模态逻辑、命题动态逻辑、广义量词理论和范畴类型逻辑中表现得尤为突出。从总体上看，结构主义的特征在逻辑学一直或隐或显地存在着，正是这一结构主义特征激发了逻辑学界、科学哲学界等对结构主义进行深入研究的兴趣。

我们认为：不论数学结构主义有多少种学派，也不论各学派之间有何分歧，逻辑学，尤其是形式化的现代逻辑学，几乎都或隐或显地采用了结构主义的研究方法。也就是说，形式化的现代逻辑学主要是描述各自论域中对象之间的相互关系，而不必考虑具体对象的内在的品质。

比如：模态逻辑充分考虑了含有"可能"和"必然"的模态语句的这一命题结构，引入了"可能"和 (或)"必然"模态词，对传统的一阶逻辑进行扩展而得到的。因为预设的公理和推理规则不同，而得到的模态系统也不同。对这些模态系统的框架进行解释就可以得到不同的模型。认知逻辑则是模态逻辑的改版，即：把模态逻辑中的必然算子，解释成相信算子或知道算子等而得到的。虽然各个逻辑系统千差万别，但是，各个系统所给出的句法和语义，以及随之而定义的框架和模型和在此基础上对可靠性和完全性、可判定以及复杂性的探讨，等等，都或隐或现地彰显了结构主义的特征。

由于很多数学都研究抽象的结构，因此，结构主义在数学哲学中占据着主导的地位。根据结构主义的观点：数学理论描述各自论域中对象的关系，而不必考虑所讨论对象的内在品质 (Schiemer, 2013)。狄德金主张把数学结构作为以集合、运算和关系的系统的基础，并认为同构概念与结构的类型紧密相关 (郝一江, 2013)。为了准确清晰地表述"结构"或"结构映射"的概念，数学只有利用集合论，或者只有利用作为集合论的一个分支的模型论，才能够准确表征结构、结构映射等概念。因此，集合论就成为结构主义重建数学的语言基础，成为结构主义表述各种数学对象及其相互关系的基本语言。

同构闭包 (isomorphism closure) 的基本思想是：在逻辑中，只有结构才是重要的，个体对象、集合本身并不重要。这一思想与数学哲学中的结构主义思想不谋而合。用逻辑的术语来表述同构闭包的思想就是：如果一个逻辑语言中的语句在一个模型中为真，那么该语句在所有的同构模型中为真。即：逻辑是主题中立的 (Peters and Westerståhl, 2006，第 95 页)。如果逻辑是独立于主题事物，那么逻辑常元将在论域间的任意双射下保持不变，或者更弱一点地说，逻辑常元在论域的任意置换下是不变的 (Peters and Westerståhl, 2006，第 324-325 页)。比如：假设把"学生"一一映射成"狗狗"、把"面包"一一映射成"骨头"、把"在吃"一一映射成"在啃"，那么，如果"每个学生最少吃三块面包"在一个模型中为真，那么"每个狗狗最少啃三块骨头"在其同构模型中也为真。这说明，"每个"和"最少三 (块)"这两个逻辑常元具有同构闭包性。可见，逻辑学对所有对象都同等对待，逻辑性质不但在严格变换下是不变的，而且在所有双射下也是不变的 (Peters and Westerståhl，2006，第 325 页)。

同构闭包不仅仅局限于量词。比如，一阶动态逻辑中的命题联结词也不关注主题事物：合取词可以统一运用于两个语句或两个集合或两个别的对象，而不考虑这两个对象的具体内容，仅仅考虑这两个对象的结构。这说明，同构闭包表达的思想与结构主义的思想也是相通的。对于诸多逻辑而言，同构闭包具有重要的意义。大多数学者都认为，满足同构闭包性是满足逻辑性的必要条件。值得我们注意的是，逻辑学家和计算机科学家，在实践中提出的所有形式语言都具有这样的性质：真在同构下得以保持，在系统中使用的所有算子以及由这些算子定义的别的所有算子，都满足同构闭包性 (Peters and Westerståhl，2006，第 327-328 页)。

## 四、 结构主义思想在一阶动态逻辑中的具体体现

一阶动态逻辑是在集合论和模态逻辑的基础上发展起来的程序逻辑。集合论语言是一阶动态逻辑的基本语言，而集合论语言是结构主义表述各种数学对象及其相互关系的基本语言，因此，一阶动态逻辑在诸多方面都体现了数学结构主义的思想。

一阶动态逻辑中涉及各种各样的结构。例如，Kripke 结构、树状结构、Adian 结构、表征结构、有穷结构、无穷结构等等。由此可见，结构主义思想渗透到了一阶动态逻辑的方方面面。换句话说，一阶动态逻辑具有明显的结构主义特征，具体而言：

(1) 命题动态逻辑是使用程序对命题逻辑的一个扩张，一阶动态逻辑是命题动态逻辑的一阶扩展版本，它具有被称为"计算域"的一阶结构 $\mathfrak{A}$，而且允许该结构上的一阶量化，因而被叫作一阶动态逻辑。

(2) 一阶动态逻辑是在集合论和模型论的基础发展起来的多模态逻辑，而结构主义最为重要的观点就是主张"集合论是数学的基础"，模型论主要研究对象的结构及其结构之间的关系。比如：模型和典范模型的概念本身就是模拟的是研究对象的结构。

(3) 命题动态逻辑的语义源于模态逻辑的语义，在命题动态逻辑的基础上发展起来的一阶动态逻辑的程序和命题都可以在 Kripke 框架结构上加以解释，而 Kripke 框架的具体结构及其包含的元素的个数都是由所研究对象的结构决定的。

(4) 可以给出一阶动态逻辑在算术结构上的解释性推理 (参见第三章第二节)。事实上，任意结构都可以通过添加适当的编码和解码功能对算术结构进行扩展而得到；而且每个自然数集 N 上的结构都可以扩展成算术结构。

(5) 一阶动态逻辑表达力的强弱依赖于"该逻辑是在哪种结构中加以解释"。例如：当对所有结构进行统一解释时，一阶逻辑 $L_{\omega\omega}$、一阶动态逻辑 DL、正则一阶动态逻辑 DL(r.e.)、带有富测试的一阶动态逻辑 DL(rich test r.e.) 形成了一个表达力越来越强大的逻辑序列。但是在任意算术结构上，前三种逻辑的表达力是一样的，DL(rich test r.e.) 的表达力比前三种逻辑强 (参见第三章第二节)。

(6) 一阶动态逻辑可以对有穷结构进行编码。例如，可以对如线性序排列的一阶有穷词库 $\Sigma$ 中的有穷结构 $\mathfrak{A}$ 进行编码，进而可以研究结构 $\mathfrak{A}_1$ 与结构 $\mathfrak{A}_2$ 是否同构。研究表明：富词库与穷词库的主要区别在于：富词库允许一个给定有穷基数具有指数多个两两不同构的结构，而穷词库仅仅允许一个给定有穷基数具有多项式个两两不同构的结构 (参见第三章第三节)。事实上，同构概念本身就是比较所研究对象的结构。

(7) 一阶动态逻辑中的一些定义都是在某种结构中加以定义的。例如：展开性质 (unwind property)。一个程序 $\alpha$ 可以在结构 $\mathfrak{A}$ 中展开，其意思是，存在 $m \in \mathbb{N}$(N 是自然数集) 且存在有穷计算序列 $\sigma_1, \cdots, \sigma_m \in CS(\alpha)$，使得 $\mathfrak{m}_{\mathfrak{A}}(\alpha) = \mathfrak{m}_{\mathfrak{A}}(\sigma_1) \cup \cdots \cup \mathfrak{m}_{\mathfrak{A}}(\sigma_m)$。这一定义就是在结构这一概念上加以定义。

(8) 一阶动态逻辑中的一些命题需要借助结构这一概念才能够加以阐述的。例如第三章第五节的"命题 3.41：如果 $\mathfrak{A}$ 是一个不带有真子结构的无穷结构，则 $N_{EXT_0}$ 在 $\mathfrak{A}$ 中不展开"。阐释这一命题需要借助真子结构和无穷结构这两个概念。

(9) 一阶动态逻辑中的诸多归纳证明，都是施归纳于所涉及的对象的结构。例如：第四章第三节关于滤过引理的证明，同时施归纳于公式 $\psi$ 或类型 A 以及良基 FL-子公式关系的结构。

(10) 一阶动态逻辑中的诸多规则本身就是结构规则。例如，第四章第四节给出的 Gentzen 系统中的规则，如分离规则、必然性规则、否定规则、导出规则、切割规则、交换规则、缩并规则、弱化规则、传递闭包规则、循环不变性规则等，都是结构性规则。

(11) 利用一阶动态逻辑及其扩展对 Agent 的各种行为进行形式刻画或建模的实质是：形式化地描摹决定 Agent 的各种行为因素的内在结构。例如，利用类

型命题动态逻辑 τPDL 对 Agent 能力描述时，首先使用能力语句、先决条件-效果结构和向后可能算子对标准 PDL 进行扩展得到 τPDL，通过建立有穷模型性质，利用标准的滤过技术，在扩展的 Fischer-Ladner 闭包映射的基础上，证明了τPDL 系统的可判定性，给出了 τPDL 逻辑的证明系统，并研究了其可靠性和完全性，给出了 τPDL 逻辑在网络服务组合 (Web service composition) 中的应用实例。以上这一系列操作都离不开揭示研究对象内在结构特征。

## 五、 结论与未来的工作

综上所述，弗雷格学派主张："数学是逻辑学的一个分支"；布尔学派则认为："逻辑学是数学的一个分支"，事实上，二者"你中有我""我中有你"，不能相互剥离。现代逻辑学的蓬勃发展，离不开对逻辑进行哲学反思。就像逻辑学与数学不能相互剥离一样，逻辑哲学和数学哲学其实也是很难剥离开来的。20 世纪以来，结构主义在数学哲学中占据着主导地位，作为与数学密不可分的现代逻辑学也具有结构主义特征。即：重要的是考察所研究对象之间的关系，而不必考虑所研究对象本身的内在品质。现代逻辑学的总体特征就是研究对象的构造性的数学特征，即：在句法和语义的基础上，利用定义、公理和推理规则，对现实中的对象进行抽象化和模型化，进而给出相关定理的证明。作为现代逻辑学重要分支之一的一阶动态逻辑，以集合论语言作为其基本语言，而集合论语言也是结构主义表述各种数学对象及其相互关系的基本语言，因此，一阶动态逻辑在诸多方面都体现了数学结构主义的思想。

由于数学结构主义根据结构所依附的个体不同，可以分为集合论结构主义、先物结构主义、范畴论结构主义、模态结构主义这四大主要的学派；加之现代数学与现代逻辑学都主要是研究各自领域中的抽象的结构及其相互关系，通过揭示结构之间的各种关系来处理各种现实问题等共同点，以及形式化的现代数学和现代逻辑学难以剥离的亲缘关系，都有必要对现代逻辑学进行进一步的哲学反思。例如：现代逻辑学的各分支学科 (比如，模态逻辑、认知逻辑、动态逻辑、广义量词理论、范畴类型逻辑、类型逻辑语法等) 是否集中体现了数学哲学不同学派的结构主义？广义量词理论所采用的结构主义研究方法似乎更多地属于集合论结构主义的范畴。模态逻辑、认知逻辑和动态逻辑所采用的结构主义是否更多趋向于模态结构主义？范畴类型逻辑、类型逻辑语法所采用的结构主义方法是否属于范畴结构主义呢？等等，都需要我们进一步地进行更加深入细致的研究。

# 第三节　基于一阶动态逻辑的人工智能逻辑的柔性化和泛逻辑化——展望性研究框架

人工智能是现代逻辑学继续向前发展的原动力和试验场；信息时代的核心基础理论是逻辑 (何华灿和马盈仓，2008，第 4-11 页)。李政道先生指出："谁重视基础研究，谁就掌握了主动权，就能够自主创新。"不论是作为数学分支的逻辑学观，还是作为逻辑分支的数学观，都说明了：逻辑学与数学紧密相关。逻辑与数学一样，其高度抽象性决定了它的广泛应用性。信息时代的到来，凸显了高度抽象的形式化现代逻辑学在理论研究和社会生产生活中的重要性。

由于本节研究内容过于庞大，而研究内容较难，因此这里只能够给出其展望性的研究框架，以期抛砖引玉[①]。

## 一、　学术依据和提出背景

目前人工智能正面临着六大发展瓶颈：①数据瓶颈，需要海量的有效数据支撑；②泛化瓶颈，深度学习的结果难以推广到一般情况；③能耗瓶颈，大数据处理和云计算的能耗巨大；④语义鸿沟瓶颈，在自然语言处理中存在语义理解鸿沟；⑤可解释性瓶颈，人类无法知道深度神经网络结果中的因果关系；⑥可靠性瓶颈，无法确认人工智能结果的可靠性。这六大瓶颈统称为"可解释性瓶颈"。2011 年图灵奖得主 Judea Pearl 指出：人工智能已经陷入概率相关泥潭，跳出泥潭的关键措施就是用因果推理来代替关联推理；要解决比原子信息层次更高的分子信息处理问题，就需要抽象层次更高的柔性逻辑和柔性神经元的参与，这是找回人工智能"可解释性"的理论关键 (何华灿，2019)。

当今人工智能深入发展遇到的一个重大难题就是专家经验知识和常识推理的不确定性，它们都是具有随机性、模糊性、近似性和不完全性的正在演化的知识，对它们进行处理都必然会涉及不确定性推理。现有的刚性逻辑无法满足人工智能中精确描述和研究各种不确定性推理的需要；人工智能的深入发展要求进行逻辑学革命 (陈亚楠，2021)。当前人工智能学科对逻辑学的需求，典型代表了整个复

---

① 本节内容主要是以何华灿先生及其合作者的相关文献为基础写作的，特此致谢。

杂性科学时代对逻辑学的需求。应该承认，目前要求逻辑学革命的呼声主要不是来自逻辑学和数学内部，而是来自研究复杂系统的新兴学科迫切需要能够描述不确定性的逻辑 (何华灿和马盈仓，2008，第 66 页)。

种种迹象表明，目前逻辑学正在发生质的飞跃，其主要表现是从刚性逻辑学向柔性逻辑学 (flexible logic) 过渡。出现柔性逻辑学的根本原因是：信息学科群和智能学科群对逻辑学的强劲需求，迫使逻辑学研究正在发生"由可以忽略不确定性到需要精确研究不确定性"的根本转变 (何华灿和马盈仓，2008，第 3-24 页)。

近几十年来，由于各种新兴学科研究的需要，国内外学者已经先后提出了数十种不同形式和用途的逻辑。遗憾的是：现有的非标准逻辑都是从局部的个别需求出发来建立的，没有从多种不确定性同时并存的全局来思考问题，更没有把事物的外在不确定性与事物的内在矛盾紧密联系起来研究 (何华灿和欧阳康，2010，第 4 页)，因而无法形成综合处理各种不确定性及其演化的统一的柔性逻辑理论框架。一般研究应用的人已被这些五花八门的逻辑搞得眼花缭乱，不知所措。现在逻辑学研究需要改变风格，不能再这样"一事一论"了。因为任何一门学科或一个实际系统，都不可能建立在一大堆五花八门的逻辑之上。

受到抽象代数系统的启发，一些学者提出了逻辑学研究的新思路：在现有逻辑的基础上，从现有逻辑入手抽象出逻辑学的一般规律，建立能够尽可能包容一切逻辑形态和推理模式的泛逻辑 (universal logic) 雏形。然后利用从这个雏形中得到的"构造一个具体逻辑的原则和方法"，指导研究描述某些不确定性推理的柔性逻辑学，最后再将柔性逻辑学研究中的新发现加入到泛逻辑雏形中去，并应用到其他已有逻辑中去验证，如此不断循环往复提高。泛逻辑学研究的最终目标是建立一个具有最大包容性的抽象逻辑学，它的最小不变内核是刚性逻辑，柔性逻辑学能够根据需要自由伸缩变化于其中，但它们都能够退化到刚性逻辑。泛逻辑学是在刚性逻辑学和柔性逻辑学的基础上的抽象逻辑学，它是研究逻辑的一般规律的科学，目前已经出现的数十种不同形态和用途的逻辑为泛逻辑学研究提供了很好的素材 (何华灿和马盈仓，2008，第 57-88 页)。

在人工智能学科强大应用需求的牵引下，人工智能逻辑成了逻辑学研究的重中之重。人工智能逻辑亟待解决的前沿重大问题有：人工智能逻辑能否泛逻辑化？如果能，应该如何泛逻辑化？人工智能逻辑泛逻辑化的合适起点在哪里？人工智能逻辑能否柔性化？如果能，应该如何柔性化？人工智能逻辑柔性化的合适起点在哪里？等等。

牛顿、爱因斯坦确立的自然法则只是对客观规律的一种近似描述，在它的基础上建立起来的还原论和决定论也是一种近似有效的理论。在涨落和演化无处不在的自然界，追求绝对的精确性和确定性是不可能的，也是不科学的，需要重新审视传统科学技术体系和与之相联系的科学方法论的有效范围 (何华灿和马盈仓，2008，第 80 页)，因而很有必要对人工智能逻辑进行哲学反思 (尤其是真理论的重建)。

## 二、 国内外研究状况与研究价值

泛逻辑思想萌芽于 20 世纪 60 年代末，成形于 20 世纪 90 年代末。由于其高度的抽象性和广泛的应用性，得到了国内外信息学科群的高度重视：世界泛逻辑大会从 2005 年以来，每两年召开一次；而且信息学科群的学者纷纷亲自上阵投入到泛逻辑学的研究中。例如：先后从事计算机硬件、软件、应用、人工智能和专家系统达半个多世纪的博士生导师何华灿教授 1996 年在《中国科学》提出了泛逻辑概念，2001 年在科学出版社出版了《泛逻辑学原理》，还把自己编写的《泛逻辑仿真系统软件》放在百度云盘中供大家免费下载。2015 年 A. Koslow 与 A. Buchsbaum 出版了专著《泛逻辑之路》，J. Y. Béziau 从 2008—2019 年出版了 14 卷本的《泛逻辑研究》丛书。

人工智能逻辑重点研究 Agent(智能体) 如何处理专家经验知识、常识推理和智能行为。最早研究人工智能逻辑的是 John McCarthy，他提出采用逻辑方法来形式化人工智能需要解决的问题[①]。目前人工智能逻辑已发展出了许多分支，如：缺省逻辑、时序逻辑、多值逻辑、模糊逻辑、非单调逻辑、限定逻辑、认知逻辑、信念-愿望-意图逻辑、描述逻辑、动态逻辑、真值维护系统等等。可见：人工智能逻辑是一类严格意义上的逻辑和一类非严格意义上的逻辑的混合。

国外人工智能逻辑研究成果丰硕。仅笔者收集到的作为人工智能逻辑重要分支的命题动态逻辑、量化动态逻辑和信念-愿望-意图逻辑的中英文文献就有 600 多篇/部，其中大约 80% 以上的作者都来自计算机科学界或人工智能学界等信息学科群。动态逻辑是 Vaughan Pratt 于 1976 年提出来的，其初衷是想把模态逻辑与程序进行很好的融合。Harel 等 (2000) 研究了命题动态逻辑和量化动态逻辑及其变种的可判定性、完全性和计算复杂性等。Miller 和 Mcburney(2011) 探究

---

① 微信号：兰芳财经. https://zhuanlan.zhihu.com/p/24309083。

了关于 Agent 交互协议推理的命题动态逻辑。Riemsdijk (2011) 探讨了 Agent 程序设计中的规划修订的动态逻辑。Benevides (2014) 则研讨了命题动态逻辑中的互模拟程序和逻辑等值程序。Lopes 等 (2014) 研究了关于 Petri 网的命题动态逻辑的扩展。Pardo 等 (2018) 则提出了从交流更新逻辑到命题动态逻辑的程序转换器，等等。虽然我国学者关于人工智能逻辑的各个分支逻辑的研究，都有所涉猎(如：2005 年李小五教授就出版了《人工智能逻辑讲义》)，但是相关研究还是远远没有赶上国外研究者的步伐，国内学者对于人工智能逻辑前沿重点领域的研究更是如此。本书旨在改善这一状况。

近年来在大数据处理、云计算和深度神经网络的推动下，人工智能从低谷走向了第三次发展高潮，以 AlphaGo 为代表的研究成果创造了诸多奇迹，世界各主要大国都纷纷制定了国家战略，已经把人工智能列为争霸世界的国之重器 (何华灿，2019)。人类正在进入柔性信息处理时代，信息化的更高阶段是数模混合的柔性信息处理时代，泛逻辑学是刚柔并举的逻辑学，它将为这个时代奠定理论基础。

刚性逻辑在一个信息处理模式内采取的是"一把钥匙开所有锁"的策略，而柔性逻辑则可以通过选择"锁孔模式"和"齿形参数"的方式，在一个信息处理模式内遵循"一把钥匙开一把锁"的原则，能够更好地贴合人工智能等学科对千差万别的不确定性处理的需求。

总之，① 在柔性信息处理时代，对人工智能逻辑进行柔性化、泛逻辑化及其哲学反思是非常必要、非常紧迫的；② "人工智能逻辑的柔性化和泛逻辑化"研究不仅具有重要的理论价值，而且具有重要的实践价值。

### 三、 研究内容、总体框架、基本思路和研究目标

由于人工智能逻辑分支众多，对人工智能逻辑进行泛逻辑化和柔性化研究，首先需要确定从哪个分支入手？

#### (一) 研究内容引论

计算机科学中的一个程序就是从给定的输入数据出发，计算出所期望的输出数据的一个形式语言。动态逻辑与计算机程序语言的关系非常密切，其句法语言直接添加了表现"程序"概念的表达式，可据此编制计算机处理自然语言的程序指令，甚至能够直接提供便于计算机处理的算法；动态逻辑还能够为计算机理解自然语言提供理论依据 (郝一江和张晓君，2009)。因此本书可以选择"作为动态

逻辑基础系统的"命题动态逻辑,作为人工智能逻辑泛逻辑化研究的起点。

Agent(智能体) 强调理性作用,是描述人类智能、动物智能和机器智能的统一模型,这些智能往往是构成社会智能的一部分。对于具有自我意识的 Agent 而言:行动就是通过感知信息控制执行过程的算法。对 Agent 的拟人行为的研究是人工智能的核心、关键和高难度课题。Agent 典型的行为模型就是信念-愿望-意图 (Belief-Desire-Intention,BDI) 逻辑框架。它着重研究信念、愿望、意图与 Agent 行为 (尤其是不确定性行为) 的关系及其形式化描述。BDI 智能体模型在一些最为重要的多智能体系统中得到了广泛应用,是影响最为广泛的智能体技术之一 (张晓君,2017,第 1-3 页)。

目前国内外还没有对动态逻辑进行柔性化的研究成果,能否对其进行柔性化,还不得而知。但是在已有的基于命题动态逻辑和无穷值的 Łukasiewicz 逻辑的 BDI-逻辑柔性化成果深入研究的基础上,可以抽象出对人工智能逻辑进行柔性化的基本思想和方法,因此可以把信念-愿望-意图逻辑作为人工智能逻辑进行柔性化的研究起点。

(二) 研究内容与总体框架

(1) 泛逻辑学视域下的命题动态逻辑及其变种的相关知识及研究方法梳理。包括: (a) 正则命题动态逻辑 (包括演绎系统、计算复杂性等等,本书已经研究); (b) 非正则命题动态逻辑 (包括语境自由程序、不可判定性扩张、可判定性扩张等等); (c) 命题动态逻辑的变种 (包括关于 Agent 交互协议推理的命题动态逻辑、关于 Petri 网的扩展命题动态逻辑等等)。

(2) 泛逻辑学视域下的量化动态逻辑及其变种的相关知识及研究方法梳理。包括: (a) 量化动态逻辑 (包括演绎系统、复杂性、表达力、量化动态逻辑与静态逻辑的关系等等); (b) 量化动态逻辑的变种 (包括可能性程序、并发与交流等等)。这部分内容本书已经研究。

(3) 基于动态逻辑及其变种的人工智能逻辑泛逻辑化研究。在命题动态逻辑研究的基础上,对人工智能逻辑进抽象化和命题泛逻辑化,然后开展量化动态逻辑研究,进而对人工智能逻辑进抽象化和谓词泛逻辑化研究。这些研究可以为命题泛逻辑学过渡到谓词泛逻辑学研究积累素材和经验。

(4) 泛逻辑学视域下的信念-愿望-意图 (BDI) 逻辑及其变种相关知识及研究方法梳理。包括信念-愿望-意图逻辑 (基本句法和语义、演绎系统、可靠性和完全性等等); 信念-愿望-意图逻辑的变种 (等级 BDI-逻辑、情感 BDI-逻辑、知识情感等级 BDI-逻辑等等)。

(5) 基于信念-愿望-意图逻辑的人工智能逻辑的柔性化研究。具体地说: (a) 建立能描述命题真值不确定性的柔性真值域; (b) 建立能描述命题间关系不确定性的柔性联结词运算模型; (c) 建立能描述约束程度不确定性的柔性量词运算模型; (d) 建立能描述推理过程不确定性的柔性推理模式 (何华灿, 2010, 第 46-49 页); (e) 通过坐标变换可以得到其他真值域上的逻辑。

(6) 在整个连续值柔性人工智能逻辑的研究中, 需要解决的共性问题有: 逻辑推理过程中的数值计算问题、形参问题、随机性问题以及如何处理符号的形式演绎和真度计算的问题; 逻辑运算模型的多样性问题、逻辑句法和语义问题; 推理结果的"多必然性"问题; 推理结果的相对性问题等①。

(7) 人工智能逻辑的哲学反思。包括: (a) 人工智能时代的真理论重构; (b) 人工智能逻辑的结构主义特征 (本书已经部分研究); (c) 人工智能逻辑的泛逻辑化进路审视; (d) 人工智能逻辑的柔性化进路审视。例如, 弗雷格学派认为:"语句的意义就是表述其真值的方式,"真值条件论认为:"语句的意义就是语句为真的条件", 而动态语义学认为:"意义就是算法""意义就是潜在的语境更新""意义就是计算潜在语境的算法的更新""意义就是计算真值条件内容的算法的更新"。在人工智能时代, 怎样的意义理论和真理论才更合时宜? 这些问题都需要进一步研究。

(8) 对以上 (1)—(7) 的研究内容进行循环往复、相互促进、不断升华性研究。

(三) 基本思路与研究方法

(1) 泛逻辑视域下的人工智能逻辑研究有两个不同的前进方向: 一是在人工智能逻辑多个分支成果的基础上, 自底向上进行抽象化、柔性化和泛逻辑化; 二是在泛逻辑方法的指导下, 自顶向下进行具象化和柔性化; 如此交替循环往复、相互促进、相互验证, 以促使人工智能逻辑研究的不断深入和提高, 从而更加契合新兴学科发展需要②。

(2) 具体地说, 本选题依次按照如下四个步骤进行循环往复、相互促进、相互

---

① 此部分的写作主要借鉴了何华灿先生及其合作者主编的《逻辑、信息与智能》第一、二、三卷。

② 此部分的写作主要参考何华灿:《信息、逻辑与智能 (第二卷 (上))》, 西安: 西北工业大学出版社, 2010, 第 35-50 页和第 372-383 页。

验证、不断升华性研究：(a) 首先在泛逻辑学视域下，对国内外命题动态逻辑和量化动态逻辑及其变种相关知识的阐释和梳理的基础上，把握其研究脉络，探寻对人工智能逻辑进行泛逻辑化的思路和方法；(b) 接着在柔性逻辑学视域下，对国内外信念-愿望逻辑及其变种相关知识的阐释和梳理的基础上，把握其研究脉络，探寻对人工智能逻辑进行柔性化的思路和方法；(c) 然后在人工智能逻辑泛逻辑化和柔性化的基础上，抽象出柔性泛逻辑学的基本特征和相关要素；(d) 最后在前三个工作的基础上，分别在泛逻辑学、柔性逻辑学和结构主义视域下对人工智能逻辑进行哲学反思以及真理论的重建。

(3) 为了处理各种不确定性和演化，柔性人工智能逻辑可以从以下 3 个不同方向突破标准逻辑的限制：(a) 多值性方向 (命题的真值从二值到多值再到连续值变化)；(b) 多维性方向 (真值空间维数从一维到二维再到多维变化)；(c) 缺损性方向 (推理需要的信息从完全已知到不完全知道、从固定不变到不断变化，推理过程从封闭到开放、从线性到非线性、从协调到次协调和超协调变化)(何华灿和欧阳康，2010，第 3-4 页)。

(4) 由于不确定因素的引入，由一组逻辑算子组成一个逻辑系统的传统观念发生了改变，一个逻辑系统可由无穷多组逻辑算子组成，形成一个逻辑谱，在不同条件下应该使用谱中的不同的逻辑算子组 (何华灿和欧阳康，2010，第 10 页)。在逻辑谱的基础上，向上可以利用升维规则得到 n 维连续值逻辑，向下可以利用降值规则得到多值逻辑和二值逻辑。

(5) 在不确定推理理论中，不确定因素增加越多，数值计算公式就越复杂。为了计算结果的精确，必须考虑越来越多的不确定性因素。由于目前已经拥有快速高效的计算工具，在逻辑演算中发生的复杂计算过程，完全可以方便地使用硬件电路或软件子程序来准确无误地自动完成。

(四) 研究目标

泛逻辑视域下的人工智能逻辑的近期目标：在命题动态逻辑的基础上，研究柔性人工智能逻辑学的命题真值域，统一柔性人工智能逻辑学中各种柔性命题联结词的定义，研究有关柔性量词的定义，根据这些定义推导出各种人工智能逻辑的泛化公式和标准推理模式，建立标准命题泛人工智能逻辑学，并研究它的各种应用[1]。

---

[1] 这里三个目标来源何华灿和马盈仓 (2008)，第 75-86 页。

泛逻辑视域下的人工智能逻辑的中期目标：在标准命题泛人工智能逻辑学的基础上，进一步研究柔性人工智能逻辑学的谓词和它的论域，统一柔性人工智能逻辑学中各种柔性量词的定义，根据这些定义推导出各种谓词逻辑公式和标准推理模式，建立标准谓词泛人工智能逻辑学，并研究它的各种应用。

泛逻辑视域下的人工智能逻辑学的远期目标：在标准谓词泛人工智能逻辑学的基础上，进一步研究它的各种非标准推理模式。当条件成熟时，还要建立描述混沌世界逻辑规律的混沌泛人工智能逻辑学。

本选题将在连续值逻辑代数的基础上，建立可处理各种不确定性和演化的连续值柔性人工智能逻辑。总之，在泛逻辑视域下，通过人工智能逻辑前沿重大问题及其哲学反思的研究，提供便于计算机处理的算法，为计算机科学和人工智能科学等领域中的关键问题提供理论支撑。

## 四、 研究的可行性

(1) 国内外有着十分丰富且新近的关于命题动态逻辑 (本书已经研究) 及其变种、量化动态逻辑及其变种 (本书已经研究)、信念-愿望-意图逻辑及其变种这些人工智能逻辑重要分支的参考文献 (仅笔者收集的就有 600 多篇/部左右)；泛逻辑学和柔性逻辑的参考文献仅笔者收集的也各有数十篇/部。这些文献为本选题的研究打下了坚实的基础。

(2) 由于多种原因，虽然我国逻辑学研究总体上落后国外 20 年左右，但在我国老、中、青三代逻辑学者的紧追猛赶下，尤其是近 20 年来，我国在命题动态逻辑、量化动态逻辑、信念-愿望-意图逻辑、动态认知逻辑、非协调逻辑等人工智能逻辑的重要分支领域与国外的差距都在逐步缩小，并取得了一些可喜的成果，这为本选题的研究奠定了很好的基础。

(3) 动态逻辑又称为关于程序的模态逻辑，是进行程序逻辑性质研究、程序正确性证明研究的有力的数学工具。命题动态逻辑是其基础系统，量化动态逻辑是命题动态逻辑的一阶扩展，而柔性信念-愿望-意图逻辑是建立在命题动态逻辑和无穷值的 Łukasiewicz 逻辑基础上的。因而在动态逻辑研究的基础上抽象出人工智能逻辑泛逻辑化的基本要素，在柔性信念-愿望-意图逻辑研究的基础上抽象出人工智能逻辑柔性化的基本要素，最终在人工智能逻辑泛逻辑化和柔性化的基础上抽象出柔性泛逻辑学的基本要素，这一研究思路是科学的、可行的。

# 参 考 文 献

蔡曙山, 邹崇理. 2010. 自然语言形式理论研究. 北京: 人民出版社.

蔡自兴, 徐光祐. 2010. 人工智能及其应用. 4 版. 北京: 清华大学出版社.

陈波. 2000. 逻辑哲学导论. 北京: 中国人民大学出版社.

陈亚楠. 2021. 带有偏爱算子的等级念-愿望-意图逻辑研究. 贵州工程应用技术学院学报, 39(2): 37-42.

陈中祥. 2004. 基于 BDI Agent 的 CGF 智能体行为建模理论与技术研究. 武汉: 华中科技大学.

董英东. 2018. 从人工智能看自然语言的动态逻辑. 科学·经济·社会, (4): 19-24.

杜国平. 2006. 经典逻辑与非经典逻辑基础. 北京: 高等教育出版社.

高济. 2009. 人工智能高级技术导论. 北京: 高等教育出版社.

耿素云, 屈婉玲, 张立昂. 2013. 离散数学. 5 版. 北京: 清华大学出版社.

郝一江. 2013. 数学存在的语言建构——结构主义的研究范式. 重庆理工大学学报 (社会科学版), (3): 9-14.

郝一江, 陶侃. 2018. 结构主义视域下的现代逻辑学. 四川师范大学学报 (社会科学版), 45(3): 78-83.

郝一江, 张呈. 2023. 基于规划修订动态逻辑的 Agent 行为规划修订推理. 逻辑学动态与评论 (第 2 辑). 北京: 中国社会科学出版社.

郝一江, 张晓君. 2009. 动态逻辑: 关于程序的模态逻辑. 哲学动态, (11): 90-94.

何华灿. 2010. 信息、智能与逻辑 (第 2 卷). 西安: 西北工业大学出版社.

何华灿. 2015. 超协调逻辑原理. 西安: 西北工业大学出版社.

何华灿. 2019. 重新找回人工智能的可解释性. 智能系统学报, 14(3): 393-412.

何华灿, 马盈仓. 2008. 信息、逻辑与智能 (第 1 卷). 西安: 西北工业大学出版社.

何华灿, 欧阳康. 2010. 信息、逻辑与智能 (第 3 卷). 西安: 西北工业大学出版社.

何华灿, 王华, 刘永怀, 王拥军, 杜永文. 2001. 泛逻辑学原理. 北京: 科学出版社.

姜小慧. 2009. 史密斯的形式本体论解读——从逻辑和科学哲学的观点看. 哲学动态, (11): 85-89.

刘秀罗, 黄柯棣, 朱小俊. 2001. 有限状态机在 CGF 行为建模中的应用. 系统仿真学报, 13(5): 663-665.

罗敏霞, 何华灿. 2010. 泛逻辑学语构理论. 北京: 科学出版社.

斯图尔特·夏皮罗. 2009. 数学哲学: 对数学的思考. 郝兆宽, 杨睿之译. 上海: 复旦大学出版社.

孙江可. 2016. 戴维森意义理论研究. 长春: 吉林大学.

唐晓嘉, 郭美云. 2010. 现代认知逻辑的理论与应用. 北京: 科学出版社.

王杰生, 李舟军, 李梦君. 2008. 用描述逻辑进行语义 Web 服务组合. 软件学报, 19(4): 967-980.

王元元. 2001. 计算机科学中的现代逻辑学. 北京: 科学出版社.

维·马奇舍夫斯基. 1992. 现代逻辑词典. 北京: 中国人民大学出版社.

张呈, 张晓君. 2023. 命题动态逻辑基本思想及其扩展系统. 贵州工程应用技术学院学报, 41(1): 59-65.

张晓君. 2014. 广义量词理论研究. 厦门: 厦门大学出版社.

张晓君. 2017. 信念-愿望-意图逻辑及其应用研究. 北京: 中国社会科学出版社.

张晓君, 郝一江. 2013. 基于行动逻辑的智能主体行为表征研究. 重庆理工大学学报 (社会科学版), (1): 13-19.

张晓君, 邹崇理. 2012. 从信息与智能交互的角度看周礼全先生的四层次意义理论——兼论语言表达式的意义理论. 哲学研究, (9): 104-109.

张晓君, 周正, 王琪瑶. 2022. 面向人工智能的命题动态逻辑及其扩展研究. 杭州: 浙江大学出版社.

中国社会科学院. 2000. 周礼全集. 北京: 中国社会科学出版社.

周北海. 1997. 模态逻辑导论. 北京: 北京大学出版社.

周礼全. 1994. 逻辑——正确思维和有效交际的理论. 北京: 人民出版社.

邹崇理. 1995. 逻辑、语言和蒙太格语法. 北京: 社会科学文献出版社.

邹崇理. 2002. 逻辑、语言和信息: 逻辑语法研究. 北京: 人民出版社.

邹崇理, 等. 2018. 自然语言信息处理的逻辑语义学研究. 北京: 科学出版社.

Giordano F R, Fox W P, Horton S B. 2014. 数学建模. 5 版. 叶其孝, 姜其源, 等译. 北京: 机械工业出版社.

Abrahamson K, Fischer M J. 1978. Applications of Boolean Variables to Automata Theory and Dynamic Logic. Tech. Report 78-08-02, University of Washington.

Adian S I. 1979. The Burnside Problem and Identities in Groups. Berlin: Springer-Verlag.

Andréka H, Németi I, Sain I. 1982a. A complete logic for reasoning about programs via nonstandard model theory, part I. Theor. Comput. Sci., 17(2): 193-212.

Andréka H, Németi I, Sain I. 1982b. A complete logic for reasoning about programs via nonstandard model theory, part II. Theor. Comput. Sci., 17(3): 259-278.

Apt K R. 1981. Ten years of Hoare's logic: A survey-part I. ACM Transactions on Programming Languages and Systems, (3/4): 431-483.

Arsac J, Kodratoff Y. 1982. Some techniques for recursion removal from recursive functions. ACM Transactions on Programming Languages and Systems, 4(2): 295-322.

Auslander M, Strong H. 1978. Systematic recursion removal. Communications of the ACM, 21(2): 127-134.

Awodey S. 2004a. An answer to Hellman's question: "Does Category Theory Provide a Framework for Mathematical Structuralism?" Philosophia Mathematica, 12(1): 54-64.

Awodey S. 2014b. Structuralism, invariance, and univalence. Philosophia Mathematica, 22(1): 1-11.

Baader F, Calvanese D, McGuinness D L, Nardi D, Patel-Schneider P F. 2003. The Description Logic Handbook: Theory, Implementation, and Applications. Cambridge: Cambridge University Press.

Baier C, Kwiatkowska M. 1998. On the verification of qualitative properties of probabilistic processes under fairness constraints. Information Processing Letter, 66(2): 71-79.

Bakker J W D. 1980. Mathematical Theory of Program Correctness. Prentice-Hall NJ: Upper Saddle River.

Baltag A, Smets S. 2011. Quantum logic as a dynamic logic. Synthese, (179): 285-306.

Banachowski L, Kreczmar A, Mirkowska G, Rasiowa H, Salwicki A. 1977. An introduction to algorithmic logic: Metamathematical investigations in the theory of programs //Mazurkiewitz and Pawlak. Math. Found. Comput. Sci., Warsaw: Banach Center: 7-99.

Barwise J, Gabbay D M, Hartonas C. 1995. On the logic of information flow. Bulletin of the IGPL, 3(1): 7-51.

Batens D. 2007. A Universal logic approach to a adaptive logics. Logica Universalis, 1(1): 221-242.

Ben-Ari M, Halpern J, Pnueli A. 1982. Determinstic propositional dynamic logic: Finite models, complexity and completeness. J. Comput Syst. Sci., 25(3): 402-417.

Benevides M R F. 2014. Bisimilar and logically equivalent programs in PDL. Electronic Notes in Theoretical Computer Science, 305: 5-18.

Benevides M R F, Freitas R D, Viana P. 2011. Propositional dynamic logic with Storing, Recovering and Parallel Composition. Electronic Notes in Theoretical Computer Science, 269: 95-107.

Benevides M, Schechter L. 2010. A propositional dynamic logic for concurrent programs based on the $\pi$-calculus. Electronic Notes in Theoretical Computer Science, 262: 49-64.

Benzmüller C. 2019. Universal (Meta-)Logical reasoning: Recent successes. Science of Computer Porgramming, 172: 48-62.

Berman F. 1979. A completeness technique for D-axiomatizable semantics. Proceedings of the Eleventh Annual Acm Symposium on Theory Of Computing: 160-166.

Berman P, Halpern J Y, Tiuryn J. 1982. On the power of nondeterminism in dynamic logic. Proc 9th Colloq. Automata Lang. Prog., 140: 48-60.

Beziau J Y, Buchsbaum A, Rey C. 2018. Handbook of the 6th World Congress and School on Universal Logic, hal-02061601.

Beziau J Y. 2015. From consequence operator to universal logic: A survey of general abstract logic. Logica Universalis. Basel: Birkhäuser Verlag: 3-17.

Beziau J Y. 2020. Metalogic, Schopenhauer and Universal Logic// Lemanski J. ed. Language, Logic, and Mathematics in Schopenhauer. Springer Nature Switzer -land AG: 207-257.

Bird R S. 1977. Notes on recursion elimination. Communications of the ACM, 20(6): 434-439.

Bloom L. 2003. Modeling adaptive, asymmetric behaviors. Proceeding of the 12th Conference on Computer Generated Forces and Behavioral Representation.

Blute R, Desharnais J, Edalat S, Panangaden P. 1997. Bisimulation for labelled Markovprocesses. Proc. 12th Symp. Logic in Comput. Sci., IEEE: 149-158.

Boas P V E. 1978. The connection between modal logic and algorithmic logics. Mathematical Foundations of Computer Science: 1-15.

Bollig B, Kuske D, Meinecke I. 2007. Propositional Dynamic Logic for Message-Passing Systems. International Conference on Foundations of Software Technology and Theoretical Computer Science. Berlin: Springer-Verlag: 303-315.

Bordini R H, Fisher F, Pardavila C, Wooldridge M. 2003. Model checking agent Speak. Proceedings of the Second International Joint Conference on Autonomous Agents and Multiagent Systems (AAMAS'03): 409-416.

Börger E. 1984. Spectralproblem and completeness of logical decision problems//Börger G H E, Rödding D. Logic and Machines: Decision Problems and Complexity Springer-Verlag, 171: 333-356.

Borgo S. 2005. Quantificational modal logic with sequential Kripke semantics. Journal of Applied Non-Classical Logics, 15(2): 137-188.

Brak R L, Fleuriot J D, McGinnis J. 2004. Theorem proving for protocol languages. Proceedings of the European Union Multiagent Systems Workshop, 2004.

Bratman M E. 1987. Intention, Plans, and Practical Reason. Cambridge, MA: Harvard University Press.

Braubach L, Pokahr A, Moldt D, Lamersdorf W. 2005. Goal representation for BDI agent systems. Programming Multiagent Systems: 44-65.

Bruni R, Ferreira C, Kauer A K. 2012. First-order dynamic logic for compensable processes// Sirjani M. Coordination 2012. Heidelberg: Springer: 104-121.

Burstall R M. 1974. Program proving as hand simulation with a little induction. Information Processing: 307-312.

Chen X J, De Giacomo G. 1999. Reasoning about nondeterministic and concurrent actions: A process algebra approach. Artificial Intelligence, 107: 63-98.

Carbone M, Honda K, Yoshida N, Milner R, Ross-Talbot S. 2006. A Theoretical Basis of Communication-Based Concurrent Programming. http:// www.w3.org/2002/ws/chor /edcopies/theory/note.pdf.

Clarke E M. 1979. Programming language constructs for which it is impossible to obtain good Hoare axiom systems. J. Assoc. Comput. Mach., 26: 129-147.

Clarke E M, Grumberg O, Peled D. 2000. Model Checking. Cambridge: MIT Press.

Clement B, Durfee E. 1999. Theory for coordinating concurrent hierarchical planning agent using summary information. Proceedings of the 16th National Conference on Artificial Intelligence. AAAI Press: Menlo Park, CA: 495-502.

Cohen P R, Levesque H J. 1990. Intention is choice with commitment. Artificial Intelligence, 42: 213-261.

Cole J C. 2010. Mathematical structuralism today. Philosophy Compass, 5(8): 689-699.

Constable R L. 1977. On the theory of programming logics. Proc. 9th Symp. Theory of Comput., ACM: 269-285.

Constable R L, O' Donnell M. 1978. A Programming Logic. Cambridge: Winthrop Publishers.

Cook S A. 1978. Soundness and completeness of an axiom system for program verification. SIAM J. Comput., 7: 70-80.

Courcoubetis C, Yannakakis M. 1988. Verifying temporal properties of finite-state probabilistic programs. Proc. 29th Symp. Foundations of Comput. Sck: 338-345.

Csirmaz L. 1985. A completeness theorem for dynamic logic. Notre Dame J. Formal Logic, 26: 51-60.

de Boer F S, Gabbrielli M, Marchiori E, PalamidessiC. 1997. Proving concurrent constraint programs correct. ACM Transactions on Programming Languages and Systems, 19(5): 685-725.

Dastani M, van Riemsdijk M B, Dignum F, Ch Meyer J J. 2004. A programming language for cognitive agents: Goal directed 3APL. Programming Multiagent Systems. Berlin: Springer: 111-130.

Desai N, Mallya A Q, Chopra A K, Singh M P. 2005. OWL-P: A methodology for business process modeling and enactment // Kolp M, Bresciani P, Henderson-Sellers B, Winikoff M. Workshop on Agent Oriented Information Systems, 3529: 79-94.

Desai N, Singh M P. 2007. A modular action description language for protocol composition. Proceedings of the 22th Conference on Artificial Intelligence (AAAI), Menlo Park, CA: AAAI Press: 962-967.

Diaconescu R. 2014. From universal logic to computer science, and back. International Colloquium on Theoretical Aspects of Computing: 1-16.

Diaconescu R. 2015. The algebra of opposition (and universal logic interpretations). The Road to Universal Logic: 127-143.

Dive L L. 2003. An Epistemic Structuralist Account of Mathematical Knowledge. Ph. D. Dissertation Sydney: University of Sydney.

Drabble B, Dalton J, Tate A. 1997. Repairing plans on the fly. Proceedings of the NASA Workshop on Planning and Scheduling for Space.

De Giacomo G. 1996. Eliminating "converse" from converse PDL. Journal of Logic, Language and Information, 5: 193-208.

De Giacomo G, Lespérance Y, Levesque H. 2000. ConGolog, a concurrent programming language based on the situation calculus. Artificial Intelligence, 121: 109-169.

Eijk R M V, de Boer F S, van der Hoek W, Meyer J J C. 2003. A verification framework for agent communication. Autonomous Agent and Multi-agent Systems, 6(2): 185-219.

Engeler E. 1967. Algorithmic properties of structures. Math. Syst. Theory, 1: 183-193.

Erimbetov M M. 1981. On the expressive power of programming logics. Proc. Alma-Ata Conf, Research in Theoretical Programming: 49-68.

Erol K, Hendler J, Nau D S. 1996. Complexity results for HTN planning. Annals of Mathematics and Artificial Intelligence, 18: 69-93.

Estrada-González L. 2015. From (paraconsistent) topos logic to universal (topos) logic. The Road to Universal Logic. Cham: Birkhäuser: 263-295.

Eva B. 2016. Category theory and physical structuralism. European Journal for Philosophy of Science, 6(2): 231-246.

Evertsz R, Fletcher M, Jones R, Jarvis J, Brusey J, Dance S. 2003. Implementing industrial multi-agent systems using JACK TM. Programming Multiagent Systems. Berlin: Springer: 18-48.

Feferman S. 2008. Conceptual Structuralism and the Continuum, VIII International Ontology Congress. Madrid: San Sebastián: 1-34.

Feldman Y A. 1984. A decidable propositional dynamic logic with explicit probabilities. Infor. Control, 63: 11-38.

Feldman Y A, Harel D. 1984. A probabilistic dynamic logic. J. Comput. Syst. Sci., 28: 193-215.

Fikes R E, Nilsson N J. 1971. STRIPS: A new approach to the application of theorem proving to problem solving. Artificial Intelligence, 2: 189-208.

Fischer M J, Imermman N. 1987. Interpreting logics of knowledge in propositional dynamic logic with converse. Information Processing Letters, 25: 175-181.

Fischer M J, Ladner R E. 1979. Propositional dynamic logic of regular programs. Journal of Computer and System Science, 18: 194-211.

Fischer M J, Ladner R E. 1977. Propositional modal logic of programs. Proc. 9th Symp. Theory of Comput., ACM: 286-294.

Fitting M. 1999. On quantified modal logic. Fundamenta Informaticae, 39(1): 5-121.

Floyd R W. 1967. Assigning meanings to programs. Proc. Symp. Appl. Math., AMS, 19: 19-31.

Forsythe C, Xavier P. 2002. Human emulation: Progress toward realistic synthetic human agents. Proceeding of the 11th Conference on Computer Generated Forces and Behavioral Representation. Orlando, Frorida.

Friederich S. 2010. Structuralism and meta-mathematics. Erkenntnis, 73(1): 67-81.

Frittella S, Greco G, Kurz, Palmigiano A. 2016. Multi-type display calculus for propostional dynamic logic. Journal of Logic and Computation, 26(6): 2067-2104.

Fu T K. 2016. Is universal logic "universal"? South American Journal of Logic, 2(1): 127-153.

Gaines B R. 2010. Human rationality challenges universal logic. Logica Universalis, 4(2): 163-205.

Gaines B R. 2015. Universal logic as a science of patterns. The Road to Universal Logic: 145-189.

García-Matos M, Väänänen J. 2005. Abstract model theory as a framework for universal logic. Logica Universalis: 19-33.

Gasser M. 2015. Structuralism and its ontology. Journal of Philosophy: 1-26.

Georgeff M P, Lansky A L. 1987. Reactive reasoning and planning. Proceedings of the 6th National Conference on Artificial Intelligence: 677-682.

Gerbrandy J, Sauro L. 2008. Plans in cooperation logic: a modular approach. Proceedings of IJCAI. Workshop on Nonmonotonic Reasoning, Action and Change (NRAC 2007), Hyderabad, India.

Goldblatt R. 1982. Axiomatising the Logic of Computer Programming. Volume 130 of Lect. Notes in Comput. Sci. Berlin: Springer-Verlag.

Goldblatt R. 1992. Logics of Time and Computation. CSLI Lecture Notes, No.7. Stanford: CSLI Publishers.

Goldblatt R. 2003. Mathematical Modal Logic: a View of its Evolution. Journal of Applied Logic, 1: 309-392.

Göller S, Lohrey M. 2006. Infinite state model-checking of propositional dynamic logics//Ésik Z. Computer Science Logic, volume 4207 of Lecture Notes in Computer Science, New York: Springer: 349-364.

Göller S, Lohrey M, Lutz C. 2009. PDL with Intersection and Converse: Satisfiability and Infinite-State Model Checking. The Journal of Symbolic Logic, 74(1): 279-314.

Greibach S. 1975. Theory of Program Structures: Schemes, Semantics. Verication, Volume 36 of Lecture Notes in Computer Science. Berlin: Springer-Verlag.

Groenendijk J, Stokhof M. 1990. Dynamic Predicate Logic. Linguistics and Philosophy, 14(1): 39-100.

Gurevich Y. 1983. Algebras of feasible functions. In 24th IEEE Annual Symposium on Foundations of Computer Science: 210-214.

Halpern J Y, Reif J H. 1983. Propositional dynamic logic of deterministic, well-structured programs. Theoretical Computer Science, 27: 127-165.

Halpern J Y, Reif J H. 1981. The propositional dynamic logic of deterministic, well-structured programs. 22nd Annual Symposium on Foundations of Computer Science: 322-334.

Hammond K J. 1990. Explaining and repairing plans that fail. Artificial Intelligence, 45: 173-228.

Hansson H, Jonsson B. 1994. A logic for reasoning about time and probability. Formal Aspects of Computing, 6: 512-535.

Harel D. 1979. First-Order Dynamic Logic. Berlin: Springer-Verlag.

Harel D. 1984. Dynamic logic. Handbook of Philosophical Logic, Volume II: Extensions of Classical Logic, Reidel: 497-604.

Harel D, Kozen D, Tiuryn J. 2000. Dynamic Logic. Cambridge: The MIT Press.

Harel D, Meyer A R, Pratt V R. 1977. Computability and completeness in logics of programs. Proc. 9th Symp. Theory of Comput., ACM: 261-268.

Harel D, Pnueli A, Stavi J. 1983. Propositional Dynamic Logic of Nonregular Programs. Journal of Computer and System Sciences, 26(2): 222-243.

Harel D, Kozen D. 1984. A programming language for the inductive sets, and applications. Information and Control, 63 (1/2): 118-139.

Harel D, Peleg D. 1985. More on looping vs. repeating in dynamic logic. Information Processing Letters, 20: 87-90.

Harel D, Pratt V R. 1978. Nondeterminism in logics of programs. Proc. 5th Symp. Princip. Prog. Lang., ACM: 203-213.

Harel D. 1985. Recurring dominoes: Making the highly undecidable highly understandable. Annals of Discrete Mathematics, 24: 51-72.

Harmon S. 2000. A Theory for Representing Human Behavior in Simulation. Proceeding of the 9th Conference on Computer Generated Forces and Behavioral Representation. Orlando, Frorida.

Hart S, Sharir M, Pnueli A. 1982. Termination of probabilistic concurrent programs. Proc. 9th Symp. Princip. Prog. Lang., ACM: 1-6.

Hartonas C. 1998. Duality for modal μ-logics. Theoretical Computer Science, 201: 193-222.

Hartonas C. 2014. On the dynamic logic of agency and action. Studia Logica, 102: 441-478.

Hartonas C. 2012. Reasoning about types of action and agent capabilities. Logic Journal of IGPL, 21(5): 703- 742.

Hausberger T. 2015. Abstract algebra, mathematical structuralism and semiotics. CERME 9 -Ninth Congress of the European Society for Research in Mathematics Education, 2145-2151.

Hellman G. 2003. Does category theory provide a framework for mathematical structuralism? Philosophia Mathematica, 11: 129-157.

Hellman G. 1989. Mathematics without Numbers: Towards a Modal-Structural Interpretation. Oxford: Oxford University Press.

Hellman G. 1996. Structuralism without Structures, Philosophia Mathematica, 4: 100-123.

Hellman G. 2001. Three varietes of mathematical structuralism. Philosophia Mathematica, 9: 184-211.

Hill B, Poggiolesi F. 2010. A Contraction-free and cut-free sequent calculus for propositional dynamic logic. Studia Logica, 94: 47-72.

Hinchey M, Rash J, Truszkowski W, Rouff C, Gordon-Spears D. 2003. Formal Approaches to Agent-Based Systems (Proceedings of FAABS'02). Volume 2699 of Lecture Notes in Artificial Intelligence, Berlin: Springer.

Hindriks K V, de Boer F S, van der Hoek W, Meyer J J C. 1999. Agent programming in 3AP. Autonomous Agents and Multi-Agent Systems, (2): 357-401.

Hindriks K V, de Boer F S, van der Hoek W, Meyer J J C. 2000. A programming logic for part of the agent language 3APL. International Workshop on Formal Approaches to Agent-Based Systems, Formal Approaches to Agent-Based Systems.

Hoare C A R. 1969. An anxiomatic basis of computer programming. Journal of Communication of the Association for Computing Machinery, 12: 576-580, 583.

Hoare C A R. 1985. Communicating Sequential Processes. A logic-based calculus of events. New Generation Computing, 4(1): 67-95.

Hopcroft J E, Ullman J D. 1979. Introduction to Automata Theory Languages and Computation. Massach usetts: Addison-Wesley.

Hou P, Zheng H. 2013. Quantified Differential Temporal Dynamic Logic for Verifying Properties of Distributed Hybrid Systems// Artemov S, Nerode A. LFCS 2013, LNCS 7734: 234-251.

Huth M, Kwiatkowska M. 1997. Quantitative analysis and model checking. Proc. Symp. Logic in Comput. Sci., 12: 111-122.

Ianov Y I. 1960. The logical schemes of algorithms. Problems of Cybernetics. Volume 1, New York: Pergamon Press: 82-140.

Jonas S. 2017. Modal structuralism and theism. New Models of Religious Understanding, Oxford: Oxford University Press.

Jou C, Smolka S. 1990. Equivalences, congruences and complete axiomatizations for probabilistic processes. Proc. CONCUR'90 Theories of Concurrency: Unification and Extension, Volume 458 of Lecture Notes in Comput. Sci., Springer-Verlag: 367-383.

Kanazawa M. 1994. Dynamic Generalized Quantifiers and Monotonicity// Kanazawa M, Pinõn C. Dynamics, Polarity and Quantification: 213-250.

Keisler J. 1971. Model Theory for Infinitary Logic. North Holland.

Kfoury A. 1983. Definability by programs in first-order structures. Theoretical Computer Science, 25: 1-66.

Kfoury A J. 1985. Definability by deterministic and non-deterministic programs with applications to first-order dynamic logic. Infor. and Control, 65(2/3): 98-121.

Kfoury A, Stolboushkin A. 1977. An infinite pebble game and applications. Information and Computation, 136: 53-66.

Kieronski E, Michaliszyn J. 2012. Two-variable universal logic with transitive closure. Leibniz International Proceedings in Informatics, Schloss Dagstuhl-Leibniz-Zentrum fuer Informatik.

Koller A, Nichren J. 2000. On Underspecified Processing of Dynamic Semantics. Saarbrücken, Germany, 18th COLING: 460-466.

Koslow A, Buchsbaum A. 2015. The Road to Universal Logic. Basel: Birkhäuser Verlag.

Kowalski R, Sergot M. 1986. A logic-based calculus of events. New Generation Computing, 4(1): 67-95.

Kozen D. 1979a. Dynamic algebra. Engeler E. Proc. Workshop on Logic of Programs, Volume 125 of Lecture Notes in Computer Science, Springer-Verlag: 102-144.

Kozen D. 1979b. On the duality of dynamic algebras and Kripke models. Engeler E. Proc. Workshop on Logic of Programs, Lecture Notes in Computer Science, Springer-Verlag: 1-11.

Kozen D. 1979c. On the representation of dynamic algebras. Technical Report RC7898, IBM Thomas J. Watson Research Center.

Kozen D. 1980a. A representation theorem for models of *-free PDL. Proc. 7th Colloq. Automata, Languages, and Programming: 351-362.

Kozen D. 1980b. On the representation of dynamic algebras II. Technical Report RC8290, IBM Thomas J. Watson Research Center.

Kozen D. 1981a. Logics of programs. Lecture Notes, Aarhus University, Denmark.

Kozen D. 1981b. On Induction vs. *-Continuity. Lecture Notes in Computer Science, New York: Springer-Verlag: 167-176.

Kozen D. 1981c. Semantics of probabilistic programs. J. Comput. Syst. Sci., 22: 328-350.

Kozen D. 1985. A probabilistic PDL. J. Comput. Syst. Sci., 30(2): 162-178.

Kozen D. 1990. On Kleene algebras and closed semirings. Proc. Math. Found. Comput. Sci., Lecture Notes in Computer Science, Banska-Bystrica, Slovakia: Springer-Verlag, 1990: 26-47.

Kozen D. 1994. On action algebras//van Eijck J, Visser A. Logic and Information Flow. Cambridge: MIT Press: 78-88.

Kozen D. 1997. Kleene algebra with tests. ACM Transactions on Programming Languages and Systems, 19: 427-443.

Kozen D. 1998. Typed Kleene algebra. Technical Report TR98-1669, Computer Science Department, Cornell University.

Kozen D. 2001. Automata on guarded strings and applications. Technical Report, Cornell University Ithaca.

Kozen D. 2002. On Hoare logic, Kleene algebra and types. Proceedings of 11th International Congress of Logic, Methodology and Philosophy of Science (1999), Synthese Library vol. 315, Kluwer: Kluwer Academix Publishers: 119-137.

Kozen D, Parikh R. 1981. An elementary proof of the completeness of PDL. Theor. Comput. Sci., 14(1): 113-118.

Kozen D, Tiuryn J. 2003. Substructural logic and partial correctness. ACM Trans. on Computational Logic, 4(3): 355-378.

Kreczmar A. 1977. Programmability in fields. Fundamenta Informaticae, I: 195-230.

Kripke S A. 1963. Sementical analysis of modal logic I. Normal modal propositional calculi. Z. Math. Logik Grundlagen Math., 9: 67-96.

Krogt R P V D, Weerdt M D. 2005a. Plan repair as an extension of planning. Proceedings of the International Conference on Planning and Scheduling (ICAPS'05): 161-170.

Krogt R P V D, Weerdt M D. 2005b. Plan repair using a plan library. Proceedings of the Belgium-Dutch Conference on Artificial Intelligence (BNAIC'05), BNVKI: 254-259.

Lambalgen M V, Hamm F. 2005. The proper treatment of events. Explorations in Semantics, Wiley-Blackwel.

Lange M. 2004. A Lower complexity bound for propositional dynamic logic with intersection. Manchester, UK, Advances in Modal Logic: 133-147.

Lange M, Lutz C. 2005. 2-EXPTIME lower bound for propositional dynamic logics with intersection. Journal of Symbolic Logic, 70: 1072-1086.

Lehmann D, Shelah S. 1982. Reasoning with time and chance. Infor. and Control, 53(3): 165-198.

Leivant D. 2008a. Propositional dynamic logic for recursive procedures// Shankar N, Woodcock J. Proceedings of the Second International Conference on Verified Software: Theories, Tools, Experiments, Vol. 5295 of Lecture Notes in Computer Science, Berlin: Springer: 6-14.

Leivant D. 2008b. Propositional dynamic logic with program quantifiers. Electronic Notes in Theoretical Computer Science, 218: 231-240.

Levesque H, Pirri F, Reiter R. 1998. Foundations for the situation calculus. Electronic Transactions on Artificial Intelligence, 2(3/4): 159-178.

Levesque H, Reiter R, Lesperance Y, Lin F, Scherl R. 1997. GOLOG: A logic programming language for dynamic domains. Journal of Logic Programming, 31(1/2/3): 59-83.

Lewitzka S. 2007. A topological approach to universal logic: Model-theoretical abstract logics. Logica Universalis. Basel: Birkhäuser: 35-63.

Linnebo Ø, Pettigrew R. 2014. Two types of abstraction for structuralism. Philosophical Quarterly, 64(255): 267-283.

Lipton R J. 1971. A necessary and sufficient condition for the existence of Hoare logics. Proc. 18th Symp. Found. Comput. Sci., IEEE: 1-6.

Liu Y A, Stoller S D. 2000. From recursion to iteration: what are the optimizations? In Proceedings of the ACM SIGPLAN 2000 Workshop on Partial Evaluation and Semantics-Based Program Manipulation. New York: ACM Press: 73-82.

Löding C, Serre O. 2006. Propositional dynamic logic with recursive programs, in: Proceedings of the 9th International Conference on Foundations of Software Science and Computation Structures, Vol. 3921 of LNCS. Berlin: Springer-Verlag: 292-306.

Lopes B, Benevides M, Haeusler E H. 2014. Extending propostional dynamic logic for Petri Nets. Electronic Notes in Theoretical Computer Science, 305: 67-83.

Luck M, McBurney P, Shehory O, Willmott S. 2005. Agent Technology: Computing as Interaction, A Roadmap for agent Based Computing, agentLink III, the European Coordination Action for agent-Based Computing: Southampton, UK.

Luckham D C, Park D, Paterson M. 1970. On formalized computer programs. J. Comput. Syst. Sci., 4: 220-249.

Lutz C, Walther D. 2004. Propositional dynamic logic with negation of atomic programs. Automated Reasoning, Berlin, Heidelberg: Springer.

Ma Y, He H. 2006. The axiomatization for 0-level universal logic. Advances in Machine Learning and Cybernetics, Berlin, Heidelberg: Springer: 367-376.

Ma Y, Zhang M. 2010. A predicate formal system of universal logic with projection operator. International Conference on Intelligent Computing, Berlin, Heidelberg: Springer: 134-141.

Makowski J A, Sain I. 1986. On the equivalence of weak second order and nonstandard time semantics for various program verification systems. Proc. 1st Symp. Logic in Comput. Sci., IEEE: 293-300.

Makowski J A. 1980. Measuring the expressive power of dynamic logics: an application of abstract model theory. Proc. 7th Int. Colloq. Automata Lang. Prog., Volume 80 of Lect. Notes in Comput. Sci., Berlin: Springer-Verlag: 409-421.

Makowsky J A, Tiomkin M L. 1980. Probabilistic propositional dynamic logic, Manuscript.

Manna Z. 1974. Mathematical Theory of Computation. New York: McGraw-Hill Book Company.

Marquis J P. 2019. Bunge's Mathematical Structuralism is not a Fiction. Mario Bunge: A Centenary Festschrift, Cham: Springer: 587-608.

Martin D, Burstein M, Hobbs J, Lassila O, Sycara K. 2004. OWL-S: Semantic Markup for Web Services. Crete: Computer Science Department University of Crete.

McLarty C. 2004. Exploring categorical structuralism. Philosophia Mathematica, 12(1): 37-53.

Meyer A R, Halpern J Y. 1982. Axiomatic definitions of programming languages: A theoretical assessment. J. Assoc. Comput. Mach: 555-576.

Meyer A R, Tiuryn J. 1981. A note on equivalences among logics of programs. Proc. Workshop on Logics of Programs, Volume 131 of Lect. Notes in Comput. Sci., Springer-Verlag: 282-299.

Meyer A R, Tiuryn J. 1984. Equivalences among logics of programs. Journal of Computer and Systems Science, 29: 160-170.

Meyer A R, Parikh R. 1981. Definability in dynamic logic. J. Comput. Syst. Sci., 23: 279-298.

Meyer A R, Winklmann K. 1982. Expressing program looping in regular dynamic logic. Theor. Comput. Sci., 18: 301-323.

Miller G L. 1976. Riemann's hypothesis and tests for primality. J. Comput. Syst. Sci., 13: 300-317.

Miller T, McGinnis J. 2007. Amongst first-class protocols// Artikis A, O'Hare G, Stathis K, Vouros G. Engineering Societies in the Agents World VIII, Vol. 4995 of LNAI. Berlin: Springer: 208-223.

Miller T, Mcburney P. 2008a. Annotation and matching first-class agent interaction protocols// Padgham L, Parkes D, Mueller J P, Parsons S. Proceedings of the Seventh International Conference on Autonomous Agent and Multi-agent Systems, Berlin, Heidelberg: Springer: 805-812.

Miller T, Mcburney P. 2008b. On illegal composition of first-class agent interaction protocols. Proceedings of the Thirty-First Australasian Computer Science Conference. Vol. 74 of CRPIT, ACSC, Wollongong, Australia: 127-136.

Miller T, Mcburney P. 2011. Propositional dynamic logic for reasoning about first-class agent interaction protocols. Computational Intelligence, 27(3): 422-457.

Miller T, Mcburney P. 2007. Using constraints and process algebra for specification of first-class agent interaction protocols//O'Hare G, Ricci A, O'Grady M, Dikenelli O. Engineering Societies in the Agent World VII, Vol. 4457 of LNAI, Berlin, Heidelberg: Springer: 245-264.

Milner R. 1980. A Calculus of Communicating Systems. New York: Springer-Verlag.

Milner R. 1999. Communicating and Mobile Systems: The π-Calculus. Cambridge, UK: Cambridge University Press.

Mirkowska G. 1971. On formalized systems of algorithmic logic. Bull. Acad. Polon. Sci. Ser. Sci. Math. Astron. Phys., 19: 421-428.

Mirkowska G. 1980. Algorithmic logic with nondeterministic programs. Fund, Informaticae, 3: 45-64.

Mirkowska G. 1981a. PAL——propositional algorithmic logic. Fund, Informaticae, 4: 675-760.

Mirkowska G. 1981b. Propositional algorithmic logic// Engeler E. Proc. Workshop Logic of Programs, Volume 125 of Lect. Notes in Comput. Sci., Springer-Verlag: 23-101.

Morgan C, McIver A, Seidel K. 1999. Probabilistic predicate transformers. ACM Trans. Programming Languages and Systems, 8(1): 1-30.

Moschovakis Y N. 1974. Elementary Induction on Abstract Structures. Amsterdam: North-Holland.

Moschovakis Y. 1990. Sense and denotation as algorithm and value// Oikkonen J, Väänä-nen J. Lecture Notes in Logic 2, Springer: 210-249.

Miller T, Mcburney P. 2011. Propositional dynamic logic for reasoning about first-class agent interaction protocols. Computational Intelligence, 27(3): 422-457.

Nebel B, Koehler J. 1995. Plan reuse versus plan generation: a theoretical and empirical analysis. Artificial Intelligence, 76: 427-454.

Németi I. 1980. Every free algebra in the variety generated by the representable dynamic algebras is separable and representable. Manuscript.

Németi I. 1981. Nonstandard dynamic logic. Kozen D. Proc. Workshop on Logics of Programs, Volume 131 of Lect. Notes in Comput. Sci: 311-348.

Nishimura H. 1979. Sequential method in propositional dynamic logic. Acta Informatica, 12: 377-400.

Nodelman U, Zalta E N. 2014. Foundations for mathematical structuralism. Mind, 123(489): 39-78.

Pardo P, et al. 2018. Tuning the Program Transformers from LCC to PDL. Journal of Applied Logics-IFCoLog Journal of Logics and Their Applications, (5): 71-96.

Parikh R, Mahoney A. 1983. A theory of probabilistic programs. Clarke E, Kozen D. Proc. Workshop on Logics of Programs, Volume 164 of Lect. Notes in Comput. Sci., Springer-Verlag: 396-402.

Parikh R. 1978. The completeness of propositional dynamic logic. Inte. Symp. on Math. Found. of Comput. Sci., Volume 64 of Lect. Notes in Comput. Sci., Springer-Verlag: 403-415.

Partt V R. 1976. Semantical considerations on Floyd-Hoare logic. 17th IEEE Symposium on Foundations of Computer Science: 109-121.

Pauly M. 2002. A modal logic for coalitional power in games. Journal of Logic and Computation, 12: 149-166.

Paurobally S, Cunningham J, Jennings N R. 2005. A formal framework for agent interaction semantics// Dignum F, et al. Proceedings of the 4th International Joint Conference on Autonomous agent and Multiagent Systems. New York: ACM Press: 91-98.

Pavlov S. 2011. The logic with truth and falsehood operators from a point of view of universal logic. Logica Universalis, 5(2): 319.

Pedroso M. 2009. On three arguments against categorical structuralism. Synthese, 170(1): 21-31.

Peleg D. 1987a. Communication in concurrent dynamic logic. J. Comput. Sys. Sci., 35: 23-58.

Peleg D. 1987b. Concurrent dynamic logic. J. Assoc. Comput. Mach., 34(2): 450-479.

Peleg D. 1987c. Concurrent program schemes and their logics. Theor. Comput. Sci., 55: 1-45.

Peters S, Westerståhl D. 2006. Quantifiers in Language and Logic. Oxford: Claredon Press.

Platzer A. 2008. Differential dynamic logic for hybrid systems. Journal of Autom Reasoning, 41: 143-189.

Platzer A. 2010. Quantified differential dynamic logic for distributed hybrid systems. Dawar A, Veith H: CSL LNCS 6247, Springer-Verlag: 469-483.

Plotkin G D. 1981. A Structural Approach to Operational Semantics. Technical Report DAIMI FN-19, Aarhus: University of Aarhus.

Pnueli A, Zuck L D. 1993. Probabilistic verification. Information and Computation, 103(1): 1-29.

Pnueli A, Zuck L D. 1986. Verification of multiprocess probabilistic protocols. Distributed Computing, 1(1): 53-72.

Pokahr A, Braubach L, Lamersdorf W. 2005. Jadex: a BDI reasoning engine//Bordini R H, Dastani M, Dix J, Seghrouchni A E F. Multi-Agent Programming: Languages, Platforms and Applications. Berlin: Springer-Verlag.

Pratt V R. 1976. Semantical considerations on Floyd -Hoare logic. 17th Annual Symposium on Foundations of Computer Science: 109-121.

Pratt V. 1978. A practical decision method for propositional dynamic logic. Proceedings of 10th Annual ACM Symposium on Theory of Computing: 326-337.

Pratt V. 1980a. Dynamic algebras and the nature of induction. Proceedings of the Twelfth Annual ACM Symposium on Theory of Computing: 22-28.

Pratt V R. 1979a. Dynamic algebras: Examples, constructions, applications. Technical Report TM-138, MIT/LCS.

Pratt V R. 1979b. Models of program logics. Proc. 20th Symp. Found. Comput. Sci: 115-122.

Pratt V. 1980b. A near optimal method for reasoning about action. Journal of Computer and System Sciences, 20: 231-254.

Pratt V R. 1980c. Dynamic algebras and the nature of induction. Proc. 12th Symp. Theory of Comput., ACM, 22-28.

Pratt V. 1991. Action logic and pure induction. Proceedings of the European workshop on Logics in AI: 97-120.

Pratt V. 1988. Dynamic algebras as a well-behaved fragment of relation algebras. Pigozzi D. Proceedings of the Conference on Algebraic Logic and Universal Algebra in Computer Science: 77-110.

Pratt V. 1979c. Dynamic algebras: Examples, constructions, applications. Technical Report MIT/LCS/TM-138, M.I.T Laboratory for Computer Science.

Psillos S. 2012. Adding modality to ontic structuralism: An exploration and critique. Structural Realism, Dordrecht, New York: Springer: 169-185.

Ramshaw L H. 1981. Formalizing the analysis of algorithms. PaloAlto: Stanford Univ.

Rao A S, Georgeff M. 1991. Modeling rational agents within a BDI-architecture. Allen J, Fikes R, Sandewall E. Principles of Knowledge Representation and Reasoning: Proceedings of the Second International Conference-KR: 473-484.

Rao A S. 1996. AgentSpeak(L): BDI agents speak out in a logical computable language//Velde W V D, Perram J. Agents Breaking Away (LNAI 1038). Berlin: Springer-Verlag: 42-55.

Rao A S, Georgeff M. 1995. BDI agents: from theory to practice// Gasser L, Lesser V. Proceedings of the First International Conference on Multi-Agent System-ICMAS: 312-319.

Rash J, Rouff C, Truszkowski W, Gordon D, Hinchey D. 2001. Formal Approaches to Agent-Based Systems (Proceedings of FAABS'01), volume 1871 of Lecture Notes in Artificial Intelligence. Berlin: Springer.

Rasiowa H, Sikorski R. 1963. The Mathematics of Metamathematics. Warsaw: Polish Scientific Publishers.

Reck E H, Price M P. 2000. Structures and structuralism in contemporary philosophy of mathematics. Synthese, 125(3): 341-383.

Reif J. 1980. Logics for probabilistic programming. Proc. 12th Symp. Theory of Comput., ACM: 8-13.

Reiter R. 2001. Knowledge in Action: Logical Foundations for Specifying and Implementing Dynamical Systems. Cambridge: MIT Press.

Renegar J. 1991. Computational complexity of solving real algebraic formulae. Proc, Inte. Congress of Mathematicians. Berlin: Springer-Verlag: 1595-1606.

Riemsdijk M B V, de Boer F S, Meyer J J C. 2006a. Dynamic logic for plan revision in agent programming. Journal of Logic and Computation, 21(5): 375-402.

Riemsdijk M B V, de Boer F S, Meyer J J C. 2005a. Dynamic logic for plan revision in intelligent agents. Computational logic in multi-agent systems, Lecture Notes in Computer Science: 16-32.

Riemsdijk M B V, Meyer J J C, de Boer F S. 2004. Semantics of plan revision in intelligent agents. Algebraic Methodology And Software Technology. Lecture Notes in Computer Science, Berlin: Springer-Verlag: 426-442.

Riemsdijk M B V, Dastani M, Dignum F, Meyer J J C. 2005b. Meyer, Semantics of declarative goals in agent programming. Proceedings of the fourth international joint conference on autonomous agents and multiagent systems (AAMAS' 05), Utrecht: 133-140.

Riemsdijk M B V, Dastani M, Dignum F, Meyer J J C. 2005c. Subgoal semantics in agent programming. Bento C, Cardoso A, Dias G. Progress in Artificial Intelligence: 12th Portuguese Conference on Artificial Intelligence (EPlA'05), Lecture Notes in Artificial Intelligence, Berlin:Springer-Verlag, 3808: 548-559.

Riemsdijk M B V, Dastani M, Dignum F, Meyer J J C. 2005d. Dynamics of declarative goals in agent programming. Declarative Agent Languages and Technologies II: 1-18.

Riemsdijk M B V, Hoek W V D, Meyer J J C. 2003. Agent programming in Dribble: From beliefs to goals using plans. Proceedings of the second international joint conference on Autonomous Agents and Multiagent Systesm: 393-400.

Riemsdijk M B V, Meyer J J C, de Boer F S. 2006b. Semantics of plan revision in intelligent agents. Theoretical Computer Science, 351: 240-257.

Roberts S. 2019. Modal structuralism and reflection. The Review of Symbolic Logic, 12(4): 823-860.

Robertson D. 2004. Multiagent coordination as distributed logic programming. Lecture Notes in Computer Science: 416-430.

Rodin A. 2008. Category theory and Mathematical Structuralism. Proceedings of the xxii World Congress of Philosophy.

Rodych V. 2013. Mathematical sense: Wittgenstein's syntactical structuralism. Wittgenstein and the Philosophy of Information.

Rolek E, Hughes T. 2000. A Strategy for Defining Human Representation Requirements. Proceeding of the 9th Conference on Computer Generated Forces and Behavioral Representation, Orlando, Frorida.

Rybakov M, Shkatov D. 2018. Complexity and expressivity of propostional dynamic logics with finitely many variables. Logic Journal of IGPL, 26(5): 539-547.

Robertson D. 2004. Multiagent coordination as distributed logic programming//Demoen B, Lifschitz V. ed. Proceedings of the Inter- national Conference on Logic Programming, Vol. 3132 of LNCS. Berlin: Springer: 416-430.

Sain I. 2013. Definability issues in universal logic. Cylindric-like algebras and algebraic logic. Berlin, Heidelberg: Springer: 393-419.

Salomaa A. 1981. Jewels of Formal Language Theory. Rockville: Computer Science Press.

Salwicki A. 1977. Algorithmic logic: A tool for investigations of programs. Logic Foundations of Mathematics and Computability Theory: 281-295.

Salwicki A. 1970. Formalized algorithmic languages. Bull. Acad. Polon. Sci. Ser. Sci. Math. Astron. Phys., 18: 227-232.

Sazonov V. 1980. Polynomial computability and recursivity in finite domains. Elektronische Informationsverarbeitung und Kibernetik, 16: 319-323.

Schiemer G. 2013. Invariants and mathematical structuralism. Philosophia Mathematica, 22(1): 70-107.

Schultz W. 2010. Toward a realist modal structuralism a Christian philosophy of mathematics. Philosophia Christi, 12(1): 321-338.

Schwartz J S J. 2015. Mathematical structuralism, modal nominalism, and the coherence principle. Philosophia Mathematica, 3: 367-385.

Scott D, de Bakker J. 1969. A theory of programs: Notes of the IBM Vienna seminar.

Segala R, Lynch N. 1994. Probabilistic simulations for probabilistic processes. Proc. CONCUR'94, Lecture Notes in Comput. Sci., Berlin: Springer-Verlag, 386: 481-496.

Segerberg K. 1977. A completeness theorem in the modal logic of programs. Amer. Math. Soc., 24 (6): A-552.

Segerberg K. 2009. The logic of action, Stanford Encyclopedia of Philosophy. http://plato. stanford.edu /entries /logic-action/.

Shapiro S. 1993. Space, number and structure: A tale of two debates. Mathematical Structuralism. Philos. Math., 4: 148-173.

Shoham Y. 1993. Agent-oriented programming. Artificial Intelligence, 60: 51-92.

Sholz H. 1952. Ein ungelöstes Problem in der symbolischen Logik. The Journal of Symbolic Logic, 17(2): 119-122.

Silva L P D, Winikoff M, Liu W. 2003. Extending agent by transmitting protocols in open systems. Proceedings of the Challenges in Open agent Systems Workshop.

Singh M P. 2000. A social semantics for agent communication languages// Dignum F, Greaves M. Issues in Agent Communication. Heidelberg: Springer-Verlag: 31-45.

Smith G, Derrick J. 2002. Abstract specification in Object-Z and CSP// George C, Miao H. Formal Methods and Software Engineering. Berlin, Heidelberg: Springer: 108-119.

Stolboushkin A. 1989. Some complexity bounds for dynamic logic. Proc. 4th Symp. Logic in Comput. Sci., 324-332.

Stolboushkin A P, Taitslin M A. 1983. Deterministic dynamic logic is strictly weaker than dynamic logic. Infor. and Control, 57: 48-55.

Stolboushkin A. 1983. Regular dynamic logic is not interpretable in deterministic context-free dynamic logic. Information and Computation, 59: 94-107.

Stoy J. 1977. Denotational Semantics: The Scott-Strachey Approach to Programming Language Theory. Cambridge: MIT Press.

Strachey C. 2000. Fundamental concepts in programming languages. Higher-Order and Symbolic Computation, 13(1): 11-49.

Streett R S. 1981. Propositional dynamic logic of looping and converse. Proc. ACM Symp. Theory of Comput., 1: 375-381.

Streett R S. 1982. Propositional dynamic logic of looping and converse is elementarily decidable. Information and Control, 54: 121-141.

Szymanik J. 2009. Quantifiers in TIME and SPACE: Computational Complexity of Generalized Quantifiers in Natural Language. Amsterdam: University of Amsterdam.

Tichý P. 1969. Intension in Terms of Turing Machines. Studia Logica, 24(1): 7-21.

Tiuryn J. 1981. Unbounded program memory adds to the expressive power of first-order programming logics. In Proc. 22th Symp. Found. Comput. Sci., IEEE: 335-339.

Tiuryn J. 1984. Unbounded program memory adds to the expressive power of first-order programming logics. Infor. and Control, 60: 12-35.

Tiuryn J, Urzyczyn P. 1984. Remarks on comparing expressive power of logics of programs. Proc. Math. Found. Comput. Sci., 176: 535-543.

Tiuryn J, Urzyczyn P. 1983. Some relationships between logics of programs and complexity theory. Theoretical Computer Science: 83-108.

Tiuryn J. 1989. A simplified proof of DDL < DL. Information and Computation, 81: 1-12.

Tiuryn J. 1986. Higher-order arrays and stacks in programming: An application of complexity theory to logics of programs. Proc. Math. Found. Comput. Sci., New York: Springer-Verlag, 233: 177-198.

Trafford J. 2014. Expanding the universe of universal logic. THEORIA, Revista de Teoría, Historiay Fundamentos de la Ciencia, 29(3): 325-343.

Trnkova V, Reiterman J. 1982. Dynamic algebras which are not Kripke structures. Proc. 9th Symp. on Math. Found. Comput. Sci: 528-538.

Urzyczyn P. 1986. "During" cannot be expressed by "after". Journal of Computer and System Sciences, 32: 97-104.

Urzyczyn P. 1983a. A necessary and sufficient condition in order that a Herbrand interpretation be expressive relative to recursive programs. Information and Control, 56: 212-219.

Urzyczyn P. 1987. Deterministic context-free dynamic logic is more expressive than deterministic dynamic logic of regular programs. Fundamenta Informaticae, 10: 123-142.

Urzyczyn P. 1988. Logics of programs with Boolean memory. Fundamenta Informaticae, 11: 21-40.

Urzyczyn P. 1983b. Nontrivial definability by flowchart programs. Infor. and Control, 58: 59-87.

Urzyczyn P. 1983c. The Unwind Property. Warsaw: Warsaw University.

van der Hoek W, Wooldridge M. 2003. Towards a logic of rational agency. Logic Journal of the IGPL, 11: 133-157.

van der Hoek W, Linder B V, Meyer J J C. 1994. A logic of capabilities//Nerode A, Matiyasevich Y. Proceedings of 3rd Intl. Symposium on the Logical Foundations of Computer Science (LFCS 94). New York: Springer: 366-378.

van der Hoek W, Linder B V, Meyer J J C. 1999. An integrated modal approach to rational agents// Wooldridge M, Rao A. Foundations of Rational Agency. Dordrecht: Kluwer: 133-167.

Vardi M Y. 1985a. Automatic verification of probabilistic concurrent finite-state programs. Found. Comput. Sci: 327-338.

van Benthem J. 1986. Essays in Logical Semantics. New York: Springer.

van Benthem J, Heinzmann G, Rebuschi M, Visser H. 2006. The Age of Alternative Logics: Assessing Philosophy of Logic and Mathematics Today. Berlin: Springer-Verlag.

van Benthem J. 2011. Logical Dynamics of Information and Interaction. Cambridge: Cambridge University Press.

van Eijck J, Visser A. 2010. Dynamic Semantics. Stanford Encyclopedia of Philosophy, Stanford University. http:// homepages. cwi. nl/~jve/papers/10/pdfs/ dynamic -semantics.pdf, 1-5.

van Eijck J, Stokhof M. 2006. The Gamut of Dynamic Logics. Handbook of the History of Logic, 7(6): 499-600.

van Eijck J, Cepparello G. 1994. Dynamic modal predicate logic, CSLI Lecture Notes: Logic and language. Stanford: CSLI Publishers.

van Eijck J, Wang Y J. 2008. Propositional Dynamic Logic as a Logic of Belief Revision. WoLLIC '08: Proceedings of the 15th international workshop on Logic, Language. Information and Computation: 136-148.

Vardi M Y. 1998. Reasoning about the past with two-way automata// Larsen K G, Skyum S, Winskel G. Proceeding ICALP'98 Proceedings of the 25th International Colloquium on Automata, Languages and Programming. Berlin: Springer-Verlag.

Vardi M Y. 1985b. The taming of the converse: reasoning about two-way computations// Parikh P. Proceedings of Workshop on Logic of Programs. New York: Springer, 193: 413-424.

Vasyukov V L. 2007. Structuring the universe of universal logic. Logica Universalis, 1(2): 277-294.

Wand M. 1978. A new incompleteness result for Hoare's system. J. Assoc. Comput. Mach., 25: 168-175.

Wenbin J. 1994. A method for minimization design of two-level logic networks using multiplexer universal logic modules. J. of Comput. Sci. Technol., 9(1): 92-96.

Winikoff M, Padgham L, Harland J, Thangarajah J. 2002. Declarative and procedural goals in intelligent agent systems. Proceedings of the eighth international conference on principles of knowledge respresentation and reasoning(KR2002), Toulouse.

Wolte F, Wooldridge M. 2010. Temporal and dynamic logic. Journal of Indian Council of Philosophical Research, 27(1): 249-276.

Wooldridge M. 1997. Agent-based software engineering. IEEE Proceedings Software Engineering, 144: 26-37.

Wu D, Sirin E, Hendler J, Nau D, Parsia B. 2003. Automatic Web services composition using SHOP2. Workshop on Planning for Web Services, Trento, Italy.

Yap A. 2009. Logical structuralism and Benacerraf's problem. Synthese, 171(1): 157-173.

Yolum P, Singh M P. 2004. Reasoning about commitments in the event calculus: An approach for specifying and executing protocols. Annals of Mathematics and Artificial Intelligence, 42(1/2/3): 227-253.

# 后　　记

本书是国家社科基金后期资助项目"人工智能视域下的一阶动态逻辑与 Agent 行为推理及其哲学反思 (批准号：20FZXB037)"的最终成果。

本书是集体智慧的结晶。安徽大学硕士研究生卫龙撰写了第二章 (3 万字)。安徽大学硕士研究生李慧撰写了第三章第一节和第二节 (3 万字)。安徽大学博士研究生、安徽医科大学讲师许静撰写了第三章第三节至第六节 (5 万字)。安徽大学博士研究生张呈撰写了第四章 (5 万字)。安徽大学博士研究生导师张晓君教授对全书内容进行了修订。其他章节主要由郝一江撰写。

本书能够面世，得益于国内外诸多学者的智慧；得益于诸多良师益友、同事和领导，以及家人多年的支持，在此致以诚挚的谢意！

虽然本书的研究至此告一段落，但是仍然还有诸多内容有待深入探究；加之本书的公式符号太多，上标、中标和下标交错使用，即使经过多次认真仔细的校对检查，仍然可能存在纰漏，敬请读者批评雅正。

郝一江

2022 年 2 月 16 日于北京